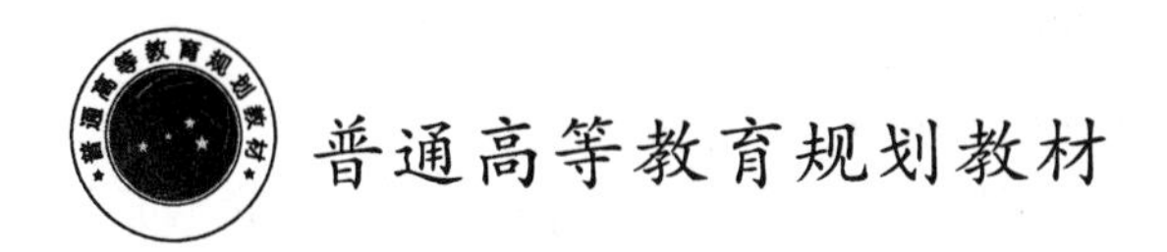

Bandaoti Qijian Yuanli yu Jishu

半导体器件原理与技术

文常保　商世广　李演明　主编

人民交通出版社股份有限公司
China Communications Press Co.,Ltd.

内 容 提 要

本书主要介绍半导体物理基础、二极管、双极型晶体管、MOS 场效应晶体管、无源器件、器件 SPICE 模型、半导体工艺技术、半导体工艺仿真、薄膜制备技术、半导体封装技术和半导体参数测试技术等微电子技术领域的基本内容,这些内容为进一步掌握新型半导体器件和集成电路分析、设计、制造、测试的基本理论和方法奠定了坚实的基础。

本书可作为电子信息类电子科学与技术、微电子科学与工程、集成电路与集成系统、光电信息科学与工程、电子信息工程等专业的本科学生和相关研究生的专业课程教材,也可作为相近专业工程技术人员的自学和参考用书。

图书在版编目(CIP)数据

半导体器件原理与技术 / 文常保,商世广,李演明主编. —北京:人民交通出版社股份有限公司,2016.9

ISBN 978-7-114-13099-1

Ⅰ.①半… Ⅱ.①文…②商…③李… Ⅲ.①半导体器件—高等学校—教材 Ⅳ.①TN303

中国版本图书馆 CIP 数据核字(2016)第 131822 号

书　　名:半导体器件原理与技术
著 作 者:文常保　商世广　李演明
责任编辑:郭　跃
出版发行:人民交通出版社股份有限公司
地　　址:(100011)北京市朝阳区安定门外外馆斜街 3 号
网　　址:http://www.ccpress.com.cn
销售电话:(010)59757973
总 经 销:人民交通出版社股份有限公司发行部
经　　销:各地新华书店
印　　刷:北京市密东印刷有限公司
开　　本:787 × 1092　1/16
印　　张:17.75
字　　数:412 千
版　　次:2016 年 9 月　第 1 版
印　　次:2016 年 9 月　第 1 次印刷
书　　号:ISBN 978-7-114-13099-1
定　　价:39.00 元

PREFACE 前　言

半导体技术是当今一个充满活力、前景无限,崭新的边缘学科领域,被誉为现代电子工业的心脏和高科技的原动力。通常认为大规模集成电路是半导体技术的核心,也是整个信息时代的标志,而半导体器件和半导体工艺则是大规模集成电路的基础和关键。目前,我国半导体产业与西方发达国家有着一定的差距,半导体技术的特殊性和重要性决定了该产业不可能通过技术引进,解决技术追赶的难题。编写本书对我国微电子技术专业及电子信息技术相关专业的人才培养具有重要的意义。

本书从系统到相对独立性考虑,在内容的选取和编排上力求重点突出、难点分散。叙述了半导体器件的物理基础、工作原理、基本工艺、封装测试等系列知识。本教材的编写简化了深奥的理论论述,深入浅出、通俗易懂,在对基本原理介绍的基础上,注重对工艺过程、工艺参数的描述以及技术参数测量方法的介绍,并在半导体制造的几大工艺技术章节之后,加入了工艺模拟的内容,弥补了实践课程由于昂贵的设备及过高的实践费用而无法进行实践教学的缺憾。

本书分为3篇,共计11章。第1篇为半导体物理及器件(第1~6章),主要内容包括半导体物理基础、二极管、双极型晶体管、MOS场效应晶体管、无源器件、器件SPICE模型;重点介绍了半导体材料的能带形成和导电机理,常用半导体器件的基本结构、工作原理、直流和交流特性以及开关特性等;同时,构建出常用半导体器件的SPICE模型。第2篇为半导体制造工艺(第7~9章),主要内容包括半导体工艺技术、半导体工艺仿真、薄膜制备技术;重点介绍了氧化、光刻、刻蚀和掺杂等主要工艺流程,尤其是工艺仿真部分,可取代或部分取代昂贵、费时的工艺实验;薄膜制备部分介绍了薄膜的物理制备技术和化学制备技术。第3篇为半导体器件封装及测试(第10~11章),主要内容包括半导体封装技术和半导体参数测试技术;重点介绍了半导体器件封装的工艺、材料和类型以及半导体器件的物理参数和电学性能测试原理与方法。

本书的第1、2、3、11章由长安大学文常保编写，第4、7、8、9章由西安邮电大学商世广编写，第5、6、10章由长安大学李演明编写。参加编写、绘图和资料收集的同志还有高丽红、马跃、杨晓冰、姚世朋和杜丹等。

本书建议学时为48~64学时，可根据具体情况由老师任意选择或相互组合使用。

在本书的编写过程中，我们参阅了许多资料和文献，在此对所参考资料和文献的作者表示诚挚地感谢，此外，我们还引用了互联网上的最新技术报道和进展，在此向这些作者和机构也一并表示衷心的感谢，并对无法一一注明来源深表歉意。对于共享资料没有标明出处，以及对某些资料进行加工、修改后引用到本书的，我们在此郑重声明，其著作权属于原作者，并在此向贡献者表示诚挚的感谢。

限于作者水平有限，书中难免存在疏漏或错误之处，恳请广大读者批评指正。

编　者

2016年4月

CONTENTS 目　录

第1篇　半导体物理及器件

第2篇　半导体制造工艺

第3篇　半导体器件封装及测试

附　　录

第 1 篇　半导体物理及器件

第1章　半导体物理基础

半导体材料是电导率在 10^{-8}到 10^{3}之间，介于绝缘体和导体之间的固态物质，如锗、硅、硒、硼、碲、锑等。其电导率与温度、光照、电磁场等外界因素，以及半导体材料中掺杂浓度和种类有着密切关系。因此，作为半导体器件的载体，半导体材料的特性对物理器件的性能有着重要的影响。本章将介绍半导体材料的晶体结构、缺陷、能带、费米能级和载流子等特性。

1.1　半导体材料

固态物质是大自然中最常见的一种物质。根据不同的分类方法，固态物质可以划分为不同类别的物质。按照构成物质的晶体状态分类，固态物质可以被分为单晶、多晶、非晶态材料；按照构成物质的化学组分分类，固态物质可以被分为金属、非金属、高分子、复合材料和高分子复合材料；按照构成物质的材料尺度分类，固态物质可以被分为零维、一维、二维及三维材料；按照固态物质的应用领域分类，固态物质可以被分为电子材料、电工材料、光学材料、感光材料、信息材料、能源材料、宇航材料和生物材料等。

在电子器件与材料领域，依据固态物质导电特性的不同对其进行分类，则是一种最常用的分类方法。根据电导率的不同，固态材料通常被分为绝缘体、半导体和导体材料。如图1-1所示。

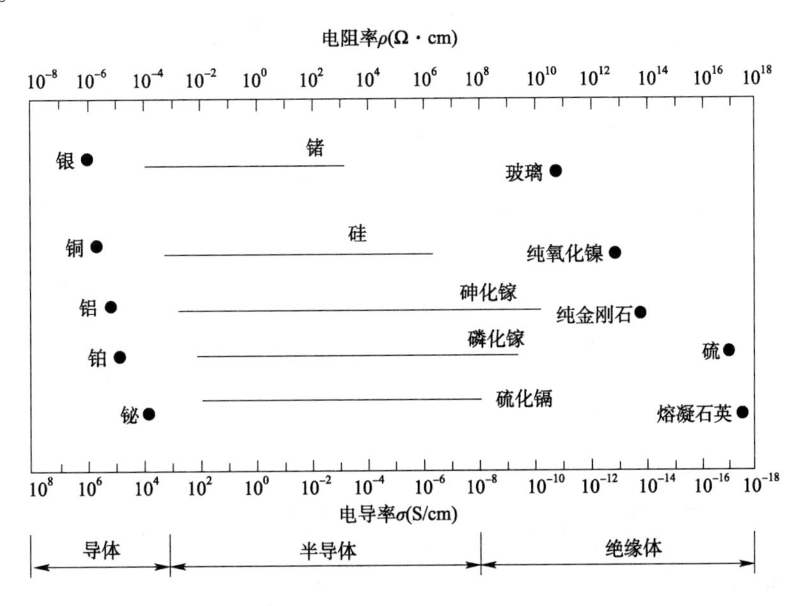

图1-1　电导率与固态物质分类之间的关系

从图1-1中可看到绝缘物质的电导率主要分布在10^{-18}到10^{-8}之间，如石英、玻璃、硫等固态物质都分布在这个区间；导体物质的电导率一般大于10^{3}，如铁、铝、铜、银、金等金属都处于这个区间；而电导率在10^{-8}到10^{3}之间，介于绝缘体和导体之间的固态物质，则是这里主要研究的固态物质——半导体材料，如锗、硅、硒、硼、碲、锑等。半导体材料的电导率与温度、光照、电磁场等外界因素，以及半导体材料中所掺杂的杂质原子的浓度和种类有着密切关系，也正是因为其具有这些特点，半导体材料在电子领域有着重要和广泛的应用。

半导体材料及其特性的研究，可以追溯到19世纪30年代，英国巴拉迪最先发现硫化银的电阻随着温度变化，并且变化情况不同于一般的金属。一般情况下，金属的电阻随温度升高而增加，但巴拉迪发现硫化银材料的电阻是随着温度的上升而降低的，这也是半导体的热敏特性和负电阻率温度特性首次被发现。1839年法国的贝克莱尔发现半导体和电解质接触形成的结，在光照下会产生电压，这就是后来人们熟知的光生伏特效应（或者光伏特性），也是半导体材料的第三个特性——光敏特性的首次发现。1874年，德国的布劳恩观察到某些硫化物的电导与所加电场的方向有关，即它的导电有方向性，在它两端加一个正向电压，它是导通的；如果把电压极性反过来，它就不导电，这就是半导体的整流效应，也是半导体的第四个特性。同年，舒斯特又发现了铜与氧化铜的整流效应。半导体这个名词大概是在1911年才首次被考尼白格和维斯使用，而半导体材料的热敏特性、负电阻率温度特性、光敏特性、整流特性、掺杂特性等几个主要特性，一直到1947年12月才由贝尔实验室测试和总结完成。

经过两个多世纪的努力，目前已经有众多的元素半导体和化合物半导体材料被发现和应用。表1-1给出了元素周期表中的一部分元素半导体，元素半导体由单一种类的原子组成，如硅（Si）和锗（Ge），可以在第Ⅳ族中找到。然而，大部分的半导体是由两种或多种元素组成的化合物半导体。例如，砷化镓（GaAs）为Ⅲ-Ⅴ族化合物半导体，由位于第四行的镓（Ga）和砷（As）组合而成。

与半导体材料相关的部分元素周期表 表1-1

周期＼族	Ⅱ	Ⅲ	Ⅳ	Ⅴ	Ⅵ
2		B 硼	C 碳	N 氮	
3	Mg 镁	Al 铝	Si 硅	P 磷	S 硫
4	Zn 锌	Ga 镓	Ge 锗	As 砷	Se 硒
5	Cd 镉	In 铟	Sn 锡	Sb 锑	Te 碲
6	Hg 汞		Pb 铅		

在20世纪50年代双极型晶体管出现之前，半导体器件仅被用作光电二极管、整流器等双端口器件，而锗是主要的半导体材料。然而，由于锗的高漏电流特性，使其在半导体器件应用中受到了很大的局限。此外，锗的氧化物（GeO_2）是水溶性物质，不适合于电子器件的制造。20世纪60年代，硅成为一种切实可行的替代品，现在则几乎取代了锗成为半导体制

造的主流材料。这主要因为:一方面,使用硅材料制备的半导体器件具有非常低的漏电流;另一方面,硅材料的氧化物二氧化硅是一种优良的绝缘材料。此外,硅是极为常见的一种元素,在地壳中是第二丰富的元素(25.7%),仅次于第一位的氧(49.4%)。而且,硅材料的提取成本要远低于目前发现的其他半导体材料。因此,从器件制造成本的角度考虑,硅成为周期表中被研究得最多的元素之一,也使得硅技术成为目前最先进的半导体技术。

除硅、锗等元素半导体材料外,还有一类化合物半导体或复合半导体材料。这类半导体材料是由化合物构成的,它们通常由两种或两种以上的元素组成。常见的二元化合物半导体有,由Ⅲ族元素 Al、Ga、In 和Ⅴ族元素 N、P、As、Sb 元素组成的 GaAs、GaN、InAs 等Ⅲ-Ⅴ族元素半导体;Ⅱ族元素 Zn、Cd、Hg 和Ⅵ族元素 S、Se、Te 组成的 ZnS、CdS、CdSe 等Ⅱ-Ⅵ族元素化合物半导体;Si 元素与 C 元素组成的 SiC 等Ⅳ-Ⅳ族化合物半导体;Ⅴ族元素 As、Sb 元素与Ⅵ族元素 S、Se、Te 组成的 $AsSe_3$、$AsTe_3$、AsS_3、SbS_3等Ⅴ-Ⅵ族元素半导体化合物;Ⅳ族元素 Ge、Pb、Sn 元素与Ⅵ族元素 S、Se、Te 组成的 GeSe、SnTe、GeS、TbS 等Ⅳ-Ⅵ族元素化合物半导体;还有像 ZnO、CuO_2、SnO_2等金属氧化物。此外,还有三元化合物,如砷化铟镓(GaInAs),甚至四元化合物,如磷化铝铟镓(AlInGaP)。这些化合物半导体有着硅所没有的一些电学以及光学特性,像砷化镓(GaAs)具有可供光电应用的直接带隙能带结构,以及产生微波的谷间载流子输运和高迁移率等独特特性。附录 A 是一些主要的半导体材料及其特性。

1.2 半导体的结构

晶体是一种结晶状态的固体,其原子或分子在空间按一定规律周期重复地排列,具有三维空间的周期性,这种周期性规律是晶体结构最基本的特征。虽然,晶体在宏观上表现出各种不同的特性,但其结构的周期性使它们都具有一些共同的特性,可以概括为长程有序、均匀性、各向异性、对称性、自限性、解理性、最小内能和晶面角守恒性等特性。

长程有序性是指整体性的有序现象。在晶体中,每一种质点都存在周期重复现象,即将周期重复的质点用线连起来,会形成周期重复的平行四边形网格,在三维中则是周期重复的空间格子。这种在图形中贯彻始终的规律称为长程规律或长程有序。例如在一个单晶体的范围内,质点的有序分布延伸到整个晶格的全部,即从整个晶体范围来看,质点的分布都是有序的。

均匀性是指晶体在它的各个不同部分上表现出相同性质的特性,也是晶体内部粒子规则排列的反映。由于晶体内部粒子具有周期性的规则排列,其中粒子性质和排列方式应该是和其他部分相同的,从而由此决定的各项宏观性质也应该是相同的。

各向异性是指晶体的性质因观测方向的不同表现出有所差异的现象。这是由于晶体结构中,各个方向上内部质点的性质和排列方式的不同而引起的。如钽酸锂晶体在不同的切向上,其温度系数、声同步速度、机电耦合常数都不相同。

对称性是指晶体在某些特定方向上具有相同的性质。如果在某几个特定的方向上,质点的性质和排列方式完全相同,晶体的性质也必然相同。这种相同性质在不同方向和位置上有规律地重复出现的现象就称为对称性。晶体的理想外形和晶体内部结构都具有特定的对称性。

自限性是晶体具有自发地形成封闭的几何多面体外形,并以此占有空间范围的性质。由于晶体在生长过程中自发地形成晶面,晶面相交形成晶棱,晶棱汇聚成顶点,从而形成具有多面体的外形把它们自身封闭起来,与周围的介质分开。对应的晶面之间的夹角始终不会受外界对其的影响而发生改变。

解理性是指晶体常有沿某一个、几个晶面或者晶向劈裂,形成光滑平面的性质,劈裂的晶面称为解理面。产生解理性的原因是由于这些晶面间的间距比较大,晶面间的相互作用力比较弱。

最小内能性,根据最小势能原理,能量越小越稳定,晶体的晶胞结构规整,排列有序,分子之间作用力均衡,所以最稳定,晶体内能也最小。

晶面角守恒性是指同一类型的晶体在同一温度和压强下晶面的数目、大小、形状可能有很大的差别,但对应晶面之间的夹角是恒定的,这是晶面角守恒定律。晶体本身的大小和形状,不反映晶体品种的特征,而外形晶面之间的夹角才是晶体品种特征的反映。另外,由于晶体热膨胀的各向异性,晶面角将随温度而变。

半导体单晶材料和其他固态晶体一样,也是由大量原子周期性重复排列而成,每个原子又包含原子核和许多电子。硅、锗等半导体晶体在化学元素周期表中都属于第Ⅳ族元素,该类原子的最外层都具有四个价电子。在这类半导体材料中,硅、锗原子依靠共价键形成晶体,由于它们的晶格结构与碳原子构成的金刚石的晶格结构一样,也称为金刚石晶体结构如图 1-2 所示。

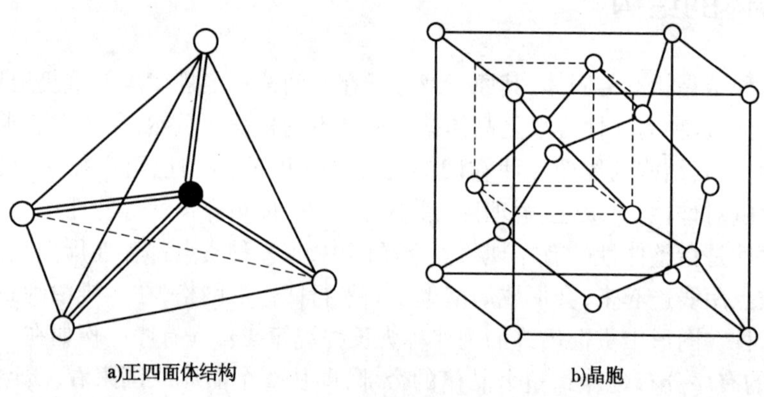

图 1-2 金刚石晶体结构

碳原子构成的金刚石晶体的主要特点是各个原子周围都具有四个最邻近的原子,组成一个如图 1-2a)所示的正四面体结构。这四个原子分别处于正四面体的顶角上,每一顶角上的原子各贡献一个价电子与正四面体内部的原子共有,共有的电子在两个原子之间形成较大的电子云密度,通过它们对原子核的引力把两个原子结合在一起,这就是共价键。这样单个原子总共可以形成四个共价键,可以与相邻的四个原子形成共价键,构成正四面体分布的结构,即金刚石结构。晶体中一个原子周围最邻近的原子数目称为配位数,金刚石晶体中碳原子的配位数为 4,这是由共价键的饱和性所决定的。

Si 和 Ge 原子的电子结构与碳原子的类似,晶体结构也与金刚石晶体类似,都是共价键晶体,并且它们的原子都具有正四面体分布的形式,即构成金刚石晶体结构。硅晶体的结晶学原胞如图 1-2b)所示,它是立方对称的晶胞。这种晶胞可以看作是两个面心立方晶胞沿着立方体的空间对角线互相位移了四分之一的空间对角线长度套构而成。每个硅原子和邻近的四个原子以共价键结合,组成一个正四面体,而且每个硅原子都可以看成是位于正四面体的中心,每两个相邻原子间的距离为 0.256nm。硅原子在晶胞中排列的情况是八个原子位于立方体的八个顶角上,六个原子位于六个面中心上,晶胞内部有四个原子。立方体顶角和面心上的原子与这四个原子周围情况不同,所以它是由相同原子构成的复式晶格。

由Ⅲ族元素 Al、Ga、In 和Ⅴ族元素 N、P、As、Sb 组成的 GaAs、GaN、InAs 等Ⅲ-Ⅴ族半导体材料,与单元素半导体材料不同,它们由两类不同的原子构成,而且都具有典型的闪锌矿型结构。如图 1-3a)所示为闪锌矿型结构的晶胞,它是由两类原子各自组成的面心立方晶格,沿空间对角线彼此位移四分之一的空间对角线长度套构而成。每个原子被另一种的四个原子所包围。如果顶角上和面心上的原子是Ⅲ族 Ga 原子,则晶胞内部四个原子就是Ⅴ族 N 原子,所构成的就是Ⅲ-Ⅴ族半导体材料 GaN 晶胞。这类闪锌矿型结构晶胞顶角上的八个原子和面心上的六个原子是与周围晶胞共有的,可以认为共有四个原子属于该晶胞,因而每一个晶胞中有四个Ⅲ族原子和四个Ⅴ族原子,共八个原子。闪锌矿型结构中两种离子的配位数为 4∶4,两种离子各自按照面心立方密堆排列。

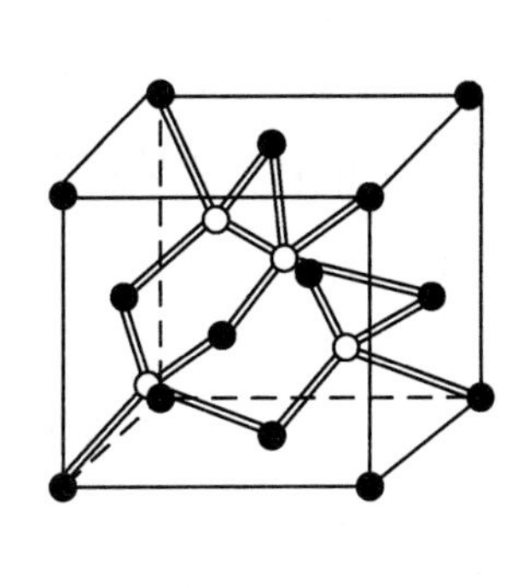
a)闪锌矿型结构

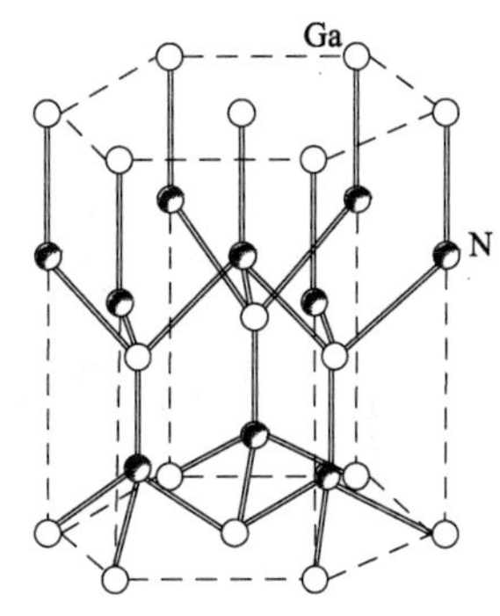

b)纤锌矿型结构

图 1-3 闪锌矿和纤锌矿型结构

元素周期表中Ⅱ族元素 Zn、Cd、Hg 和Ⅵ族元素 S、Se、Te 组成的化合物,除 HgSe、HgTe 是半金属外其他都是半导体材料,这些半导体化合物大部分都具有闪锌矿型结构,但是其中有些也可能具有纤锌矿型结构,如图 1-3b)所示。

纤锌矿型结构和闪锌矿型结构非常类似,也由正四面体结构构成,但不是具有立方对称性,而是具有六方对称性。图 1-3b)是纤锌矿型结构的晶胞结构,它是由两种类型的原子各自组成的六方排列的双原子层堆积而成,(001)面规则地按照顺序叠加堆积,从而构成了纤锌矿型结构。纤锌矿型晶格中两种离子的配位数为 4∶4,两种离子各自按照六方密堆排列,两者沿空间对角线方向互相移动四分之一对角线长度套构而成,互为四面体的体心,各自只占有其中二分之一体心。化合物半导体材料 ZnS、AlN、BeO、ZnO 都属于这类结构,它们都具有较大程度的共价特性,这也是高电价低配位数多面体的共同特性。

1.3 半导体的缺陷

在理想、完整的半导体晶体结构中,原子按一定的次序严格地排列在空间中周期性、有规则的格点上。然而,在实际的半导体晶体结构中,由于晶体的形成条件、原子的热运动及其他条件的影响,原子的排列不可能那样地完整和规则,所以,往往会存在偏离了理想晶体结构的情况。这些就是晶体中的缺陷,它破坏了半导体晶体的理想性和完整性。

半导体晶体缺陷有的是在晶体生长过程中,由于温度、压力、介质组分浓度等变化而引起的;有的则是在晶体形成后,由于质点的热运动或受应力作用而产生的。它们可以在晶格内迁移,甚至消失;同时又可能有新的缺陷产生。晶体缺陷的存在对晶体的物理、化学、机械特性都会产生明显的影响。某些点缺陷适量地存在可以增强半导体材料的导电性和发光材料的发光性,起到有益的作用,而位错等缺陷的存在,会使材料容易断裂,其抗拉强度降低至几乎没有晶格缺陷晶体的几十分之一。

半导体材料的缺陷一般分为点缺陷、线缺陷和面缺陷三种。

1.3.1 点缺陷

点缺陷,这种晶格缺陷一般只涉及大约一个原子大小的范围,主要有空位、填隙、替位三种情况,如图1-4所示。晶格格点位置上缺失正常应有的质点而造成的缺陷,称为空位缺陷。由于额外的质点填充到晶格空隙内而产生的缺陷称为填隙缺陷,这类质点的半径很小。替位缺陷是由杂质成分的质点替代了晶格中固有位置的质点而引起的缺陷,两类质点的半径相差不大。

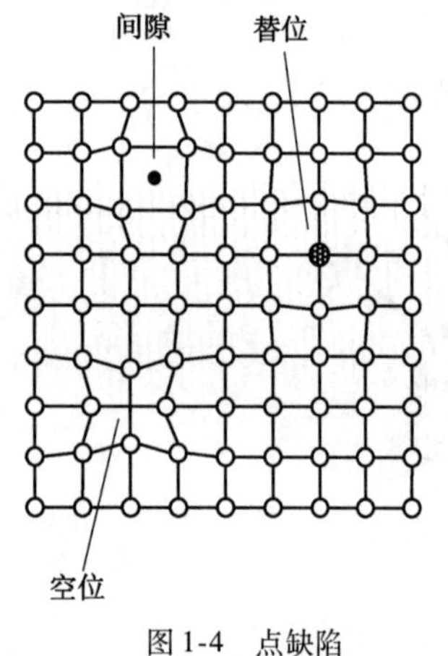

图1-4　点缺陷

1.3.2 线缺陷

线缺陷主要是指晶格中的位错。这一现象在1934年由泰勒发现,直到1950年才被实验所证实。具有位错的晶体结构,可看成是局部晶格沿一定的原子面发生了晶格的滑移,滑移不贯穿整个晶格,其到晶格内部即终止,在滑移部分和未滑移部分的分界处造成质点的错乱排列,该交界线称为位错线。位错的存在对晶体的力学性质、机械特性等各种物理性质都有很大影响。

依据位错线与滑移方向,位错可分为刃位错、螺旋位错、混合位错三种基本情况,如图1-5所示。位错线与滑移方向垂直的位错,称为刃位错,也称为棱位错。位错线与滑移方向平行的位错,则称为螺旋位错。刃位错恰似在滑移面一侧的晶格中额外多了半个插入的原子面,后者在位错线处终止。螺旋位错在相对滑移的两部分晶格间产生一个台阶,但此台阶到位错线处即告终止,整个面并未完全错断,致使原来相互平行的一组面连成了恰似由单个面所构成的螺旋面。

1.3.3 面缺陷

面缺陷是一种沿着半导体晶格内或晶粒间的某个面两侧大约几个原子间距范围内出现的晶格缺陷。主要包括堆垛层错以及晶体内和晶体间的各种界面,如小角晶界、畴界壁、双晶界面及晶粒间界等,如图1-6所示。其中,堆垛层错是指沿晶格内某一平面,质点发生错误堆垛的现象。如一系列平行的原子面,原来按一定的顺序成周期性重复地逐层堆垛,如果在某一层上违反了原来的顺序,则在该层就出现一个堆垛层错,该处的平面就称为层错面。堆垛层错也可看成是晶格沿层错面发生了相对滑移的结果,它只影响层错面附近的晶体结构,并不影响其他区域的原子层堆垛顺序。小角晶界是晶粒内两部分晶格间不严格平行,而是以微小角度的偏差相互拼接而形成的界面,它可以看成是由一系列位错平行排列而导致的结果。在具有所谓镶嵌构造的晶格中,各镶嵌块之间的界面就是一些小角晶界。晶粒间界是指多晶体中晶粒之间的交界面。

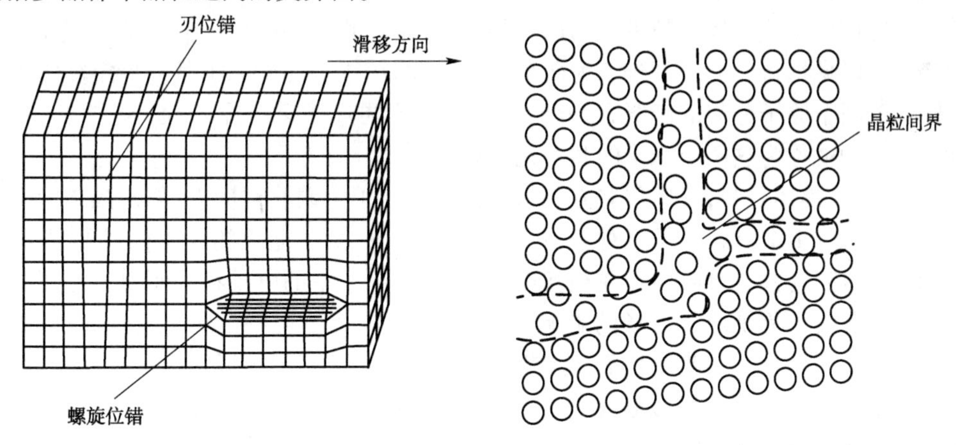

图1-5 刃位错和螺旋位错

图1-6 面缺陷中的晶粒间界

除了三种主要缺陷外,半导体晶体中还存在很多其他缺陷,如在对无位错单晶研究中发现的微缺陷,在制作无位错硅单晶中发现的密度很大且线度很小的缺陷群,有人把晶体中的包裹体划分为体缺陷。

1.4 半导体的能带

半导体单晶体由相邻很紧密的原子周期性重复排列而成,相邻原子间距只有零点几个纳米的数量级。因此,半导体中的电子状态肯定和单个原子中的状态不同,特别是外层电子有显著不同。然而,晶体是由分立状态的原子按照某种结构凝聚而成,两者的电子状态又必定存在某种联系。

对于单个的原子,原子外层电子在原子核的势场和其他电子的作用下,只能排列在不同的能级上,形成分立能级。根据 Bohr 模型,单个氢原子的能级计算公式为

$$E_{\mathrm{H}}=\frac{-m_0q^4}{8\varepsilon_0^2h^2n^2}=-\frac{13.6}{n^2} \tag{1-1}$$

式中,m_0为自由电子的惯性质量;q 为电子电荷;ε_0为真空介电常数;h 为普朗克常数;n 为主量子数(取正整数)。对于基态能级 $n=1$ 时,能量为 -13.6eV;对于激发态能级 $n=2$ 时,能量为 -3.4eV。

电子围绕着原子核运动,在同一轨道上的电子的能量和与原子核的距离几乎是相等的。内层电子离原子核最近,受到原子核束缚最强,能量最小。相比较下,外层电子受到原子核束缚较小,而且离得越远束缚越弱。随着电子距离原子核距离的增大,电子的动能在减少,

但是其势能却在增大,而且原子总能量也在增大。电子在原子中运动的量子态就是能级,对于单个原子,各层电子之间的能量差是量子化的,具有特定的能量值,不具有随意性和连续性,即单个原子的能级是离散的。一个单一原子的能级如图 1-7a)所示,如不考虑原子本身的简并,每个能级都有两个态与之相对应。

当两个原子互相靠近时,每个原子中的电子除了受到自身原子势场的作用,还会受到另一个原子势场的作用,带来的结果就是每一个二度简并的能级都分裂为两个彼此相距很近的能级,而且这两个原子离得越近,其分裂得就越显著。图 1-7b)是两个原子互相靠近时能级的情况,可以见到每个能级都分裂为两个能级。此时,原来处于原子某一特定能级上的电子,就处于这两个原子分裂的能级上,此时的电子也不再属于某一原子,而为这两个原子共有,电子的运动就称为这两个原子的共有化运动。

对于半导体晶体材料,每单位立方厘米体积内的原子个数非常庞大,如硅晶体每立方厘米中可以达到 5×10^{22} 个硅原子。对于由 n 个如图 1-7a)所示能级的原子构成的晶体,这 n 个原子不再保持其独立特性,而存在相互作用力,每个原子中的电子在受到自身原子势场作用的同时,还要受到周围原子势场的影响。此时,某一电子不再特定属于某一原子,而是在晶体中做共有化运动。其结果使每个能级都分裂成为 n 个相距很近的能级,当 n 趋于无穷大时,这 n 个分裂的能级就近似形成一个能量带,简称能带。

图 1-8 为能带示意图,可以看到,能量越低的能带越窄,能量越高的能带越宽。这是因为,能量最低的能带对应原子中最内层电子的能态,这些电子受原子核的束缚更大,共有化运动弱,能级分裂得窄,所以相应能带就比较窄。外层电子属于能量较高的电子轨道,共有化运动强,能级分裂的更宽,这样也就容易形成宽的能带。

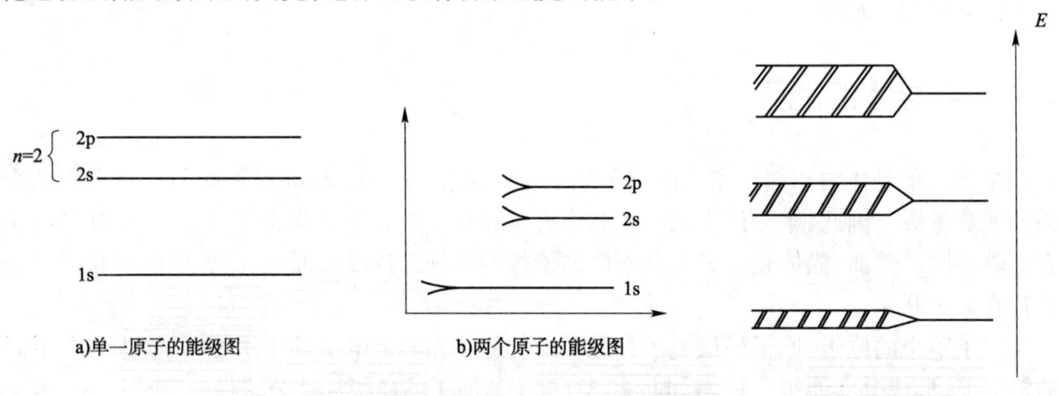

图 1-7 单一与两个原子的能级图

图 1-8 能带示意图

值得提到的是,许多半导体晶体的能带与单个原子能级间的对应关系,并不像上述的那样简单,因为一个能带不一定同单个原子的某一个能级等同,也不一定像图 1-7a)那样,能清晰地区分出各个能级及其过渡能带。随着晶体尺寸的减小,晶体中的晶胞数也会越来越少,电子能级间的平均间距就会逐步增大。当晶体尺寸降到纳米尺度及以下时,能带内原来连续的能级就会变成离散能级,出现量子尺寸效应。

对于元素半导体材料硅、锗,它们的原子最外层都有四个电子,即四个价电子。在晶体中,由于轨道杂化的结果,价电子形成的能带如图 1-9 所示。当两个原子的间距相对减小时,每个简并能级分裂并形成能带。当间距进一步减小时,不同原子分裂的离散能级将失去自身的特性,形成一个单一能带。当原子间的距离接近平衡的金刚石晶格间距时,如硅的晶格常数为0.543nm,这个能带将再次分裂形成两个能带。如图1-9所示从下向上依次为价带或满带、禁带、导带。n个原子结合成的晶体,最外层共有$4n$个电子。根据泡利(Pauli)不相容原理,电子先填充低能级,所以下面的价带先被填满,这个能带一般也称为满带。上面的一个能带是空的,没有电子,通常称为导带。价带和导带之间的区域称为禁带。

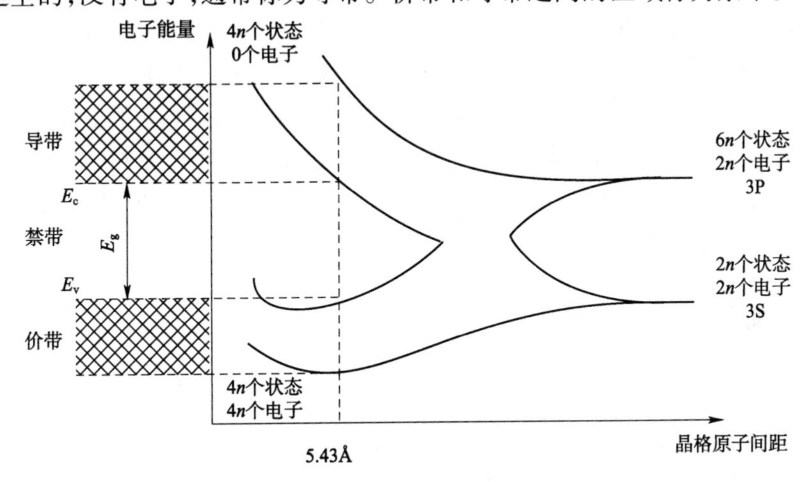

图1-9 金刚石型结构价电子能带示意图

从能带角度对绝缘体、导体和半导体三种固体物质进行分析,如图1-10所示。对于SiO_2等绝缘体,如图1-10a)所示,价电子形成相邻原子之间的强共价键。这种共价键非常稳定,不易被破坏,这也是导带和价带之间禁带宽度比较大的原因。而且,价带中所有能级都被电子占据,而导带中则没有电子,所有能级是空的。价带中最外层电子在加热和外部电场的作用下也不会轻易跃迁到导带中去,没有自由电子参与导电。

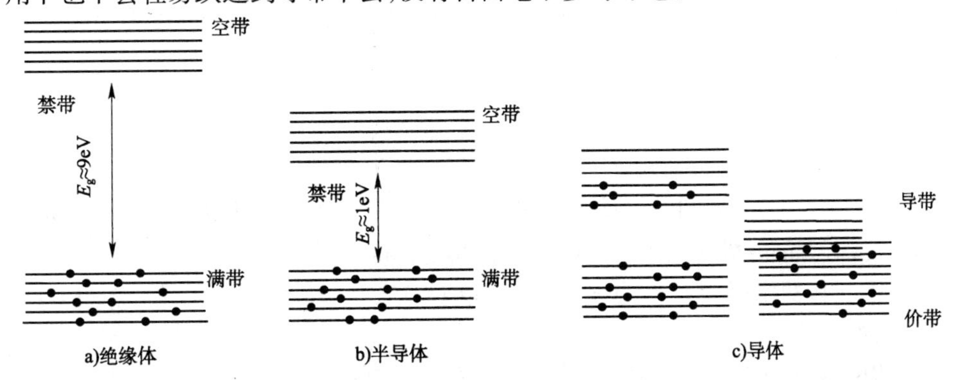

图1-10 绝缘体、半导体和导体三种固体物质的能带图

相对于绝缘材料,半导体晶体中相邻原子之间的共价键只有中等强度。因此,热振动效应就能够破坏一些共价键。当某一共价键被破坏掉后,就会出现一个自由电子,还有一个相应的空穴。图1-10b)所示的是一个半导体的能带情况,可以观察到价带和导带之间禁带的宽度要小于图1-10a)中绝缘体的禁带宽度。如SiO_2的禁带宽度约为9eV,Si的禁带宽度比SiO_2低近8eV,约为1eV。因此,一些电子可以从价带移动到导带,在价带中留下空穴,在晶体中产生自由电子。当施加电场时,导带中的电子和价带中的空穴将获得动能发生定向移

动，并参与导电。

在金属等导体中，导带则是部分填满甚至与价带重叠，如图1-10c)所示。因此，导带和价带之间的禁带宽度非常小，在某些情况下可以近似认为没有带隙。对导体材料来说，能带中部分填充导带中的外层电子或者价带顶部的电子，在获得足够动能的情况下，能够移动到下一个更高的能级上去。这种能量可以是来自于热能或者外加电场的能量。

从上面的分析可以看出，从导带的最下端到价带的最上端之间的能量差值，就是禁带的带隙宽度，这个能量差值是半导体材料的一个重要参数。从理论上讲，它也是一个电子从价带跃迁到导带，所需要从外界吸收或获取的最小能量值，否则，这个电子不会产生跃迁现象，也就不会产生自由电子。如硅晶体价带中的电子要想跃迁到导带中去参与导电，它所需要从外界获取的最小能量应为1.12eV，这由硅的禁带宽度来决定，同时，在价带中产生空穴，空穴在价带中也参与导电。

1.5 费米能级

费米能级是一个电子统计规律范畴的概念，它能够反映和评价电子填充能带的水平。费米能级E_F表示在处于热平衡状态且不对外界做功的系统中加入一个电子时引起该系统自由能的最小变化。费米能级亦可等价定义为在绝对零度时，处于基态的费米子系统的化学势，即

$$E_F = \mu = \left(\frac{\partial F}{\partial N}\right)_T \tag{1-2}$$

式中，μ为系统的化学势；F为系统的自由能；N为电子总数。

从大量电子的整体来看，在热平衡状态下，电子按能量大小具有一定的统计分布规律，电子在所有的量子态上统计分布概率的规律是一定的。在温度为T时，电子在能级E量子态上分布的概率是

$$f(E) = \frac{1}{1 + \exp\left(\frac{E - E_F}{k_0 T}\right)} \tag{1-3}$$

在一定温度T下，只要知道了费米能级，电子在各能级上的统计分布就完全确定了。费米能级实际上是衡量能级被电子占据的概率大小的标准。

当$T = 0K$时，费米能级E_F与电子分布概率$f(E)$之间关系为：在$E < E_F$时，$f(E) = 1$；在$E > E_F$时，$f(E) = 0$。

当$T > 0K$时，费米能级E_F与电子分布概率$f(E)$之间关系为：在$E > E_F$时，$f(E) < 1/2$；在$E = E_F$时，$f(E) = 1/2$；在$E < E_F$时，$f(E) > 1/2$。

例如，当$E - E_F > 5k_0T$时，$f(E) < 0.007$，即比E_F高$5k_0T$的能级被电子占据的概率只有0.7%；而当$E - E_F < -5k_0T$时，$f(E) > 0.993$，即比E_F低$5k_0T$的能级被电子占据的达到99.3%。在温度不很高时，在E_F以上，越远离E_F的能级，被电子所占据的概率就越小；在E_F以下，越远离E_F的能级，被电子所占据的概率则越大；费米能级对应的能级被电子占据的概率刚好为50%。因此，E_F的高低位置就反映了能带中的某个能级被电子所占据的情况。

费米能级和温度、半导体材料的导电类型、杂质的含量以及能量零点的选取有关。

对于本征半导体，费米能级一般处于禁带中线附近，但是有时像锑化铟的费米能级会离禁带中线较远。价带填满了价电子，占据概率为100%；导带是完全空着的，占据概率为0，费米能级位于禁带中占据概率为50%。即使温度升高时，本征激发而产生出了电子—空穴对，但由于导带中增加的电子数等于价带中减少的电子数，则禁带中央的能级被占据的概率仍然为50%，本征半导体的费米能级不随温度而变化。

对于n型半导体，因为掺入的施主杂质越多，导带电子的浓度越大，相应地少数载流子空穴的浓度就越小，则费米能级也就越靠近导带底。对于p型半导体同理，掺杂浓度越高，费米能级就越靠近价带顶。当掺杂浓度高到一定程度时，费米能级甚至有可能进入到导带或者价带中。

温度 T 对费米能级的影响也很显著，当温度升高到一定程度时，不管是n型半导体还是p型半导体，它们都将转变成为高温本征半导体。从而，半导体中费米能级也将是随着温度的升高而逐渐趋近于本征费米能级。即随着温度的升高，n型半导体的 E_F 将降低，p型半导体的 E_F 将上升。Si半导体的费米能级与掺杂浓度和温度的关系如图1-11所示。

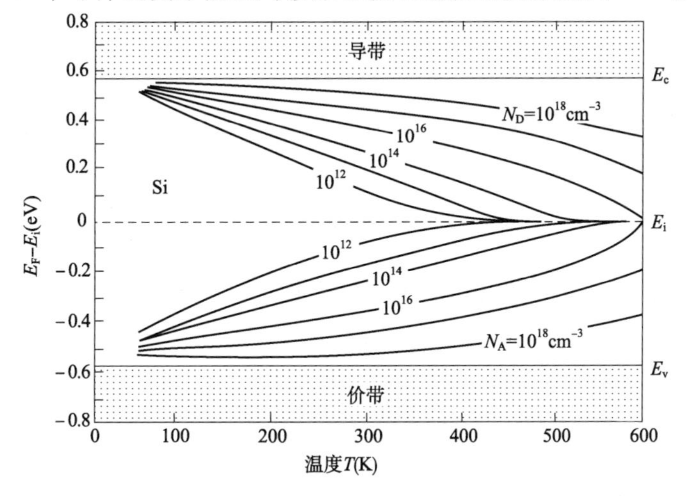

图1-11 Si半导体的费米能级与掺杂浓度和温度的关系

1.6 半导体的载流子浓度

从上一节能带理论可知，半导体材料中的价带电子在获取一定能量后，就可能从低能量的量子态跃迁到高能量的量子态上，形成导带电子和价带空穴。

半导体晶体材料锗和硅，都是四价元素，原子最外层轨道上具有四个电子，称为价电子，图1-12a)所示为硅和锗的简化原子模型。图1-12b)所示的是没有杂质和任何缺陷的本征半导体。图1-12c)所示为电子空穴对。

半导体材料的导电能力在不同条件下有很大差别。在绝对零度 $T=0$K 和没有外界激发时，价带中的全部量子态都被电子占据，而导带中的量子态都是空的，此时半导体中的共价键是饱和的、完整的，没有自由移动的带电粒子（载流子），半导体材料如同绝缘体一样不能导电。但是，在半导体晶体结构中的价电子不像绝缘体中的那样被束缚得很紧，当半导体材料的温度 $T>0$K 或受到光的照射时，有些价电子吸收外界能量，价电子能量增高，可以挣脱原子核的束缚,从价带激发到导带中去,成为自由电子,参与导电。这一现象称为本征激发,也称热激发,电子产生的同时,在其原来的共价键中就出现了一个空位,呈现出正电性,与电子的电量相等,称价带中这个空位为空穴。所以,在半导体中有两种可以自由移动的带电粒子(载流子):带负电的自由电子和带正电的空穴。可见,因热激发而出现的自由电子和空穴是成对出现的,称为电子空穴对,如图1-12c)所示。

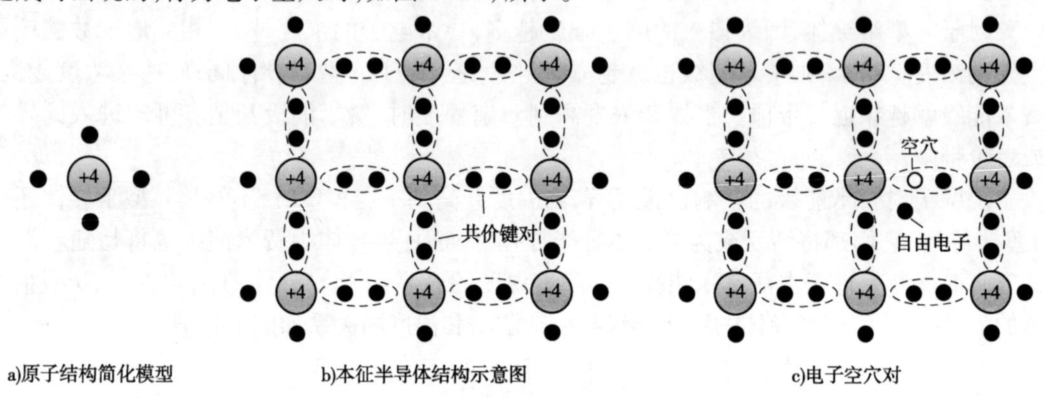

图1-12 锗和硅的原子、本征半导体和电子空穴对结构

在外电场的作用下,半导体中将出现两部分电流:一是自由电子作定向运动形成的电子电流,一是仍被原子核束缚的价电子(不是自由电子)递补空穴形成的空穴电流。也就是说,在半导体中存在自由电子和空穴两种载流子参与导电,这是半导体和金属在导电机理上的本质区别。

本征半导体中的自由电子和空穴总是成对出现,同时又不断复合,在一定温度下达到动态平衡,载流子便维持一定数目。温度越高,本征激发越剧烈,载流子数目越多,导电性能也就越好。因此,温度对半导体器件性能的影响很大。

电子和空穴是成对产生和出现的,因此,本征半导体的导带电子浓度 n_0 等于价带空穴浓度 p_0,此时本征载流子浓度 n_i 可表述为

$$n_i = n_0 = p_0 = (N_c N_v)^{1/2} \exp\left(-\frac{E_g}{2k_0 T}\right) \tag{1-4}$$

式中,N_c 为导带底的有效状态密度;N_v 为价带顶的有效状态密度;E_g 为半导体材料的禁带宽度;k_0 是玻尔兹曼常数;T 是热力学温度。

从式(1-4)可以得出,对于同一半导体材料,禁带宽度 E_g 一定时,本征载流子浓度 n_i 随着温度 T 的升高而增加;对于不同的半导体材料,在同一温度 T 下,本征载流子浓度 n_i 随着禁带宽度 E_g 的增大而减小。

将本征半导体材料中电子和空穴的浓度进行相乘,可以得到载流子的浓度乘积

$$n_0 p_0 = n_i^2 \tag{1-5}$$

在一定温度下,任何本征半导体材料中热平衡载流子浓度的乘积都等于该温度时本征载流子浓度 n_i 的平方,该规律也适用于非简并的杂质半导体材料。

当本征半导体掺入了杂质,就会变成杂质半导体,并且引入杂质能级,使得半导体的导电性能发生显著的改变。在实际半导体器件中,除了本征激发,电子和空穴还可以借助扩散、注入等手段将掺入的杂质通过电离方式产生。通常,半导体中载流子的产生有杂质电离

和本征激发两种机制,而且它们永远同时存在,仅有主次之分。杂质分为两种,电离出电子和正离子的施主杂质,电离出空穴(吸收电子,相当于释放出空穴)和负离子的受主杂质。存在这两种杂质的半导体满足以下电中性条件

$$n + p_A^- = p + n_D^+ \tag{1-6}$$

式中,n 为导带电子浓度;p_A^- 为电离受主浓度;p 为价带空穴浓度;n_D^+ 为电离施主浓度。

式(1-6)左边为总的负电荷浓度,右边为总的正电荷浓度。

当电子从施主能级跃迁到导带时产生导带电子;当电子从价带激发到受主能级时产生价带空穴。根据掺入杂质电离方式的不同,杂质半导体分为n型半导体和p型半导体两大类。

在本征半导体Si晶体中掺杂Ⅴ族元素As,一部分Si原子会被As原子取代,As原子最外层五个电子中的四个电子与Si原子外围的四个电子形成共价键,另一个电子变成了自由电子,参与导电。此时,硅晶体就变成了n型硅,如图1-13所示。As原子因为提供了一个负的载流子——电子,所以As原子被称作施主原子,或施主杂质。同样,N、P、As、Sb等元素也具有这样的特性。

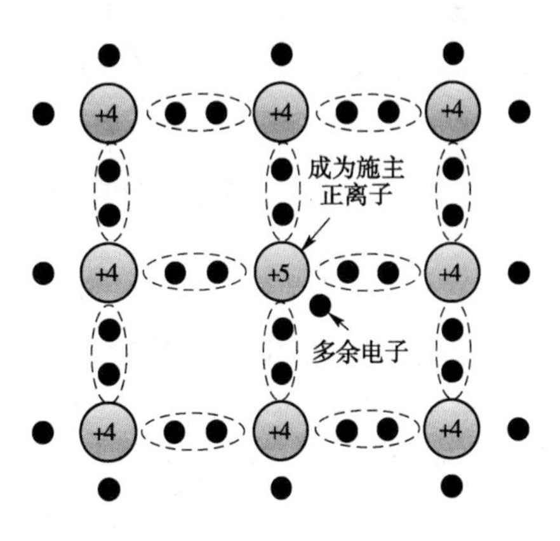

图1-13　n型半导体的共价键结构

对于n型半导体材料,载流子主要是电子,电中性条件为

$$n = p + n_D^+ \tag{1-7}$$

对于不同的温度,本征激发以及施主杂质的电离程度都不同,所以应该分别考虑不同温度下的载流子浓度。低温情况下,大多数杂质被冻结,只有很少施主杂质发生电离,本征激发也很弱,半导体中的自由载流子很少。

当温度升高到一定条件后,n型半导体材料中的施主杂质基本完全电离,而本征激发产生的载流子不是很多,且随温度的变化很小,此时半导体中的载流子主要为电子,其浓度近似为

$$n = n_D^+ = N_D \tag{1-8}$$

式中,N_D为施主杂质的浓度。

式(1-8)表明施主杂质基本完全电离时,n型半导体材料中主要载流子——电子浓度就可认为等于所掺杂的施主杂质浓度。

温度继续升高,半导体进入高温本征激发区,发生本征激发的原子数超过杂质数,半导体的载流子主要由本征激发产生,而且随着温度继续升高,发生本征激发的原子更多,产生的载流子也更多。

在本征半导体材料硅晶体中掺杂Ⅲ族元素B,一部分Si原子就会被B原子取代,B原子最外层三个电子分别与Si原子最外围的四个电子中的三个电子形成共价键,Si原子的另一个电子被允许在硼周围吸引经过的自由电子形成共价键。此时的硅晶体就变成了p型硅,如图1-14所示。从理论模型上看,B原子等同向硅提供了一个带正电的载流子——空穴,此时B原子也称作受主原子,或受主杂质。同样,Al、Ga、In等元素也具有这样的特性。

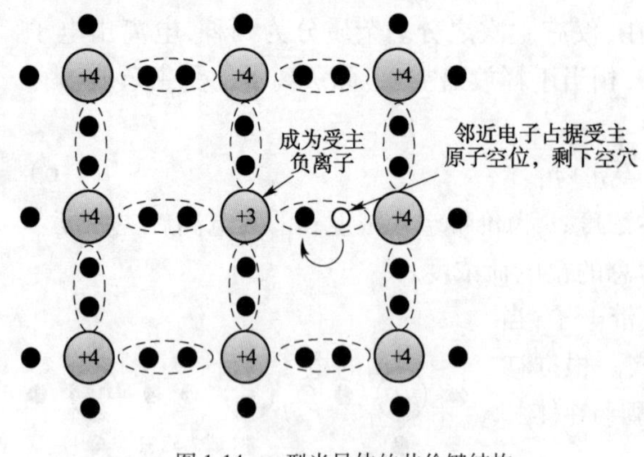

图 1-14 p 型半导体的共价键结构

对于 p 型半导体材料，载流子主要是电子，电中性条件为

$$p = n + p_A^- \tag{1-9}$$

与 n 型半导体材料的特性类似，在低温情况下，大多数受主杂质没有电离，本征激发也很弱，半导体内自由载流子很少。当温度升高到一定条件下，p 型半导体材料中的受主杂质基本完全电离，本征激发较弱，此时半导体中的载流子主要为空穴，其浓度近似为

$$p = p_A^- = N_A \tag{1-10}$$

式中，N_A 为受主杂质的浓度。

式(1-10)表明受主杂质基本完全电离时，p 型半导体材料中主要载流子——空穴浓度就认为等于所掺杂的受主杂质浓度。

温度继续升高，半导体进入高温本征激发区，发生本征激发的原子数超过杂质数，半导体的载流子主要由本征激发产生，而且随着温度继续升高，发生本征激发的原子更多，产生的载流子也更多，此时半导体器件不能正常工作。

值得注意的是，n 型半导体和 p 型半导体均属于非本征半导体，其中多子的浓度取决于掺入的杂质元素原子的密度；少子的浓度主要取决于温度；而产生的离子，不参与导电，不属于载流子。另外，在一定温度下，非本征半导体与本征半导体中多子与少子之间都满足公式(1-5)所存在的关系。

1.7 半导体的载流子运动

在实际半导体材料中，晶体中的导电粒子(电子和空穴)，由于电场、热噪声及浓度梯度的影响，会产生各种运动，如漂移、扩散，并随之出现载流子产生、复合、动态平衡等运动结果。

1.7.1 载流子的漂移

以自由电子为例，在外加电压的作用下，半导体内部的自由电子受到电场力的作用，会沿着电场的反方向作定向运动，并形成与电场方向相同，与电子运动方向相反的电流。电子在电场力作用下的这种定向运动，称为漂移运动。定向运动的速度称为漂移速度。在实际半导体材料内部，很难对每一个单个电子的运动速度进行统计。因此，通常用平均漂移速度描述半导体中载流子的整体运动状态。

当半导体内部电场恒定时，电子应具有一个恒定不变的平均漂移速度。电场强度增大时，漂移速度增大，电流密度也相应地增大。平均漂移速度 $\bar{v}$ 与电场强度 E 成正比，具体关系为

$$\bar{v} = \mu E \tag{1-11}$$

式中，μ 为载流子迁移率。

载流子定向漂移运动形成的电流密度为

$$J = nq\mu E \tag{1-12}$$

式中，n 为自由电子浓度；q 为电子电荷。

实际上，半导体中存在着两种载流子，即带负电荷的电子和带正电荷的空穴。因此，半导体中的导电作用应该是电子导电和空穴导电的总和。载流子浓度又会随着温度和掺杂的不同而不同，电流密度也会随之改变。

导带中的导电电子是脱离了共价键可以在半导体中自由运动的电子。价带中的导电空穴是共价键上的电子在共价键间运动时所产生的电流。总电流密度 J_T 为

$$J_T = J_n + J_p \tag{1-13}$$

式中，J_n 为电子电流密度；J_p 为空穴电流密度。

在相同电场作用下，由于空穴的有效质量比电子的大，因此，电子和空穴的平均漂移速度不同，而且导带电子的平均漂移速度要比价带空穴的平均漂移速度大。根据式(1-12)可知，电子的迁移率也要比空穴的迁移率大。但是，对于杂质半导体来说，多子浓度要远大于少子浓度。因此，杂质半导体的电流密度主要取决于多数载流子。例如，对于 n 型半导体，空穴对电流的贡献可以忽略，主要取决于电子的浓度。同理，对于 p 型半导体，电子对电流的贡献也可以忽略，主要取决于空穴的浓度。

1.7.2 载流子的扩散

如果分子、原子、电子等微观粒子在材料中分布的浓度不均匀，由于粒子的无规则热运动，就容易导致粒子由浓度高的地方向浓度低的地方运动，这种运动现象就称为扩散。

对于一块均匀掺杂的半导体材料来说，不同空间区域之间没有浓度差异，各处电荷密度相等，载流子的分布也是均匀的，因而均匀材料中不会发生载流子的扩散运动。

当用频率为 v 的光照射均匀掺杂的半导体时，如果入射光的光子能量大于半导体材料的带隙宽度，并且大部分被吸收时，在半导体的表面薄层中将产生非平衡载流子，则其内部的非平衡载流子就相对较少，即在半导体表面和内部之间形成浓度差，即浓度梯度

$$C_g = \frac{d(\Delta n)}{dx} \tag{1-14}$$

式中，Δn 为非平衡载流子浓度。随着半导体深度不同，非平衡载流子浓度不同，其浓度梯度也不同。

定义单位时间内通过单位面积的载流子粒子数为扩散流密度，表达式为

$$J_0 = D\frac{d(\Delta n)}{dx} \tag{1-15}$$

式中，D 为扩散系数。

由表面注入的载流子，由于浓度梯度的存在，会不断向半导体内部扩散，同时部分电子和空穴也会不断复合而消失。如果用恒定光照射，半导体表面不断有载流子注入，一段时间后，半导体内部各个点的载流子浓度也不会随着时间改变，形成稳定的分布。这种情况称为稳定扩散。如果关闭光源，则非平衡载流子逐渐复合消失完，半导体载流子分布回到光照之

前的状态。

载流子由表面到内部的扩散长度为

$$L = \sqrt{D\tau} \tag{1-16}$$

式中，τ为非平衡载流子的寿命。

扩散速度可以描述为

$$V_{\mathrm{d}} = \frac{L}{\tau} \tag{1-17}$$

根据连续性方程有

$$\frac{\mathrm{d}}{\mathrm{d}x}\left(D\frac{\mathrm{d}(\Delta n)}{\mathrm{d}x}\right) - \frac{\Delta n}{\tau} = 0 \tag{1-18}$$

式(1-18)表示稳定扩散情况下，载流子的扩散过程和复合过程处于一种平衡状态。也可以描述为稳态扩散方程

$$D\frac{\mathrm{d}^2(\Delta n)}{\mathrm{d}x^2} = \frac{\Delta n}{\tau} \tag{1-19}$$

对于具体的半导体材料，只需要将其中的参数设置为相应的参数就可以。此外，还要考虑到半导体材料厚度对扩散长度等参数的影响。

1.7.3 载流子的复合

在一定温度下，如果半导体材料不受外界条件影响，其载流子浓度也是恒定的。当有外加光照等的作用使得半导体中增加或注入了非平衡载流子后，半导体系统中的载流子分布是不稳定的，如果去掉这些产生非平衡载流子的作用，该系统就应当逐渐恢复到原来的稳定状态。这就意味着，在去掉外作用以后，半导体中的非平衡载流子将逐渐减少，直至消失。非平衡载流子的消失主要是通过电子与空穴的相遇而成对消失的过程来完成的，非平衡载流子消失的过程可简称为载流子的复合。

在复合过程中，非平衡载流子的消失不可能是瞬间完成的，需要经过一段时间，非平衡载流子通过复合而消亡所需要的时间，就称为载流子的复合寿命。复合寿命是非平衡载流子的一个重要特征参量，其大小直接影响到半导体器件的性能。

光照、升温、掺杂等因素会使载流子增加，这个增加过程就是载流子的产生过程，所需要的平均时间就称为载流子的产生寿命。复合与产生，这是两个相反的过程，其机理有不同。因此，相应的寿命——复合寿命和产生寿命的长短也应该有所不同。

载流子的复合主要有两种形式：一是电子由导带跃迁到价带，称为直接带间复合；二是电子和空穴通过禁带内的复合中心进行复合。同时，载流子在复合时，由于电子从高量子态跃迁到低量子态，所以一定会释放出多余的能量。该能量的主要表现形式有三种情况：一是发射光子，即伴随着复合过程，将有发光现象；二是发射声子，载流子会将多余的能量传给晶格，转换为晶格的振动机械能；三是俄歇复合，载流子在复合过程会将能量给予其他载流子，增加其他载流子的能量，使其被激发到能量更高的量子态上。相比前两种现象，俄歇复合属于一种非辐射复合。

在半导体材料中，载流子的复合和产生过程总是同时存在的。对于一个具体的半导体，

单位时间和单位体积内所产生的电子与空穴对数,就是载流子的产生率;同理,单位时间和单位体积内所复合掉的电子与空穴对数,就是载流子的复合率。

如图1-15所示,对于直接带间复合,存在导带电子由导带跃迁到价带,与价带空穴进行的复合;同时,也存在价带中的电子,由于热激发,从价带跃迁到导带中,产生电子-空穴对的产生过程。GaAs、InSb、PbSb、PbTe等半导体,就属于这种直接带间复合的半导体材料。

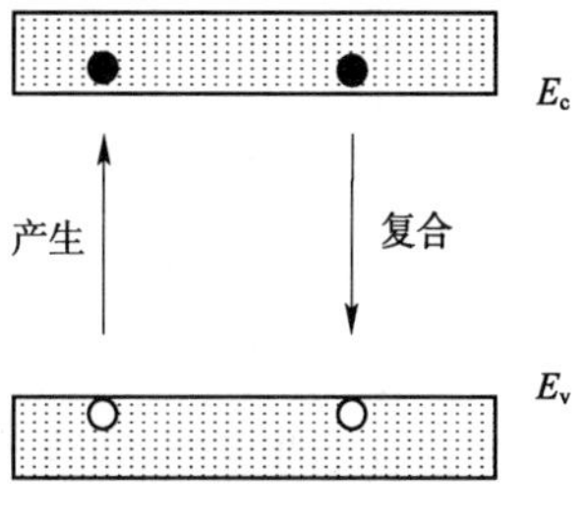

图1-15 直接复合

如图1-16所示,在半导体材料中,杂质和缺陷也会在禁带中形成一定的量子态,它们不仅会对半导体的导电特性起到一定的影响,而且会对载流子的复合起到一定的促进作用。研究发现,杂质和缺陷浓度越大,载流子的寿命会越短,复合活动越剧烈。这种半导体材料中的杂质和缺陷,称为复合中心,这种复合过程称为间接复合。同样,这种半导体在载流子进行复合的同时,也存在价带中的电子,由于热激发,从价带跃迁到复合中心,再进入导带中从而产生电子-空穴对的产生过程。Si、Ge等半导体材料中的载流子复合,都属于这种间接复合。

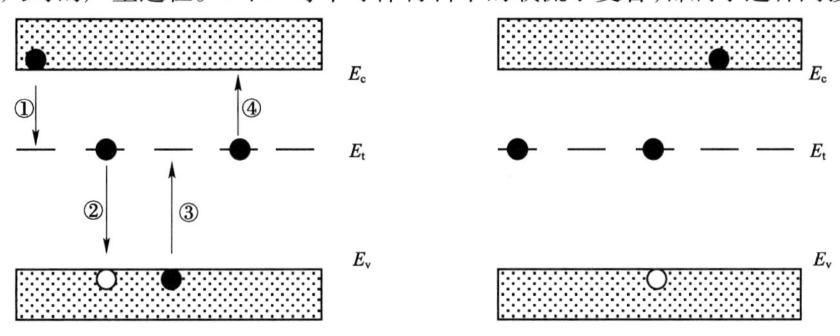

图1-16 间接复合

习 题

1. 半导体、绝缘体和导体的定义和区别是什么?
2. 硅为什么能取代锗成为目前半导体制造的主流材料?
3. 什么是晶体,晶体结构有哪些基本特征?
4. 说明点缺陷的定义、特征、形成原因。
5. 简述能带的形成过程。
6. 从能带的角度分析绝缘体、半导体、导体的导电性。
7. 对于某n型半导体,试证明其费米能级在其本征半导体费米能级之上,即 $E_{Fn} > E_i$。
8. 解释为什么在一定的温度下,对本征材料而言,材料的禁带宽度越窄,载流子浓度越高。
9. 含受主浓度为 $8.0\times10^{6}\text{cm}^{-3}$ 和施主浓度为 $7.25\times10^{17}\text{cm}^{-3}$ 的Si材料,试求温度分别为300K时,此材料的载流子浓度和费米能级的相对位置。
10. 试计算本征Si在室温时的电导率,设电子和空穴迁移率分别为 $1350\text{cm}^2/(\text{V}\cdot\text{s})$ 和

$500cm^2/(V\cdot s)$。n型Si中电子迁移率在施主浓度为$5\times10^{16}cm^{-3}$时下降为$800cm^2/(V\cdot s)$，当掺入百万分之一的As后，设杂质全部电离，试计算其电导率。掺杂后的电导率比本征Si的电导率增大了多少倍？

参考文献

[1] 刘恩科，朱秉升，罗晋生. 半导体物理学[M]. 7版. 北京：电子工业出版社，2011.
[2] 黄昆，谢希德. 半导体物理学[M]. 北京：科学出版社，1958.
[3] 黄昆，韩汝琦. 半导体物理基础[M]. 北京：科学出版社，2010.
[4] 施敏，伍国珏. 半导体器件物理[M]. 3版. 耿莉，张瑞智，译. 西安：西安交通大学出版社，2008.
[5] 谢希德，方俊鑫. 固体物理学(上册)[M]. 上海：上海科学技术出版社，1961.
[6] 陈志明，王健农. 半导体的材料物理学基础[M]. 科学出版社，1999.
[7] 史密斯. 半导体[M]. 高鼎三，等，译. 北京：科学出版社，1966.
[8] Sze S M. Semiconductor Devices[M]. Bell Telephone Inc., 1985.
[9] Ben G Streetman. Solid State Electronic Device[M]. Prentice-hall, Inc., 1980.
[10] Warner R M, Grung B L. Semiconductor-Device Electronics[M]. 北京：电子工业出版社，2002.

第2章　二　极　管

二极管器件又称晶体二极管器件，简称二极管。它是一种外部有两个电极的半导体电子器件，内部是采用p型和n型半导体材料制备的pn结。它的主要部分是一个pn结，而且pn结是研究和分析晶体二极管、晶体三极管和场效应晶体管等半导体器件的关键。本章将介绍分析二极管的结构、形成及偏压、击穿、开关等主要特性，了解和掌握pn结的基础理论，为学习三极管和场效应晶体管等半导体电子器件打下良好基础。

2.1　二极管的基本结构

二极管的出现可以追溯到20世纪40年代，研究人员将Ⅲ、Ⅴ族杂质掺入到Si材料中，制备了p型和n型Si材料，并用相应工艺制备出了第一个Si材料的pn结，发现了Si中杂质元素的分凝现象，以及施主和受主杂质的补偿作用。对于二极管的发现，多认为归功于美国物理学家Russell Ohl和贝尔实验室的研究人员。1948年，贝尔实验室的威廉·肖克利发表了研究论文《半导体中的pn结和pn结型晶体管的理论》。

经过半个多世纪的发展，二极管家族已经拥有了众多成员。按照制备器件的半导体材料，可分为Ge二极管和Si二极管。根据功能，可分为检波二极管、整流二极管、稳压二极管、开关二极管等。按照管芯结构不同，可分为点接触型二极管、面接触型二极管及平面型二极管。按照器件封装方式不同，可以分为直插式、贴片式、整流桥式等二极管。但是，这些二极管器件的基本结构都是pn结，都是由p型半导体材料和n型半导体材料构成，并将两者紧密结合在一起，在其交界面附近形成一个结，称为pn结，如图2-1所示。

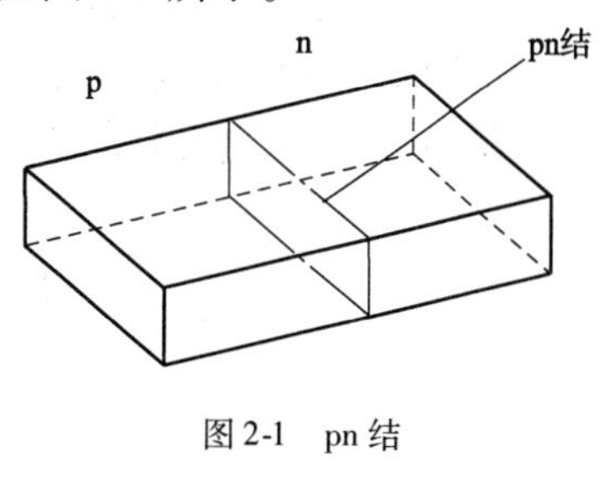

图2-1　pn结

由于二极管的几何结构、半导体材料、制备工艺等的不同，其特性、功能、用途等都将有所不同。下面对常见的点接触型、面接触型、平面型三种结构的二极管进行简单介绍。

点接触型二极管，如图2-2a)所示，是用一根很细的金属丝压在光洁的Ge或Si材料的单晶片表面上，通以脉冲电流，使触丝一端与晶片牢固地烧结在一起，形成一个pn结。由于点接触型器件二极管中两种掺杂材料的接触面积很小，所以允许通过的电流较小。由于其pn结的静电容量小，适用于高频小电流领域。但是，点接触型二极管正向特性和反向特性都差，不适合用在大电流和整流场合。

面接触型二极管，如图2-2b)所示，相比点接触型，pn结具有比较大的接触面积，允许通过较大的电流(可以从几安到几十安)，结电容也比较大。因此，主要用于把交流电变换成直流电的“整流”电路中，也适用于大电流整流电路或脉冲数字电路中做开关管，由于其结电容较大，因而只能工作在低频条件下。

平面型二极管,如图 2-2c)所示,它是在 pn 结表面覆盖了一层二氧化硅薄膜,避免了 pn 结表面被水分子、气体分子以及其他离子等沾污。这种器件不仅能通过较大的电流,而且性能稳定可靠,多用于开关、脉冲及高频电路中。

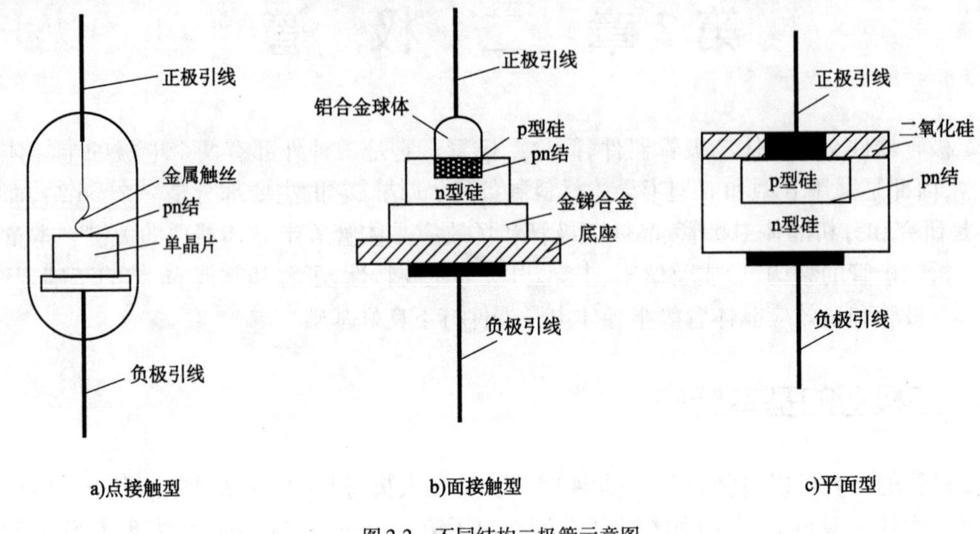

图 2-2 不同结构二极管示意图

2.2 pn 结的形成及杂质分布

pn 结是结型半导体器件的重要组成部分,很大程度上决定了器件的性能。在一块 n 型(或 p 型)半导体单晶上,用适当的方法,如合金法、扩散法、外延生长法、离子注入法等,掺入 p 型(或 n 型)杂质,就形成了 pn 结。

合金法制造 pn 结,例如,把一小粒铝放在 n 型半导体上,加热到一定温度使其形成铝硅熔融体,然后降低温度,熔融体凝固,在 n 型单晶上形成一层含有高浓度铝的 p 型单晶薄层,它与 n 型单晶的交界面处就是 pn 结。

如图 2-3a)所示,正负表示两种不同杂质,杂质可以补偿。合金结中 p 型区和 n 型区的杂质均匀分布,浓度分别为 N_A 和 N_D。在交界面处,杂质浓度由 N_A 突变为 N_D,这种 pn 结称

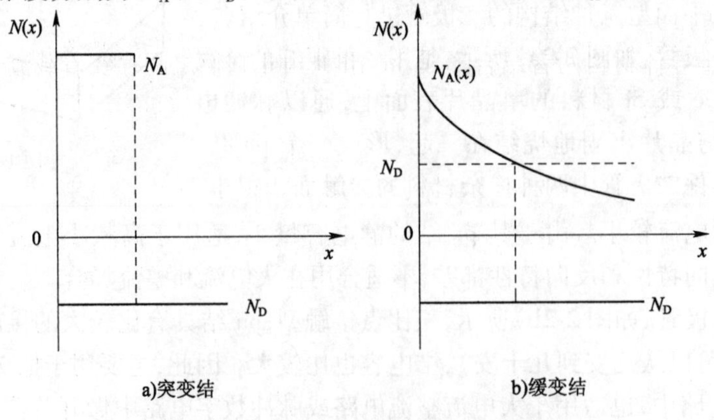

图 2-3 突变结和缓变结杂质的浓度分布

为突变结。对于实际的突变结,交界面两侧的杂质浓度相差很大(如 $N_A = 10^{19}cm^{-3}$,$N_D = 10^{17}cm^{-3}$),通常这种结称为单边突变结(p^+n 结或 pn^+ 结)。

扩散法制造 pn 结,在 n 型单晶上,经过氧化、光刻、扩散等工艺制造 pn 结。恒定源扩散杂质浓度分布为余误差分布,限定源扩散杂质浓度分布为高斯分布。如图 2-3b)所示,杂质浓度由 p 区到 n 区是逐渐变化的,这种结称为缓变结。pn 结中,杂质净分布由扩散过程和杂质补偿决定。

高表面浓度的浅扩散结,在交界面处的杂质浓度梯度很大,一般认为突变结近似,如图 2-4a)所示;低表面浓度的深扩散结,在交界面处的杂质浓度梯度很小,一般认为线性近似,称为线性缓变结,如图 2-4b)所示。

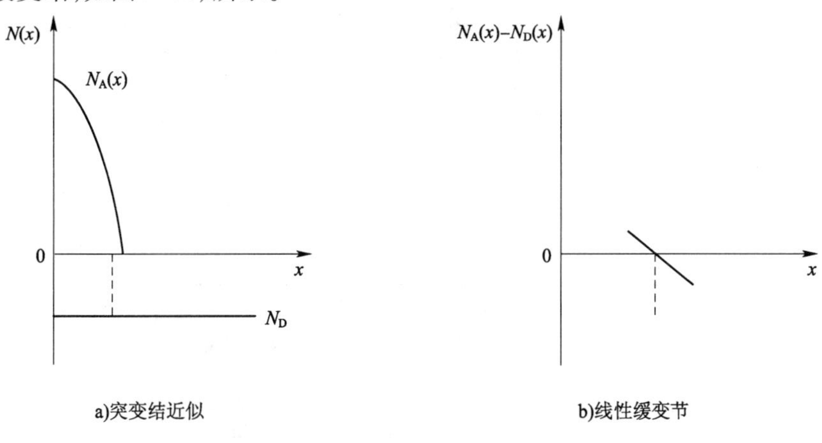

图 2-4 突变结近似和线性缓变结的杂质浓度分布

2.3 平衡 pn 结

2.3.1 空间电荷区的形成

半导体材料单独存在时,对于 p 型半导体,空穴是多数载流子,电子是少数载流子;对于 n 型半导体,电子是多数载流子,空穴是少数载流子。但是,无论是 p 型或 n 型半导体材料,它们都是电中性的。

p 型和 n 型半导体材料两者结合形成 pn 结时,由于它们之间存在着载流子浓度差,导致了空穴从 p 区到 n 区、电子从 n 区到 p 区的扩散运动,如图 2-5 所示。对于 p 区,空穴离开后,留下了不可动的带负电荷的电离受主离子,这些带负电荷的电离受主离子没有相应的正电荷平衡。因此,在 pn 结交界面附近靠近 p 区一侧出现了一个负电荷区。同理,在 pn 结交界面附近靠近 n 区一侧出现了由电离施主离子构成的一个正电荷区。通常就把在 pn 结交界面附近的电离施主离子和电离受主离子所带的电荷称为空间电荷。它们所存在的区域称为空间电荷区,如图 2-6 所示。

空间电荷区中的电荷产生了从 n 区指向 p 区,即从正电荷指向负电荷的电场,称为自建电场。在自建电场作用下,载流子作漂移运动。自建电场作用下的漂移运动方向与载流子浓度差作用下的扩散运动方向相反。因此,自建电场有阻碍电子和空穴继续扩散的作用。

伴随着这种扩散运动的进行,空间电荷区中的正负电荷逐渐增多,空间电荷区也逐渐扩展;同时自建电场强度也逐渐增强,载流子的漂移运动随之逐渐加强。在没有外加条件的情况下,载流子的扩散运动和漂移运动最终达到动态平衡。从 n 区向 p 区扩散过去多少电子,同时就将有同样多的电子在自建电场作用下返回 n 区。电子的扩散电流和漂移电流的大小相等、方向相反。对于空穴,其情况完全类似。因此,流过 pn 结的净电流为零,也可以说没有电流流过 pn 结。此时,空间电荷的数量保持动态平衡,空间电荷区不再继续扩展,维持在一定的宽度。所以,这种情况下的 pn 结通常也称为平衡 pn 结。

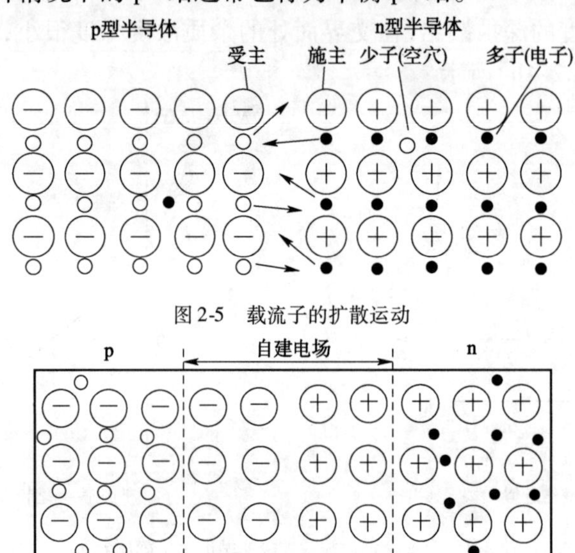

图 2-5 载流子的扩散运动

图 2-6 空间电荷区

在空间电荷区,根据电中性要求,交界面两侧的正、负电荷量相等,则低掺杂一侧需要更大的空间才能拥有足够的电荷量。因此,空间电荷区的宽度主要在低掺杂一侧。

2.3.2 pn 结的能带

p 型和 n 型半导体材料的能带如图 2-7 所示。其中,E_{Fp}和 E_{Fn}分别表示 p 型和 n 型半导体的费米能级。当两种半导体材料结合形成 pn 结时,依据费米能级的定义,电子将从费米能级高的 n 区流向费米能级低的 p 区,因而 E_{Fn}不断下降,而 E_{Fp}不断上升。直至 $E_{Fp}=E_{Fn}$时为止,这时 pn 结中的费米能级 E_F处处相等,pn 结处于平衡状态,其能带如图 2-8 所示。事实上,E_{Fp}是随着 p 区能带一起上升,E_{Fn}则随着 n 区能带一起下降。这种能带的相对移动是 pn 结空间电荷区中自建电场作用的结果。自建电场使得 p 区电子能量增大,且相对 n 区增大 qV_D。所以,p 区能带相对 n 区上升,而 n 区能带相对 p 区下降,直至费米能级处处相等,能带才停止相对移动,pn 结达到平衡状态。pn 结中,能带上升的方向就是自建电场所指的电场方向,且电场越强,能带上升越快;在不存在电场的中性区内,能带保持平直。

如图 2-8 所示,因能带弯曲,电子从势能低的 n 区向势能高的 p 区运动时,必须要具有 qV_D的能量以越过这一势能“高坡”,才能到达 p 区;同理,空穴也必须越过这一势能“高坡”,

才能从 p 区到达 n 区,这一势能“高坡”通常称为 pn 结的势垒,qV_D称作势垒高度,能量“高坡”所在空间即空间电荷区叫势垒区,相应宽度也叫势垒宽度。

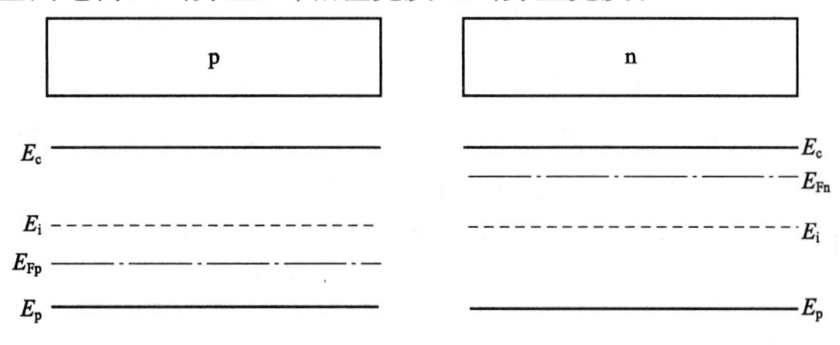

图 2-7 p 型和 n 型半导体的能带图

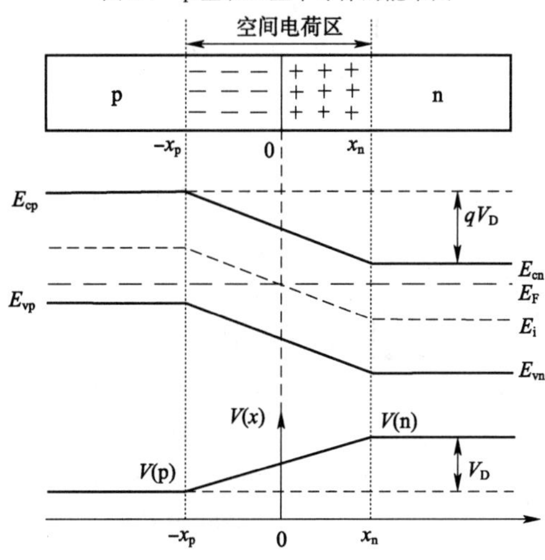

图 2-8 pn 结的能带图及电位分布

2.3.3 接触电势差

由上述内容可知,自建电场的存在使得 p 区和 n 区之间存在电势差。平衡 pn 结的空间电荷区两端间的电势差 V_D称作 pn 结的接触电势差。

由图 2-8 可知,势垒高度 qV_D正好等于 p 区和 n 区的费米能级之差,使平衡 pn 结的费米能级处处相等,因此有

$$qV_D = E_{Fn} - E_{Fp} \tag{2-1}$$

对于理想突变结,杂质完全电离时,n 区平衡电子浓度为 $n \approx N_D$,则有

$$E_{Fn} - E_i = k_0 T \ln \frac{N_D}{n_i} \tag{2-2}$$

p 区平衡空穴浓度为 $p \approx N_A$,则有

$$E_i - E_{Fp} = k_0 T \ln \frac{N_A}{n_i} \tag{2-3}$$

由式(2-1)、式(2-2)与式(2-3)可得

$$E_{Fn} - E_{Fp} = k_0 T \ln \frac{N_D N_A}{n_i^2} = qV_D \tag{2-4}$$

所以,接触电势差为

$$V_D = \frac{k_0 T}{q} \ln \frac{N_D N_A}{n_i^2} \tag{2-5}$$

由式(2-5)可知接触电势差 V_D 和 pn 结的掺杂浓度、温度、材料的禁带宽度有关。在一定的温度下,n 区和 p 区的掺杂浓度越高,接触电势差 V_D 越大;禁带宽度 E_g 越大,则 n_i 越小,V_D 也越大;pn 结温度上升,但 n_i 增加得更快,因而 V_D 降低。如硅的禁带宽度比锗的禁带宽度大,当其他条件相同时,硅 pn 结的 V_D 比锗 pn 结的 V_D 大。

线性缓变结的边界杂质浓度为 $N_D = N_A = x_{pn} \cdot \alpha_j / 2$,其中,$x_{pn}$ 为耗尽层宽度,α_j 为结处的杂质浓度梯度,接触电势差为

$$V_D = 2\frac{k_0 T}{q} \ln \frac{x_{pn}\alpha_j}{2n_i} \tag{2-6}$$

2.3.4 空间电荷区特性

pn 结中的载流子分布情况如图 2-9 所示。在空间电荷区靠近 p 区边界 $-x_p$ 处,电子浓度等于 p 区的平衡少子浓度 n_{p0},空穴浓度等于 p 区的平衡多子浓度 p_{p0};在靠区边界 x_n 处,空穴浓度等于 n 区的平衡少子浓度 p_{n0},电子浓度等于 n 区的平衡多子浓度 n_{n0}。在空间电荷区内,空穴浓度从 $-x_p$ 处的 p_{p0} 减少到 x_n 处的 p_{n0},电子浓度从 x_n 处的 n_{n0} 减少到 $-x_p$ 处的 n_{p0}。

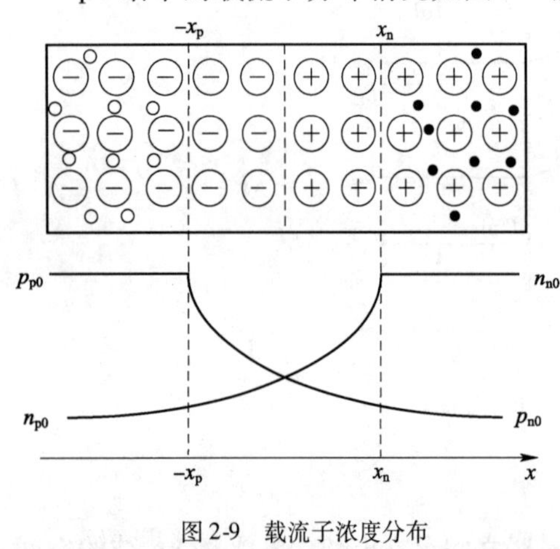

图 2-9 载流子浓度分布

空间电荷区内自由载流子的分布是按指数规律变化的,变化非常显著,绝大部分区域的载流子浓度远小于中性区域,即空间电荷区的载流子基本已被耗尽,所以空间电荷区也称为耗尽区。

在 pn 结理论分析中,常采用耗尽层近似条件:一是空间电荷区内不存在自由载流子,只存在电离施主和电离受主的固定电荷;二是空间电荷区的边界是突变的,边界以外的中性区电荷突然下降为零。耗尽层近似假设不仅简化了问题的处理,而且由其得出的很多概念,物理概念清楚,并与实验结果基本符合,因此被大量使用。

2.3.5 空间电荷区的电场和宽度

在前面 pn 结相关内容的介绍中,为了方便分析,一般简单认为 p 型半导体材料中受主杂质的浓度等于 n 型半导体材料中施主杂质的浓度,pn 结在 p 型半导体材料和 n 型半导体材料中的结深相同,所以空间电荷区的宽度分布也相同。但是,在实际半导体器件及工艺中,由于工艺、pn 结类型的不同,pn 结的杂质分布不同,电场、电位和空间电荷区的宽度也都有所不同。下面对采用耗尽层近似分析突变结和线性缓变结这两种典型情况进行介绍。

2.3.5.1 突变结

突变结的电场分布如图 2-10 所示,p 侧和 n 侧的耗尽层宽度分别表示为 x_p 和 x_n,整个空

间电荷区的宽度为

$$x_{pn}=x_p+x_n \tag{2-7}$$

根据耗尽层近似，可认为空间电荷区中正、负空间电荷密度分别等于 $+qN_D$ 和 $-qN_A$。由于电中性的要求，整个空间电荷区中正负电荷相等，即 $qN_Dx_nA=qN_Ax_pA$（A 表示 pn 结的截面积），则有

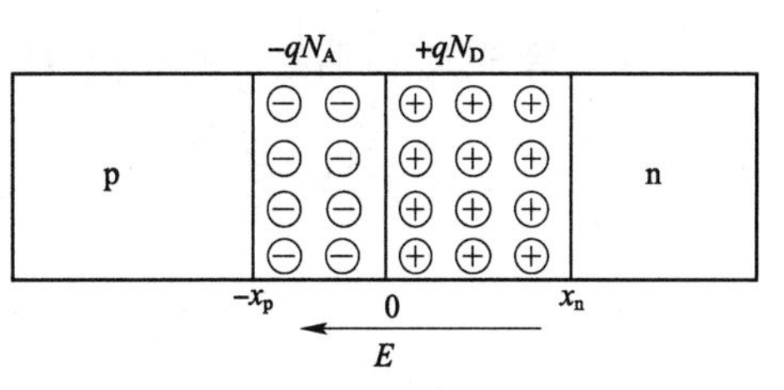

图 2-10 突变结的耗尽层

$$\frac{x_n}{x_p}=\frac{N_A}{N_D} \tag{2-8}$$

式(2-8)说明空间电荷区在 p 区和 n 区的宽度与它们的杂质浓度成反比。特别是对于单边突变结来说，整个空间电荷区的宽度主要由低掺杂区决定。

突变结空间电荷区内的净电荷均匀分布。

当 $x>x_n$ 和 $x<-x_p$ 时，$E=0$；当 $0<x<x_n$ 时，空间电荷区的电场分布为

$$E(x)=\frac{qN_Dx_n}{\varepsilon_{rs}\varepsilon_0}\left(1-\frac{x}{x_n}\right) \tag{2-9}$$

式中，ε_0 为真空介电常数；ε_{rs} 为半导体的相对介电常数。

当 $-x_p<x<0$ 时，有

$$E(x)=\frac{qN_Ax_p}{\varepsilon_{rs}\varepsilon_0}\left(1+\frac{x}{x_p}\right) \tag{2-10}$$

由式(2-9)、式(2-10)可见，当 $x=0$ 时，电场强度最大，为

$$E_{MAX}=\frac{qN_Dx_n}{\varepsilon_{rs}\varepsilon_0} \tag{2-11}$$

或

$$E_{MAX}=\frac{qN_Ax_p}{\varepsilon_{rs}\varepsilon_0} \tag{2-12}$$

根据以上述结果，可以作出如图 2-11 所示的突变结空间电荷区电场分布示意图，突变结空间电荷区的电场是线性分布。

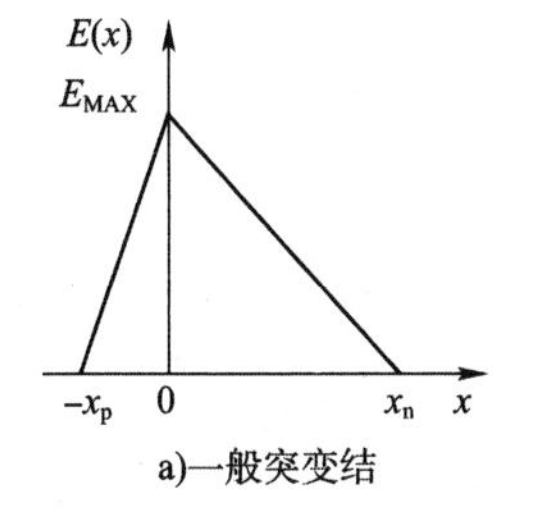

a)一般突变结

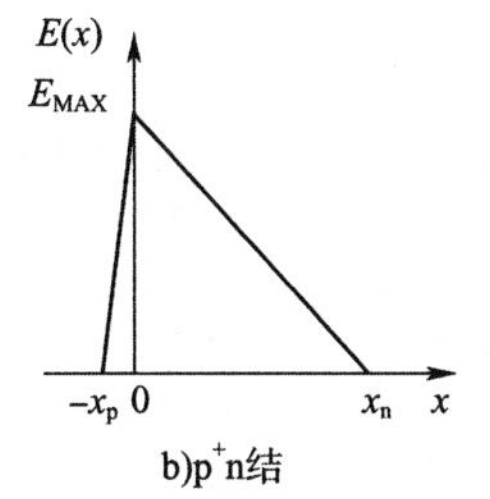

b)p⁺n结

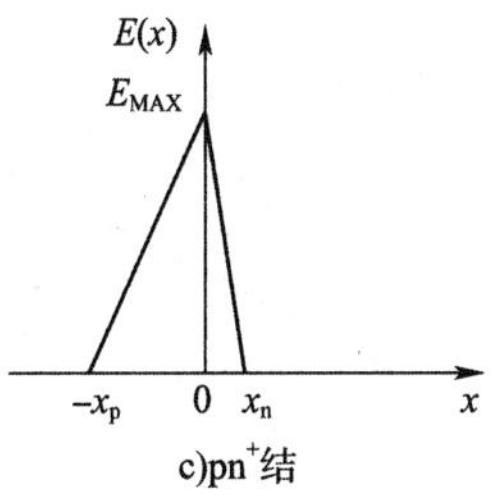

c)pn⁺结

图 2-11 三类突变结空间电荷区的电场分布

下面讨论空间电荷区的宽度与自建电势差 V_D 的关系。

若 V_D 是 p 区边界 $-x_p$ 处与 n 区边界 x_n 处之间的电位差，根据电学原理有

$$V_D=\int_{-x_p}^{x_n}E(x)\,dx \tag{2-13}$$

即 V_D 等于 $E(x)$ 曲线下的面积，对于一般突变结有

$$V_D=\frac{qN_Dx_n}{2\varepsilon_{rs}\varepsilon_0}x_n+\frac{qN_Ax_p}{2\varepsilon_{rs}\varepsilon_0}x_p=\frac{q}{2\varepsilon_{rs}\varepsilon_0}\frac{N_AN_D}{N_A+N_D}(x_n+x_p)^2 \tag{2-14}$$

$$x_{pn}=x_n+x_p=\sqrt{V_D\frac{2\varepsilon_{rs}\varepsilon_0}{q}\frac{N_A+N_D}{N_AN_D}} \tag{2-15}$$

对于 p^+n 结，$N_A>>N_D$，$x_n>>x_p$，所以有

$$V_D\approx\frac{qN_Dx_n^2}{2\varepsilon_{rs}\varepsilon_0} \tag{2-16}$$

$$x_{pn}\approx\sqrt{\frac{2\varepsilon_{rs}\varepsilon_0V_D}{qN_D}} \tag{2-17}$$

对于 pn^+ 结，$N_D>>N_A$，$x_p>>x_n$，所以有

$$V_D\approx\frac{qN_Ax_p^2}{2\varepsilon_{rs}\varepsilon_0} \tag{2-18}$$

$$x_{pn}\approx x_p=\sqrt{\frac{2\varepsilon_{rs}\varepsilon_0V_D}{qN_A}} \tag{2-19}$$

2.3.5.2 线性缓变结

理想的线性缓变结的空间电荷区如图 2-12 所示，正负空间电荷区的宽度相等，即 $x_n=x_p=x_{pn}/2$。空间净电荷线性分布

$$\rho(x)=q\alpha_jx \tag{2-20}$$

式中，α_j 为杂质浓度梯度，为常数。

$$E(x)=\frac{q\alpha_j}{2\varepsilon_{rs}\varepsilon_0}\left(\frac{1}{4}x_{pn}^2-x^2\right)\qquad -\frac{x_{pn}}{2}<x<\frac{x_{pn}}{2} \tag{2-21}$$

式(2-21)表明，线性缓变结电场大小分布呈抛物线，方向由 n 区指向 p 区，如图 2-13 所示。当 $x=0$（交界面处），电场强度最大，为

$$E_{MAX}=\frac{q\alpha_j}{8\varepsilon_{rs}\varepsilon_0}x_{pn}^2 \tag{2-22}$$

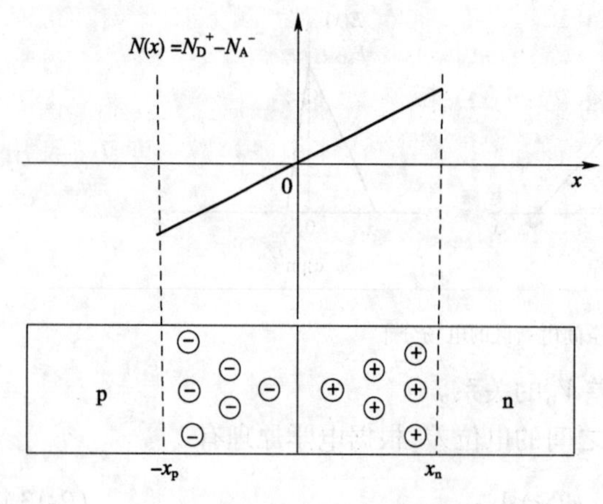

图 2-12 线性缓变结的空间电荷区

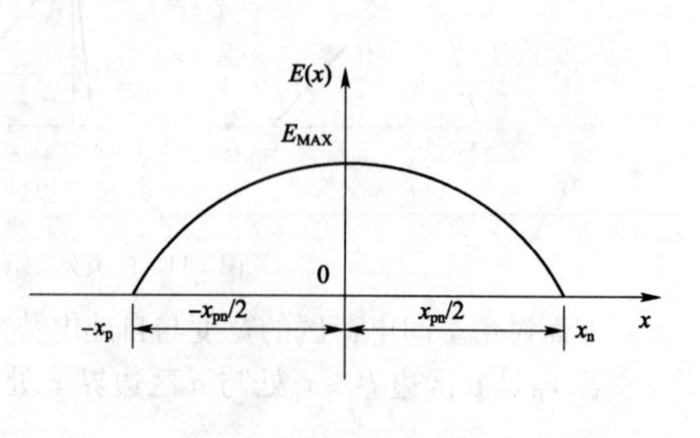

图 2-13 线性缓变结电场大小分布

线性缓变结的空间电荷区的宽度 x_{pn} 与自建电势差 V_D 的关系为

$$V_D = \int E(x)\mathrm{d}x = \int_{-\frac{1}{2}x_{pn}}^{\frac{1}{2}x_{pn}} \frac{q\alpha_j}{2\varepsilon_{rs}\varepsilon_0}\left(\frac{1}{4}x_{pn}^2 - x^2\right)\mathrm{d}x = \frac{q\alpha_j}{12\varepsilon_{rs}\varepsilon_0}x_{pn}^3 \tag{2-23}$$

由式(2-23)可得

$$x_{pn} = \sqrt[3]{\frac{12\varepsilon_{rs}\varepsilon_0 V_D}{q\alpha_j}} \tag{2-24}$$

2.4 二极管的偏压特性

二极管器件的偏压特性,其本质就是 pn 结的偏压特性。在平衡 pn 结中,存在着自建电场,具有一定宽度和势垒高度的势垒区;每一种载流子的扩散电流和漂移电流互相抵消,没有净电流通过 pn 结。

2.4.1 正向偏压

当二极管加上正向偏压 V,即 pn 结的 p 型端接正极,n 型端接负极时,如图 2-14 所示。势垒区内的载流子很少,是个高阻区。因此,外加偏压 V 几乎全部加到势垒区。如图 2-14 所示,外加电压产生的电场与自建电场的方向相反,减弱了势垒区中的总电场,空间电荷相应减少,势垒区的宽度也随之减小,这时势垒高度由平衡时的 qV_D 下降为 $q(V_D - V)$。

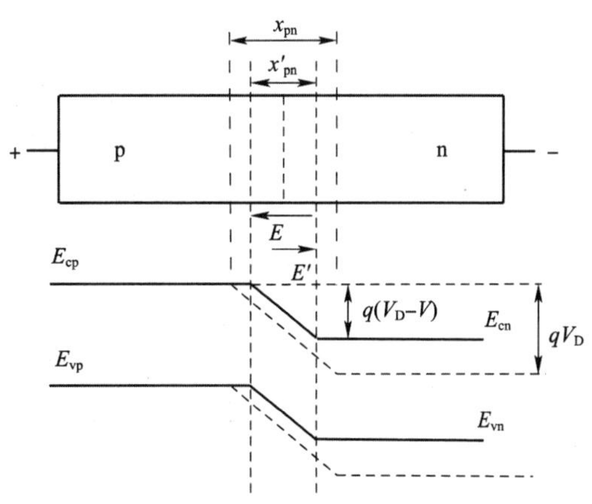

图 2-14 正向偏压下的 pn 结

势垒区电场的减弱,破坏了载流子的扩散运动和漂移运动之间的平衡。载流子的扩散运动将超过漂移运动,即扩散电流大于漂移电流,于是有一个净扩散电流从 p 区流入 n 区,这便是二极管的正向电流。

n 区的电子和 p 区的空穴都是多数载流子,p 区的空穴扩散进入 n 区,成为 n 区的非平衡少数载流子,n 区的电子扩散进入 p 区,成为 p 区的非平衡少数载流子,这种由于外加正向偏压的作用使非平衡载流子进入半导体的现象称为非平衡少数载流子的注入。空穴经过势垒区到达 n 区的边界后,一边扩散,一边与 n 区的多子——电子复合,达到一定深度(非平衡少子空穴扩散长度,L_p)几乎完全复合。电子与之类似,到达非平衡少子电子扩散长度,L_n 后,几乎完全复合。在扩散过程中,由于复合,空穴的扩散电流不断转换为电子的漂移电流,电子的扩散电流不断转换为空穴的漂移电流。因此,空穴和电子的电流密度各处不同,然而两者的和是相等的,即 pn 结的电流是连续的。

在正向偏压下,pn 结的 n 区和 p 区都有非平衡少数载流子的注入。在非平衡少数载流子存在的区域,必须用电子的准费米能级 E_{Fn} 和空穴的准费米能级 E_{Fp} 取代原来平衡时的统一费米能级 E_F,在空间电荷区两者的差为 $qV = E_{Fn} - E_{Fp}$,如图 2-15 所示。

2.4.2 反向偏压

当二极管加上反向偏压 V,即 pn 结的 p 型端接负极,n 型端接正极时,如图 2-16 所示。

势垒区内的载流子很少，是个高阻区。因此，外加偏压 V 几乎全部加到势垒区。外加电压产生的电场与自建电场的方向相同，增强了势垒区中的总电场，空间电荷相应增加，故势垒区的宽度也增大，同时势垒高度由平衡时的 qV_D 上升为 $q(V_D+V)$，如图 2-16 所示。

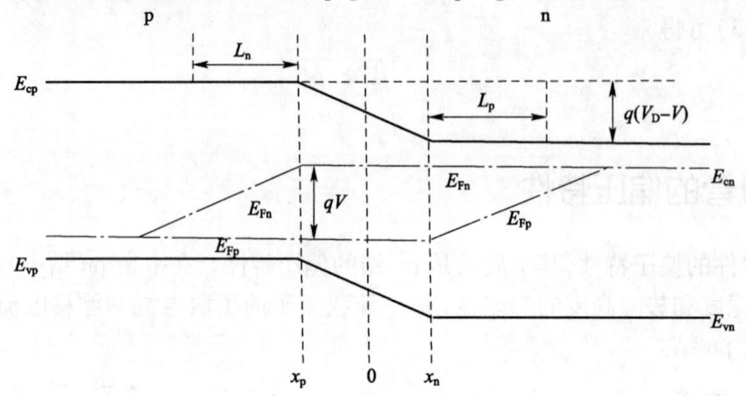

图 2-15　正向偏压下 pn 结的能带图

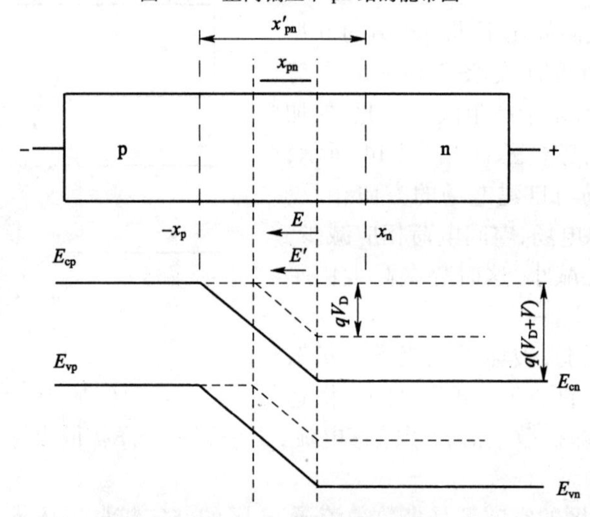

图 2-16　反向偏压下的 pn 结

势垒区电场的增强，破坏了载流子的扩散运动和漂移运动之间的平衡，载流子的漂移作用大于扩散作用。这时在空间电荷区内，n 区的空穴因势垒区的强电场向 p 区漂移，而 p 区的电子向 n 区漂移。当这些少数载流子漂移过去后，原处的少子浓度低于中性区的，中性区的少子向空间电荷区扩散，少子进入空间电荷区后，立刻被电场驱动，形成了反向偏压下的电子扩散电流和空穴扩散电流，这种情况好像少数载流子不断地被抽取出来，所以称为少数载流子的反向抽取。但少子的浓度很低，扩散长度基本不变，因此，电流很小而且基本不变。

p 区 L_n 范围内的少子电子向空间电荷区扩散，再在电场的作用下漂移到 n 区，n 区与之类似，两者构成 pn 结反向电流。同样，空穴和电子的电流密度各处不同，但两者的和是相等的，即 pn 结的反向电流是连续的。

当二极管加上反向偏压时，在电子扩散区、势垒区、空穴扩散区中，电子和空穴的准费米能级和变化规律与正向偏压时基本相似，所不同的只是 E_{Fn} 和 E_{Fp} 的相对位置发生了变化。两者之差为 $qV=E_{Fp}-E_{Fn}$，如图 2-17 所示。

将二极管的正向特性和反向特性组合起来，就形成二极管的 $I\text{-}V$ 特性（电流-电压特性，或伏安特性）。图2-18 显示的是硅二极管的 $I\text{-}V$ 特性曲线。可以看出，二极管外加正向偏压时，表现为正向导通；外加反向偏压时，表现为反向截止，即二极管具有单向导电性或整流效应。

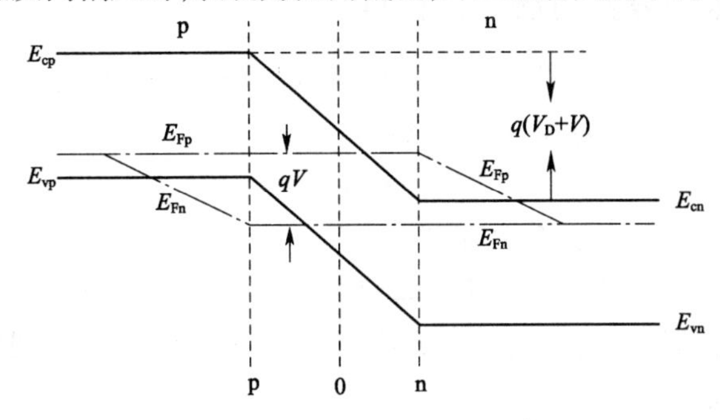

图2-17 反向偏压下 pn 结的能带图

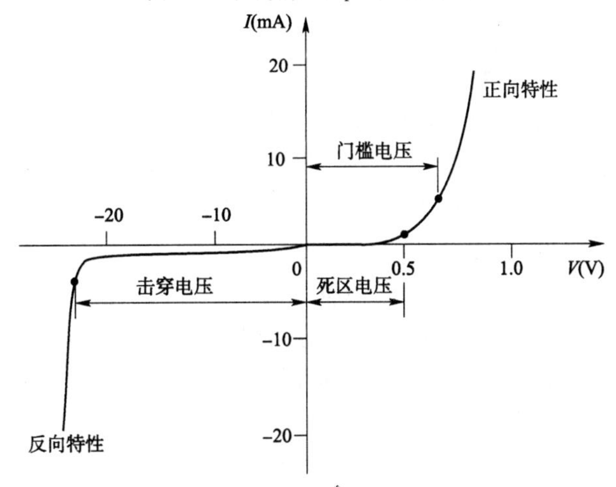

图2-18 硅二极管的伏安特性曲线

从图2-18 的 $I\text{-}V$ 特性曲线可以看出，在外加电压 V 较低时，正向电流很小，几乎为零；随着外加电压的增加，正向电流慢慢增大，只有当 V 大于某一值时，正向电流才有明显的增加。通常规定正向电流达到某一明显数值时所需外加的正向电压称为二极管的导通电压，也称为门槛或阈值电压，通常记为 V_T，即外加电压要大于 V_T 后，正向电流才随着外加电压的增加急剧增加。室温下锗二极管的导通电压约为0.2V，硅二极管的导通电压约为0.7V。反向电流很小而且很快趋于饱和。

二极管的这种单向导电特性是由正向注入和反向抽取所决定的。正向注入可以使边界少数载流子浓度增加很大，通常可以达到几个数量级，从而形成大的浓度梯度和大的扩散电流，而且注入的少数载流子浓度随正向偏压增加成指数规律增加；而反向抽取使边界少数载流子浓度减少，随反向偏压增加很快趋于零，边界处少子浓度的变化量最大不超过平衡时少子浓度。这就是二极管正向电流随电压很快增大而反向电流很快趋于饱和的物理原因。

2.5 二极管直流特性的影响因素

以上分析是在理想条件下得到的，它揭示了二极管导电的基本原理。但在实际情况时，还要考虑直流特性的影响因素,包括空间电荷区的复合电流和产生电流、表面效应、串联电阻效应、大注入效应、温度等影响。下面简单讨论一下这些影响因素。

2.5.1 空间电荷区的复合电流和产生电流

在正向偏压条件下,空间电荷区内有非平衡载流子注入,载流子浓度高于平衡值,故复合率大于产生率,净复合率不为零,存在复合电流。

在反向偏压条件下,由于载流子的反向抽取,空间电荷区内少子浓度低于平衡值,故复合率小于产生率,净产生率不为零,存在产生电流。

空间电荷区的产生电流不像扩散电流那样会达到饱和值,而是随反向偏压增大而增大。这是因为 pn 结空间电荷区宽度随着反向偏压的增大而展宽,处于空间电荷区的复合中心数目增多,所以产生电流增大。

2.5.2 表面效应

半导体表面对二极管直流特性有较大影响,特别对反向电流几乎有决定性影响。表面漏电流包括表面电流、表面沟道电流和表面漏导电流等。

pn 结常用 SiO_2层做保护膜,由于 SiO_2保护膜中总存在正电荷,因此,存在表面电场。加上偏压后会在表面形成表面复合电流(正偏)和表面产生电流(反偏)。对于半导体器件来说,其表面积与体积之比很大,因此,表面电流较大。

SiO_2保护膜中总存在正电荷,当 p 区杂质浓度较低时,会使 p 型衬底表面感应生成 n 型反型层,而且反型层使 pn 结面积增大,反向电流增大。

由于材料和工艺等原因,pn 结表面常被沾污,容易引起表面漏电流,使反向电流增大。

2.5.3 串联电阻

二极管的串联电阻(体电阻和欧姆接触电阻)使实际加在空间电荷区上的电压降低,从而使正向电流随电压的上升变慢。

2.5.4 大注入效应

正向偏压较大时,注入的非平衡少子浓度接近或超过多子浓度时的情况,称为大注入。在大注入条件下,二极管的电流-电压特性也将发生变化:外加电压不完全降落在势垒区中,而有一部分降落在了 n 区的扩散区内,正向电流随电压的上升变慢;扩散系数比小注入时增大一倍;空穴电流密度与 n 区杂质浓度无关。

2.5.5 温度的影响

pn 结正、反向电流中的许多因素都与温度有关,它们随温度变化的程度各不相同,但其中起决定作用的是本征载流子浓度 n_i,从前面的知识可知

$$I_0 \propto n_i^2 \propto T^3 \exp\left(-\frac{E_g}{k_0 T}\right) \tag{2-25}$$

可见,随温度的升高,pn 结正、反向电流都会迅速增大。在室温附近,对于锗 pn 结,温度每升高 10℃,I_0将增加 1 倍;对于硅 pn 结,温度每增加 6℃,I_0将增加 1 倍。

因温度升高，I_0迅速增大，随着外加正向电压的增加，正向电流指数规律增大，可见对于某一特定的正向电流值，随着温度的升高，外加电压将会减小，即 pn 结正向导通电压随着温度的升高而下降。在室温附近，温度每增加 1℃，对于锗 pn 结，正向导通电压将下降 2mV；对于硅 pn 结，正向导通电压将下降 1mV。

2.6 二极管的击穿特性

如图 2-19 所示，对二极管施加的反向偏压增大到某一数值 V_{BR}时，反向电流突然开始迅速增大的现象称为 pn 结击穿，V_{BR}称为击穿电压。击穿现象中，电流增大的基本原因不是载流子迁移率的增大，而是载流子数目的增加。二极管的击穿有雪崩击穿、隧道击穿和热电击穿，且三种击穿方式也不是完全独立发生的。

2.6.1 雪崩击穿

在较大的反向偏压下，势垒区有很强的电场，通过势垒区的载流子，被高电场加速而获得很高的动量，载流子 1 撞击晶格原子可能激发出价带中的电子从而产生电子-空穴对 2。新产生的电子和空穴又被加速，撞击晶格原子，产生第二代电子-空穴对，如图 2-20 所示。如此进行下去，使得势垒区内载流子的数目倍增，称为雪崩倍增效应，由于此效应使得二极管中 pn 结的反向电流迅速增大而出现击穿的现象，就是雪崩击穿。

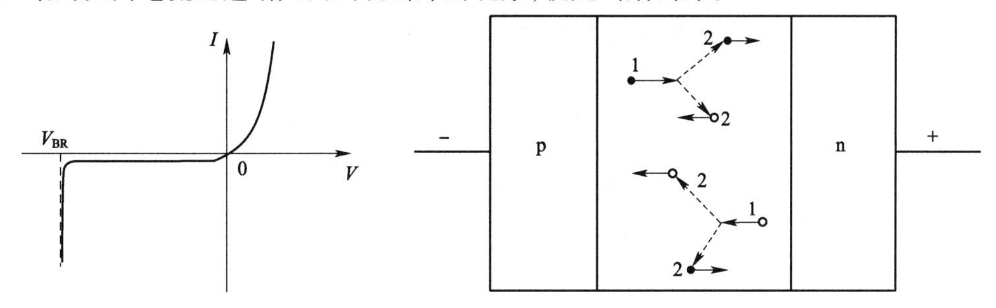

图 2-19 pn 结击穿特性　　图 2-20 雪崩击穿特性

雪崩击穿取决于碰撞电离，不仅需要有强电场，还必须有足够宽的势垒宽度以使得更好地发生碰撞电离。在 pn 结掺杂浓度不太高时，反偏电压使势垒区宽度增大较明显，所发生的击穿往往是雪崩击穿。光照或快速粒子轰击等方法可以增加势垒区的电子-空穴对，增强雪崩倍增效应；而温度升高会减小少数载流子的自由程，从而减少载流子获得的动能和发生碰撞电离的机会。

2.6.2 隧道击穿

如果二极管的 pn 结势垒区宽度很小，在足够大的反向偏压下，势垒升高能带倾斜，势垒区导带和价带的水平距离变小，n 区导带底低于 p 区价带顶，如图 2-21 所示，p 区价带中的电子可以以隧道穿通的形式跨越禁带而进入 n 区导带，称为隧道效应。当偏压加大到使隧道穿通概率达

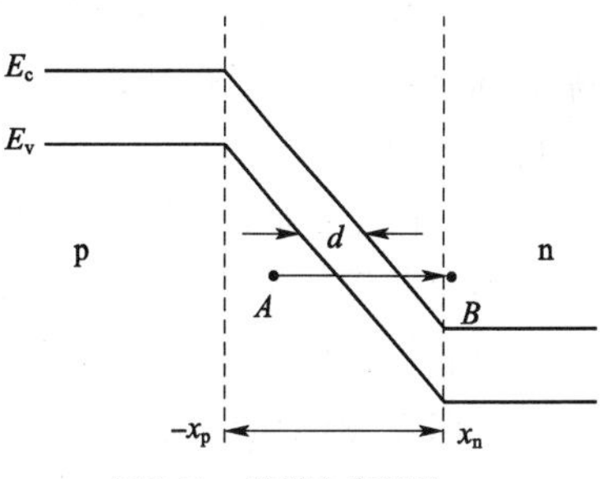

图 2-21 隧道击穿特性

到一定程度时，反向电流急剧增加而发生击穿，称为隧道击穿。因为最初是齐纳提出来并解释隧道击穿现象，所以隧道击穿又称为齐纳击穿。

势垒区导带和价带的水平距离不是很小时，隧道效应一般不发生。显然，在高掺杂、势垒宽度小的 pn 结中易于发生隧道击穿。光照或快速粒子轰击等方法对隧道击穿几乎没有影响；温度升高使得禁带宽度减小，从而增强隧道击穿。

2.6.3 热电击穿

二极管的反向电流在 pn 结中发生热损耗，当反向电流增大时，热损耗增大使 pn 结的温度升高，其结果会使本征载流子浓度增高，反向电流进一步增大，电流进一步增大又会使得温度进一步升高，如果散热条件不好，这种恶性循环会使反向电流迅速增大而发生击穿现象，甚至二极管会被彻底损坏，这种击穿称为热电击穿。

2.7 二极管的开关特性

二极管正向偏压时，允许通过较大的电流，反向偏压时通过的电流很小。常把正向偏压时二极管的工作状态称为开态，而把反向偏压时的工作状态称为关态。可见二极管具有开关功能，可以作为开关来使用。

图 2-22a）中的二极管，当外加图 2-22b）所示的电压，加正向偏压 V_F时，流过 pn 结的电流为正向电流 I_F，加在 pn 结两端的电压 V_T。

$$I_F = \frac{V_F - V_T}{R} \tag{2-26}$$

当 pn 结从正向偏压改变为反向偏压 $-V_R$时，则理想二极管的电流从 I_F瞬间变为反向电流 $-I_0$，电压也立即变为 $-V_R$，如图 2-22c）和 d）所示。

但实际情况是，当外加电压突然从正向电压变为反向电压时，二极管的电流先从正向的 I_F变到一个很大的反向电流 $-I_R$，它近似为

$$I_R = \frac{V_R}{R} \tag{2-27}$$

这个电流持续一段时间 t_s以后，开始减小，再经过一段时间 t_f后趋近反向饱和电流 $-I_0$，如图 2-22e）所示。电压也不是立即改变为 $-V_R$，而是如图 2-22f）所示。

图 2-22 中所表示出的电流和电压的延迟现象称为 pn 结的反向瞬变。反向瞬变现象起源于 pn 结的电荷储存效应。其中，t_s为储存时间，t_f为下降时间，$t = t_s + t_f$称为反向恢复时间。

加一恒定的正向偏压时，载流子被注入并保持在二极管中，这种现象称为电荷储存效应。当正向偏压突然转换至反向偏压时，n 区中存储的电荷并不能立刻消除，存储电荷在电流抽取和复合作用下消失后，pn 结才反偏，电荷储存效应导致二极管的反向瞬变现象。

反向瞬变过程限制了二极管的开关速度，而反向瞬变的原因是存储电荷，因此，相应的提高二极管开关速度的途径如下。

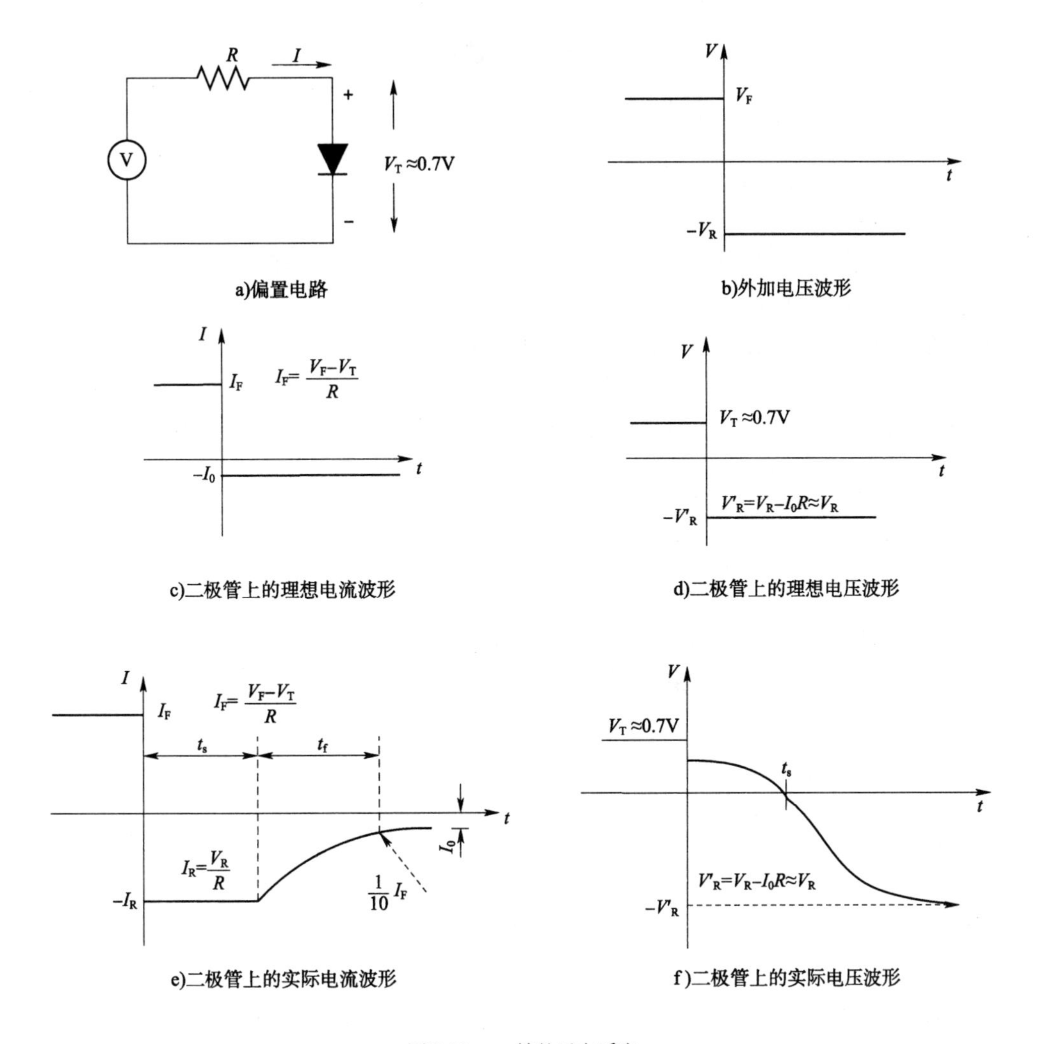

图 2-22 pn 结的反向瞬变

2.7.1 减小正向导通时电荷的储存量 Q

①减小正向电流 I_F。因为积累电荷的浓度梯度由 I_F决定,I_F越小,浓度梯度越小,电荷储存量 Q 也越小。

②降低载流子的扩散长度。扩散长度越小,则电荷储存量 Q 也越小。

2.7.2 加快储存电荷 Q 的消失过程

使储存电荷快速消失的方法有两个,一是增大初始反向电流 I_R,即增大 V_R,减小 R;二是减小少子寿命,加快载流子的复合速度。

通常,可以通过减小少数载流子的寿命,来减少存储电荷并加快存储电荷消失速度,从而提高二极管的开关速度。例如,掺金就是一种减小少子寿命的有效方法。

习 题

1. 阐述什么是二极管及其发展史。

2. 结合二极管的内部结构说明器件的工作原理。

3. 阐述二极管的常见分类有哪些。

4. 结合 pn 结制备的不同,说明点接触型、面接触型、平面型三种二极管结构。

5. 介绍形成 pn 结的方法,以及突变结和缓变结的特点。

6. 结合 pn 结的基本结构,说明空间电荷区的形成机理。

7. 用图示法解释说明耗尽区的形成原理。

8. 分别计算锗 pn 结和砷化镓 pn 结的接触电势差,假设 pn 结两边的杂质浓度分别为 $N_D = 4 \times 10^{-16} cm^{-3}$, $N_A = 4 \times 10^{-18} cm^{-3}$。

9. 描述 pn 结在平衡、正偏和反偏情况下的工作原理。

10. 分别画出 pn 结在平衡、正偏和反偏状态下的少子浓度分布图。

11. 简要阐述二极管击穿的三种形式。

12. 对于线性缓变结,雪崩击穿电压与哪些因素有关,分析并说明原因。

13. 说明二极管单向导电性是怎样形成的。

14. 说明二极管的反向瞬变现象。

15. 提高二极管开关速率的方法有哪些?

16. 简单说明影响二极管特性的几点因素。

17. 说明存在大注入情况时对二极管特性的影响。

参考文献

[1] 刘恩科,朱秉升,罗晋生. 半导体物理学[M]. 7 版. 北京: 电子工业出版社,2011.

[2] 曾云. 微电子器件基础[M]. 长沙:湖南大学出版社,2005.

[3] 黄昆,韩汝琦. 半导体物理基础[M]. 北京:科学出版社,2010.

[4] 施敏,伍国钰. 半导体器件物理[M]. 3 版. 耿莉,张瑞智,译. 西安:西安交通大学出版社,2008.

[5] 谢希德,方俊鑫. 固体物理学(上册)[M]. 上海:上海科学技术出版社,1961.

[6] 陈志明,王健农. 半导体的材料物理学基础[M]. 科学出版社,1999.

[7] 黄昆,谢希德. 半导体物理学[M]. 北京: 科学出版社,1958.

[8] Schroder D K. Semiconductor Material and Device Characterization[M]. New York: John Wiley & Sons, 1990.

[9] Warner R M, Grung B L. Semiconductor-Device Electronics[M]. 北京:电子工业出版社,2002.

[10] Sze S M. Semiconductor Devices[M]. Bell Telephone Inc., 1985.

第3章 双极型晶体管

双极型晶体管的出现及随后半导体电子工业的快速发展，逐步淘汰了体积大、功耗高、性能差的电子管器件，带来了“固态电子革命”，彻底改变了现代电子线路的结构，集成电路以及大规模集成电路也应运而生。它是一种由两种不同的载流子——电子和空穴，同时参与导电的电流控制型半导体器件，其作用是实现基极电流对集电极电流的控制，可用作放大、无触点开关、稳压、振荡等电子器件。

3.1 双极型晶体管概述

双极型晶体管(Bipolar Junction Transistor，BJT)，也称为三极管或者晶体管，是最基本的半导体器件之一。在一块半导体基片上制作两个相距很近的pn结，两个pn结把整块半导体分成三部分，中间部分是基区，两侧部分分别是发射区和集电区，根据p、n区排列方式不同，晶体管有pnp和npn两种类型。

双极型晶体管的出现可以追溯到20世纪40年代。1947年12月23日，在美国新泽西州墨累山的贝尔实验室，三位科学家——William Shockley、John Bardeen和Walter Brattain进行用半导体晶体把声音信号放大的实验。在实验过程中，三位科学家惊奇地发现，在他们发明的器件中通过的一部分微量电流，竟然可以控制另一部分大得多的电流，产生了“放大”效应。这个器件，就是在科技史上具有划时代意义的成果——双极型晶体管。由于，当时恰逢西方的圣诞节前夕，而且双极型晶体管对人们随后的生产、生活产生了巨大的影响，所以后来人们也称其为“献给世界的圣诞节礼物”。这三位科学家，也因双极型晶体管荣获了1956年度的“诺贝尔物理学奖”。

双极型晶体管的种类很多，图3-1是一些常见的三极管。它的分类方法也有很多，常见的有按用途、频率、功率、材料等进行分类，具体如下。

按用途有高、中、低频放大管、低噪声放大管、光电管、开关管、高反压管、达林顿管和带阻尼的三极管等。

按工作频率有低频三极管、高频三极管和超高频三极管。

按功率有小功率三极管、中功率三极管和大功率三极管。

按材料和p、n区结排列方式一般有硅材料npn与pnp三极管，锗材料npn与pnp三极管。其中，硅材料三极管的反向漏电流小、耐压高、温度漂移小，能在较高的温度下工作和承受较大的功率损耗。锗材料三极管的增益大，频率响应好，尤其适用于低压线路。

按制作工艺有合金晶体管、合金扩散晶体管、平面晶体管和台面晶体管。

按基区杂质分布有均匀基区三极管和缓变基区三极管。

按封装材料的不同分为金属封装三极管、玻璃封装三极管、陶瓷封装三极管和塑料封装三极管等。

图 3-1 常见的三极管

3.2 双极型晶体管的基本结构

双极型晶体管的基本结构是由两个方向相反的 pn 结组成,分别称为发射结和集电结,两个 pn 结把晶体管划分为发射区、基区和集电区三个区。从三个区引出的电极分别称为发射极、基极和集电极,通常用字母 E、B、C(或 e、b、c)表示。晶体管可分为 pnp 型和 npn 型两种,器件结构及表示符号如图 3-2 所示。

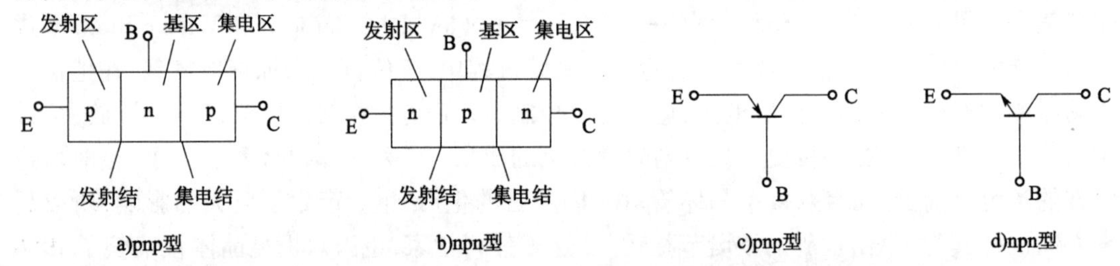

图 3-2 晶体管的基本结构和表示符号

一般从工艺角度上讲,双极型晶体管器件的基本结构具有基区很薄且掺杂浓度很低;发射区很厚,掺杂浓度比基区和集电区都要高得多;集电区比较厚,结面积很大等特点。

根据双极型晶体管基本结构的实现工艺和管芯结构的不同,可以分为合金晶体管、合金扩散晶体管、平面晶体管和台面晶体管器件,下面逐一进行分析。

3.2.1 合金晶体管

合金晶体管是 20 世纪 50 年代初期发展起来的一种双极型晶体管器件,其最初的结构是在 n 型锗片上,一边放受主杂质铟镓球(In,Ga),另一边放铟球(In),加热形成熔融液后,再使其冷却。冷却时,熔融液中的锗在晶片上再结晶。在结晶区中含大量的受主杂质铟镓或铟而形成 p 型半导体。其中,铟镓球一侧作发射极,铟球一侧作集电极,从而形成 pnp 结构,合金晶体管因其具有两个合金结而得名。

图 3-3 是合金晶体管的结构及其杂质分布。图 3-3a) 中 W_B 为基区宽度,x_{jE} 和 x_{jC} 分别为

发射结和集电结的结深。合金晶体管中的杂质在三个区的杂质分布近似为均匀分布。其中,基区的杂质浓度最低,发射区的掺杂浓度最高,集电区的掺杂浓度介于发射区和基区之间,如图 3-3b)所示。另外,两个 pn 结都是突变结。

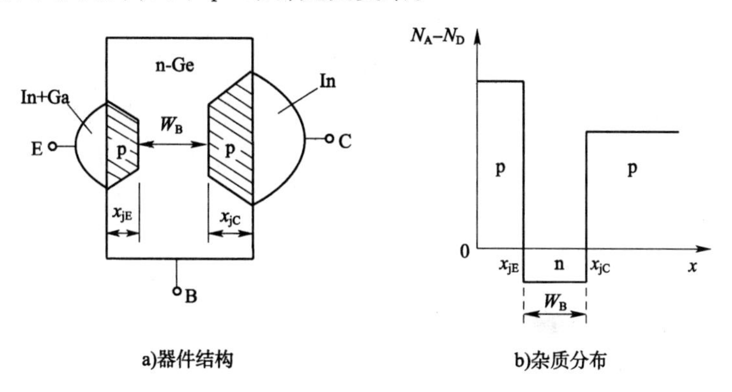

图 3-3　合金晶体管的结构及杂质分布

合金晶体管的主要缺点是基区较宽,一般只能做到 10μm 左右,而且它的频率特性较差,多用于低频电路。

3.2.2　合金扩散晶体管

由于合金晶体管频率特性局限,一般只能用在低频电路中,20 世纪中期科学家在合金晶体管的基础上,改进结构和工艺,得到合金扩散晶体管,使晶体管的工作频率提高了两个数量级。

如图 3-4a)所示,合金扩散晶体管器件是在 p 型锗片上,放置含有铟、镓、锑(In、Ga、Sb)的合金小球,高温烧结、冷却,由于受主杂质镓的掺杂浓度大大超过施主杂质锑的浓度,所以再结晶是 p 型半导体。但锑原子的扩散速度比铟、镓原子要快得多,所以在烧结过程中,在合金区下方出现了一层由锑原子扩散而形成的很薄的 n 型扩散层,在烧结过程中合金结与扩散结同时形成,发射结为合金结,集电结为扩散结,从而形成合金扩散晶体管器件。合金扩散晶体管器件发射区和集电区的杂质是均匀分布,基区杂质缓变分布,发射结为合金结,集电结为扩散结,如图 3-4b)所示。

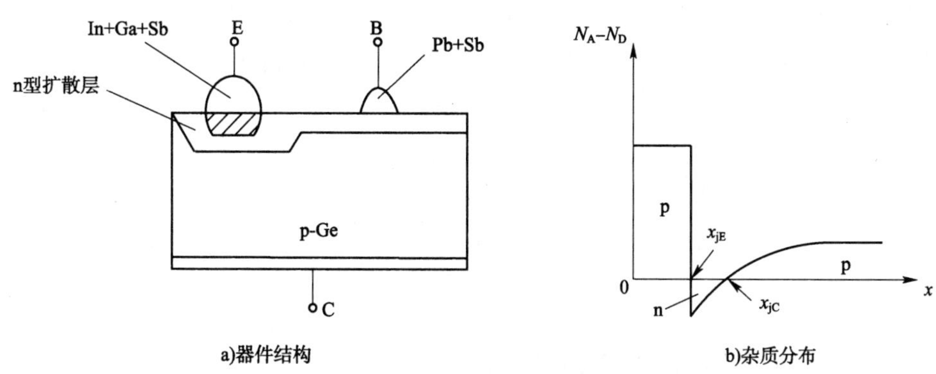

图 3-4　合金扩散晶体管的结构及杂质分布

3.2.3 平面晶体管

在高掺杂的 n^+ 型半导体衬底上，生长一层 n 型的外延层，再在外延层上用硼扩散的方法制作 p 区，最后在 p 区上用磷扩散的方法形成一个 n^+ 区。如图 3-5a）所示，其结构是一个 npn 型的三层式结构，上面的 n^+ 区是发射区，中间的 p 区是基区，底下的 n^- 区是集电区。平面晶体管的发射结和集电结都是用杂质扩散的方法制造的，平面晶体管的三个区的杂质分布是不均匀的。如图 3-5b）所示，平面晶体管器件的杂质分布特点为：发射结和集电结均为扩散结，基区杂质缓变分布，发射区杂质浓度最高，基区次之，集电区最低。

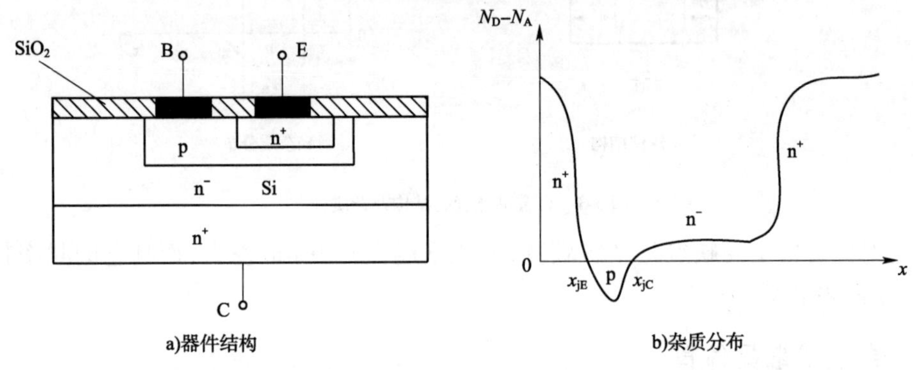

图 3-5 平面晶体管的结构及杂质分布

3.2.4 台面晶体管

如图 3-6 所示，台面结构消除了平面结构中 pn 结面的弯曲部分，使得 pn 结面与半导体片侧表面垂直，pn 结的表面电场比较低，可以避免较容易的表面击穿，保证 pn 结击穿基本上是体内的雪崩击穿，从而提高了器件的耐压性能。在台面晶体管器件中，杂质分布特点为：集电结为扩散结，发射结为扩散结或合金结，基区杂质缓变分布。

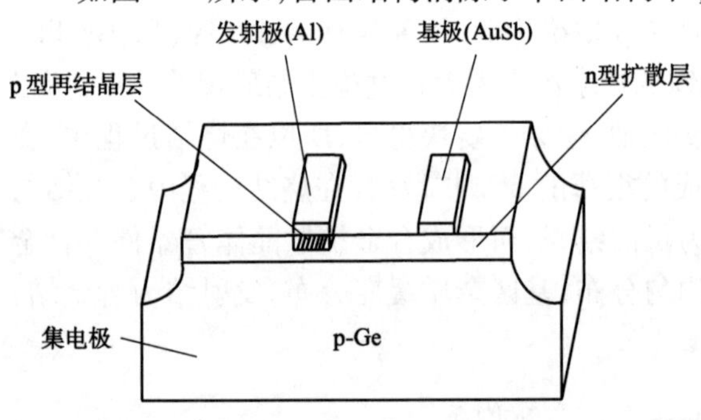

图 3-6 台面晶体管的结构

从上述几种类型晶体管的基本结构及杂质分布可以看出双极型晶体管的基区杂质分布有均匀分布（如合金晶体管）和缓变分布（如平面晶体管）两种形式。因此，从基区杂质分布角度可将晶体管分为均匀基区晶体管和缓变基区晶体管两类。

均匀基区晶体管中，载流子在基区内的传输主要靠扩散进行，故也称为扩散型晶体管。缓变基区晶体管的基区内存在自建电场，载流子在基区内除了扩散运动外，还存在漂移运动，而且以漂移运动为主，所以又称为漂移型晶体管。

3.3 双极型晶体管的放大作用

双极型晶体管器件中的两个 pn 结都有两种状态，即外加正向偏压（导通状态）和外加反向偏压（截止状态），所以双极型晶体管一共可以有四种状态：

第一种状态是发射结正偏、集电结反偏，基极电流很小的变化就会引起集电极电流很大的变化，存在电流放大作用，称为放大状态。

第二种状态是发射结与集电结均正偏，当由状态一转变为状态二时，集电极电流基本上保持在某一常数不变，基极电流失去对集电极电流的控制，称为饱和状态。

第三种状态是发射结与集电结均反偏，流过各个电极的电流值都近似为零，称为截止状态。

第四种状态是发射结反偏、集电结正偏，将其与第一种状态相比较，可以看作是把 C、E 两极对调，该情况叫作三极管的倒置使用。而由于三极管结构的不对称性，此时没有电流放大作用。实际应用中，三极管不能倒置使用。

因此，晶体管共有放大状态、饱和状态和截止状态三种工作状态。这里，主要讨论双极型晶体管的放大状态。

3.3.1 载流子的输运特性

双极型晶体管器件最重要的作用就是电流放大，下面以均匀基区双极型 npn 晶体管为例，分析说明三极管内部载流子的传输。

在没有外加偏压的情况下，双极型晶体管的能带图如图 3-7 所示，因为发射结和集电结势垒区都存在自建电场，使得 p 区能带相对于 n 区能带分别上移 qV_{DE} 和 qV_{DC}。另外，因为发射区的掺杂浓度大于集电区的掺杂浓度，所以发射区能带顶相对于基区能带顶的差的绝对值 $|qV_{DE}|$ 要大于集电区能带顶相对于基区能带顶的差的绝对值 $|qV_{DC}|$。但是，器件处于平衡时，费米能级 E_F 处处相等。

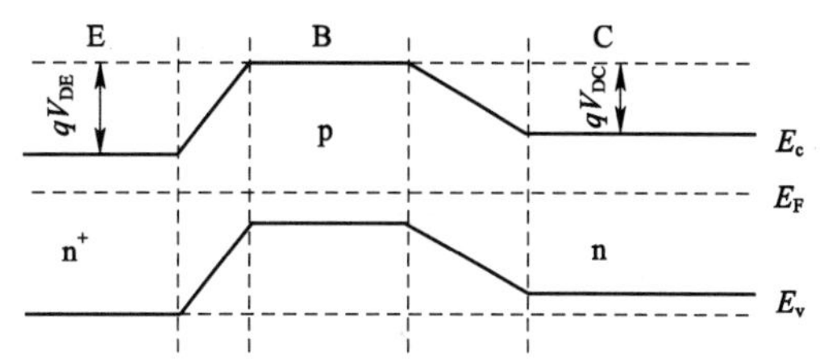

图 3-7 无偏压时双极型晶体管的能带图

假定发射区、基区和集电区的杂质都是均匀分布，分别用 N_E、N_B、N_C 表示各区的杂质浓度，$N_E > N_B > N_C$，载流子的浓度分布如图 3-8 所示，X_E、X_C 分别表示发射结和集电结的势垒宽度。在发射区（n 型重掺杂区），电子浓度 $n_{nE} = N_E$，空穴浓度 $p_{nE} = n_i^2/N_E$；在基区（p 型掺杂区），空穴浓度 $p_{pB} = N_B$，电子浓度 $n_{pB} = n_i^2/N_B$；在集电区（n 型掺杂区），电子浓度 $n_{nC} = N_C$，空穴浓度 $p_{nC} = n_i^2/N_C$。

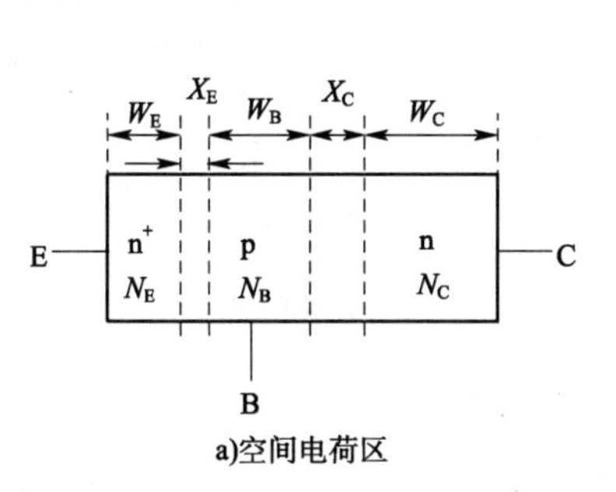

a)空间电荷区

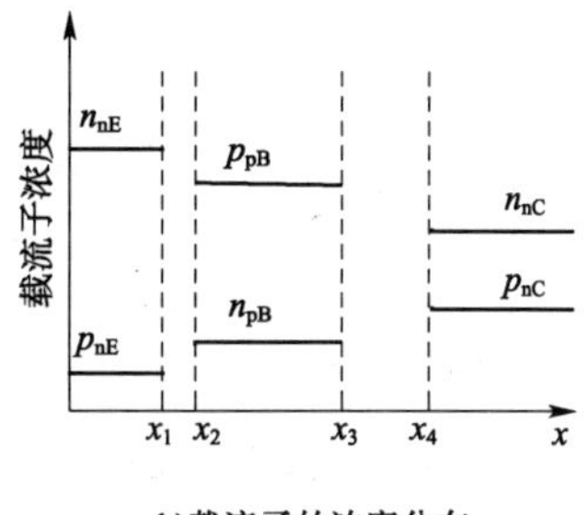

b)载流子的浓度分布

图 3-8 无偏压时晶体管中载流子的浓度分布

双极型 npn 晶体管发射结加正向偏压 V_E，集电结加反向偏压 V_C，如图 3-9a）所示。发射结势垒由原来的 qV_{DE} 下降为 $q(V_{DE}-V_E)$，集电结势垒由原来的 qV_{DC} 升高为 $q(V_{DC}+V_C)$，如图 3-9b）所示。

npn 晶体管器件处于放大状态时，少数载流子分布如图 3-9c）所示。发射结正偏有非平衡少数载流子的注入，发射区向基区注入基区非平衡少子，注入的少子电子在基区边界积累，并向基区内扩散，边扩散边复合，最后形成一稳定的分布，记作 $n_B(x)$。同时，基区也向发射区注入少子空穴，并形成一稳定的分布，记作 $p_E(x)$。

集电结加反向偏压，集电结势垒区对载流子起反向抽取作用。当反向偏压 V_C 足够大时，在集电结的基区一侧，凡是能够扩散到集电结势垒边界的电子（扩散长度 L_{nB} 以内），都被势垒区电场拉向集电区。因此，势垒区边界 x_3 处电子浓度下降为零；同样，在集电区一侧，凡是能够扩散到势垒边界的空穴（扩散长度 L_{pC} 以内），也被电场拉向基区。因此，在 x_4 处空穴浓度也下降为零，集电区少子浓度分布为 $p_C(x)$。

图 3-9d）为晶体管中载流子的输运示意图。发射结正偏，大量多子电子从发射区扩散进入基区，形成电子电流 I_{nE}。扩散到基区的电子继续向基区内部扩散，由于基区的宽度很窄，只有少量的电子与基区中的多子空穴复合，形成基区复合电流 I_{pB}。同时，发射结正偏，基区也向发射区注入空穴，形成空穴电流 I_{pE}。空穴电流在发射区内边扩散边复合，经过扩散长度 L_{pE} 后基本复合消失。

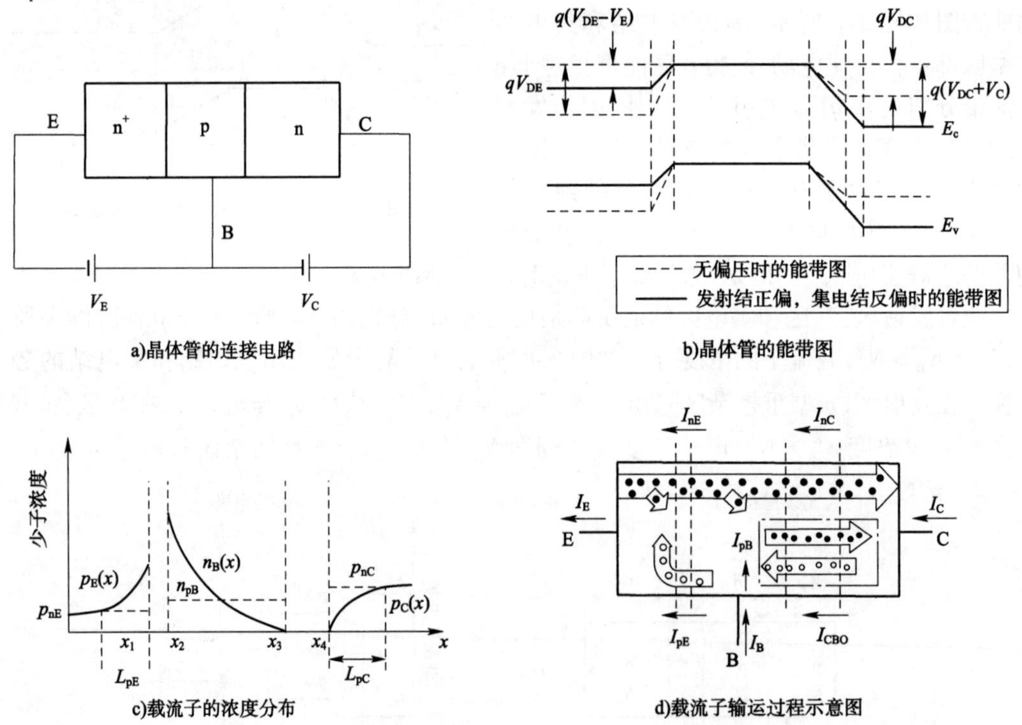

图 3-9 工作在放大状态下的外加偏压电路、能带、少子浓度分布及电流传输

集电结反偏，基区内靠近集电结的非平衡少子电子很容易被反向抽取通过集电结进入集电区形成电子电流 I_{nC}，而且，它是集电极电流的主要组成部分。另外，在集电结处，集电

结本身还有反向饱和电流 I_{CBO}。

发射区形成的扩散电流大部分流入集电区成为集电极电流，从而对集电极电流进行控制。电子扩散电流在输运过程中有两次损失，一是在发射区，与从基区注入过来的空穴复合损失；二是在基区，与基区的空穴复合损失。若要提高双极型晶体管器件的电子输运效率，应尽量减少这两种损耗。

3.3.2 电流放大系数

电流放大系数，也称为电流增益，它表示双极型晶体管放大电流的能力，是晶体管的主要参数之一。如图 3-9d）所示，发射极电流包括发射极电子电流 I_{nE} 和发射极的反注入空穴电流 I_{pE} 两部分，即发射极总电流 I_E 为

$$I_E = I_{nE} + I_{pE} \tag{3-1}$$

集电极电流由集电极电子电流 I_{nC} 和集电极反向饱和电流 I_{CBO} 组成，即集电极总电流 I_C 为

$$I_C = I_{nC} + I_{CBO} \tag{3-2}$$

基极电流由发射极的反注入空穴电流 I_{pE}、基区的复合电流 I_{pB} 和集电结的反向饱和电流 I_{CBO} 三部分组成，即基极总电流 I_B 为

$$I_B = I_{pE} + I_{pB} - I_{CBO} \tag{3-3}$$

根据电流连续性原理可进一步推导得到发射极总电流 I_E 为

$$I_E = I_B + I_C \tag{3-4}$$

另外，在实际电路中，器件的接法不同，放大系数也不同。以 npn 型晶体管为例，满足电流放大条件的有三种电路，共基极放大电路、共发射极放大电路和共集电极放大电路，如图 3-10所示。其中，V_i 为输入端，V_0 为输出端。下面对这三种电路的放大系数逐一进行简单分析。

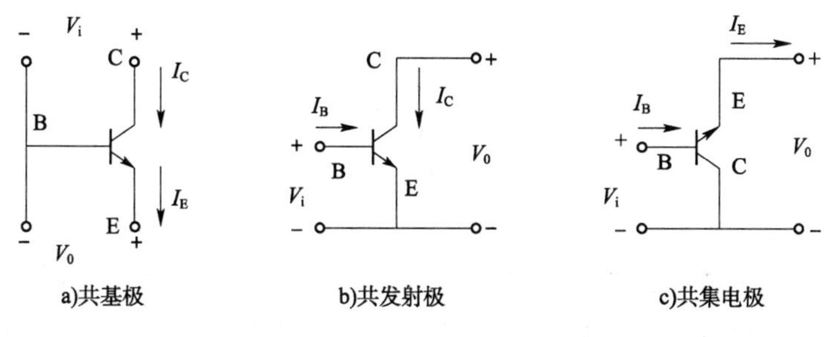

图 3-10 满足放大条件的三种电路

3.3.2.1 共基极电流放大系数

双极型晶体管器件在共基极放大电路中，集电极为输入端，发射极为输出端，基极为公共端，如图 3-10a）所示。电流放大系数 α 为集电极输出电流 I_C 与发射极输入电流 I_E 之比。

$$\alpha = \frac{I_C}{I_E} = \frac{I_{nE}}{I_E} \cdot \frac{I_{nC}}{I_{nE}} \cdot \frac{I_C}{I_{nC}} \tag{3-5}$$

由式(3-4)和式(3-5)可得，$\alpha < 1$。另外，通常基区宽度很窄（$W_B \ll L_{nB}$），使得 I_{nE} 在基区中的复合部分很小，且在实际器件中 $\alpha \approx 1$。

发射效率 γ,是注入基区的电子电流与发射极总电流的比值,描述发射极总电流在发射区的复合损失程度。

$$\gamma = \frac{I_{nE}}{I_E} = \frac{I_{nE}}{I_{nE} + I_{pE}} \tag{3-6}$$

注入基区的电子电流越大,从基区反注入到发射区的空穴电流越小,则发射效率越大,即发射效率要求发射区掺杂浓度远大于基区掺杂浓度。

基区输运系数 β^*,是到达集电结的电子电流与进入基区的电子电流之比,描述电子在基区输运过程中复合损失的程度。

$$\beta^* = \frac{I_{nC}}{I_{nE}} = \frac{I_{nE} - I_{pB}}{I_{nE}} \tag{3-7}$$

若电子在基区输运过程中复合损失很小,则 $I_{nC} \approx I_{nE}$,$\beta^* \approx 1$。可以看出,减小基区内复合电流 I_{pB} 是提高 β^* 的有效途径,而减小 I_{pB} 的主要措施就是减小基区宽度 W_B,使基区宽度 W_B 远小于少子电子在基区的扩散长度 L_{nB},$W_B \ll L_{nB}$。所以,在晶体管生产中,必须严格控制基区宽度。

3.3.2.2　共发射极电流放大系数

晶体管在共发射极放大电路中,基极为输入端,集电极为输出端,发射极为公共端,如图3-10b)所示,端电流之间的关系为 $I_E = I_B + I_C$。

设集电极输出电流 I_C 与基极输入电流 I_B 之间比值为电流放大系数 β,可得 β 为

$$\beta = \frac{I_C}{I_B} = \frac{I_C}{I_E - I_C} \tag{3-8}$$

由式(3-5)可得,β 与 α 之间的关系为

$$\beta = \frac{\alpha}{1 - \alpha} \tag{3-9}$$

或

$$\alpha = \frac{\beta}{1 + \beta} \tag{3-10}$$

实际三极管的 α 一般可以达到0.95~0.995,则 β 值可以达到几十至几百。例如,当 α = 0.95 时,$\beta = 19$;$\alpha = 0.995$ 时,$\beta = 199$。

3.3.2.3　共集电极电流放大系数

晶体管在共集电极放大电路中,基极为输入端,发射极为输出端,集电极为公共端,如图3-10c)所示,端电流之间的关系为 $I_E = I_B + I_C$。

设发射极输出电流 I_E 与基极输入电流 I_B 之间的比值为电流放大系数 η,可得 η 为

$$\eta = \frac{I_E}{I_B} = \frac{I_B + I_C}{I_B} = 1 + \beta \tag{3-11}$$

3.3.3　放大条件

为了进一步对双极型晶体管器件的放大特性进行说明,这里以晶体管器件基极、集电极和发射极三端电流之间的关系为例,进行说明。表3-1为各电极的电流。

各电极电流表　　　　表3-1

I_B(mA)	0	0.02	0.04	0.06	0.08	0.10
I_C(mA)	<0.001	0.70	1.50	2.30	3.10	3.95
I_E(mA)	<0.001	0.72	1.54	2.36	3.18	4.05

由表3-1可以看出，三个电极电流之间的关系满足 $I_E = I_B + I_C$，而且多数情况下，$I_E > I_C >> I_B$，$I_E \approx I_C$，$\Delta I_C >> \Delta I_B$。

双极型晶体管器件在共基极运用时，$\Delta I_C = \alpha \Delta I_E$。由于 α 接近于1，当输入端电流 I_E变化 ΔI_E时，引起输出端电流 I_C的变化量 $\Delta I_C \leqslant \Delta I_E$。所以起不到电流放大作用，但其可以进行电压和功率的放大。

在共发射极运用时，$\Delta I_C = \beta \Delta I_B$。由于 $\beta >> 1$，输入端电流 I_B的微小变化 ΔI_B，将引起输出端电流 I_C较大的变化 ΔI_C。因此，具有电流放大作用，同时其具有电压放大作用和功率放大作用。

在共集电极运用时的情况与共发射极时类似。

综上所述，双极型晶体管器件要具有较好的放大能力，必须满足以下条件。第一，内部条件。发射区掺杂浓度较高，基区掺杂浓度较低，$N_E >> N_B$，以保证发射效率 $\gamma \to 1$；基区宽度 $W_B << L_{nB}$，减少复合损失，以保证基区输运系数 $\beta^* \to 1$；集电结面积很大，以利于经过基区的少子电子进入集电区。第二，外部条件。发射结正偏，集电结反偏，即在npn型晶体管中，$V_C > V_B > V_E$；在pnp型晶体管中，$V_C < V_B < V_E$。

3.4 双极型晶体管的特性曲线

双极型晶体管的特性曲线可以形象地表示出晶体管中各电极电流与电压的关系，反映出晶体管内部所发生的物理过程，以及晶体管的直流参数。所以，在器件生产和测试过程中经常用特性曲线来表征和判断晶体管质量的好坏。

当然，双极型晶体管的接法不同，其特性曲线也会不同。下面，以共基极、共发射极接法为例，对双极型晶体管的特性曲线进行深入分析。

3.4.1 共基极特性曲线

3.4.1.1 共基极输入特性曲线

共基极输入特性曲线描述的是输出电压 V_{CB}一定时，输入电流 I_E与输入电压 V_{BE}的关系曲线，即 I_E-V_{BE}关系曲线。

如图3-11a)所示，发射结正向偏置，pn^+结的输入特性实际上就是正向偏置pn结的特性，即 I_E随 V_{BE}按指数规律增大。晶体管也有死区电压(硅管为0.5V，锗管为0.1V)和导通电压(硅管为0.6~0.8V，锗管为0.2~0.3V)。但实际上输入特性与单独pn结的有所差别，因为它还受到集电结反向偏置电压 V_{CB}的影响。增大 V_{CB}，则集电结的势垒区变宽，并向基区扩展，有效基区宽度随 V_{CB}增大而减小。而 W_B减小又使得少子电子在基区的浓度梯度增大，引起发射区向基区注入的电子电流 I_{nE}增大，从而导致发射极电流 I_E增大。所以，输入

特性曲线随 V_{CB} 增大而左移,如图3-11b)所示。

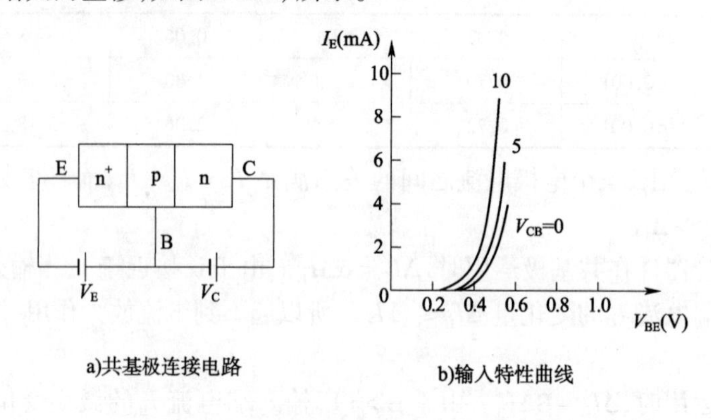

图3-11 共基极特性测试回路及输入特性曲线

3.4.1.2 共基极输出特性曲线

共基极输出特性曲线描述的是输入电流 I_E 一定时,输出电流 I_C 与输出电压 V_{CB} 的关系曲线,即 I_C-V_{CB} 关系曲线。

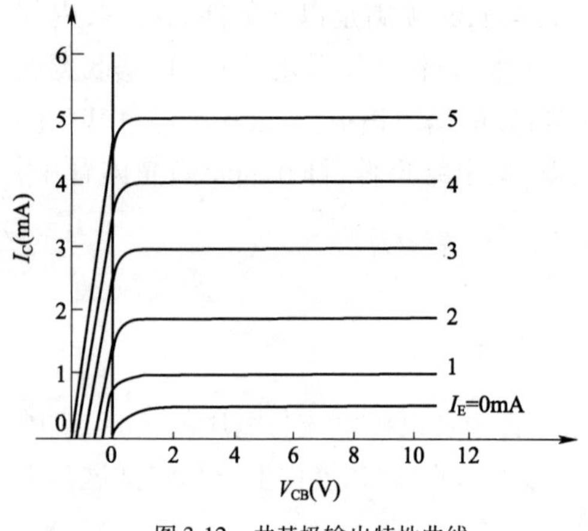

图3-12 共基极输出特性曲线

由式(3-2)和式(3-5)得,$I_C = \alpha I_E + I_{CBO}$。当 $I_E = 0$ 时,发射结无载流子输出,输出电流 $I_C = I_{CBO}$,这时的输出特性就是集电结的反向特性,即图3-12中 $I_E = 0$mA 指向的曲线,它最靠近水平坐标且基本上平行于坐标轴。当发射结有载流子输出,即 $I_E \neq 0$ 时,随着 I_E 的增大,I_C 将按 αI_E 的规律增大。由式 $I_C = \alpha I_E + I_{CBO}$,只要 I_E 取不同的数值,就能够得到一组基本上互相平行的 I_C-V_{CB} 关系曲线,这就是共基极输出特性曲线。

3.4.2 共发射极特性曲线

3.4.2.1 共发射极输入特性曲线

共发射极输入特性曲线是指当集电极与发射极之间的电压 V_{CE} 一定时,输入电流 I_B 与输入电压 V_{BE} 的关系曲线,即 I_B-V_{BE} 关系曲线。

测试电路如图3-13a)所示,首先令 V_{CE} 为某一常数,然后改变 V_{BB} 的值,测量相应的 V_{BE} 和 I_B 值。根据所测数据绘制出输入特性曲线,如图3-13b)所示。

发射结正偏,如果将输出端短路,即 $V_{CB} = 0$,就相当于将发射结与集电结两个正偏pn结并联。此时,输入特性曲线与正偏pn结的伏安特性曲线相似,I_B 曲线随 V_{BE} 的增大按指数规律上升。增大 V_{CB},则集电结反偏,从而使得基区宽度减小,基区内电子的复合损失减少,I_B 也就减少,所以,特性曲线随 V_{CE} 的增大而右移。

而且,当 $V_{BE} = 0$ 时,I_{pE} 和 I_{nB} 都等于零,由式(3-3)得 $I_B = -I_{CBO}$;增大 V_{BE},发射结有载流子注入基区,I_{pE} 和 I_{nB} 逐渐增大,且它们的方向与 I_{CBO} 相反,则 I_B 成为正向电流并且逐渐增大。由实验测得 V_{CE} 大于1V以后的曲线基本不随 V_{CE} 的增大而变化,因此,通常只要测试一条

$V_{CE} > 1V$ 时的输入特性曲线就可以表示 $V_{CE} > 1V$ 时所有的输入特性曲线。

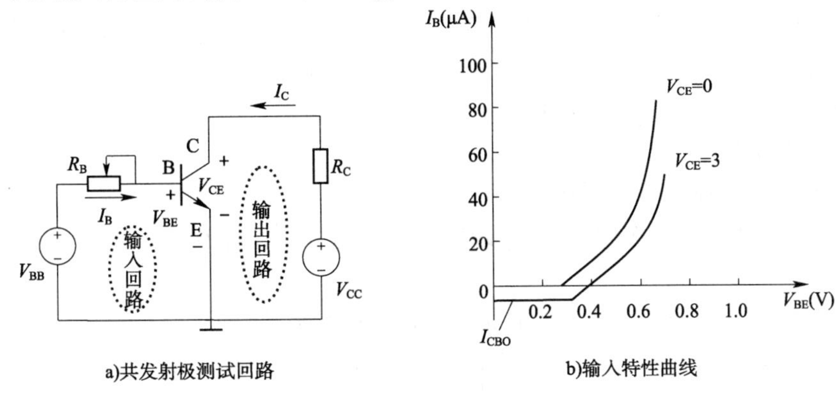

图 3-13 共发射极测试回路及输入特性曲线

3.4.2.2 共发射极输出特性曲线

共发射极输出特性曲线是指在基极电流 I_B 一定的情况下，晶体管的输出回路中，集电极电流 I_C 与电压 V_{CE} 的关系曲线。由 $I_C = \beta I_B + I_{CEO}$，在不同的 I_B 下，可测得不同的关系曲线，如图 3-14 所示。

使基极开路，输出电压 V_{CE} 主要降在集电结上使集电结反偏，还有一部分降在发射结上使发射结正偏，此时仍有微小的电流通过，即令 $I_B = 0$，得 $I_C = I_{CEO}$。

下面根据放大作用的不同，将共发射极输出特性曲线分成 3 个区域并进行相应分析。

①当器件工作于截止区时，发射结、集电结都处于反向偏置。

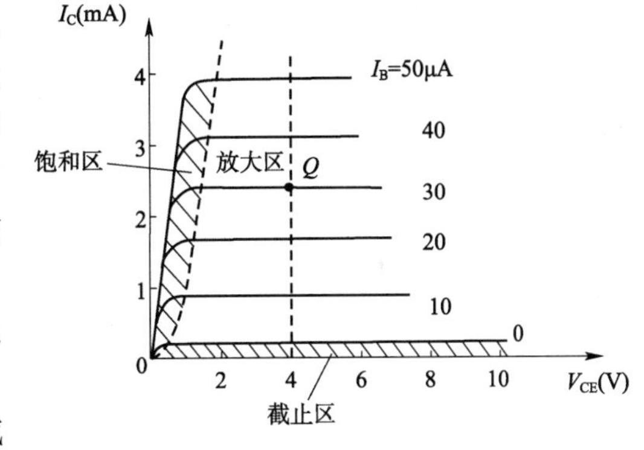

图 3-14 共发射极输出特性曲线

如图 3-14 所示，在 $I_B = 0$ 曲线以下的区域称为截止区，此时基极开路或者接负电压，$I_C \leq I_{CEO}$，晶体管工作于截止状态。集电极到发射极只有很微小的电流，可近似认为晶体管集电极与发射极之间也开路，呈高阻态，没有放大作用。

②当器件工作于放大区时，发射结正偏、集电结反偏。

如图 3-14 所示，在 $I_B = 0$ 曲线上方，$V_{BE} = V_{CE}$ 虚线右边的区域称为放大区。在放大区，$\Delta I_C = \beta \Delta I_B$，即 I_C 随 I_B 变化，基极电流对集电极电流有很强的控制作用。由曲线可看出，放大区曲线有以下特点。

第一，对应于同一个 I_B 值，V_{CE} 增大时，I_C 略有上升。说明集电极电压对集电极电流的影响很小。这是因为在 V_{CE} 达到一定数值以后，集电极的电场已经足够强，能够使得发射区注入到基区的绝大部分载流子到达集电区，V_{CE} 的增大也只能增大很小的电流。

第二，对应同一个 V_{CE} 值，如果 I_B 增大，则 I_C 显著增大，而且 ΔI_C 与 ΔI_B 之比基本为一常数。说明 I_B 可以有效地控制 I_C，且 $\Delta I_C >> \Delta I_B$，晶体管具有很好的电流放大作用。

③当器件工作于饱和区时，发射结与集电结都处于正偏。

如图 3-14 所示,纵坐标与 $V_{BE}=V_{CE}$虚线之间的区域称为饱和区。晶体管工作在饱和区时,$V_{BE}>V_{CE}$,I_C不仅与 I_B有关,而且明显得也随 V_{CE}的增大而增大。V_{CE}较小时,即在饱和区多条曲线的重合部分,对于确定的 V_{CE},不同的 I_B却有相同的 I_C,I_B失去对 I_C的控制。晶体管饱和时的 V_{CE}值称为饱和压降,用 V_{CES}表示。深度饱和时,硅管 $V_{CES}\approx 0.3V$,锗管 $V_{CES}\approx 0.1V$,三极管的 C、E 两极之间接近短路。

模拟电路中的晶体管主要工作在放大区,其具有很好的电流放大作用,常用来组成各种放大电路,起放大和振荡等作用;数字电路中的晶体管主要工作在饱和区和截止区,起开关作用。

下面列举出几种不正常的输出特性曲线,如图 3-15 所示。

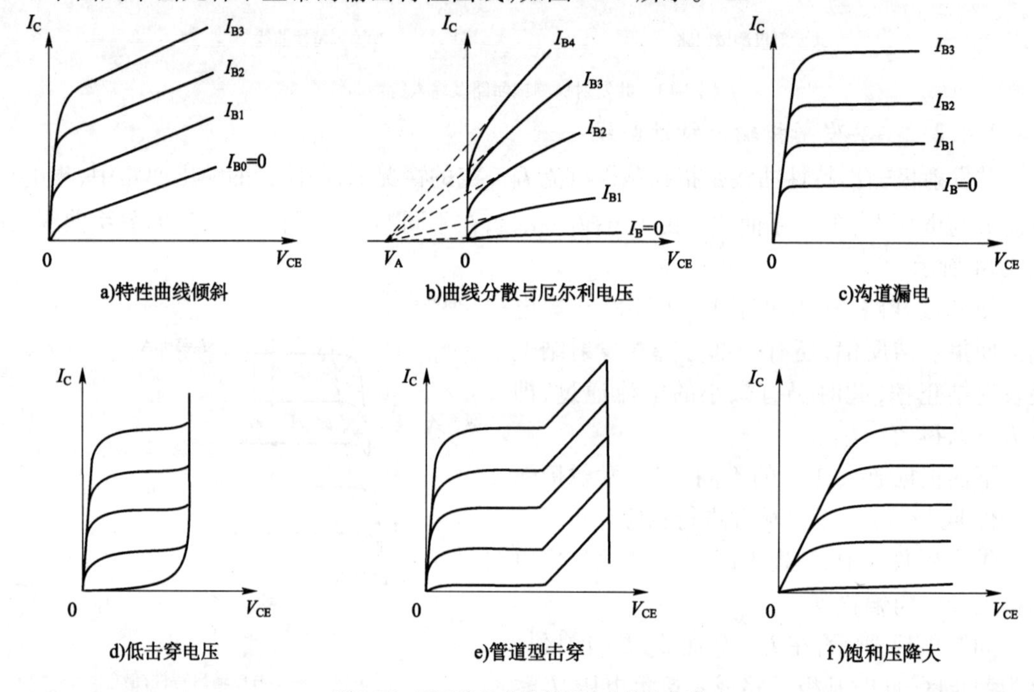

图 3-15　不正常的共发射极输出特性曲线

3.5　反向电流及击穿电压特性

3.5.1　反向电流

晶体管的反向电流是晶体管的重要参数之一,它包括发射极与基极之间的反向电流 I_{EBO}、集电极与基极之间的反向电流 I_{CBO}和集电极与发射极之间反向电流 I_{CEO}。

当集电结反偏时,势垒区中两侧的少子浓度小于基区和集电区的少子浓度,基区中的少子(电子)及集电区中的少子(空穴)都向势垒区扩散,形成了少子扩散电流。而且少子浓度低于平衡值也会使得空间电荷区内载流子产生率高于复合率,存在产生电流。当发射结正偏时,有载流子注入空间电荷区,使得空间电荷区内载流子产生率低于复合率,存在复合电流。在晶体管表面由于材料和工艺等原因使得表面被玷污或存在较多缺陷,晶体管表面漏电，存在表面漏电流。

锗管的反向电流主要是反向扩散电流和表面漏电流；对于硅管则主要是反向产生电流和表面漏电流，又因产生电流一般很小，所以实际硅管的反向电流主要是表面漏电流。表面漏电流主要是由半导体表面的缺陷和玷污等外界因素引起的，而且晶体管的反向扩散电流和势垒区的产生电流一般是很小的，引起反向电流过大的原因往往是表面漏电流太大，因此，可以采取相应措施减小表面漏电流，从而减小反向电流。在下面对反向电流的讨论中暂不考虑表面漏电流。

3.5.1.1　发射极与基极之间的反向电流 I_{EBO}

I_{EBO}是指集电极开路（$I_C=0$）时，发射极与基极之间的反向电流，如图3-16a）所示。锗晶体管的反向电流就是它的反向扩散电流（少子电流）。

$$I_{EBO}=A\left[\frac{qN_{nB}n_{pB0}}{W_B}(1-\gamma)+\frac{qN_{pE}p_{nE0}}{L_{pE}}\right] \tag{3-12}$$

式中，γ为集电极开路时晶体管的发射效率。

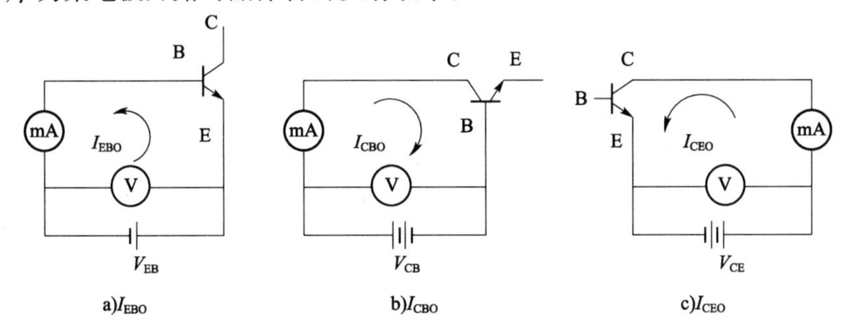

图3-16　晶体管反向截止电流测量示意图

硅晶体管的反向电流为势垒区的产生电流，势垒区的产生电流是由势垒区中的复合中心提供的多子电流。

$$I_{EBO}\approx Aq\frac{n_i}{2\tau}x_{mE} \tag{3-13}$$

式中，x_{mE}为发射结的势垒区宽度；τ为载流子寿命。

3.5.1.2　集电极与基极之间的反向电流 I_{CBO}

I_{CBO}是指发射极开路（$I_E=0$）时，集电极与基极之间的反向电流，如图3-16b）所示。锗晶体管集电极与基极之间的反向电流为

$$I_{CBO}=A\left[\frac{qN_{pC}n_{pB0}}{W_B}(1+\gamma)+\frac{qN_{pC}P_{nC0}}{L_{pC}}\right] \tag{3-14}$$

硅晶体管的I_{CBO}与I_{EBO}完全类似，可以得到

$$I_{CBO}\approx Aq\frac{n_i}{2\tau}x_{mC} \tag{3-15}$$

式中，x_{mC}为集电结的势垒区宽度。

3.5.1.3　集电极与发射极之间的反向电流 I_{CEO}

I_{CEO}是指基极开路（$I_B=0$）时，集电极与发射极之间的反向电流，如图3-16c）所示。

$$I_{CEO}=(1+\beta)I_{CBO}=\frac{I_{CBO}}{1-\alpha} \tag{3-16}$$

晶体管的主要作用是电流放大，而反向电流不受输入电流控制，其对电流放大作用和晶体管性能没有贡献，而且反向电流浪费电源功率，使晶体管发热升温，影响晶体管的稳定性，因此，反向电流越小越好。反向电流过大将降低晶体管的成品率。

值得注意的是，I_{CEO}太大会影响晶体管工作的稳定性，而要减小I_{CEO}，则必须减小I_{CBO}；因此电流放大系数β也不能过大。

3.5.2 击穿电压

晶体管的击穿电压是其另一个重要参数，是晶体管能承受电压的上限。晶体管包括发射极与基极间的反向击穿电压、集电极与基极间的反向击穿电压和集电极与发射极间的反向击穿电压等。

3.5.2.1 发射结反向击穿电压 $V_{(BR)EBO}$

$V_{(BR)EBO}$表示的是集电极开路时，发射极与基极之间的反向击穿电压。它一般由发射结的雪崩击穿电压决定。发射区重掺杂时，击穿电压主要由基区(高阻区)的杂质浓度决定。

合金管的$V_{(BR)EBO}$较高，且与其$V_{(BR)CBO}$相近；扩散管，表面处发射结两侧的杂质浓度最高，$V_{(BR)EBO}$基本上由基区的表面杂质浓度决定，而且往往取决于发射结侧面的杂质浓度；平面管，其发射结由两次扩散形成，在表面处结两侧的杂质浓度最高，因而雪崩击穿电压在结侧面处最低，$V_{(BR)EBO}$由基区表面杂质浓度决定，硅平面晶体管的$V_{(BR)EBO}$只有6V。

3.5.2.2 集电结反向击穿电压 $V_{(BR)CBO}$

$V_{(BR)CBO}$是指发射极开路时，集电极与基极之间的反向击穿电压。它一般由集电结的雪崩击穿电压决定。合金管，其发射区和集电区重掺杂，集电极反向击穿电压由基区的电阻率决定；平面管，经过两次扩散形成，其集电区的掺杂浓度最低，集电极反向击穿电压由集电区的掺杂浓度决定。外延平面管的外延层的厚度也是一个极为重要的影响因素。

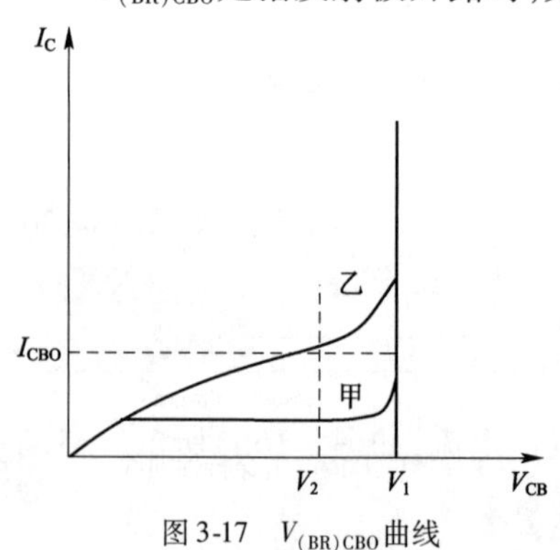

图3-17 $V_{(BR)CBO}$曲线

如果是硬击穿，如图3-17中曲线甲所示，则V_1就是集电结的雪崩击穿电压$V_{(BR)CBO}$。如果是软击穿，如图中曲线乙所示，则V_2就是集电结的雪崩击穿电压$V_{(BR)CBO}$，其可能比V_1低。

3.5.2.3 集电极与发射极之间的反向击穿电压 $V_{(BR)CEO}$

$V_{(BR)CEO}$表示基极开路时，集电极与发射极间的反向击穿电压，它限制着晶体管的最大输出功率。基极处于开路状态时，V_{CE}大部分作用于反向偏置的集电结，因而$V_{(BR)CEO}$与$V_{(BR)CBO}$关系密切。

$V_{(BR)CEO}$与$V_{(BR)CBO}$之间的关系为

$$I_{CEO}=(1+\beta)I_{CBO}=\frac{I_{CBO}}{1-\alpha} \tag{3-17}$$

而且当外加电压 V_{CE} 较大时，集电结势垒区内会发生雪崩倍增现象，则此时通过集电结的电流都应乘上倍增因子 M

$$I_C = \alpha I_E M + I_{CBO} M \tag{3-18}$$

基极开路时，$I_C = I_E$，所以有

$$I_C = \alpha I_C M + I_{CBO} M \tag{3-19}$$

$$I_{CEO} = I_C = \frac{MI_{CBO}}{1 - \alpha M} \tag{3-20}$$

当 $\alpha M \to 1$ 时，$I_{CEO} \to \infty$，发生击穿现象。此时，集电极与发射极之间所加的反向电压即为 $V_{(BR)CEO}$。

因为 α 的大小接近于1而又小于1，所以 M 略大于1时就会发生击穿现象。M 值越小，则表示集电极发生击穿现象的概率越大，而 $V_{(BR)CBO}$ 是 $M \to \infty$ 时集电结的雪崩击穿电压，显然 $V_{(BR)CEO} < V_{(BR)CBO}$，而且它们的关系有

$$V_{(BR)CEO} \approx \frac{V_{(BR)CBO}}{\sqrt[n]{1+\beta}} \quad (n\text{ 为常数}) \tag{3-21}$$

当集电结是 n 型低掺杂时，硅管 $n=4$，锗管 $n=3$；当集电结是 p 型低掺杂时，硅管 $n=2$，锗管 $n=6$。因为 β 大于1，所以，$V_{(BR)CEO} < V_{(BR)CBO}$。

晶体管的反向电压 V_{CE} 如图3-18所示。当 V_{CE} 接近 $V_{(BR)CEO}$ 时，I_C 很小且基本不变，由式(3-4)和(3-5)得 α 基本不变，随着 V_{CE} 增大，M 增大，直到 $V_{CE} = V_{(BR)CEO}$，$\alpha M \to 1$，发生击穿现象；发生击穿后电流 I_C 迅速增大，α 增大，R_{CE} 出现负电阻特性；电压 V_{CE} 降低，直到负电阻现象结束时，$R_{CE}=0$，谷值电压 V_{SUS} 称为维持电压；之后 $R_{CE}>0$，V_{CE} 逐渐增大。

实际上在晶体管工作时，基极需要接电阻，或者是电阻和反向电源，或者是短路处理，这些处理方法会使发射极的正向偏压降低，从而使集电极电流减小，此时需要比基极开路时更大的 V_{CE}，才能使得 M 足够大，集电极电流无穷大，发生击穿。当E、B极间接电阻 R 时，C、E间反向击穿电压为 $V_{(BR)CER}$；E、B间接电阻 R 且外加基极电源反偏时，C、E间反向击穿电压为 $V_{(BR)CEX}$；E、B间短路时，C、E间反向击穿电压为 $V_{(BR)CES}$。则 $V_{(BR)CEO} < V_{(BR)CER} < V_{(BR)CEX} < V_{(BR)CES} < V_{(BR)CBO}$。

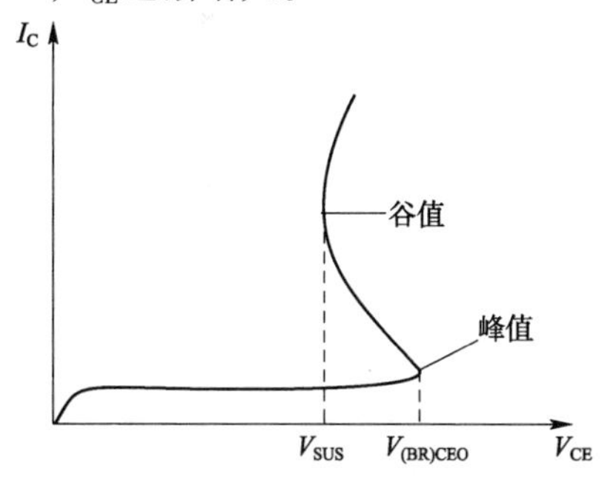

图3-18 C、E间的击穿特性曲线

晶体管发生雪崩击穿之前可能发生基区穿通。如果基区宽度较小或者杂质浓度较低，集电结的反偏作用使得在雪崩击穿发生之前，势垒区扩展到整个基区，以至于集电结与发射结的势垒区相连，引起集电极电流突然增大，这种机制被称为势垒穿通。此时集电极与发射极间的电压就是基区穿通电压，记作 V_{PB}。V_{CE} 继续增大，某一时刻发射结反偏并达到发射结反向击穿电压，发射结发生雪崩击穿，电流剧增。平面管的局部穿通如图3-19、图3-20所示。发射结发生雪崩击穿时，$V_{(BR)CBO} = V_{PB} + V_{(BR)EBO} = V_{(BR)CEO} + V_{(BR)EBO}$。如果 $V_{(BR)CBO}$ 的值比雪崩击穿的理论值低得多，通常用该等式判断晶体管是否发生基区穿通；但是如果晶体管仅满足该等式，则不能证明其发生基区穿通。

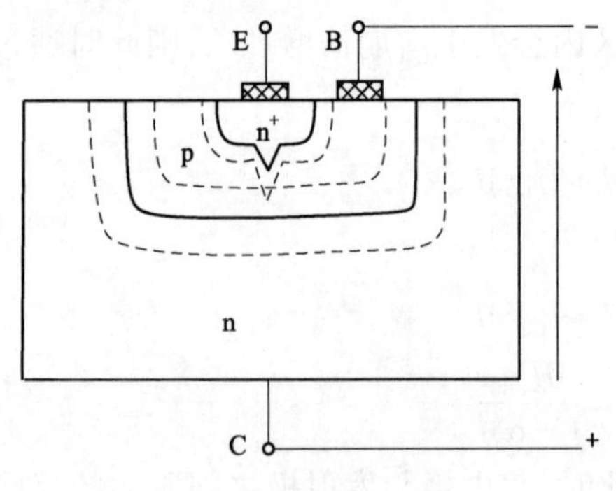

图 3-19 势垒的局部穿通

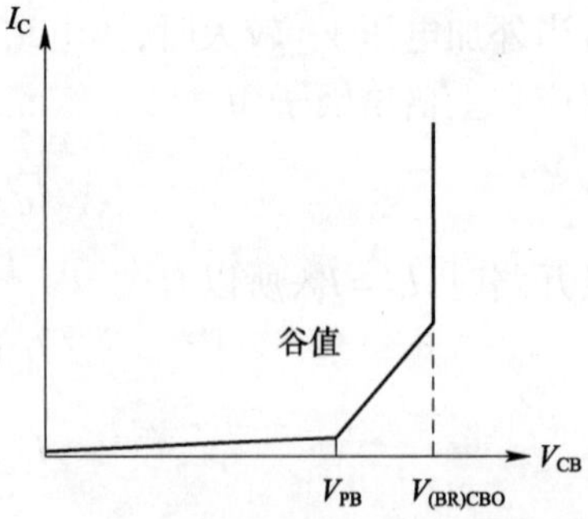

图 3-20 局部穿通时的击穿特性

晶体管是合金管时,集电结势垒主要向基区扩展。此时,势垒宽度为

$$X_m = \left(\frac{2\varepsilon_{rs}\varepsilon_0 V}{qV_D}\right)^{1/2} \tag{3-22}$$

晶体管是平面管时,集电结势垒主要向集电区扩展,近似认为集电结为线性缓变结。势垒宽度可表示为

$$X_m = \left(\frac{12\varepsilon_{rs}\varepsilon_0 V}{qa}\right)^{1/3} \tag{3-23}$$

3.6 基极电阻

3.6.1 基极电阻的概念

双极型晶体管的基极电极都是做在发射极边缘附近,基极电流 I_B 是平行于发射结平面流动的,是一股横向多子电流,如图 3-21 所示。当电流流过基区时,双极型晶体管将产生平行于发射结平面的横向压降,则发射结偏压从其边缘到中心位置逐渐减小,从而导致发射极电流从边缘到中心位置逐渐减小。基区有一定的电阻,在共发射极应用时它又是作为输入端电阻,因而其对晶体管的性能有很大的影响。

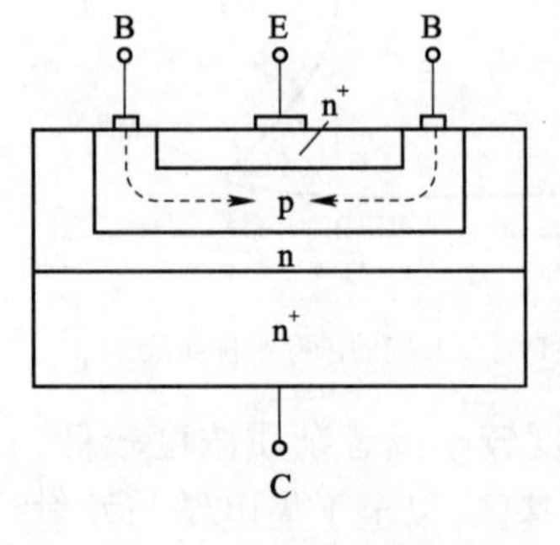

图 3-21 晶体管的基极电阻

晶体管的基极电阻,又称为基极扩展电阻,包括基区的体电阻和基极电极与基区的接触电阻两部分,其主要决定于晶体管的结构尺寸及基区的电阻率。

基极电阻对晶体管性能的影响有以下两种情况。

①直流应用时,基极电阻对晶体管的性能基本上没有太大的影响。

②交流应用时,基极电阻将产生电压反馈,从而影响晶体管的功率特性和频率特性。

在晶体管设计和生产时,要尽可能地减小其基极电阻。由于流过基极电阻的电流是不均匀的,产生的压降也是不均匀的。因此,一般用平均电压法或平均功率法来计算晶体管的基极电阻。基极电阻主要取决于晶体管的图形、尺寸和基区的方块电阻等。下面讨论梳状晶体管和圆形晶体管这两种特殊晶体管的基极电阻。

3.6.2 梳状晶体管的基极电阻

梳状晶体管是具有一条发射极，两条基极的晶体管单元，如图3-22所示。该晶体管的发射极长 L_E，宽 S_E；基极金属电极与发射极等长 L_E，宽 S_B；基极与发射极间的距离 S_{EB}。该晶体管的基极电阻由四部分组成，其中 R_{B1} 是发射区下方基区的电阻，R_{B2} 是发射极与基极间的电阻，R_{B3} 是基区其他部分的电阻，R_{con} 是基极金属电极与半导体间的欧姆接触电阻。

仅有一个单元的晶体管的基极电阻为

$$R_B = R_{B1} + R_{B2} + R_{B3} + R_{con} = \frac{R_{\square B} S_E}{12 L_E} + \frac{R_{\square B} S_{EB}}{2 L_E} + \frac{R_{\square B} S_B}{12 L_E} + \frac{R_C}{S_B L_E} \tag{3-24}$$

式中，R_C 为金属电极与半导体间的欧姆接触系数；$R_{\square B}$ 为基区的方块电阻。

具有n个单元的梳状晶体管的基极电阻为

$$R_B = \frac{1}{n}\left(\frac{R_{\square B} S_E}{12 L_E} + \frac{R_{\square B} S_{EB}}{2 L_E} + \frac{R_{\square B} S_B}{12 L_E} + \frac{R_C}{S_B L_E}\right) \tag{3-25}$$

减小梳状晶体管基极电阻的措施如下。

①几乎不影响晶体管发射效率的情况下，尽可能地提高基区的杂质浓度，以减小方块电阻 $R_{\square B}$。

②尽可能地减小宽长比。

③使单元尽可能地多，即n尽可能地大。

④做好欧姆接触，减小欧姆电阻 R_{con}。

3.6.3 圆形晶体管的基极电阻

圆形晶体管是发射区和基区均为圆形的晶体管，结构如图3-23所示，r_1 是发射区半径，r_2 是基区半径。

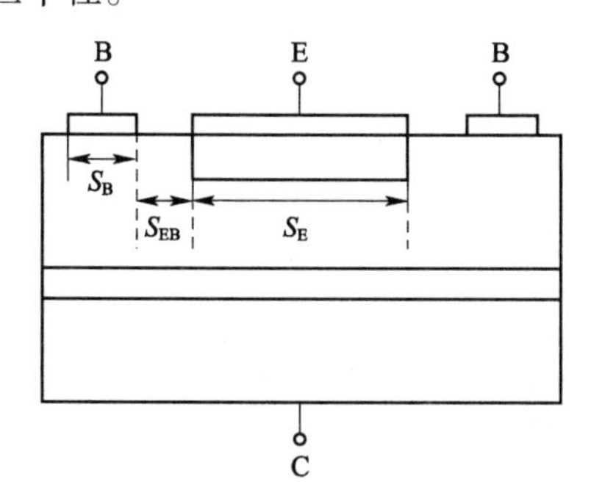

图3-22 梳状晶体管结构示意图

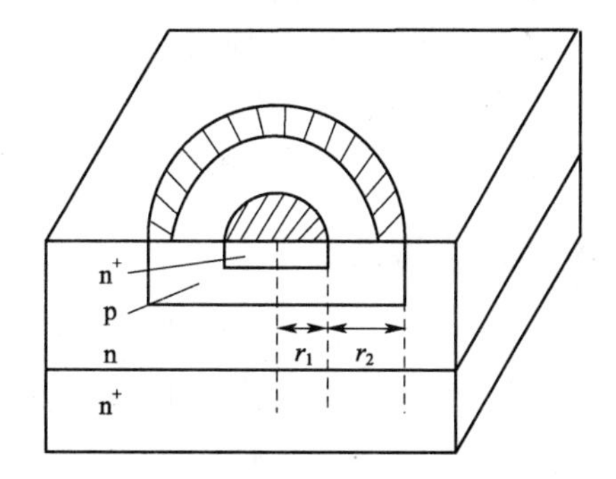

图3-23 圆形晶体管的管芯结构示意图

圆形晶体管的基极电阻包括三部分，其中 R_{B1} 为发射区下面部分的基区电阻，R_{B2} 为发射区以外的基区电阻，R_{con} 为基极电极的欧姆接触电阻。

圆形晶体管的基极电阻为

$$R_B = R_{B1} + R_{B2} + R_{con} = \frac{R_{\square B}}{8\pi} + \frac{R_{\square B}}{2\pi}\ln\frac{r_2}{r_1} + \frac{R_C}{A_{MB}} \tag{3-26}$$

式中，A_{MB} 为基极电极的面积。

减小圆形晶体管基极电阻的措施如下。

①在几乎不影响晶体管发射效率的情况下，尽可能地提高基区的杂质浓度，以减小方块电阻 $R_{\square B}$；

②尽可能地增大基区面积 A_{MB} 和半径比 r_2/r_1；

③做好欧姆接触，减小欧姆电阻 R_{con}。

3.7 双极型晶体管的开关特性

在数字电路中，晶体管和二极管作为开关器件被大量使用，分别称为开关晶体管和开关二极管。由于二极管没有放大作用，且其输入和输出是同一个回路，因此，开关二极管的性能不如晶体管，一般更多地使用开关晶体管。

3.7.1 开态和关态

以 npn 型晶体管为例，当基极接正电压时，发射结正偏，有较大的基极电流和集电极电流流过晶体管，这种情况称为开关的开态。而且当 V_{CE} 几乎为零时，集电极电流达到最大值，晶体管工作在饱和区；当基极接负电压或开路时，发射结不导通，晶体管工作在截止区，基极电流和集电极电流都很微小，C、E 极间呈高阻态，外加电压几乎都加在集电极和发射极上，这种情况称为开关的关态。

理想的开关晶体管，要求输入端控制输出端使它处于开态或关态。开态时，开关两端的电压 V_{CE} 为零，不存在电阻；关态时，没有电流流过晶体管；输入端和开关只起到开关作用，本身都不消耗电源功率。一般根据晶体管的开态可以将开关分为两种，以放大区作为开态的开关称为非饱和开关，以饱和区作为开态的开关称为饱和开关。其中，饱和开关的性能很接近理想开关，其在开态时的压降很小，功耗很小，抗干扰性好。

实际晶体管的直流特性与理想晶体管有较大的差别。开态时，尽管 V_{CE} 可以很小但它不为零；关态时，I_C 很小但它也不为零；晶体管消耗了电源功率。为了尽量减小这些影响，一般采用晶体管的大信号运用，即采用幅值大幅度变化的信号。

3.7.2 瞬态开关特性

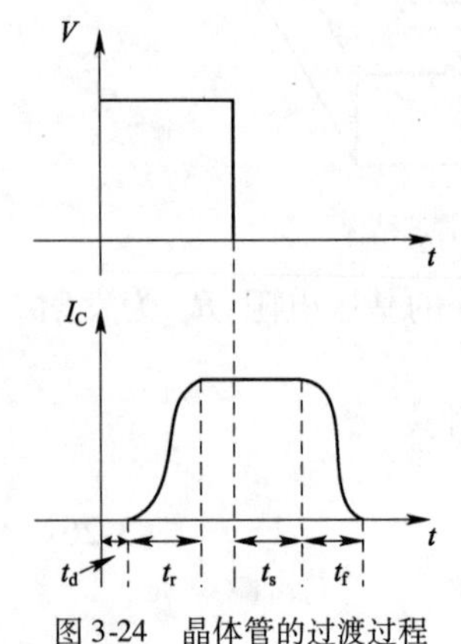

图 3-24 晶体管的过渡过程

晶体管作为开关应用时也有一个过渡过程，即其输出波形和输入波形在时间上不完全一致，有一个延迟的过程。

3.7.2.1 晶体管的过渡过程

采用输入脉冲电压的方法分析晶体管的过渡过程，如图 3-24 所示。基极输入外加脉冲信号后，输出电流 I_C 要经过一段时间 t_d（延迟时间）才会出现，而且电流很小。然后再经过一段时间 t_r（上升时间）后，I_C 才增大到饱和值 I_{CS}。外加脉冲信号消失后，输出电流 I_C 不会马上消失，而是在一段时间 t_s（储存时间）内几乎不变。然后再经过一段时间 t_f（下降时间）后，I_C 才会减小，直到接近零。延迟时间 t_d 和上升时间 t_r 组成晶体管的开启时间 t_{on}，储存时间 t_s 和

下降时间 t_f组成关断时间 t_{off}。

延迟过程：基极输入正向脉冲后，基极电流首先要对晶体管的两个 pn 结的势垒电容充电，使两个 pn 结上的电压上升，在上升过程中，发射结不会导通，晶体管仍处于关态，集电极电流几乎为零。使发射结电压增大到正向导通电压所需要的时间就是延迟时间 t_d。

上升过程：发射结导通后，晶体管进入放大区，集电极电流 I_C迅速增大，经过上升时间 t_r后其达到饱和值。上升时间 t_r是基极电流对发射结扩散电容、发射结势垒电容和集电结势垒电容充电所需要的时间。

储存过程：I_C达到饱和值后只有微小的增大，但在基区和集电区中引进了超量储存电荷，当外加脉冲信号消失后，由于发射结两旁储存的非平衡少子的消失需要一段时间。因此，发射结电压转为负值也需要一段时间，即晶体管在一定时间（储存时间）内处于开态，只要超量储存电荷没有消失，集电结上就有正向电压，集电极电流 I_C也会保持不变。

下降过程：下降时间 t_f就是 I_C减少到几乎为零所需要的时间，该过程中晶体管由饱和区经放大区最后进入截止区。

3.7.2.2 提高开关速度的措施

在影响开关速度的四个时间中，一般储存时间 t_s 占的比例最高，因此，主要是采用减少储存时间的方法来提高开关速度。

①尽量地减少集电区的少子寿命。该措施不仅可使晶体管的超量存储电荷大量减少，也可加快存储过程中超量存储电荷的复合。减少少子寿命的方法有掺金、掺铂或进行中子照射等。其中掺金的方法存在缺点，掺金不仅会使得反向漏电流增大，放大系数 β 减小，电阻率增大，而且其不能与其他方法一起使用来提高开关速度。因此，有些开关晶体管不会采用掺金方法。

②提高集电区掺杂浓度。该措施可以使多子浓度增大，提高复合率，从而使少子寿命减小。但是该方法会降低集电结的击穿电压。

③采用较薄的外延层。该措施可以使超量存储电荷减少。

习　题

1. 简述双极型晶体管的发展史及其意义。

2. 简述双极型晶体管的分类。

3. 说明 npn 型和 pnp 型双极型晶体管的基本结构。

4. 根据双极型晶体管基本结构的实现工艺和管芯结构类型，说明合金晶体管、合金扩散晶体管、平面晶体管和台面晶体管器件的制备原理及杂质分布之间的不同之处。

5. 以双极型 npn 晶体管为例，说明双极型晶体管放大作用的原理。

6. 比较说明三种放大电路中，晶体管的放大能力。

7. 若已知晶体管工作在线性放大区，并测得每个电极的对地电位，如图 3-25 所示，根据电位之间的大小关系判断晶体管的种类（npn 或 pnp 型），确定每个晶体管的 E、B、C 极，并说明其是锗管或是硅管。

8. 画出 pnp 晶体管在平衡时以及工作在放大状态时的能带图。

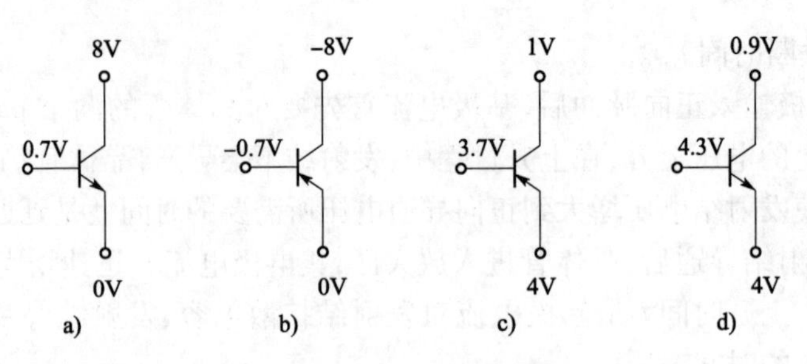

图 3-25 习题 7 图

9. 画出发射区、基区、集电区的少子分布示意图。

10. 以 npn 型硅平面晶体管为例,在放大状态时,从发射极欧姆接触进入的电子流,在晶体管的发射区、发射结空间电荷区、基区、集电结势垒区和集电区的传输过程中,分别以什么运动形式(扩散或漂移)为主?

11. 某晶体管当 $I_{B1}=0.05\text{mA}$ 时测得 $I_{C1}=4\text{mA}$,当 $I_{B2}=0.06\text{mA}$ 时测得 $I_{C2}=5\text{mA}$,试分别求此管当 $I_{C1}=4\text{mA}$ 时的直流放大系数 β 和 I_{C1} 到 I_{C2} 过程中,增量电流的放大系数 β_0。

12. 分别说明晶体管的反向电压 $V_{(BR)CEO}$、$V_{(BR)CER}$、$V_{(BR)CEX}$、$V_{(BR)CES}$、$V_{(BR)CBO}$ 的物理意义及它们的大小关系。

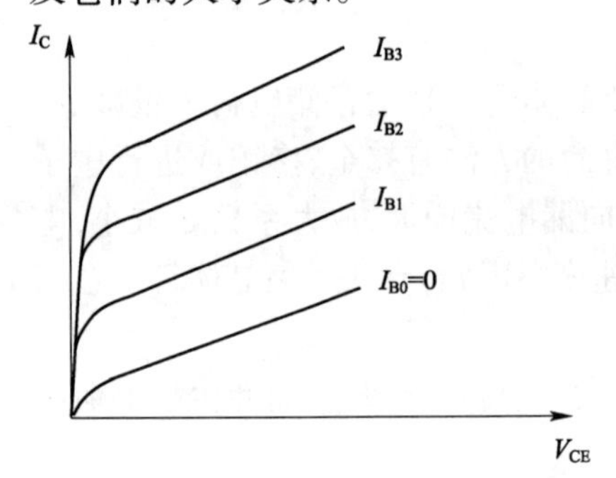

图 3-26 习题 13 图

13. 某厂在制造某种晶体管时,发现输出特性曲线如图 3-26 所示。你能否用集电结有很大的串联电阻(如欧姆接触电阻之类)来解释此种现象?讨论如何在工艺条件下来避免此种现象?

14. 解释基区穿通的形成过程。

15. 提高晶体管的穿通电压 V_{pB} 和提高电流放大系数 β 之间有没有矛盾?如果有,说明造成这种矛盾的原因?讨论怎样解决这种矛盾?

16. 晶体管穿通后的特性将如何变化?

17. 若某晶体管的基区杂质浓度 $N_B=1.2\times10^{16}\text{cm}^{-3}$ 集电区的杂质浓度 $N_C=4\times10^{15}\text{cm}^{-3}$,基区宽度 $W_B=0.3\mu\text{m}$,集电区宽度 $W_C=9\mu\text{m}$,求晶体管的基区穿通电压?

18. 说明基极电阻过大对晶体管性能的影响。

19. 简述减小晶体管基极电阻的方法。

20. 开关晶体管相对于开关二极管的优点有哪些?

21. 分析开关晶体管的过渡过程。

22. 提高开关晶体管的开关速度的方法有哪些?

参考文献

[1] 刘恩科,朱秉升,罗晋生. 半导体物理学[M]. 7 版. 北京:电子工业出版社,2011.

[2] 曾云. 微电子器件基础[M]. 长沙:湖南大学出版社,2005.

[3] 黄昆,韩汝琦. 半导体物理基础[M]. 北京:科学出版社, 2010.

[4] 施敏,伍国钰. 半导体器件物理[M]. 3 版. 耿莉,张瑞智,译. 西安:西安交通大学出版

社,2008.

[5] 谢希德,方俊鑫. 固体物理学(上册)[M]. 上海:上海科学技术出版社,1961.

[6] 陈志明,王健农. 半导体的材料物理学基础[M]. 科学出版社,1999.

[7] 史密斯. 半导体[M]. 高鼎三,等,译. 北京:科学出版社,1966.

[8] 黄昆,谢希德. 半导体物理学[M]. 北京:科学出版社,1958.

[9] Schroder D K. Semiconductor Material and Device Characterization[M]. New York: John Wiley and Sons, 1990.

[10] Modelung O. Physics of Ⅲ-Ⅴ Compounds[M]. New York: John Wiley and Sons, 1964.

[11] WShockley. Electrons and Holes in Semiconductors[M]. New York: Van Nostrand, 1950.

[12] Sze S M. Physics of Semiconductors Devices[M]. New York: Wiley, 1969.

[13] 格罗夫. 半导体器件物理与工艺[M]. 齐健,译. 北京:科学出版社,1976.

[14] 张屏英,周佑漠. 晶体管原理[M]. 上海:上海科学技术出版社,1985.

[15] 傅兴华,丁召,陈军宁,等. 半导体器件原理简明教程[M]. 北京:科学出版社,2010.

[16] 陈星弼,张庆中. 晶体管原理与设计[M]. 2 版. 北京:电子工业出版社,2006.

[17] D. J. Roulston. Bipolar Semiconductor Devices. New York:McGraw-Hill, 1990.

[18] Robert F. Pierret. 黄如,等,译. 半导体器件基础. 北京:电子工业出版社,2004.

[19] 曹培栋. 微电子技术基础——双极、场效应晶体管原理[M]. 北京:电子工业出版社,2001.

[20] 陈星弼,唐茂成. 晶体管原理[M]. 北京:国防工业出版社,1981.

[21] 武世香. 双极型和场效应型晶体管[M]. 北京: 国防工业出版社,1981.

[22] Sze S M. Semiconductor Devices[M]. Bell Telephone Inc. , 1985.

[23] Warner R M, Grung B L. Semiconductor-Device Electronics[M]. 北京:电子工业出版社,2002.

第4章 MOS场效应晶体管

MOS场效应晶体管,即金属-氧化物-半导体场效应晶体管(Metal-Oxide-Semiconductor Field-Effect Transistor,MOSFET)。MOS场效应晶体管的核心是MOS结构,更一般的术语是金属-绝缘体-半导体(Metal-Insulator-Semiconductor,MIS)结构,其中的绝缘体不一定是二氧化硅,半导体也并非一定是硅。MOS场效应晶体管是通过改变垂直于导电沟道的电场强度来控制沟道的导电能力而实现放大作用。在MOS场效应晶体管中,参与工作的只有一种载流子,因此又称为单极型晶体管。相比双极型晶体管,MOS场效应晶体管具有如下特点。

①是电压控制器件,通过栅源电压V_{GS}来控制漏源电流I_{DS}。

②输入端的电流很小,输入电阻范围为$10^7 \sim 10^{12}\Omega$。

③是利用多数载流子导电,温度稳定性较好。

④在放大电路中,电压放大系数小于三极管。

⑤抗辐射能力强,且不存在杂乱运动的电子扩散引起的散粒噪声。

此外,MOS场效应晶体管在制造过程中,合格率高、成本低廉。同时,增强型MOS场效应晶体管的工作区与衬底绝缘性好,使得集成电路设计简单化。

4.1 MOS场效应晶体管的基本结构、工作原理和分类

在MOS场效应晶体管中,施加一个穿过MOS结构的电压,氧化物-半导体界面处的能带结构将发生弯曲。其中,氧化物-半导体界面处的费米能级相对于导带和价带的能级位置的变化是穿过MOS结构的电压函数。因此,适当的电压可以将半导体从p型转化为n型,也可以从n型转化为p型。MOS场效应晶体管的工作特性均依赖于这种"反型"及由之产生的反型电荷而形成。阈值电压作为MOS场效应晶体管的一个重要参数,被定义为MOS结构半导体一侧形成强反型层所需要的电压。

4.1.1 MOS场效应晶体管的基本结构

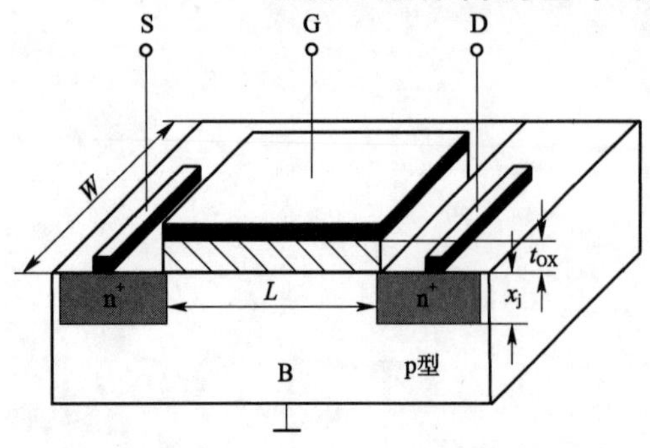

图4-1 MOS场效应晶体管的结构示意图

MOS场效应晶体管的基本结构一般是四端器件,如图4-1所示。在MOS场效应晶体管核心部分MOS结构中,剖面线绝缘层上的金属电极称为栅极G。在栅极G上施加电压,电场穿过绝缘层进入半导体,控制半导体表面电场的强度可改变反型层的厚度,从而改变半导体表面沟道的导电能力。MOS结构两侧的电极,分别是源极S和漏极D。在正常工作状态下,载流子将从

源极流入沟道,从漏极流出。MOS 场效应晶体管的第四个电极是衬底电极 B,也称为背栅。在单管中,通常源极 S 与衬底电极 B 相连形成一个三端器件;在集成电路中,一般源极 S 不与衬底电极 B 相连而构成四端器件。

MOS 场效应晶体管的基本结构参数有沟道长度,即源区和漏区之间的距离 L、沟道宽度 W、栅绝缘层厚度 t_{OX}、漏区和源区的扩散结深 x_j、衬底掺杂浓度 N_A(p 沟道 MOS 场效应晶体管为 N_D)等。实际 MOS 场效应晶体管的结构多种多样,还有环形结构、条状结构和梳状结构等。

4.1.2 MOS 场效应晶体管的工作原理

MOS 场效应晶体管的基本工作原理是靠表面电场效应,在半导体中感生出导电沟道来进行。如图 4-2 所示,位于源区和漏区之间的 MOS 结构是 MOS 场效应晶体管的核心部分。若在栅极到源极、衬极之间加上一个栅源电压 V_{GS},将产生垂直于 Si-SiO_2界面的电场,在栅极下面的半导体一侧感应出表面电荷。随着 V_{GS}的不同,表面电荷的多少不同。在 p 型衬底的 MOS 结构中,若 V_{GS}往正的方向增加,半导体表面将逐步由耗尽状态进入强反型状态,强反型是指表面电子密度等于或超过衬底内部空穴的平衡态密度,这时在界面附近出现的与体内极性相反的电子导电层称为反型层,也称为沟道,反型层为电子导电的称作 n 型沟道。反之,在 n 型衬底的 MOS 场效应晶体管中,反型层为空穴导电的称作 p 型沟道。

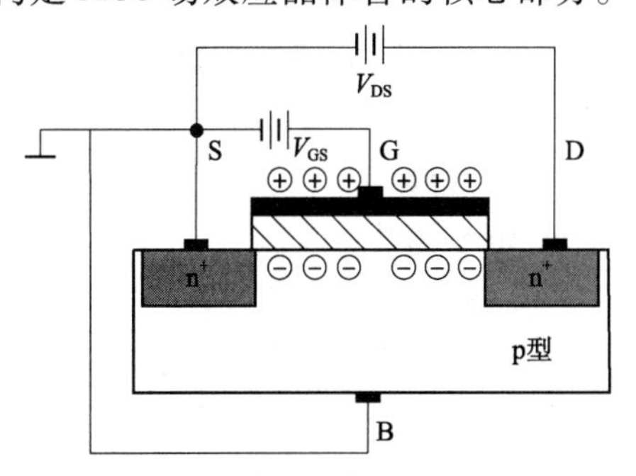

图 4-2 MOS 场效应晶体管的工作偏置图

在栅压 V_{GS}为零的条件下,在漏极到源极之间加电压 V_{DS},漏区 pn 结为反偏,导电沟道未形成时,漏极到源极之间只有很小的反向偏压 pn 结电流。但是,若在栅源电压 V_{GS}控制下表面形成了导电沟道,漏区和源区连通,在 V_{DS}作用之下将出现明显的漏源电流 I_{DS},且 I_{DS}的大小依赖于栅源电压 V_{GS}。

MOS 场效应晶体管的栅极到漏、源区之间被氧化硅层阻隔,器件导通时只有从漏区经过沟道到源区这一条电流通路。MOS 场效应晶体管是一种典型的电压控制型器件,共源极工作时,栅源电压 V_{GS}控制漏源电流 I_{DS}。若作为放大元件,叠加在栅源电压上的 ΔV_{GS}将引起输出回路中的 ΔI_{DS}响应。MOS 场效应晶体管也是良好的开关元件。当栅源电压 V_{GS}小于某以特定电压时,MOS 场效应晶体管关断;反之,MOS 场效应晶体管导通。

4.1.3 MOS 场效应晶体管的分类

在栅源电压 $V_{GS}=0$ 的条件下,根据 MOS 场效应晶体管的导电沟道反型层中载流子的类型和导通状态,可将 MOS 场效应晶体管可分成四种不同的类型,即 p 沟道耗尽型和 p 沟道增强型,n 沟道耗尽型和 n 沟道增强型。

4.1.3.1 n 沟道和 p 沟道 MOS 场效应晶体管

按照导电沟道中传输电流载流子类型的不同,MOS 场效应晶体管可以分成 n 沟道和 p 沟道两大类。n 沟道 MOS 场效应晶体管是在 p 型半导体衬底上,通过热扩散或离子注入等掺杂工艺形成重掺杂 n^+ 源区和漏区制作的器件。随着正栅源电压 V_{GS} 的增大,栅氧化层下面 p 型半导体的表面将经耗尽型逐渐转变为反型。当栅源电压 V_{GS} 达到某一特定值时,半导体表面出现强反型,栅氧化层下半导体的表面即形成 n 型导电沟道,加上漏源电压 V_{DS} 以后,电子将从源极流向漏极形成漏源电流 I_{DS}。此时,栅源电压称为阈值电压,用 V_T 表示。

相反,p 沟道 MOS 场效应晶体管则是在 n 型半导体衬底上,通过热扩散或离子注入形成重掺杂 p^+ 源区和漏区制备的器件。当在栅源上施加负偏压 V_{GS} 时,n 型半导体的表面将随着负栅源电压的增大由电子耗尽而逐渐变为空穴积累。当栅源电压 V_{GS} 增加到 V_T 时,表面形成的强反型层即为 p 型导电沟道。在漏源电压 V_{DS} 的作用下,空穴将经过 p 型沟道从源极流向漏极,由于传输电流的载流子是空穴,因而称为 p 沟道 MOS 场效应晶体管。

4.1.3.2 增强型和耗尽型 MOS 场效应晶体管

在理想的 MOS 场效应晶体管中,当栅源电压 $V_{GS}=0$ 时,栅氧化层下面的半导体表面并不存在导电沟道,漏区和源区之间被背靠背的 pn 结二极管隔离,即使漏源电压 V_{DS} 不等于零,漏源间也不存在电流,器件处于“正常截止状态”。这种当栅源电压为零处于截止状态,而只有外加栅源电压 V_{GS} 大于阈值电压 V_T 时才形成导电沟道的 MOS 场效应晶体管,称为增强型 MOS 场效应晶体管。

实际 MOS 场效应晶体管,由于栅极金属和半导体间存在功函数差,SiO_2 层中存在表面态电荷 Q_{SS} 等,即使在栅源电压 V_{GS} 为零时半导体表面能带就已经发生弯曲,甚至在半导体表面出现反型层。例如,在 n 沟道 MOS 场效应晶体管中,若 SiO_2 层中的表面态电荷密度高于衬底杂质浓度且较大,即使栅源电压 $V_{GS}=0$ 时,半导体表面就会形成反型层导电沟道,器件处于导通状态。类似这种在零栅源电压下,就处于导通状态的 MOS 场效应晶体管,称为耗尽型 MOS 场效应晶体管。

总之,根据导电沟道的类型可将 MOS 场效应晶体管分为 p 沟和 n 沟两种,而按栅源电压 $V_{GS}=0$ 时,是否存在导电沟道又可将 MOS 场效应晶体管分为增强型和耗尽型两类。因此,MOS 场效应晶体管可分为 n 沟增强型、n 沟耗尽型、p 沟增强型、p 沟耗尽型四种类型。图 4-3 分别表示出四种 MOS 场效应晶体管的电学符号及转移特性。

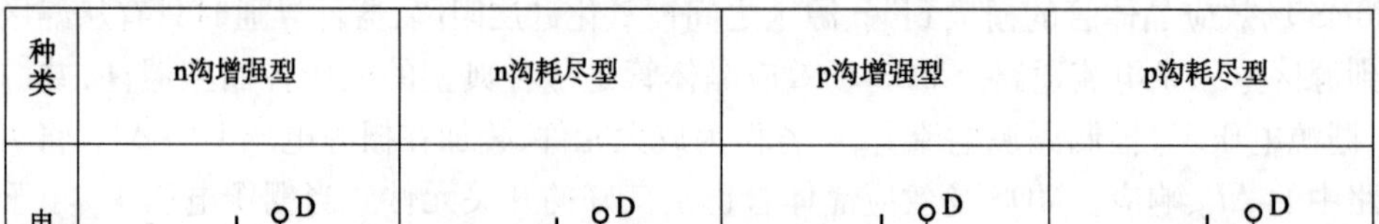

种类	n沟增强型	n沟耗尽型	p沟增强型	p沟耗尽型
电学符号	D B G S	D B G S	D B G S	D B G S
转移特性	I_{DS} 0 V_T V_{GS}	I_{DS} V_T 0 V_{GS}	V_T I_{DS} 0 V_{GS}	I_{DS} V_T 0 V_{GS}

图 4-3 MOS 场效应晶体管的基本类型

从图4-3中可看出,n沟和p沟道MOS场效应晶体管的转移特性在相位上互差180°。因此,在集成电路中用n沟和p沟场效应晶体管容易构成互补电路及CMOS门电路。表4-1列出了四种类型的MOS场效应晶体管电学特性的异同。

MOS场效应晶体管的特征 表4-1

类型		衬底	漏源区	沟道载流子	漏源电压	电流方向	阈值电压
n沟	增强型	p	n^+	电子	正	漏→源	$V_T>0$
	耗尽型						$V_T<0$
p沟	增强型	n	p^+	空穴	负	源→漏	$V_T<0$
	耗尽型						$V_T>0$

4.2 MOS场效应晶体管的阈值电压

阈值电压是指增强型MOS场效应晶体管的开启电压或耗尽型MOS场效应晶体管的夹断电压,通常用V_T表示。增强型MOS场效应晶体管的阈值电压,是指刚产生导电沟道的栅源电压V_{GS}。由于"导电沟道"的含义比较广泛,针对不同的情况引入的定义也各不相同。本书涉及的MOS场效应晶体管阈值电压,均以增强型MOS场效应晶体管形成强反型导电沟道对应的栅源电压V_{GS}为基础,半导体的表面势V_S在数值上等于二倍的费米势ψ_F。

4.2.1 MOS结构中的电荷分布

MOS场效应晶体管的阈值电压是栅极绝缘层下半导体表面出现强反型时所需加的栅源电压V_{GS},所谓强反型是指半导体表面积累的少子浓度等于甚至超过多数载流子浓度的状态,即能带弯曲至表面势等于或大于两倍费米势的状态,则有

$$V_S \geqslant 2\psi_F = \frac{2(E_i - E_F)}{q} \tag{4-1}$$

式中,E_i和E_F分别为本征费米能级和费米能级;q为电子电荷。

p型衬底费米势为

$$\psi_{Fp} = \frac{k_0T}{q}\ln\frac{N_A}{n_i} \tag{4-2}$$

式中,k_0为玻尔兹曼常数;T为热力学温度;n_i为本征载流子浓度;N_A为衬底掺杂浓度。

n型衬底费米势为

$$\psi_{Fn} = -\frac{k_0T}{q}\ln\frac{N_D}{n_i} \tag{4-3}$$

式中,N_D为n型衬底掺杂浓度。

在n沟道MOS场效应晶体管出现强反型时能带和电荷的分布(图4-4)中,坐标x_1的右边$E_i>E_F$,半导体仍为p型;而在坐标x_1的左边,$E_i<E_F$,半导体变为了n型。因而,在半导体空间电荷区中感应出了pn结,这种pn结称为场感应pn结。当外加电压V_{GS}撤出之后,反型层消失,pn结也随之消失。

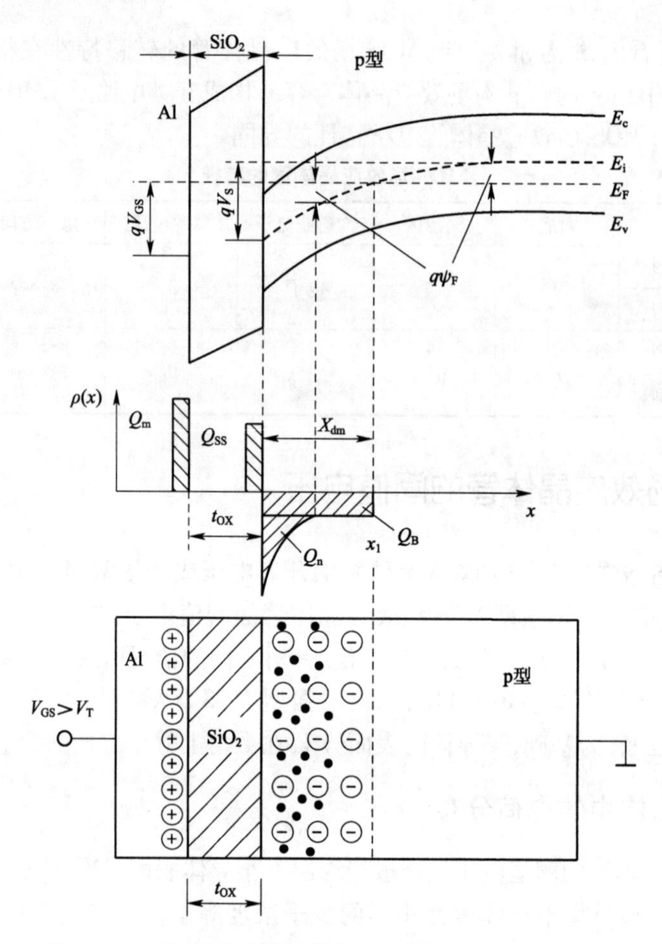

图4-4 n沟道MOS场效应晶体管强反型时的能带和电荷的分布

在栅源电压 V_{GS} 作用下，Q_m 为栅极金属板上所产生的面电荷密度；Q_{SS} 为存在于栅绝缘层中的固定电荷、可移动电荷和界面态，并将这些电荷用 Si-SiO_2 界面处的电荷密度来等效的一种表面态电荷密度；Q_n 为反型层中单位面积上的导电电子的电荷密度；Q_B 是半导体表面耗尽层中的空间电荷密度。

若将 n 沟道 MOS 场效应晶体管的场感应结近似看作 pn^+ 单边突变结，将 p 沟道 MOS 场效应晶体管的场感应结近似看作 p^+n 单边突变结。同时，假设场感应结上所加的反向偏压等于 $2\psi_F$，最大耗尽层宽度可写为

$$X_{dm}=\left[\frac{2\varepsilon_0\varepsilon_{rs}\left|2\psi_F\right|}{qN_B}\right]^{1/2} \tag{4-4}$$

式中，N_B 为衬底杂质浓度；ε_0、ε_{rs} 分别为真空和硅的介电常数。

当表面耗尽层宽度达到最大值 X_{dm} 时，表面耗尽层中单位面积上的电荷密度 Q_B 也达到最大值 Q_{Bm}，则有

$$Q_{Bm}=qN_BX_{dm}=\left[2q\varepsilon_0\varepsilon_{rs}N_B\left|2\psi_F\right|\right]^{1/2} \tag{4-5}$$

按照 MOS 结构中电中性条件件的要求，栅绝缘层的两边必须感应出等量且符号相反的电荷，即 MOS 结构中的总电荷代数和必须等于零。因此，出现强反型时为

$$Q_m + Q_{SS} + Q_{Bm} + Q_n = 0 \tag{4-6}$$

刚达到强反型时，沟道反型层中的电子浓度刚好等于p型衬底内的空穴浓度，而且反型层电子Q_n只存在于极表面的一层，Q_n远小于Q_{Bm}，可以忽略。则式(4-6)可简化为

$$Q_m + Q_{SS} + Q_{Bm} = 0 \tag{4-7}$$

4.2.2 理想MOS场效应晶体管的阈值电压

当绝缘层内没有任何电荷且绝缘层完全不导电、能阻挡直流流过，且金属与半导体之间的功函数差为零(二者有相同的费米能级)同时，绝缘体与半导体界面处不存在任何界面态，即MOS结构为理想状态。此时，式(4-7)中的Q_{SS}可以忽略，则有

$$Q_m = -Q_{Bm} = -[2q\varepsilon_0\varepsilon_{rs}N_B|2\psi_F|]^{1/2} \tag{4-8}$$

由于理想MOS场效应晶体管中假定金属与半导体之间的功函数差为零，因此，在栅源电压$V_{GS}=0$时，能带处于平直状态；只有施加了栅源电压V_{GS}以后，能带才发生弯曲。那么，在理想情况下，栅源电压V_{GS}为跨越氧化层的电压V_{OX}和半导体表面势V_S之和，有

$$V_{GS} = V_{OX} + V_S \tag{4-9}$$

当达到强反型时，栅源电压V_{GS}等于阈值电压V_T，则有

$$V_T = V_{OX} + 2\psi_F \tag{4-10}$$

假设栅氧化层的单位面积电容为C_{OX}，则栅氧化层上的压降为

$$V_{OX} = \frac{Q_m}{C_{OX}} = -\frac{Q_{Bm}}{C_{OX}} \tag{4-11}$$

因此，理想MOS场效应晶体管的阈值电压为

$$V_T = -\frac{Q_{Bm}}{C_{OX}} + 2\psi_F \tag{4-12}$$

4.2.3 实际MOS场效应晶体管的阈值电压

实际MOS场效应晶体管中存在表面态电荷密度Q_{SS}，而且有金属-半导体功函数差导致的接触电势差V_{ms}。因此，在栅源电压$V_{GS}=0$时，由于Q_{SS}和V_{ms}的作用，表面能带已经发生弯曲。为了使能带恢复到平带状态，必须在栅极上施加一定的栅源电压V_{GS}，所需要加的栅源电压V_{GS}称为平带电压V_{FB}，则平带电压为

$$V_{FB} = -\frac{Q_{SS}}{C_{OX}} - V_{ms} \tag{4-13}$$

式中，$\frac{Q_{SS}}{C_{OX}}$为抵消表面态电荷的影响所需加的栅源电压。

因此，在实际MOS场效应晶体管中，必须用一部分栅压去抵消Q_{SS}和V_{ms}的影响，才能使MOS结构恢复到平带状态，达到理想MOS结构的状况，真正降落在栅氧化层和半导体表面上的电压只有$V_{GS}-V_{FB}$。此时，栅源电压V_{GS}则为

$$V_{GS} = -\frac{Q_{Bm}}{C_{OX}} + 2\psi_F + V_{FB} \tag{4-14}$$

n 沟道 MOS,衬底为 p 型半导体,空间电荷 Q_{Bm}为负值,阈值电压为

$$\begin{aligned} V_{Tn} &= -\frac{Q_{Bm}+Q_{SS}}{C_{OX}}+2\psi_{Fp}-V_{ms} \\ &= -\frac{Q_{SS}}{C_{OX}}+\frac{1}{C_{OX}}[2\varepsilon_0\varepsilon_{rs}qN_A(2\psi_{Fp})]^{1/2}+\frac{2k_0T}{q}\ln\frac{N_A}{n_i}-V_{ms} \end{aligned} \tag{4-15}$$

p 沟道 MOS,衬底为 n 型半导体,空间电荷 Q_{Bm}为正值,阈值电压为

$$\begin{aligned} V_{Tp} &= -\frac{Q_{Bm}+Q_{SS}}{C_{OX}}+2\psi_{Fn}-V_{ms} \\ &= -\frac{Q_{SS}}{C_{OX}}-\frac{1}{C_{OX}}[2\varepsilon_0\varepsilon_{rs}qN_D|2\psi_{Fn}|]^{1/2}-\frac{2k_0T}{q}\ln\frac{N_D}{n_i}-V_{ms} \end{aligned} \tag{4-16}$$

4.3 MOS 场效应晶体管的直流特性

MOS 场效应晶体管的漏源电流 I_{DS}大小,不仅依赖栅源电压 V_{GS}的高低,而且还受到漏源电压 V_{DS}的影响。其中,漏源电流 I_{DS}随栅源电压 V_{GS}变化的曲线,称为 MOS 场效应晶体管的转移特性曲线。如图 4-5 所示,转移特性曲线可分为 $V_{GS}<V_T$的亚阈值区和 $V_{GS}>V_T$的线性区。在亚阈值区,漏源电流 I_{DS}将不随漏源电压 V_{DS}的变化而发生改变。然而,在线性区,漏源电流 I_{DS}将随漏源电压 V_{DS}的增加,且漏源电压 V_{DS}增加至沟道夹断时,MOS 场效应晶体管进入饱和区。若继续增加漏源电压 V_{DS},当达到某一临界值时,导致漏源电流 I_{DS}突然增大,出现漏区 pn 结反向击穿现象。

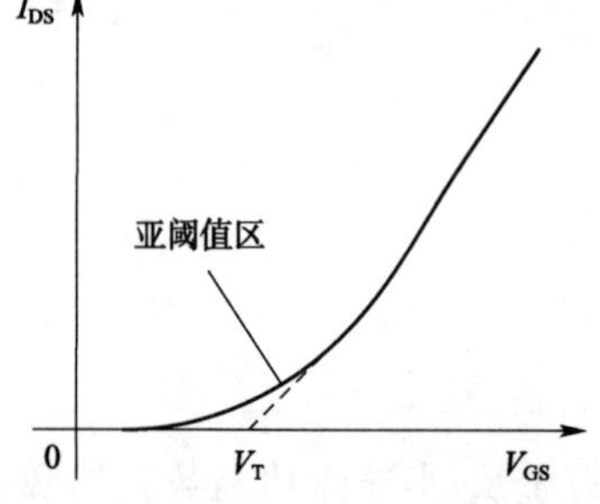

图 4-5 MOS 场效应晶体管的转移特性曲线

为探讨 MOS 场效应晶体管的直流特性,必须进行相应的假设,具体如下。

①忽略漏区和源区的电压降不计。

②在沟道区不存在复合-产生电流。

③长沟道近似和渐近沟道近似,即假设垂直电场和水平电场互相独立。

④载流子在反型层内的迁移率为常数。

⑤沟道与衬底间的反向饱和电流为零。

⑥沟道内掺杂均匀。

4.3.1 MOS 场效应晶体管的工作特性

在以上几个假设的基础上,以 n 沟道增强型 MOS 场效应晶体管为例,进行详细的定量分析。通常,在漏源电压 $V_{DS}\neq 0$ 的条件下,根据栅源电压 V_{GS}的高低可将 MOS 场效应晶体管的工作状态分为截止状态和导通状态。在 MOS 场效应晶体管的导通状态,又可根据漏源电压 V_{DS}的高低,分为线性状态、饱和状态和击穿状态三种。如图 4-6 所示,MOS 场效应晶体管的输出特性曲线分为截止区、线性区、饱和区和击穿区四种状态。下面分别进行详细的讨论。

4.3.1.1 MOS 场效应晶体管线性区特性

当栅源电压 $V_{GS}>V_T$后,半导体表面即形成强反型的导电沟道。此时,若在漏极和源极

之间加上偏置电压 V_{DS},载流子就会通过反型层导电沟道,从源区向漏区漂移,由漏极收集形成漏源电流 I_{DS}。当漏源电压 V_{DS}不太高时,MOS 场效应晶体管工作在线性区。随着栅源电压 V_{GS}的进一步增加,反型层的厚度亦增加,输出特性曲线的 OA 段的斜率增加,如图 4-6 所示。在线性区,沟道从源区连续地延伸到漏区,如图 4-7 所示。假设沟道的长度为 L,随沟道长度变化而变化的沟道厚度为 $d(y)$,沟道的宽度为 W。取电子流动方向为 y 方向。在垂直于沟道的方向切出一个长度为 dy 的薄片,其微分电阻值为

$$dR = \rho \frac{dy}{Wd(y)} \tag{4-17}$$

式中,dy 为反型沟道在 y 处的厚度;ρ 为电阻率。该微分电阻上的电压降为

$$dV = I_{DS} \times dR = I_{DS} \times \rho \frac{dy}{Wd(y)} \tag{4-18}$$

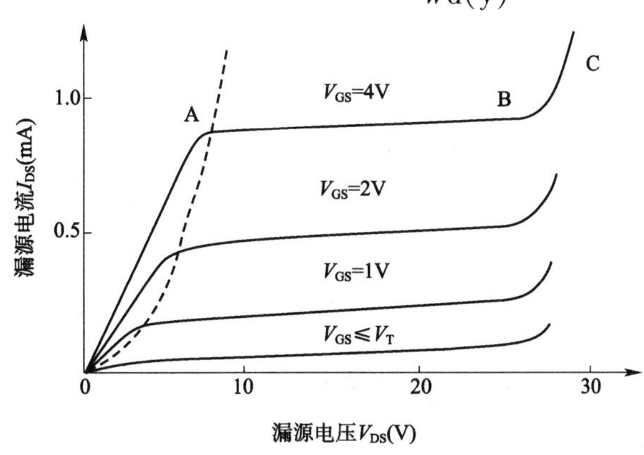

图 4-6　n 沟道增强型 MOS 场效应晶体管的输出特性曲线

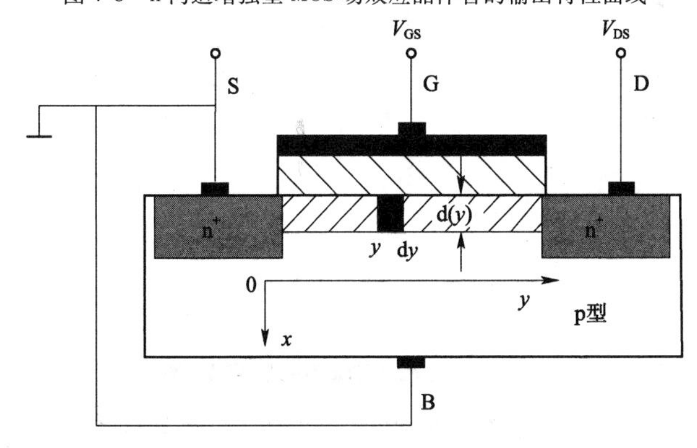

图 4-7　MOS 场效应晶体管沟道结构

假设沟道中电子的浓度为 n,电子的迁移率为 μ_n。那么,导电沟道的电阻率 ρ 为

$$\rho = \frac{1}{nq\mu_n} \tag{4-19}$$

将式(4-19)代入式(4-18),则有

$$dV = I_{DS} \times \frac{1}{nq\mu_n} \times \frac{dy}{Wd(y)} \tag{4-20}$$

已知,y 处反型层单位面积电荷 $Q_n(y) = qnd(y)$,则有

$$dV = \frac{I_{DS}dy}{\mu_n W Q_n(y)} \tag{4-21}$$

根据沟道厚度远小于SiO_2层厚度的假定,若漏源电压V_{DS}在沟道y处的压降为$V(y)$且栅源电压为V_{GS},则有$Q_n(y)=[V_{GS}-V_T-V(y)]C_{OX}$,代入式(4-21)可得

$$I_{DS}dy = [V_{GS}-V_T-V(y)]C_{OX}\mu_n W dV \tag{4-22}$$

将式(4-22)从源区($y=0$)到漏区($y=L$)进行积分,相应的$V(y)$值从0变为V_{DS},可得

$$I_{DS} = C_{OX}\mu_n \frac{W}{L}\left[(V_{GS}-V_T)V_{DS}-\frac{1}{2}V_{DS}^2\right] \tag{4-23}$$

式(4-23)为MOS场效应晶体管在线性区的直流特性方程。当漏源电压V_{DS}很小时,V_{DS}的高次项可以忽略,可将式(4-23)简化为

$$I_{DS} = C_{OX}\mu_n \frac{W}{L}(V_{GS}-V_T)V_{DS} \tag{4-24}$$

式(4-24)表明,漏源电流I_{DS}与漏源电压V_{DS}呈线性关系。

4.3.1.2 MOS场效应晶体管饱和区特性

若漏源电压V_{DS}增加至沟道夹断时,器件的工作进入饱和区。使MOS管进入饱和区所加的漏极电压为$V_{DS(sat)}$,则有

$$V_{DS(sat)} = V_{GS}-V_T \tag{4-25}$$

将式(4-25)代入式(4-23),得到漏源饱和电流$I_{DS(sat)}$近似为

$$I_{DS(sat)} \approx C_{OX}\mu_n \frac{W}{2L}(V_{GS}-V_T)^2 \tag{4-26}$$

然而,MOS场效应晶体管进入饱和区后,继续增加漏源电压V_{DS},则沟道夹断点不断地向源极方向移动,在漏极将出现耗尽区,耗尽区的宽度X_d随V_{DS}的增大而不断变大,如图4-8所示,利用单边突变结的公式,得耗尽区宽度X_d为

$$X_d = L - L' = \sqrt{\frac{2\varepsilon_{rs}\varepsilon_0[V_{DS}-(V_{GS}-V_T)]}{qN_A}} \tag{4-27}$$

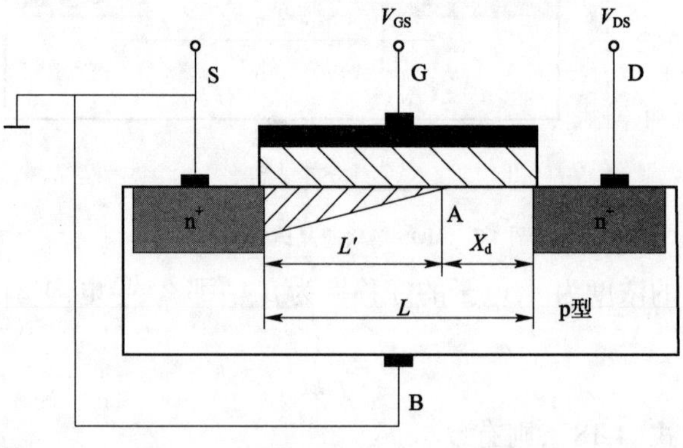

图4-8 MOS场效应晶体管饱和区的示意图

因此,饱和区的电流并不是一成不变,这时实际的有效沟道长度从L变为L',对应的漏源饱和电流$I'_{DS(sat)}$为

$$I'_{DS(sat)} = C_{OX}\mu_n \frac{W}{2L'}(V_{GS} - V_T)^2 = \frac{LI_{DS(sat)}}{L - \sqrt{\frac{2\varepsilon_{rs}\varepsilon_0[V_{DS} - (V_{GS} - V_T)]}{qN_A}}} \tag{4-28}$$

式(4-26)表明，当 V_{DS}增大时，分母减小，漏源饱和电流 $I'_{DS(sat)}$将随之增加。这种漏源饱和电流 $I'_{DS(sat)}$随沟道长度的减小而增大的效应称为沟道长度调制效应，这种效应会使 MOS 场效应晶体管的输出特性曲线明显发生倾斜，导致其输出阻抗降低。

4.3.1.3 MOS 场效应晶体管亚阈值区特性

栅源电压 V_{GS}稍微低于阈值电压 V_T时，沟道处于弱反型状态，流过漏源电流 I_{DS}并不等于零，MOS 场效应晶体管的工作状态处于亚阈值区，流过沟道的电流称为亚阈值电流。对于工作在低压、低功耗下的 MOS 场效应晶体管，亚阈值区是重要的工作区。例如，当 MOS 场效应晶体管在数字逻辑及储存器中用作开关时，就是这种情况。

对于长沟道 MOS 场效应晶体管，在沟道弱反型时表面势可近似看作常数。因此，可将沟道方向的电场强度视为零，这时漏源电流 I_{DS}主要是扩散电流，并可采用类似于均匀基区晶体管求集电极电流的方法来求亚阈值电流，则有

$$I_{DS} = -qD_nA\frac{dn(y)}{dy} \tag{4-29}$$

式中，A 为电流流过的截面积；$n(y)$为在沟道方向 y 处的电子浓度。

假设在平衡时，没有载流子的产生和复合。根据电流连续性要求，电子浓度是随距离线性变化的，即有

$$n(y) = n(0) - \left[\frac{n(0) - n(L)}{L}\right]y \tag{4-30}$$

在源区($y=0$)处的电子浓度 $n(0)$为

$$n(0) = n_i\exp\left[\frac{q(V_S - \psi_F)}{k_0T}\right] \tag{4-31}$$

式中，V_S为表面势；ψ_F为费米势。

在漏极($y=L$)处的电子浓度 $n(L)$为

$$n(L) = n_i\exp\left[\frac{q(V_S - \psi_F - V_{DS})}{k_0T}\right] \tag{4-32}$$

因此，亚阈值电流可表示为

$$I_{DS} = -\frac{qAD_nn_i}{L}\exp\left[\frac{q(V_S - \psi_F)}{k_0T}\right]\left[1 - \exp\left(\frac{-qV_{DS}}{k_0T}\right)\right] \tag{4-33}$$

由式(4-33)可看出，MOS 场效应晶体管在亚阈值区漏源电流 I_{DS}随着漏源电压 V_{DS}指数变化。又因为表面势 $V_S \approx V_{GS} - V_T$，因此，当 $V_{GS} < V_T$时，漏源电流 I_{DS}按指数降低。

4.3.1.4 MOS 场效应晶体管截止区特性

对于 n 沟增强型 MOS 场效应晶体管，当在栅源电压 V_{GS}施加正电压并缓慢增加时，将在栅极氧化层中产生电场，其电力线由栅极指向半导体。外加栅源电压 V_{GS}将在半导体表面产生感应负电荷。随着栅源电压 V_{GS}的增加，半导体表面将逐渐形成耗尽层。当栅源电压 V_{GS}小于阈值电压 V_T时，因为耗尽层的电阻很大，流过漏源间的电流 I_{DS}很小，即为 pn 结反向饱

和电流，这种工作状态称为MOS场效应晶体管的截止状态。

4.3.2 MOS场效应晶体管的击穿特性

MOS场效应晶体管在饱和区时，继续增加的漏源电压V_{DS}达到某一临界值时，即达到或超过漏衬pn结反向击穿电压时，会出现漏源电流I_{DS}突然增大的情况（如图4-6中的BC段所示），这表明MOS场效应晶体管进入击穿状态。MOS场效应晶体管被击穿时所对应的漏源电压V_{DS}称为漏源击穿电压，用$V_{(BR)DS}$表示。对于短沟道MOS场效应晶体管，因漏源电压V_{DS}增大导致漏衬pn结的耗尽区扩展到源区，发生漏源之间的穿通，对应的漏源电压V_{DS}称为漏源穿通电压，用$V_{(BR)DSP}$表示。此外，还有栅绝缘层所能承受的最高电压称为栅源耐压，用$V_{(BR)GS}$表示。

在实际应用中，能导致MOS场效应晶体管被击穿的方式有多种，主要包括漏源击穿和栅氧化层击穿两大类。漏源击穿从击穿机理上，又可分为栅调制击穿、沟道雪崩击穿、寄生双极型晶体管击穿和漏源势垒穿通等。

4.3.2.1 栅调制击穿

采用平面工艺制造的p^+n或pn^+结，雪崩击穿容易发生在图形边缘的曲面结上。如图4-9所示，在MOS场效应晶体管的漏衬pn结与Si-SiO_2界面的交点处，电场强度相对较高，该区域称作转角区。主要因为金属栅极是良导体，在与介质交界处的电力线必将垂直于界面，导致转角区Si-SiO_2界面附近电场的水平分量转化为垂直分量，电场强度增大。漏区与金属栅极之间存在的电位差，称为漏栅电压V_{DG}，在数值上等于漏源电压V_{DS}和栅源电压V_{GS}二者之差。在衬底掺杂浓度较低的情况下，氧化层厚度t_{OX}通常远小于漏区耗尽层的扩展宽度，转角区的电场比体内强得多。雪崩击穿首先在这里发生。在栅源电压V_{GS}不变的条件下，漏源电压V_{DS}的增大将导致漏栅电压V_{DG}增大，转角区的电场强度急剧增加大，即使不太高的漏源电压V_{DS}即可使转角区达到雪崩击穿临界场强而击穿。

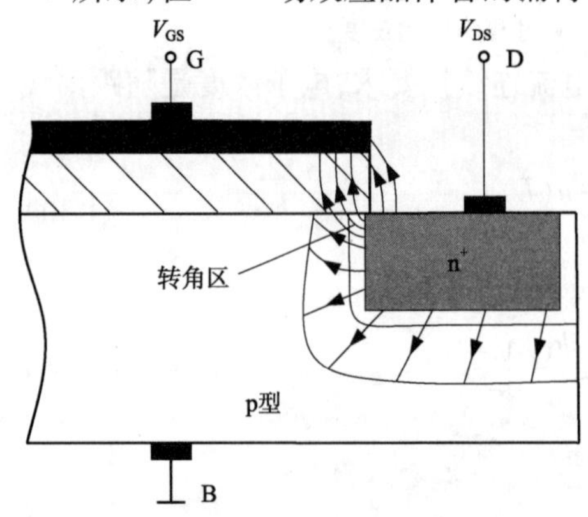

图4-9 漏衬pn结转角区电场分布

转角区的电场强度，除受到栅源电压V_{GS}和漏源电压V_{DS}的影响之外，还与漏衬、源衬pn结的形状、结深x_j等因素有关。例如，结深x_j越大，电场强度集中程度将随之减弱；反之，电场强度将更加集中。总之，栅氧化层的厚度t_{OX}、pn结的结深x_j越大，发生转角区的漏源击穿电压$V_{(BR)DS}$也越大。

栅调制击穿主要发生在长沟道MOS场效应晶体管中，对MOS场效应晶体管的实际测量表明，栅调制击穿具有以下特点。

①结深均为1.37μm的MOS场效应晶体管，一般漏源击穿电压$V_{(BR)DS}=25V\sim40V$，低于不带栅极的源衬、漏衬结的雪崩击穿电压；去除金属栅极后，$V_{(BR)DS}$可上升到70V。

②衬底电阻率高于10Ω·cm时，漏源击穿电压$V_{(BR)DS}$与衬底掺杂浓度无关，而是取决于漏区和源区pn结的结深x_j、栅氧化层的厚度t_{OX}及栅源电压V_{GS}。

③栅调制击穿最重要的特征是漏源击穿电压 $V_{(BR)DS}$ 受栅源电压 V_{GS} 控制，对于 n 沟道 MOS 场效应晶体管处于导通状态时，$V_{(BR)DS}$ 随 V_{GS} 增大而上升。

4.3.2.2 沟道雪崩击穿

MOS 场效应晶体管导电沟道载流子的雪崩倍增可以造成沟道雪崩击穿。对于 MOS 场效应晶体管，漏区可能是一个相当浅的扩散区容易发生弯曲，耗尽区的电场在弯曲处有集中的趋向，电场强度最高。另外，MOS 场效应晶体管的漏衬 pn 结为单边突变结，衬底的掺杂浓度较低、空间电荷区的宽度较大，倍增的次数增多，很容易发生沟道雪崩击穿。雪崩击穿过程不仅是电场的函数，还是相关载流子数量的函数。在 $V_{GS} > V_T$ 的导通区，当栅源电压 V_{GS} 增加时，在距表面 0.2μm ~ 0.4μm 的次表面流动的载流子浓度增大，导致漏源击穿电压 $V_{(BR)DS}$ 将随 V_{GS} 增加而下降。

沟道雪崩击穿只出现在 n 沟道 MOS 场效应晶体管中，而不出现在 p 沟道 MOS 场效应晶体管中。主要因为电子的电离率随场强增加而快速上升，空穴的电离率差不多比电子的低一个数量级，且需在强场下才会随电场增强而上升。

4.3.2.3 寄生双极型晶体管击穿

在 n 型短沟道 MOS 场效应晶体管中，若衬底的电阻率较高时，击穿特性类似双极型晶体管，漏源击穿电压 $V_{(BR)DS}$ 亦称作维持电压。主要特征是呈现负阻，这种负阻特性能引发二次击穿，影响 MOS 场效应晶体管的可靠性，导通状态下 V_{GS} 愈高，则 $V_{(BR)DS}$ 愈低。

击穿区负阻特性主要来源于寄生 npn 晶体管的共发射极击穿。寄生 npn 晶体管的发射区、基区和集电区分别对应于 n 沟道 MOS 场效应晶体管的源区 n^+、衬底 p 和漏区 n^+。引发初始击穿的主要因素为沟道夹断区（强电场）和转角区载流子倍增，前者发生在次表面，后者则出现于紧靠 Si-SiO_2 界面处。倍增产生的电子流向漏区，空穴流入衬底形成衬底电流。衬底电流经衬底体电阻产生的压降，导致源衬 pn 结正偏，也就是使寄生 npn 晶体管发射结正偏。此时，漏衬 pn 结也就是 npn 晶体管的集电结出现载流子倍增，类似有源工作的 npn 晶体管进入“倍增-放大”的往复循环过程，从而导致电压下降，电流上升。因此，漏源击穿电压 $V_{(BR)DS}$ 实际上是寄生 npn 晶体管在基极加正偏电压的条件下，集电极与发射极之间的击穿电压。

寄生双极型晶体管击穿机制只适用于 n 沟道 MOS 场效应晶体管。因为相对于空穴，电子的电离率随场强增加上升的速度更快，沟道电子易于引发倍增；同时，在结构、尺寸及掺杂浓度相同的条件下，n 沟道 MOS 场效应晶体管的衬底为 p 型材料，相对 p 沟道 MOS 场效应晶体管的 n 型材料，衬底的电阻更大（空穴迁移率约为电子的三分之一），衬底电流流经 n 沟道 MOS 场效应晶体管的导电沟道时，易于产生压降使源衬 pn 结正偏，形成“倍增-放大”正反馈循环。

4.3.2.4 漏源势垒穿通

当漏源电压 V_{DS} 增大时，漏衬 pn 结耗尽区向源区方向扩展，使沟道有效长度缩短，设沟道表面漏衬 pn 结耗尽区的宽度 X_d 为

$$X_d = \sqrt{\frac{2\varepsilon_{rs}\varepsilon_0[V_{DS} - (V_{GS} - V_T)]}{qN_B}} \tag{4-34}$$

式中，N_B为衬底的掺杂浓度。

耗尽区宽度X_d随漏源电压V_{DS}的增加而增大，对于短沟道MOS场效应晶体管，X_d很容易扩展等于沟道长度L，即漏衬空间电荷区完全经过沟道区延展到源衬空间电荷区，漏区和源区间的势垒完全消失，便发生漏源之间的直接穿通，穿通电压如下

$$V_{(BR)DSP}=\frac{L^2qN_B}{2\varepsilon_{rs}\varepsilon_0}+(V_{GS}-V_T) \tag{4-35}$$

只有在N_B较低和L较短的条件下，式(4-35)才具有实用性。$V_{(BR)DSP}$值远小于漏衬pn结的雪崩击穿电压。当$V_{GS}-V_T=0$时，可简化为

$$V_{(BR)DSP}=\frac{qN_B}{2\varepsilon_0\varepsilon_{rs}}L^2 \tag{4-36}$$

由式(4-36)可知，穿通电压$V_{(BR)DSP}$与沟道长度L的平方成正比。

4.3.2.5 栅氧化层击穿

若栅氧化层中的电场强度足够高，就会发生击穿，导致器件崩溃。通常，栅氧化层击穿电压就是栅源间能够承受的最高电压，用$V_{(BR)GS}$表示。其大小取决于栅极下面二氧化硅层的击穿电压，破坏不具有恢复性。栅二氧化硅发生击穿的临界电场为$E_{OX(max)}=(5-10)\times10^6$V/cm。因此，厚度为$t_{OX}$的二氧化硅层的击穿电压是

$$V_{(BR)GS}=E_{OX(max)}t_{OX} \tag{4-37}$$

栅氧化层的厚度很薄，当$t_{OX}=500$Å时最大的安全栅压等于50V。实际上，二氧化硅介质层生长时受到各种因素的影响，结构缺陷难以避免。因此，实际MOS场效应晶体管的栅氧化层击穿电压比理论值偏低。由于MOS场效应晶体管的栅绝缘层有很高的电阻，当栅极开路时，受周围电磁场的作用，可能感生瞬时的高电压，若超过$V_{(BR)GS}$就会造成栅绝缘层的击穿。为了避免这种感生电压可能造成损坏，在封装或存放MOS场效应晶体管时，应将MOS场效应晶体管的栅极、源极和漏极的管脚短接。

4.4 MOS场效应晶体管的小信号参数和频率特性

在前面公式推导中，假定MOS场效应晶体管工作在准静态条件下，各端电压随时间变化足够慢，不考虑电荷储存效应，且输入输出满足小信号特性。在任何给定时刻，电流电压瞬态值等同于直流电流电压状态。在输出特性中，引入一些增量参数，例如跨导和输出电导等。实际上，当输入信号为交流信号时，载流子的储存效应随工作频率增大变得愈加明显，MOS场效应晶体管的响应速度变差，将引起延迟和失真，甚至失效等现象。

4.4.1 MOS场效应晶体管的小信号参数

MOS场效应晶体管的小信号特性是指在一定工作点上，输出端电流的微小变化与输入端电压的微小变化之间的定量关系。由于这是一种线性变化关系，可以用线性方程组描述小信号特性。其中，基本不随信号电流和信号电压变化的常数即小信号参数。

4.4.1.1 跨导g_m

跨导是MOS场效应晶体管的一个重要参量，也称为MOS场效应晶体管的增益，通常用

g_m表示。跨导g_m能有效反映栅源电压V_{GS}对漏源电流I_{DS}的控制能力,定义为

$$g_m = \left.\frac{\partial I_{DS}}{\partial V_{GS}}\right|_{V_{DS}=C} \tag{4-38}$$

式(4-38)表示漏源电压V_{DS}一定时,栅源电压V_{GS}每变化1V所引起漏源电流I_{DS}的变化量,称为MOS场效应晶体管的跨导,单位是西门子即欧姆的倒数,用符号S表示,代表MOS场效应晶体管的电压放大能力。跨导g_m与电压增益K_V的关系为

$$K_V = \frac{\Delta I_{DS} R_L}{\Delta V_{GS}} = g_m R_L \tag{4-39}$$

式中,R_L为MOS场效应晶体管的负载电阻。

可见,MOS场效应晶体管的跨导g_m越大,电压增益K_V也越大。跨导g_m受到工作状态的影响,下面以n沟道MOS场效应晶体管为例,进行详细分析。

(1)线性区跨导g_{ml}

在线性区,当$V_{DS} < V_{DS(sat)}$时,对式(4-24)线性区电流求导得

$$g_{ml} = C_{OX}\mu_n \frac{W}{L} V_{DS} \tag{4-40}$$

式(4-40)说明,在线性区跨导g_{ml}随漏源电压V_{DS}的增加而略有增大,不受栅源电压V_{GS}的影响。然而,实际测量表明,V_{GS}增大会导致g_{ml}下降,主要因为V_{GS}增大导致电子迁移率μ_n下降。

(2)饱和区跨导g_{ms}

在饱和区,当$V_{DS} > V_{DS(sat)}$时,对饱和区电流式(4-26)求导得

$$g_{ms} = C_{OX}\mu_n \frac{W}{L}(V_{GS} - V_T) = C_{OX}\mu_n \frac{W}{L} V_{DS(sat)} \tag{4-41}$$

式(4-41)说明,饱和区跨导g_{ms}在不考虑沟道调制效应时,与漏源电压V_{DS}无关。根据以上的讨论,提高MOS场效应晶体管的跨导可改变结构参数,例如增加沟道的宽长比和减小氧化层的厚度,以及提高载流子迁移率等,类似提高漏源电流I_{DS}的方法。适当增大栅源电压V_{GS}可增加饱和区的跨导g_{ms},主要因为I_{DS}随V_{GS}增加呈平方增加。

4.4.1.2 漏源输出电导g_d

(1)线性区漏源输出电导g_{dl}

将漏源电流I_{DS}方程对漏源电压V_{DS}求导得

$$g_{dl} = \frac{\partial I_{DS}}{\partial V_{DS}} \tag{4-42}$$

MOS场效应晶体管的漏源输出电导相当于双极型晶体管输出电阻的倒数。当V_{DS}较小时,线性区漏源电流I_{DS}中的V_{DS}二次项可以忽略,求导可得

$$g_{dl} = C_{OX}\mu_n \frac{W}{L}(V_{GS} - V_T) \tag{4-43}$$

在栅源电压V_{GS}不太大时,g_{dl}与V_{GS}呈线性关系。当栅源电压V_{GS}较大时,沟道垂直方向的电场强度增加,载流子与绝缘层的碰撞次数增大,导致迁移率随栅源电压V_{GS}的增加下降,g_{dl}与V_{GS}的线性关系不再维持。

当MOS场效应晶体管未进入饱和区之前,随着漏源电压V_{DS}的继续增大,漏源电流I_{DS}中

的 V_{DS}二次项不能忽略,则有

$$g_{dl} = C_{OX}\mu_n \frac{W}{L}(V_{GS} - V_T - V_{DS}) \tag{4-44}$$

式(4-44)表明,线性区漏源输出电导 g_{dl}将随漏源电压 V_{DS}的增大而降低。

(2)饱和区漏源输出电导 g_{ds}

在理想情况下,当 MOS 场效应晶体管进入饱和状态后,漏源电流 I_{DS}与漏源电压 V_{DS}无关。因此,饱和区漏源输出电导 g_{ds}为零,即漏源输出电阻为无穷大。对于实际 MOS 场效应晶体管,饱和区输出特性曲线总有一定的倾斜,使漏源输出电导不等于零。主要因为存在沟道长度调制效应和漏区沟道的静电反馈作用。

当 $V_{DS} > V_{DS(sat)}$时,MOS 场效应晶体管进入饱和区,继续增加漏源电压 V_{DS},则沟道夹断点向源区方向移动,沟道有效长度缩短,出现了沟道长度调制效应。根据式(4-28)得

$$g_{ds} = \frac{\partial I'_{DS(sat)}}{\partial V_{DS}} = \frac{I'_{DS(sat)}\left\{\dfrac{\varepsilon_{rs}\varepsilon_0}{2qN_A[V_{DS} - (V_{GS} - V_T)]}\right\}^{1/2}}{\left\{L - \sqrt{\dfrac{2\varepsilon_{rs}\varepsilon_0[V_{DS} - (V_{GS} - V_T)]}{qN_A}}\right\}} \tag{4-45}$$

由式(4-45)可知,当漏源电压 V_{DS}增加时,饱和区漏源输出电导 g_{ds}增大,使输出电阻下降。另外,对于高电阻率衬底的 MOS 场效应晶体管还有造成输出电导增大的第二个原因,主要是漏区对沟道的静电反馈作用。当 V_{DS}增大时,漏衬 pn 结的 n^+漏区耗尽区宽度增加,正电荷数量增多,将有更多的漏区电力线会终止在沟道中,如图 4-10 所示。此时,n 沟道区中电子浓度将会增大,从而导致沟道的电导增大,这就是漏区对沟道具有的静电反馈作用。

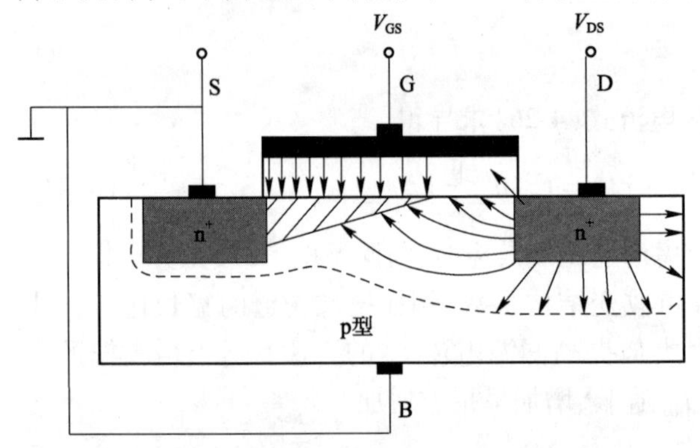

图 4-10 漏区电场对沟道静电反馈示意图

若 MOS 场效应晶体管的沟道长度较小,即漏区与源区之间的距离较小,导电沟道的较大部分就会受到漏区电场的影响,可能使漏区输出电阻降得很低,造成漏源电流 I_{DS}不完全饱和。减小 MOS 场效应晶体管的沟道长度调制效应和静电反馈作用,主要措施为增加沟道长度和衬底掺杂浓度。如果衬底掺杂浓度较高,在工作电压一定条件下,漏衬 pn 结和沟衬 pn 结耗尽区扩展较窄,静电反馈的影响就较小。

4.4.1.3 串联电阻对 g_m和 g_d的影响

(1)对跨导 g_m的影响

由于 MOS 场效应晶体管源区的体电阻、欧姆接触及电极引线等附加电阻的存在,使源区和地之间存在一个外接串联电阻 R_S。当漏源电流为 I_{DS}时,在 R_S上有一个压降为 $I_{DS}R_S$。假若栅源电压为 V_{GS},实际外加的栅源电压为 V'_{GS},二者的关系为

$$V'_{GS} = V_{GS} + I_{DS}R_S \tag{4-46}$$

考虑 R_S后跨导 g'_m应为

$$g'_m = \frac{g_m}{1 + R_S g_m} \tag{4-47}$$

式(4-47)说明,当 MOS 场效应晶体管源极串联电阻 R_S不能忽略时,跨导 g_m将减小,但 R_S起负反馈作用,可以稳定跨导。如果 $R_S g_m$很大,则有

$$g'_m = \frac{1}{R_S} \tag{4-48}$$

这属于深反馈情况,跨导与 MOS 场效应晶体管的参数无关。

(2)对输出电导 g_d的影响。

若漏区的外接串联电阻为 R_D,可以用相似的讨论方法,得到在线性区受 R_S和 R_D影响的有效输出电导

$$g'_d = \frac{g_d}{1 + (R_S + R_D) g_d} \tag{4-49}$$

式(4-49)表明,串联电阻为 R_S和 R_D均会使跨导和输出电导变小,在设计和制造 MOS 场效应晶体管时,应尽量减小源极和漏极的串联电阻。

4.4.2 MOS 场效应晶体管的频率特性

4.4.2.1 MOS 场效应晶体管频率特性

MOS 场效应晶体管的频率特性,有多种描述方法。例如 MOS 场效应晶体管电流放大倍数等于 1 时的截止频率 f_T、功率增益等于 1 时的频率称为最高工作频率 f_M 等。本节基于 n 沟道 MOS 场效应晶体管内部的固有电容、电阻及其他物理量,构建 MOS 场效应晶体管的简化电路模型,如图 4-11所示,引入截止频率 f_T和最高工作频率 f_M。在实际 MOS 场效应晶体管中,电容主要有栅漏电容 C_{GD}、栅源电容 C_{GS}和漏源电容 C_{DS}。同时,还包含漏衬势垒电容、栅氧化层和漏、源的交叠电容及负载电容等。

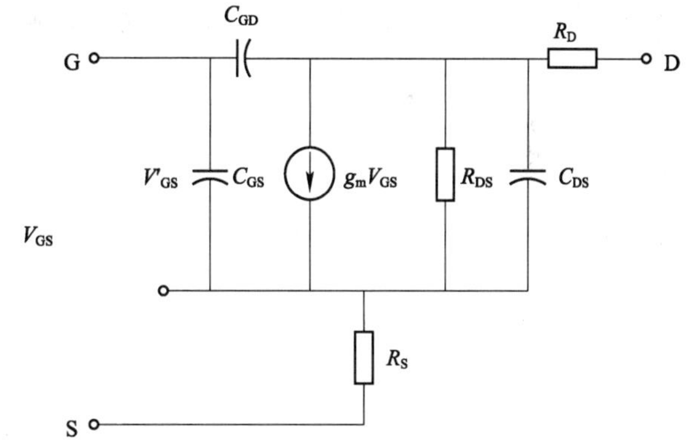

图 4-11 n 沟道 MOS 场效应晶体管的简化电路模型

4.4.2.2 MOS 场效应晶体管截止频率 f_T

假设 MOS 场效应晶体管处于理想状态,近似认为输入栅极电容等于栅源电容 C_{GS}和栅漏电容 C_{GD}之和。当输入信号的角频率 ω 逐渐增加时,栅极电容的阻抗 $1/\omega(C_{GS} + C_{GD})$随之下降,使栅极输入电流 $i_{GS} = V_{GS}\omega(C_{GS} + C_{GD})$不断地增大。因为栅极输入电流 i_{GS}是输入电流的一部分,从而使沟道电流减小,导致 MOS 场效应晶体管的放大能力下降。通常把因工作频率上升,导致输出电流和输入电流之比为 1 时的频率,定义为 MOS 场效应晶体管的截止频率,用 f_T表示。

设角频率 $\omega_T = 2\pi f_T$,根据截止频率的定义,则有

$$V_{GS}(C_{GS}+C_{GD})\omega_T = g_m V_{GS} \tag{4-50}$$

根据式(4-50),可得

$$\omega_T = \frac{g_m}{C_{GS}+C_{GD}} = 2\pi f_T \tag{4-51}$$

此时,截止频率f_T为

$$f_T = \frac{g_m}{2\pi(C_{GS}+C_{GD})} = \frac{g_m}{2\pi C_G} \tag{4-52}$$

式中,C_G为等效输入电容。

在理想 MOS 场效应晶体管中,交叠或寄生电容均为零。当 MOS 场效应晶体管在饱和区时,等效输入电容 C_G大约为 $C_{OX}WL$,饱和区的跨导 g_{ms}由式(4-41)给出,那么有

$$f_T = \frac{g_m}{2\pi C_{GS}} = \frac{\dfrac{W\mu_n C_{OX}}{L}(V_{GS}-V_T)}{2\pi C_{OX}WL} = \frac{\mu_n(V_{GS}-V_T)}{2\pi L^2} \tag{4-53}$$

式(4-53)中,MOS 场效应晶体管的截止频率f_T与沟道长度 L 平方成反比。因此,短沟道 MOS 场效应晶体管具有更高的截止频率。

在长沟道 MOS 场效应晶体管中,假设迁移率是常数,这意味着随电场的增大,漂移速度无限地增加。在这种理想的情况下,载流子速度会一直增加,直到达到理想的速度。然而,实际中增大电场,载流子速度会出现饱和。速度饱和在短沟道 MOS 场效应晶体管中尤其重要,因为相应的水平电场更大。在理想条件下,当反型层电荷密度在漏区变为零时发生电流饱和。对于 n 沟道 MOS 场效应晶体管,饱和情况下有

$$V_{DS} = V_{DS(sat)} = V_{GS} - V_T \tag{4-54}$$

但是,载流子饱和速度会改变这个饱和条件。实验表明,当水平电场大约为 10^4V/cm,对于 MOS 场效应晶体管,当 $V_{DS}=5$V,沟道长度 $L=1\mu$m,平均电场为 5.0×10^4V/cm,则速度饱和现象在短沟道 MOS 场效应晶体管中很容易发生。修正的 $I_{DS(sat)}$ 特性可近似为

$$I_{DS(sat)} = WC_{OX}(V_{GS}-V_T)v_{(sat)} \tag{4-55}$$

式中,$v_{(sat)}$为载流子的饱和速度。

根据跨导的定义,由式(4-55)可得

$$g_{ms} = \frac{\partial I_{DS(sat)}}{\partial V_{GS}} = WC_{OX}v_{(sat)} \tag{4-56}$$

当速度饱和发生时,跨导与栅源电压 V_{GS}和漏源电压 V_{DS}无关。由于速度饱和效应,漏源电流 I_{DS}饱和,从而导致跨导为一常数。此时,截止频率为

$$f_T = \frac{g_{ms}}{2\pi C_G} = \frac{WC_{OX}v_{(sat)}}{2\pi C_{OX}WL} = \frac{v_{(sat)}}{2\pi L} \tag{4-57}$$

4.4.2.3 MOS 场效应晶体管最高工作频率f_M

MOS 场效应晶体管的功率增益 $K_P=1$ 时,对应的频率为最高工作频率,用f_M表示。高频增益受输入电容 C_G、信号源内阻和负载电阻等多种因素影响。当栅源加上输入信号时必将引起沟道电导的变化,从源极流入沟道中载流子将不会全部流到漏极去,有一部分先在沟道中积累起来,只有载流子在沟道中积累增多,漏源输出电流 I_{DS}才会增大,该过程即为栅沟电

容的充电过程。反之,如果当栅源输入信号由大变小时,漏源输出电流 I_{DS}的减小也依赖于沟道载流子数目的减少,即为栅沟电容放电的过程。由此可见,当栅源之间输入交流信号之后,从栅极流进沟道的载流子分成两部分,一部分对输入电容 C_G充电,另一部分径直通过沟道流进漏极,形成漏源输出电流 I_{DS}。

在交流高频情况下,MOS 场效应晶体管随输入频率 ω 的增加,流过等效输入电容 C_G的信号电流增加,即从源区流入沟道的载流子用于对等效输入电容 C_G充电的部分增加。当输入角频率 ω 足够大时,漏极输出功率亦即等于输入功率,即功率增益 K_P等于 1,该频率称为 MOS 场效应晶体管的最高工作频率 ω_M。假设 MOS 场效应晶体管处于理想状态,寄生参数和漏源电阻均等于零,漏源电流 I_{DS}全部流经负载电阻,则有

$$\omega_M C_G V_{GS}^2 = g_m V_{GS} V_{DS} \tag{4-58}$$

设 $\omega_M = 2\pi f_M$,式(4-58)可变换为

$$f_M = \frac{g_m V_{DS}}{2\pi C_{GC} V_{GS}} \tag{4-59}$$

当 MOS 场效应晶体管在饱和区时,等效输入电容 C_G大约为 $C_{OX}WL$,将饱和区跨导式(4-41)及(4-54)代入,则有

$$f_M = = \frac{\dfrac{\mu_n C_{OX} W}{L}(V_{GS} - V_T)V_{DS}}{2\pi V_{GS} WLC_{OX}} = \frac{\mu_n (V_{GS} - V_T)^2}{2\pi V_{GS} L^2} \tag{4-60}$$

根据式(4-60)可知,为了提高最高工作频率 f_M,MOS 场效应晶体管在结构上应当缩短沟道长度到最低限度;同时,n 沟道 MOS 场效应晶体管要尽可能地增大电子在沟道表面有效迁移率 μ_n。关于沟道长度 L,受到光刻精度限制,用自对准栅工艺可以在一定程度上避免光刻精度差,可减小 C_G对工作频率的影响。硅材料电子迁移率 μ_n 比空穴迁移率 μ_P 大,而且(100)面的表面缺陷较小,迁移率较其他晶面大。因此,采用硅(100)晶面制备 MOS 场效应晶体管,会有利于提高 f_M。

4.5 MOS 场效应晶体管的二级效应

实际 MOS 场效应晶体管存在一些非理想的,例如非常数迁移率效应、体电荷效应、短沟道效应和窄沟道效应等所谓二级效应。这些二级效应均具有非线性、非一维和非平衡等特点,对 MOS 场效应晶体管性能产生重要的影响。

4.5.1 非常数迁移率效应

MOS 场效应晶体管的电学特性与半导体载流子的迁移率有较密切的关系,前面讨论均基于载流子迁移率为常数的假设。实际情况并非如此,MOS 场效应晶体管载流子的迁移率受表面粗糙度、界面陷阱密度、杂质浓度和电场强度等因素的影响。

典型的 MOS 场效应晶体管,电子迁移率的范围为(550 ~ 950)$cm^2/V \cdot s$,空穴迁移率的范围为(150 ~ 250)$cm^2/V \cdot s$,电子与空穴迁移率的比值为 2 ~ 4 之间。在设计 MOS 场效应晶体管构成的倒相器时,必须将 p 沟道 MOS 场效应晶体管的沟道宽度设计得比 n 沟道 MOS

场效应晶体管大2~4倍,才能得到相同的放大倍数。以上提到的迁移率是在低栅压情况下测得的,即V_{GS}仅大于阈值电压1~2V。当栅极电压较高时,发现载流子迁移率下降,因为V_{GS}较大时,垂直于表面的纵向电场也较大,载流子在沿沟道作漂移运动时在Si-SiO_2界面及沟道侧壁发生碰撞,使载流子迁移率下降。

在饱和区,MOS场效应晶体管的漏源电流I_{DS}随栅源电压V_{GS}增加而不呈现平方规律增大,主要因为V_{GS}较大时迁移率下降的缘故。在线性区,对于V_{GS}较大时曲线汇聚一起,也是因为迁移率下降的结果。经验数据表明,在低电场时迁移率是常数,在电场达到($0.5 \sim 1 \times 10^5$) V/cm时,迁移率呈现下降的趋势。

MOS场效应晶体管非常数迁移率随纵向电场的增大而降低的规律为

$$\frac{1}{\mu}=\frac{1}{\mu_0}+C_{\varepsilon R}\frac{V_{GS}-V_T}{t_{OX}} \tag{4-61}$$

式中,μ_0为电场较低时的迁移率;$C_{\varepsilon R}$为电场下降系数,单位为S/cm。

式(4-61)表明,栅源电压V_{GS}上升,将导致非常数迁移率μ下降,因此,出现I_{DS}随V_{GS}上升而增大速率变慢的趋势。

4.5.2 体电荷效应

在前面推导MOS场效应晶体管的直流特性时,假定空间耗尽层的厚度近似不变,体电荷密度$Q_{Bm}(y)$与坐标位置y无关。当漏源电压V_{DS}较小时,所得直流特性曲线关系式基本正确,并可得到简单的阈值电压的表达式。当漏源电压V_{DS}增加到接近于临界饱和漏源电压$V_{DS(sat)}$时,沟道下面的耗尽层厚度明显不为常数,体电荷密度$Q_{Bm}(y)$将受V_{DS}的影响,直流特性也将受到体电荷变化的影响。

假定沟道中流过的电流是一维的,当电流沿沟道方向y流过时产生压降$V(y)$,半导体表面出现强反型的表面势不是$2\psi_F$,则为

$$V_S(y)=V(y)+2\psi_F \tag{4-62}$$

以n沟道MOS场效应晶体管为例,空间耗尽层内单位面积上电离受主的电荷密度$Q_{Bm}(y)$与坐标位置y的关系为

$$Q_{Bm}(y)=-\sqrt{2\varepsilon_{rs}\varepsilon_0 qN_A[2\psi_{Fp}+V(y)]} \tag{4-63}$$

根据方程式(4-15),可得阈值电压V_T为

$$V_T=-\frac{Q_{Bm}(y)}{C_{OX}}+2\psi_{Fp}+V_{FB} \tag{4-64}$$

在n沟道MOS场效应晶体管中,沟道长度dy上电阻压降为

$$I_{DS}dy=\mu_n WC_{OX}\times\left\{[V_{GS}-2\psi_{Fp}-V_{FB}-V(y)]-\frac{\sqrt{2\varepsilon_{rs}\varepsilon_0 qN_A[2\psi_{Fp}+V(y)]}}{C_{OX}}\right\}dV(y) \tag{4-65}$$

对式(4-65)两边在沟道区内进行积分,则漏源电流I_{DS}为

$$I_{DS}=\frac{\mu_n WC_{OX}}{L}\left\{\left[V_{GS}-2\psi_{Fp}-V_{FB}-\frac{V_{DS}}{2}\right]V_{DS}-\frac{2}{3}\frac{\sqrt{2\varepsilon_{rs}\varepsilon_0 qN_A}}{C_{OX}}\left[(V_{DS}+2\psi_{Fp})^{3/2}-(2\psi_{Fp})^{3/2}\right]\right\} \tag{4-66}$$

由式(4-66)可知,在考虑体电荷影响时,漏源电流I_{DS}内不再有一个简单定义的阈值电压V_T。V_T受漏源电压V_{DS}的影响,类似衬偏电压V_{BS}对V_T的影响,使计算较困难,但更符合实际MOS场效应晶体管漏源电流的计算。相比简单模型,考虑体电荷效应后模型的漏源电流I_{DS}下降20%~50%,而且$V_{DS(sat)}$也偏低,如图4-12所示。当$V_{DS}<<2\psi_F$及$V_{DS}<<V_{GS}-V_{FB}=2\psi_F$时,式(4-66)可近似为

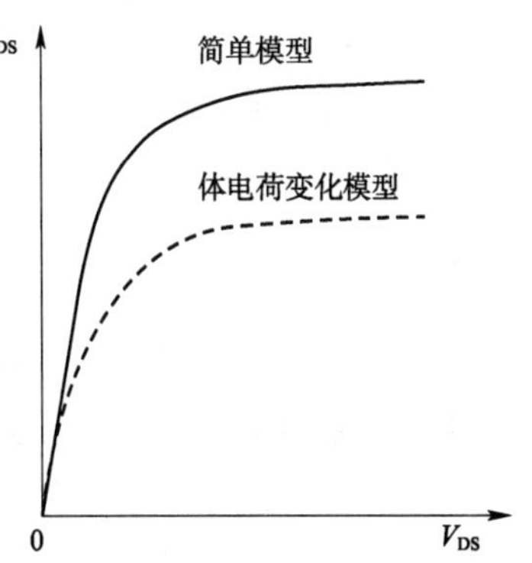

图4-12 简单模型与体电荷模型比较

$$I_{DS}\approx\frac{\mu_n WC_{OX}}{L}\left[V_{GS}-2\psi_{Fp}-V_{FB}-\frac{\sqrt{2\varepsilon_{rs}\varepsilon_0 qN_A[2\psi_{Fp}+V(y)]}}{C_{OX}}\right]V_{DS} \tag{4-67}$$

通常在电流小于最大值的20%时,两种模型的结果基本相符,根据阈值电压V_T的定义将式(4-67)变换,即可得线性区漏源电流公式

$$I_{DS}=\frac{\mu_n WC_{OX}}{L}(V_{GS}-V_T)V_{DS} \tag{4-68}$$

当V_{DS}达到$V_{DS(sat)}$时,漏源电流达到饱和值。即在式(4-62)中,当$V(y)=V(L)=V_{DS(sat)}$时,$Q_n(L)=0$,由此可解得

$$V_{DS(sat)}=V_{GS}-2\psi_{Fp}-V_{FB}+\frac{\varepsilon_{rs}\varepsilon_0 qN_A}{C_{OX}^2}\left[1-\sqrt{1+\frac{2C_{OX}^2(V_{GS}-V_{FB})}{\varepsilon_{rs}\varepsilon_0 qN_A}}\right] \tag{4-69}$$

当衬底材料的电阻率较高,表面耗尽区的电荷密度比薄氧化层电容C_{OX}上的电荷密度小时,则有

$$\varepsilon_{rs}\varepsilon_0 qN_A/C_{OX}^2<<1 \tag{4-70}$$

则式(4-69)可简化为

$$V_{DS(sat)}\approx V_{GS}-V_T \tag{4-71}$$

将式(4-69)代入式(4-66),即可得到复杂条件下漏源饱和电流$I_{DS(sat)}$表达式。但是,如果衬底电阻率较高,满足式(4-70)的条件,而且还满足以下条件

$$(V_{GS}-V_{FB}-2\psi_F)>>1 \tag{4-72}$$

那么,复杂条件下漏源饱和电流$I_{DS(sat)}$可简化为

$$I_{DS(sat)}\approx\frac{\mu_n WC_{OX}}{2L}(V_{GS}-V_T)^2 \tag{4-73}$$

式(4-73)回到简单模型的结果。主要因为衬底掺杂浓度降低后,体电荷作用减弱的缘故。

对于p沟道MOS场效应晶体管,可用类似的方法进行讨论,得到相似的电流公式,仅符号不同而已。如果将源衬反偏效应也考虑在内,式(4-66)将变为

$$I_{DS}=\frac{\mu_n WC_{OX}}{L}\left[V_{GS}-V_{FB}-2\psi_F-\frac{V_{DS}}{2}\right]V_{DS}-\frac{2\mu_n W\sqrt{2\varepsilon_{rs}\varepsilon_0 qN_D}}{3L}[(V_{DS}+2\psi_F+V_{BS})^{3/2}-(2\psi_F+V_{BS})^{3/2}] \tag{4-74}$$

式(4-74)说明,当漏源电压V_{DS}或衬偏电压V_{BS}增加,或二者同时增加,尤其是V_{DS}接近于$V_{DS(sat)}$时,沟道下面的耗尽层厚度明显不为常数。此时,电流-电压关系必须考虑体电荷变化的影响。

4.5.3 短沟道效应

当沟道区的掺杂浓度分布一定时,如果沟道长度L缩短到可与源衬、漏衬pn结耗尽层的宽度相比拟时,沟道区的电势分布不仅与栅源电压V_{GS}、衬底偏置电压V_{BS}决定的纵向电场E_x有关,而且也与漏源电压控制的横向电场E_y也有关,缓变沟道近似不再成立。此时,阈值电压V_T随L的缩短而下降,亚阈值特征的降级及由于穿通效应而使电流饱和失效,在沟道出现二维电势分布以及高电场,这些不同于长沟道MOS场效应晶体管特性的现象,统称为短沟道效应。

当沟道长度L缩短,沟道横向电场E_y增大时,沟道区载流子的迁移率降低,使载流子速度达到饱和。当电场E_y进一步增大时,靠近漏区发生载流子倍增,从而导致衬底电流及寄生双极型晶体管效应,强电场也促使热载流子注入氧化层,导致氧化层内增加负电荷及引起阈值电压移动、跨导下降等。因此,弄清MOS场效应晶体管的短沟道效应机理,设法避免或采取适当措施确保短沟道器件的正常工作,具有重要的现实意义。

(1)短沟道MOS场效应晶体管的亚阈值特征

短沟道效应不仅引起阈值电压的漂移、漏源饱和电流的下降;同时,还会使亚阈值电流增大。主要因为沟道缩短后,低掺杂衬底MOS场效应晶体管的漏衬pn结耗尽区宽度以及表面耗尽区宽度可与沟道长度可比拟,漏区和沟道之间将出现静电耦合,漏区发出场强线中的一部分通过耗尽区中止于沟道,致使反型层内电子数量增加。由此产生的漏沟静电反馈效应导致阈值电压V_T显著减小,影响到亚阈值特性的变化。

用标准工艺制作n沟道MOS场效应晶体管,其衬底为(100)晶面的p型硅片,栅氧化层取一定的厚度,用X射线光刻的方法得到长度从1~10μm的多晶硅栅,宽度均为70μm,漏区和源区注入砷离子并随后退火形成。根据所用注入能量及退火条件,可得到从0.25~1.56μm的不同结深,欧姆接触电极为铝膜n沟道MOS场效应晶体管。测试结果显示:沟道长度为7μm的管子显示出长沟道器件的特性,当$V_{DS}>3k_0T/q$时,亚阈值电流与漏极电压V_{DS}无关。当$L=1.5\mu m$时,长沟道特性几乎全部消失,器件的亚阈值电流显著增加,甚至不能“截止”。因此,沟道缩短到一定程度时,V_T显著减小,使亚阈值特性发生变化。

为抑制亚阈值电流I_{DS}随L的减小而成倍性增加的问题,半导体工艺中一般采用减少栅氧化层厚度t_{OX}和减低衬底掺杂浓度,即减小t_{OX}/X_{dm}的比值,可以起到良好的效果。实际上就是提高栅压作用的灵敏度。

(2)最小沟道长度L_{min}

Brews等人对MOS场效应晶体管在很宽的范围内进行测量。其中,氧化层厚度100~

1000Å、衬底掺杂浓度 $10^{14} \sim 10^{17} \mathrm{cm}^{-3}$、结深 0.18 ~ 1.5μm，漏源电压 1 ~ 5V，得出表示长沟道亚阈值特性最小沟道长度 $L_{\min}$ 的经验公式

$$L_{\min} = 0.4\left[x_j t_{OX}(X_S + X_D)^2\right]^{1/3} = 0.4(\gamma)^{1/3} \tag{4-75}$$

其中，γ 为

$$\gamma = x_j t_{OX}(X_S + X_D)^2 \tag{4-76}$$

式中，x_j 为结深；t_{OX} 为氧化层的厚度；$(X_S + X_D)$ 为源漏一维突变结耗尽区厚度之和。其中，X_D 则为

$$X_D = \sqrt{\frac{2\varepsilon_{rs}\varepsilon_0(V_{DS} + V_{BJ} + V_{BS})}{qN_A}} \tag{4-77}$$

式中，V_{BJ} 为结的内建电势，当 $V_{DS} = 0$ 时，X_D 与 X_S 相等。

式(4-75)模拟计算和实验测量结果二者间的最大误差小于20%，如图4-13所示。在图4-13中，短沟道区内的所有器件，都显示短沟道电特性；长沟道区的所有器件，都显示长沟道电特性。例如，当 $\gamma = 10^5 \mu m^{-3}$ Å，沟道长度 $L = 10\mu m$ 时为短沟道器件；但当 $\gamma = 1\mu m^{-3}$ Å，沟道长度 $L = 0.5\mu m$ 的器件为长沟道器件。因此，式(4-75)可作为 MOS 场效应晶体管短沟道的一个经验限制公式。

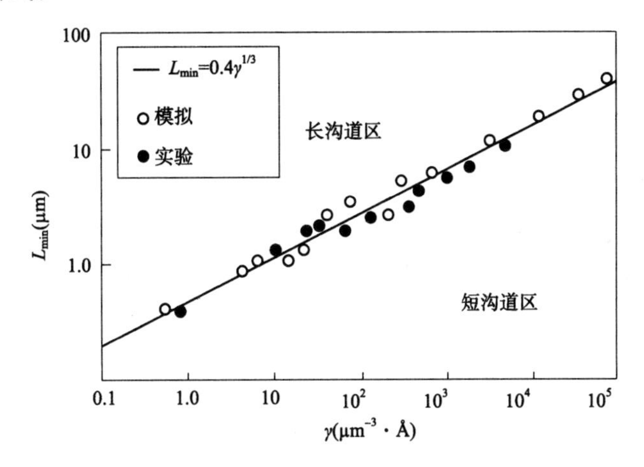

图4-13 MOS 场效应晶体管 $L_{\min}$-γ 关系图

4.5.4 窄沟道效应

当 MOS 场效应晶体管缩小沟道宽度 W 时，也会显著地影响其电学特性。当沟道宽度 W 小到可与沟道耗尽层厚度相比拟时，出现沟道宽度 W 的减小导致 V_T 增加的现象，这种现象称为窄沟道效应。实际上，对于沟道耗尽层厚度为 0.5μm 的 MOS 场效应晶体管，当沟道宽度 W 为 5μm 时就开始发生窄沟道效应。该现象可以用表面耗尽层在沟道边缘的侧面扩展来解释。图4-14为 MOS 场效应晶体管沟道宽度方向的截面图。当沟道宽度 W 的减小，导致沟道两侧电力线不是垂直于衬底的表面，耗尽层向侧面扩展、耗尽层中总电荷量增加，阈值电压 V_T 增大。

假设半导体衬底均匀掺杂，栅极以外包括额外电荷的耗尽区可设想有三种形状，即有三角形，四分之一圆和正方形。其额外电荷 ΔQ_W 分别为

$$\Delta Q_W = \begin{cases} \dfrac{qN_A X_C^2}{2} & \text{（三角形）} \\ \dfrac{qN_A \pi X_C^2}{4} & \text{（四分之一圆）} \\ qN_A X_C^2 & \text{（正方形）} \end{cases} \tag{4-78}$$

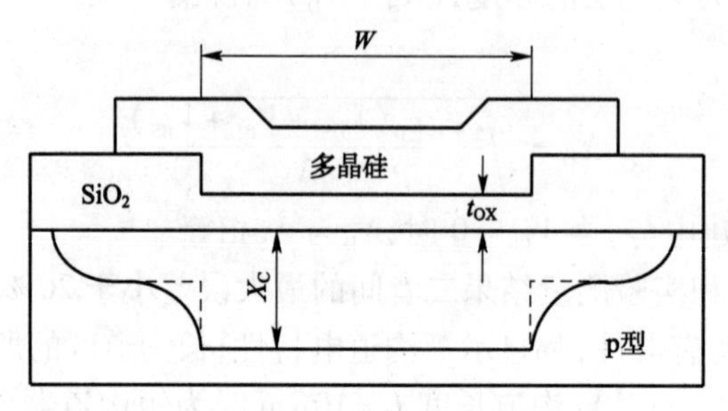

图4-14　MOS场效应晶体管沟道宽度方向截面图

因沟道两边均有额外电荷，故对应 V_T 的变化量为

$$\Delta V_T = \begin{cases} \dfrac{qN_A X_C^2}{C_{OX} W} \\ \dfrac{qN_A \pi X_C^2}{2C_{OX} W} \\ \dfrac{2qN_A X_C^2}{C_{OX} W} \end{cases} \tag{4-79}$$

考虑窄沟道效应的阈值电压一般表达式为

$$V_T = 2\psi_F + V_{FB} + \frac{qN_A}{C_{OX}}\left(X_C + \frac{\delta X_C^2}{W}\right) \tag{4-80}$$

三种情况对应的 δ 分别为

$$\delta = \begin{cases} 1 \\ \pi/2 \\ 2 \end{cases} \tag{4-81}$$

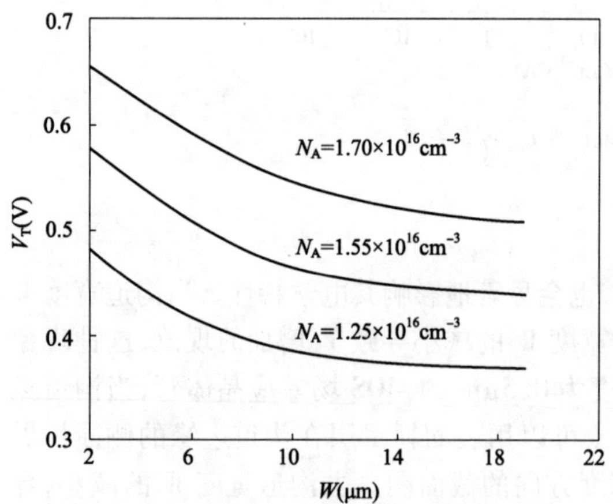

图4-15　不同衬底掺杂浓度下 V_T-W 关系曲线

实验表明，采用 δ = 2，即正方形的几何结构，得到的结果最佳。图4-15给出各种掺杂浓度下 $V_T - W$ 的关系曲线。由图可看出，当沟道宽度小于10μm时，阈值电压 V_T 开始增加，窄沟道效应开始起作用。

实际MOS场效应晶体管中，场氧化层下面的掺杂浓度要高于沟道区的掺杂浓度，在工艺制造过程中，厚的场氧化层会侵入栅区，形成由厚 SiO_2 层到薄 SiO_2 层的锥形过渡区，即形成所谓的“鸟嘴”，这就使得实际的有效宽度减小，“鸟嘴区”及沟道两边厚 SiO_2 层下的电荷相对栅下的电荷，在总电荷中的比重有所增大，

使 V_T显著增大。

4.6 MOS 场效应晶体管的开关特性

随着集成电路设计和制造技术的发展,MOS 场效应晶体管已成集成电路的基石,例如数字集成电路中的触发器、储存器和移位寄存器等,具有功耗小、集成度高等优点。MOS 场效应晶体管主要工作在两个状态,即导通态和截止态。MOS 数字集成电路的特性就是由 MOS 场效应晶体管在这两种状态的特性及二者间相互转换的特性所决定,即所谓的 MOS 场效应晶体管的开关特性,分为本征延迟和非本征延迟。本征延迟是指载流子通过沟道的输运所引起的大信号延迟,非本征延迟来源于被驱动的负载电容充放电和 MOS 场效应晶体管相互间的 RC 延迟。实际电路中,两种延迟总是同时存在。

4.6.1 瞬态开关延迟

4.6.1.1 非本征开关延迟

图 4-16 为电阻负载倒相器的工作原理。R_L为负载电阻、C_L为负载电容,V_{DD}为电源电压。当输入栅源电压 V_{GS}为方形波时,理想状态下输出电压 V_{DS}也应该为倒相方形波。然而,输出电压会出现失真现象。假设输入方形波电压 V_{GS},那么开始时主要向栅源电容 C_{GS}和栅漏电容 C_{GD}充电,栅源电容 C_{GS}两端电压会因为充电产生时间延迟,这种延迟称为非本征开关延迟,对应延迟电压称为信号电压 $V_{GS}(t)$。只有经过一定的时间 t,信号电压 $V_{GS}(t)$才能达到阈值电压 V_T,即开始出现漏源电流 I_{DS}。这个延迟过程对应的时间称为非本征开关延迟时间,用 t_d表示。当信号电压 $V_{GS}(t)$超出阈值电压 V_T时,MOS 场效应晶体管进入线性区,使反型沟道厚度增大,漏源电流 I_{DS}开始迅速增大。当漏源电流 I_{DS}达到最大值的 90% 时,该过程称为上升过程,对应的时间称为上升时间,用 t_r表示。此时,MOS 场效应晶体管的开通过程结束,信号电压 $V_{GS}(t)$达到 V'_{GS}。因此,开通过程由延迟过程和上升过程构成,对应时间称为开通时间,用 t_{on}表示。

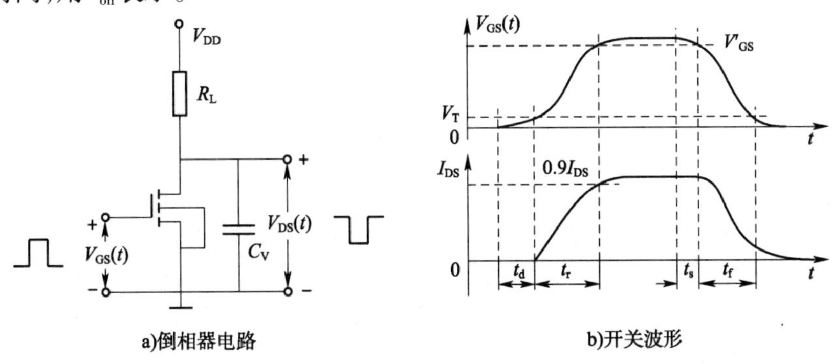

图 4-16 电阻负载倒相器的工作原理

关断前的状态是上升时间 t_r结束后,栅源电压继续向栅源电容 C_{GS}和栅漏电容 C_{GD}充电使信号电压 $V_{GS}(t)$上升到最大值,漏源电流 I_{DS}也达到最大值。关断时,即栅源电压 V_{GS}去掉或加上反向栅压时,栅源电容 C_{GS}放电,使信号电压 $V_{GS}(t)$下降。当 $V_{GS}(t)$下降到上升时间

结束时的电压 V'_{GS}，电流才开始下降，这个过程称为储存过程，经过的对应时间称为储存时间，用 t_s 表示。储存时间结束后，C_{GS} 继续放电，信号电压 $V_{GS}(t)$ 从 V'_{GS} 进一步下降，反型沟道厚度变薄，电流快速下降。当信号电压 $V_{GS}(t)$ 小于阈值电压 V_T 后，MOS 场效应晶体管截止，该过程称为下降过程，经过的时间称为下降时间 t_f，关断过程结束。因此，关断过程包括储存过程和下降过程，对应时间称为关断时间，用 t_{off} 表示。

综上所述，开关时间主要有延迟、上升、储存和下降四个时间过程组成。关断过程是开通过程的反过程，关断时间和开通时间也近似相等。另外，MOS 场效应晶体管是一种多子器件，不存在双极型晶体管基区和集电区的电荷储存效应，但在输入电容中储存可观的电荷，电荷量主要决定于栅极的总面积，比双极型晶体管中储存的电荷量要少得多。因此，MOS 场效应晶体管是一种潜在的高速器件。

4.6.1.2 本征开关延迟

本征开关延迟是指载流子通过沟道的传输所引起大信号开关过程的延迟，实际是载流子渡越沟道长度所经历的过程，该过程与传输电流的大小和电荷的多少有关；同时，与载流子漂移速度也有关，漂移速度越快，本征开关延迟的过程越短。本征开关延迟时间是栅源加上阶跃电压使沟道导通，漏源电流上升到对应稳态值所需要的时间。

4.6.2 开关时间的计算

(1)非本征开关时间的计算

根据 MOS 场效应晶体管的开关过程，在忽略负载电容和栅极寄生电阻的条件下，MOS 场效应晶体管的延迟时间可由输入电容充电方程求得

$$V_{GS}(t) = V_{GG}[1 - \exp(-t/R_{gen}C_{in})] \tag{4-82}$$

式中，V_{GG} 为栅极峰值电压；R_{gen} 为电流脉冲发生器的内阻；C_{in} 为输入电容。

当信号电压 $V_{GS}(t)$ 达到阈值电压 V_T 时，导通延迟时间结束。由方程式(4-82)，可得

$$t_d = C_{in}R_{gen}\ln(1 - V_T/V_{GG})^{-1} \tag{4-83}$$

在开通上升期间，根据密勒效应，输入电容 C'_{in} 与 C_{in} 不同，可假定 C'_{in} 仍为常数，令 V'_{GS} 为上升时间结束时的信号电压，可以推得上升时间为

$$t_r = C'_{in}R_{gen}\ln\left[1 - \frac{(V'_{GS} - V_T)}{(V_{GG} - V_T)}\right]^{-1} \tag{4-84}$$

关断截止时间，可采用类似导通时间的方法加以讨论，MOS 场效应晶体管的关断过程分为存储和下降过程，所经过的时间分别为 t_s 和 t_f。其中，t_s 是 MOS 场效应晶体管退出饱和时间，即输入电容 C_{in} 的放电时间；t_f 为 I_{DS} 下降时间。MOS 场效应晶体管的开通时间 t_{on} 与关断时间 t_{off} 基本相等，分别为

$$\begin{aligned} t_{off} &= t_s + t_f \\ t_{on} &= t_d + t_r \end{aligned} \tag{4-85}$$

(2)本征开关时间的计算

开关瞬变过程中，瞬态漏源电流 $I_{DS}(t)$ 与瞬态沟道电荷 $Q_c(t)$ 间满足以下关系

$$I_{DS}(t)=\frac{d}{dt}Q_c(t) \tag{4-86}$$

当 $t=0$ 时，沟道电荷和漏极电流都等于零，$Q_c(0)=0$，$I_{DS}(0)=0$。以 Q_{Bm} 代表与外加 V_{GS} 对应的稳态沟道总电荷，那么沟道从零电荷充电到 Q_{Bm} 所需要的时间即为本征开通延迟时间。若以 t_{ch} 表示本征开通延迟时间，根据式(4-86)写出

$$t_{ch}=\int_0^{t_{ch}}dt=\int_0^{Q_{Bm}}\frac{dQ_c(t)}{I_{DS}(t)} \tag{4-87}$$

严格求解需要知道 $Q_c(t)$ 和 $I_{DS}(t)$ 的表达式，推导过程非常复杂。为简便起见，假定 $I_{DS}(t)=I_{DS}$，$Q_c(t)=Q_{Bm}$，即认为漏极电流在 $t=0$ 就上升到稳态值，而且整个瞬态过程中保持不变，于是式(4-87)化简为

$$t_{ch}=\frac{Q_{Bm}}{I_{DS}} \tag{4-88}$$

根据各自的定义，在线性区本征开通延迟时间近似为

$$t_{chl}=\frac{L^2}{\mu_n}\frac{1}{V_{DS}} \tag{4-89}$$

在饱和区，本征开通延迟时间近似为

$$t_{chs}=\frac{4L^2}{3\mu_n(V_{GS}-V_T)} \tag{4-90}$$

在 MOS 场效应晶体管中，一般条件下本征开通延迟时间比较短。例如，n 沟道 MOS 场效应晶体管 $L=5\mu m$，$\mu_n=60cm^2/(V\cdot S)$，$V_{DS}=V_{GS}-V_T=5V$ 时，t_{ch} 只有 111Ps。若 MOS 场效应晶体管的沟道长度小于 5μm，则其组成的数字电路开关速度主要由负载延迟决定。对于长沟道 MOS 场效应晶体管，本征延迟可能与负载延迟可相比拟，甚至更大。减小沟道长度是减小开关时间的主要方法。

非本征开关时间受负载电阻 R_L，负载电容 C_L，栅源峰值电压 V_{GG} 以及电容、电阻的影响，减小栅电容及电阻具有重要意义。

习　题

1. 描述反型层电荷的意义及其在 p 型衬底 MOS 结构电容中形成的过程。
2. 为什么当反型层形成时 MOS 电容器的空间电荷区就能达到最大的宽度。
3. MOS 场效应晶体管的阈值电压 V_T 受哪些因素的影响，最主要的因素是什么？
4. MOS 场效应晶体管饱和电流为什么并不完全饱和？
5. MOS 场效应晶体管饱截止频率和哪些因素有关，如何提高？
6. MOS 场效应晶体管的开关特性主要取决于什么，如何提高开关的速度？
7. MOS 场效应晶体管的二级效应有哪些，各有什么特点？
8. 考虑一个 $t_{OX}=450Å$ 的铝栅-二氧化硅-p 型硅 MOS 结构，硅掺杂浓度 N_A 为 $2\times10^{16}cm^{-3}$，平带电压 $V_{FB}=-1.0V$。确定固定氧化层电荷 Q_{SS}。
9. 在掺杂浓度 $N_A=10^{16}cm^{-3}$ 的 p 型硅衬底上制备 n 沟道 MOS 场效应晶体管，当二氧化

硅栅层厚度为1000Å时。假若 $U_{GS}-V_{FB}=13.5V$,则漏源电压 V_{DS} 多大时,漏源电流 I_{DS} 能达到饱和状态?

10. 定性地说明,在什么情况下MOS场效应晶体管出现短沟道效应?

参考文献

[1] 尼曼. 半导体物理与器件[M]. 4版. 赵毅强,姚素英,解晓东,译. 北京:电子工业出版社,2013.

[2] 刘树林,张华曹,柴长春. 半导体器件物理[M]. 北京:电子工业出版社,2009.

[3] 陈星弼,张庆中,陈勇. 微电子器件[M]. 3版. 北京:电子工业出版社,2011.

[4] 顾晓清,王广发. 半导体器件物理[M]. 北京:机械工业出版社,2011.

[5] 孟庆巨,刘海波,孟庆辉. 半导体器件物理[M]. 北京:科学出版社,2009.

[6] 施敏,伍国珏,耿莉,等. 半导体器件物理[M]. 3版. 西安:西安交通大学出版社,2008.

[7] 徐振邦,陆建恩. 半导体器件物理[M]. 北京:机械工业出版社,2013.

[8] 安德森,田立林. 半导体器件基础[M]. 北京:清华大学出版社,2008.

[9] 曾树荣. 半导体器件物理[M]. 2版. 北京:北京大学出版社,2007.

第5章　无源器件

在电子系统中，元器件按其所实现功能的电气条件分成有源和无源两种。无源器件指在不需要外加电源的条件下，就可以显示其特性的电子元件，主要包括电阻类、电感类和电容类器件，以及由这些所组成的无源滤波器、谐振器、转换器和开关等。这些元件具有很多重要的功能，如偏置、去耦、开关噪声抑制、滤波、调谐、反馈和电路终端等。相对有源器件无源器件的不仅占有比率较大，而且分立无源器件还存在占有面积大和成本高的缺点。随着电子产品的微型化(小、轻、薄)、多功能性能、高速度、低功耗、低成本的发展需要，使无源器件集成技术面临机遇和挑战。

5.1　概述

无源器件主要包括电阻类、电感类和电容类元件，其共同特点是在电路中无需加电源即可工作。无源器件能有效提供阻抗、电流电压相位角以及调节各种模拟和数字信号的能量储备，已在电子系统得到广泛的应用。

在形式上，无源元件有分立元件、嵌入式元件和集成元件三种。随着通信技术与无线技术的迅猛发展，无线产品市场的不断增长，无源器件用量也越来越大。在电子系统中，无源器件与有源器件的使用比例，大约为10∶1；无线通信系统中的比例可高达50∶1，尤其是手机、蓝牙、WLAN模块等数字化无线通信产品中，无源器件所占的比例更大。分立式无源元件在电子系统PCB上一直占着较多的面积和质量，如何有效地减少这些无源器件占用的面积，对于无线产品的小型化具有重要的意义。因此，对无源器件的研究对于无线产品的性能、成本和小型化均具有实际的价值。无源器件的发展主要有以下几个趋势。

5.1.1　小型化

电子产品的多功能化和便携式发展，要求电子器件产品在保持原有性能的基础上不断缩小器件的尺寸。贴片无源器件的封装用尺寸代码来表示，由4位数字表示的EIA(美国电子工业协会)代码，前两位与后两位分别表示器件的长与宽，以英寸为单位。例如：0603封装就是指器件的长度为0.6mil，宽度为0.3mil。目前，无源器件的主流产品的尺寸正在从0603型向0402型过渡，而更受市场欢迎的高端产品是0201型。尺寸的缩小涉及一系列材料和工艺问题，这些问题是目前无源器件研究的一个热点。

5.1.2　集成模块化

由于无源电子器件的制造工艺在材料和技术上差异很大，很长时间以来一直以分立器件的形式使用。尽管人们一直在片式器件的小型化方面进行着一系列努力，但与半导体器件的高度集成化相比,其发展相对缓慢得多。近年来,由于低温共烧陶瓷(LTCC)等技术的突破才使无源集成技术进入了实用化和产业化阶段,并成为备受关注的技术制高点。

5.1.3 高频化

电子产品向高频(微波波段)发展的趋势很强劲,如无线移动通信发展到4G、5GHz,蓝牙技术是2.4GHz,短距离无线数据交换系统可达5GHz。此外,高速数字电路产品越来越多,光通信的传输速度已从2GbPs发展到10GbPs。这些进展都对电子元器件提出了更高的要求,如降低寄生电感、寄生电容、提高自谐振频率、降低高频ESR、提高高频Q值等。

随着电子系统更为微型化、多功能、高速、低功耗的要求,分立式无源器件的数目已经限制了电子系统集成度的进一步提高。随着薄膜集成技术和微细加工工艺的成熟,在基板(硅和陶瓷)上集成、在基板内集成(又称埋置式或嵌入式)和兼有两种结构的混合式集成无源器件,成为无源器件发展的主流方向。

5.2 嵌入式无源器件

嵌入无源器件,是指无源器件与基板同时加工成型,元件嵌入基板中,基板可以是陶瓷、FR4等材料。如图5-1所示,无源器件可以埋入主互连基片的各层之内,也可以放置在单独基片的表面,可构成无源阵列或者无源网络。

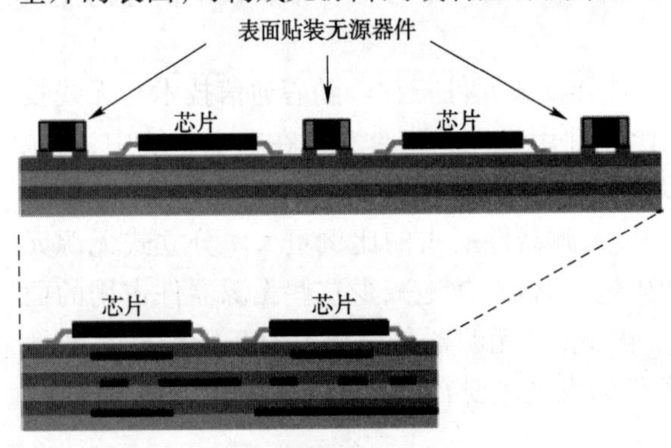

图5-1 嵌入式无源器件

嵌入式无源器件可以减小PCB的尺寸,降低手机、便携式摄像机等设备的成本。通常将电容和电阻嵌入PCB的内层,直接处于集成电路(IC)装置之下,能够获得更好的信号传输和更小的干扰。在高频率下,更低的损耗和更低的噪声能达到更好的电学性能。同时,嵌入式无源器件可减少分立式表面封装元件的个数,可有效增加PCB的空间集成度以获得更高的封装密度。嵌入式无源器件主要采用导体和绝缘体的厚膜粘贴来形成,然后与绝缘层薄膜一起烧制。然而,烧制意味着这种技术不可使用有机基片。不管是用哪种材料和方法,必须和导体和绝缘体薄层、无源器件以及任何制造步骤兼容。

5.3 集成无源器件

集成无源器件是将多个无源元件构成阵列或者网络集成到同一个封装体内,实现特定的滤波、功分等功能。在分立基片的表面上,封装在单个表贴容器内的功能类似的多个无源器件,称为无源器件阵列,如图5-2所示。通常情况下,引脚的数目是阵列内部元件数目的两倍,如果元件在内部互连(例如分压器),就会有更少的引脚。然而,提供更多的引脚以减小电容阵列中的总电感。电感在正常情况下不能组成阵列，主要因为靠得比较近时，各自的电磁场会互相干扰。

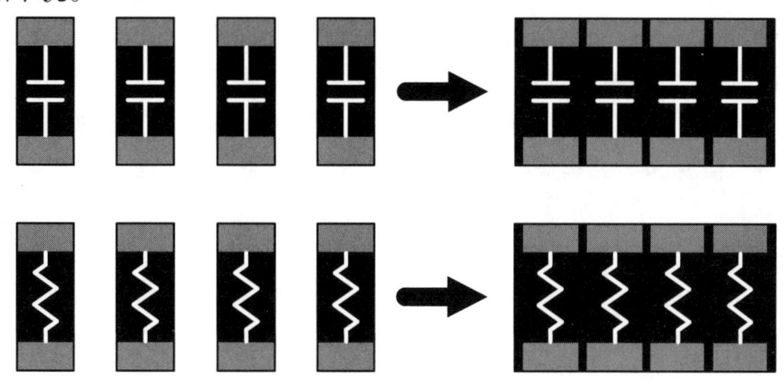

图 5-2　无源器件阵列

在分立基片表面上、封装在单个表面贴装容器内的多于一种功能的多个无源器件，称为无源网络，如图 5-3 所示。通常情况下，存在一些内部连接以形成简单的功能，比如滤波器或者端结器。引脚的数目可以随着功能以及内部元素数目的变化而变化。这种方法在一般情况下减小了需要连接的引脚数目，因为在封装中存在无源器件相互之间的连接。

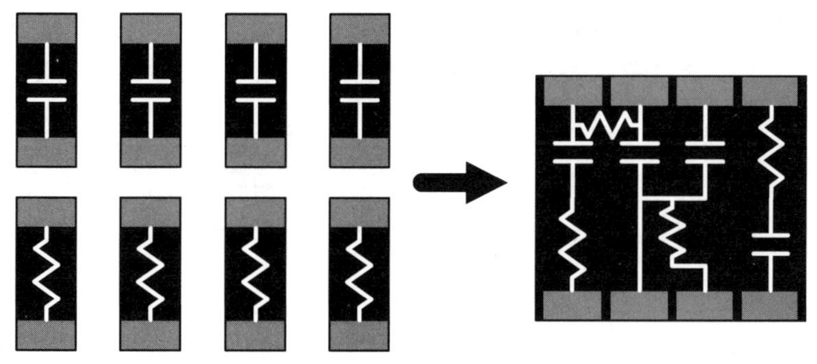

图 5-3　无源网络

目前已经实现和正在完善的无源元件集成化技术主要有以下几种。

①封装型集成化无源元件。

②低温共烧陶瓷（LTCC）无源器件技术。

③PCB 中嵌入无源元件技术。

④薄膜无源元件集成技术。

⑤硅片上无源元件集成技术。

⑥多层有机（multi-layer organic，MLO）无源器件技术。

其中，集成无源器件（Integrated Passive Devices，IPD）技术作为实现三维集成和“超越摩尔”的关键技术之一，具有布线密度高、体积小、重量轻；集成度高，可集成多种器件实现不同功能；高频特性好，可用于微波及毫米波领域等优点。将集成无源器件技术应用于二维及三维封装中，可以达到节约封装面积、提高信号的传输性能、降低成本、提高可靠性等目的，具有广阔的市场前景。

根据无源器件制作的工艺不同，集成无源器件制作技术可以分为两类，分别为薄膜技术和厚膜技术。其中，厚膜技术以陶瓷材料为基体制作无源器件，薄膜技术是在合适的衬底材料上利用集成电路工艺制程制作各种电阻、电感和电容器件的技术。常用的衬底材料有硅、玻璃、砷化镓、层压塑料和蓝宝石等。由于基于硅的薄膜技术具有绝佳的工艺兼容性，同时具有价格低、导热率优良、集成度高、体积小和重量轻的特点，且能够为集成无源器件技术提供最优良的器件精度和功能密度而受到广泛的关注。

5.4 集成电阻

5.4.1 双极型晶体管工艺电阻

利用双极型基本工艺可以形成基区扩散电阻、发射区扩散电阻、基区沟道电阻、外延层电阻等。

基区扩散电阻薄层方块电阻一般为 100 ~ 200Ω/□，精度和温度系数都比较适中，是双极工艺中最常用的扩散电阻，一般可制作几十欧姆到几千欧姆的电阻。图 5-4 是基区扩散电阻的结构图，外延层电极 C 接不低于电阻 A、B 两端的电位，一般接电源电位，以确保寄生 pnp 管不导通，使电流只在 P 区流动。电阻与外延层之间存在一个寄生的分布电容，即电阻的扩散结电容，等效为分别接于 AC 之间、BC 之间两个电容，而每个电容为电阻扩散结电容的一半。其中，n-epi 表示的为 n 型外延层。

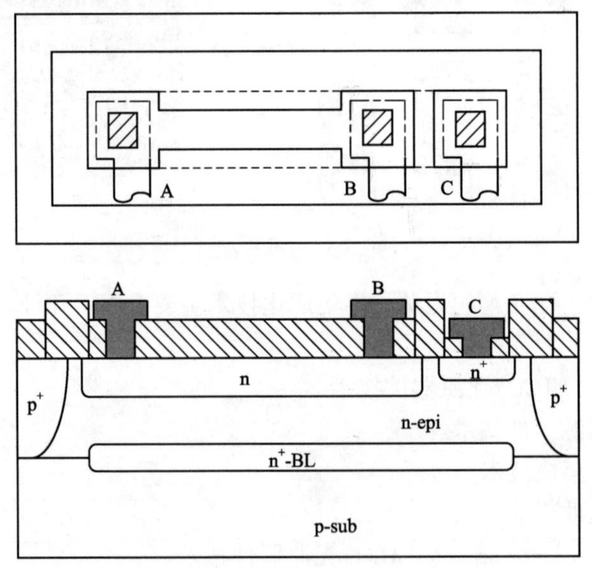

图 5-4 基区扩散电阻结构

发射区 n^+ 扩散电阻的薄层电阻为几 Ω/□，可制作几欧姆到几十欧姆的小电阻。也常把它作为内连线使用，但必须保证引进的小电阻对电路性能的影响很小，以致可以忽略。

图 5-5 给出两种发射区扩散电阻的结构。图 5-5a）是将发射区扩散直接做在外延层中，高阻外延层的旁路作用可以忽略，寄生电容是隔离结电容，没有寄生 pnp 管效应。但是，每

个这种结构的发射区扩散电阻需要单独的隔离。图 5-5b)是将多个发射区扩散电阻做在基区中,亦即多个发射区扩散电阻处在同一个隔离岛中。为消除寄生 npn 管和 pnp 管的影响,将基区扩散电极 C 接最低电位,将外延层电极 D 接最高电位。

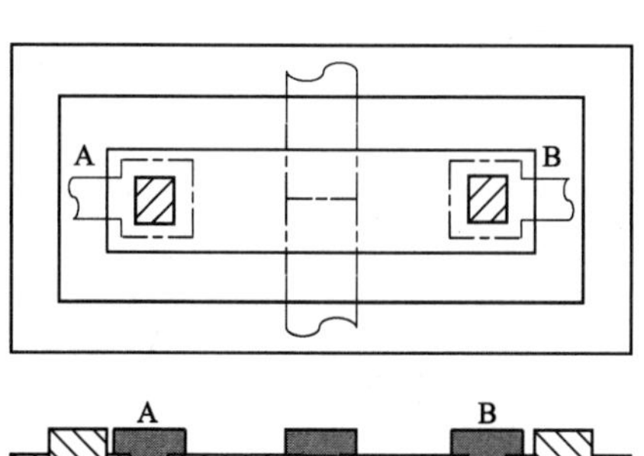

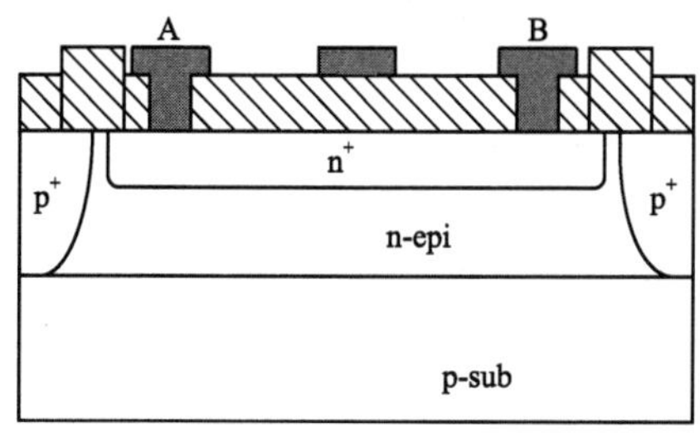

a)外延层发射区扩散电阻

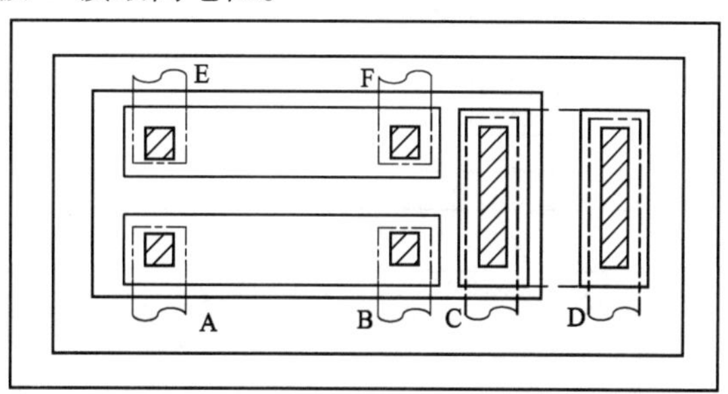

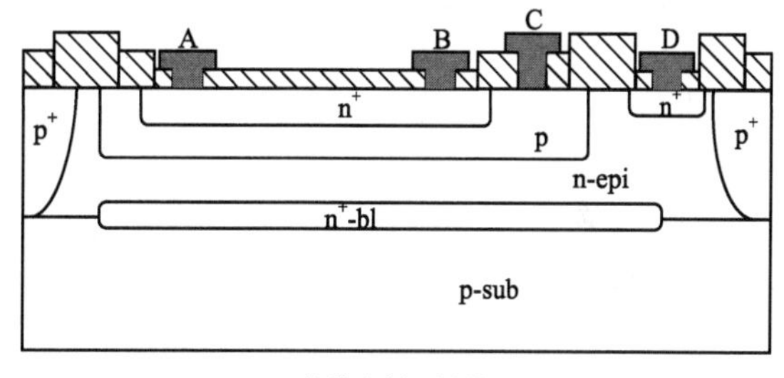

b)硼扩散发射区扩散电阻

图 5-5 发射区扩展电阻结构

基区沟道电阻又称基区致窄电阻,是指在基区扩散区上再覆盖一层发射区扩散形成的相当于晶体管基区的部分,但是要求基区扩散区上覆盖的发射区扩散一定要宽于基区扩散而与外延层直接相接触,外延层电极 C 接最高电位以使寄生 pnp 管不导通,如图 5-6 所示。基区沟道薄层电阻可达几 kΩ/□到十几 kΩ/□,受两次扩散的浓度和结深影响其精度很难控制。寄生电容包括基区扩散与覆盖发射区扩散间的 pn 结电容和基区扩散外延层间的 pn 结电容,因此寄生电容较大。这种方法适合制作精度要求不高、工作电流较小的大电阻。

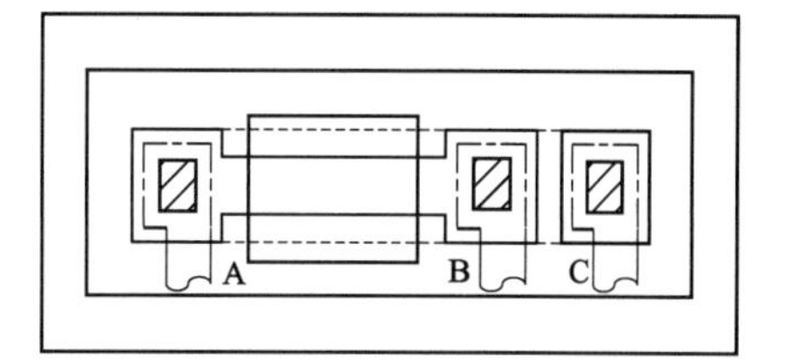

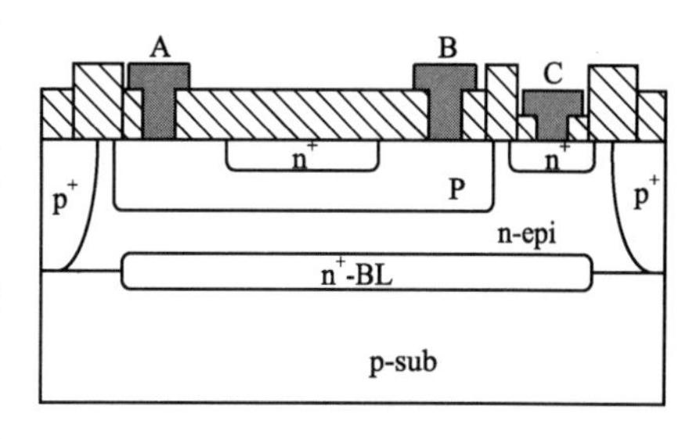

图 5-6 基区沟道电阻结构

外延层电阻一般称为外延层体电阻。由于其电阻率较高,电阻两端需要进行 n^+ 扩散(利用发射区 n^+ 扩散)形成欧姆接触。外延层体电阻结构如图 5-7 所示,它没有有源寄生效应,适合做精度要求不高的高阻值电阻。

离子注入的注入能量和注入剂量可以被精确控制,即结深和浓度可以被精确控制,横向扩散也小。因此,制作电阻的精度高、阻值范围大。制作出的电阻通常占用芯片面积小,但是受耗尽层影响较大。图 5-8 给出双极工艺离子注入电阻结构。

表 5-1 所示给出了基区扩散电阻、发射区扩散电阻、外延层扩散电阻、用镍铬合金淀积的薄膜电阻形成的主要特点和用途。

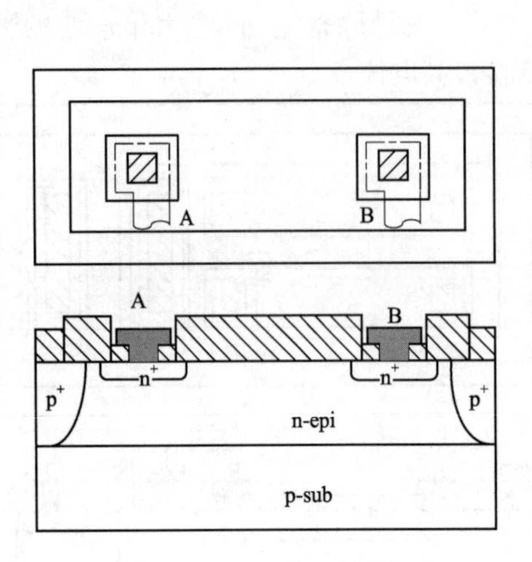

图 5-7 外延层体电阻结构

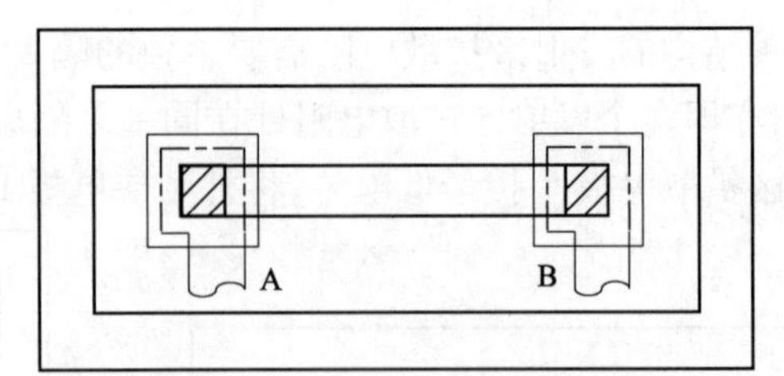

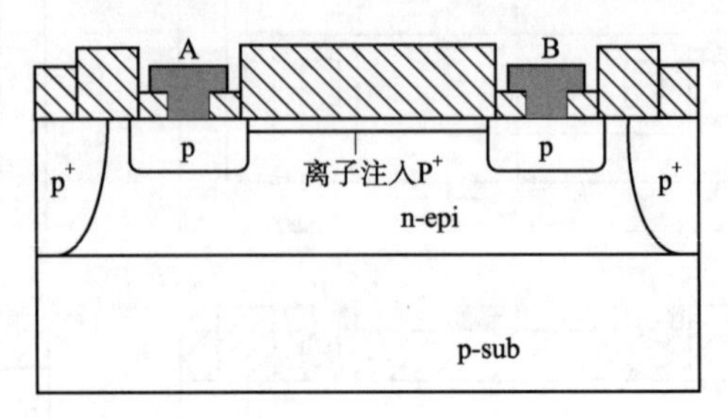

图 5-8 双极工艺离子注入电阻结构

集成电路中各类电阻的性能比较 表 5-1

电阻种类	薄层电阻（Ω/□）	绝对值容差（%）	匹配容差（%）	温度系数（ppm/℃）	电阻范围（kΩ）	主要用途
基区扩散电阻	100～200	±20	±3(5μm 条宽) ±0.2(50μm 条宽)	+1500～+2000	0.050～50	一般电阻
发射区扩散电阻	2～10	±20	±2	+2000	0.001～0.1	小阻值电阻及磷桥
基区沟道电阻	2～10k	±50	±10	+3000～+5000	0～1000	低压高阻值电阻
外延层电阻	2～5k	±30 (条宽≥75μm)	±5	+3500～+5000	0～500	高压高阻值电阻
外延层沟道电阻	4～10k	±50	±10	+3000～+8000	0～500	高压高阻值电阻
离子注入电阻	0.1～20k	±3	±2(5μm 条宽) ±0.15(50μm 条宽)	可控制在 ±100 以内	0.1～1000	高精度电阻
薄膜电阻	50～5k	±5	±0.2～±2	±(10～200)	0.1～100	高精度、高稳定度电阻

5.4.2 CMOS 工艺电阻

n 阱 CMOS 工艺中常用的电阻有多晶硅电阻、有源区电阻、阱电阻和 MOS 场效应晶体管沟道电阻。多晶硅电阻一般制作在阱外的场区上面，也可以根据布局布线情况制作在阱内的场区上面。p^+有源区电阻制作在 n 阱中，可以与 p 沟道 MOS 场效应晶体管同阱；n^+有源区电阻制作在 p 型衬底上。图 5-9 分别为三种不同的电阻结构，其薄层电阻为几十 Ω/□。

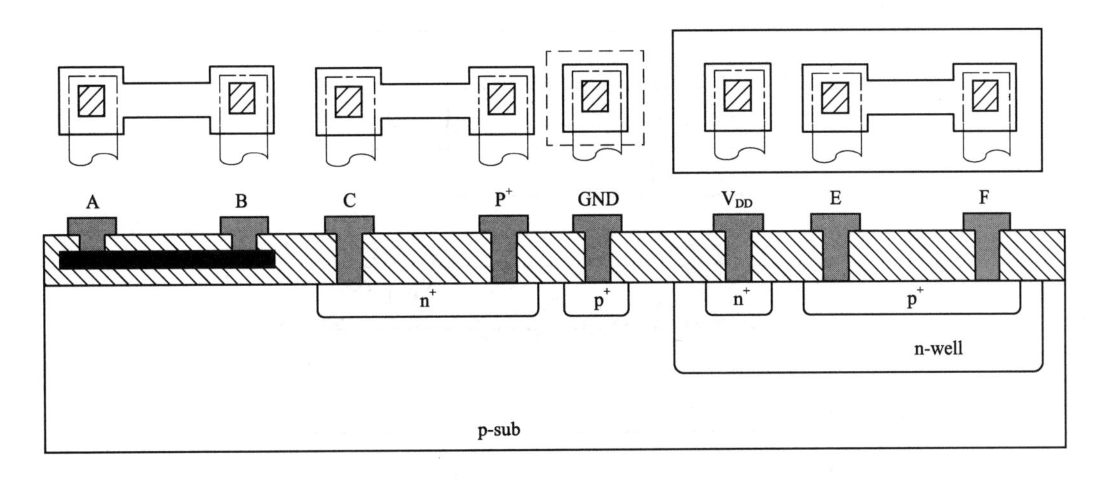

图 5-9　多晶硅电阻和有源区电阻结构

阱电阻结构与双极工艺中的外延层电阻很相似，是一个独立的 n 阱。由于 n 阱的掺杂浓度低，电阻两端需要在 n^+ 有源区注入且形成 n^+ 欧姆接触，其结构如图 5-10 所示。由于扩散形成的阱存在纵向浓度差，因此，采用沟道方式（类似双极型工艺基区沟道电阻覆盖一个 p^+ 有源区）使用较小面积得到较大的电阻。

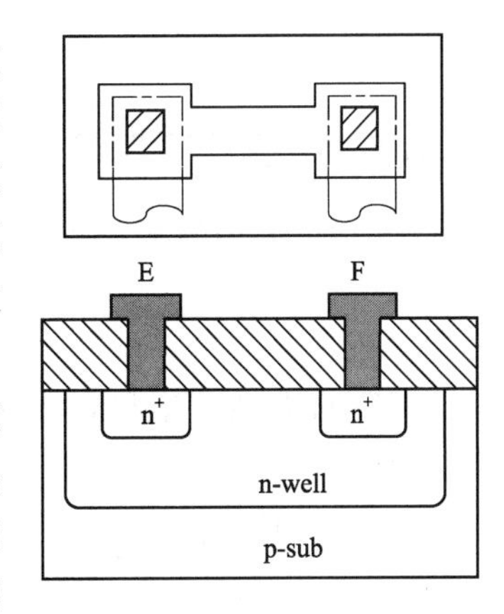

图 5-10　n 阱电阻结构

MOS 场效应晶体管电阻是利用 MOS 场效应晶体管在一定栅压下导通时的沟道导通电阻，一般将 n 沟道 MOS 场效应晶体管栅极接电源、p 沟道 MOS 场效应晶体管栅极接地，如图 5-11所示。同样，CMOS 工艺能实现离子注入型电阻，如图 5-12所示。

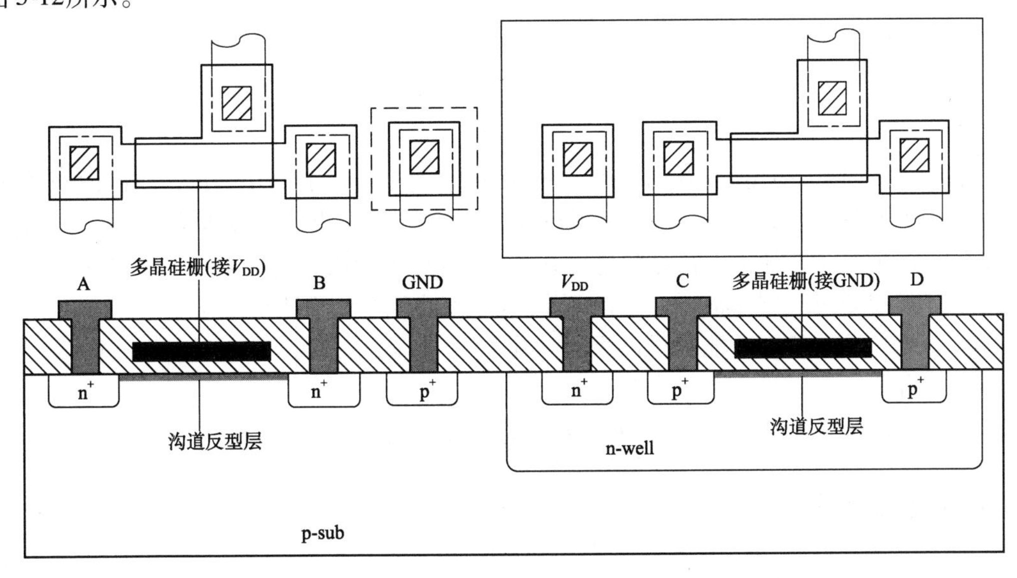

图 5-11　MOS 场效应晶体管沟道电阻结构

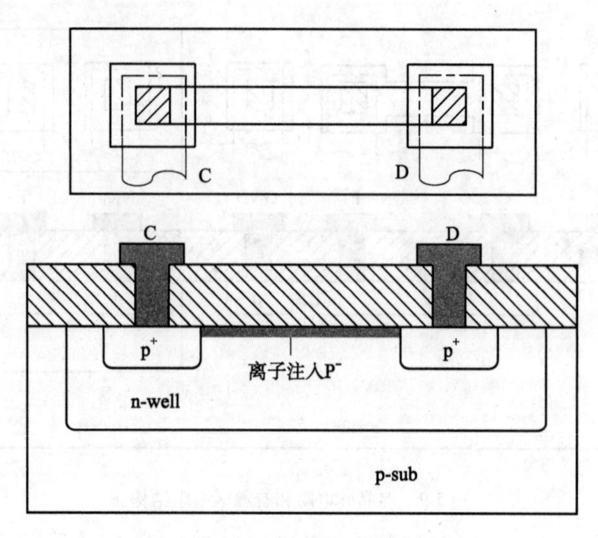

图 5-12 P 型高阻离子注入电阻结构

5.4.3 阻值计算与常用图形

集成电路中的矩形扩散电阻阻值的计算公式为

$$R = R_{\square}\frac{L}{W} \tag{5-1}$$

式中,$R_{\square}$为导电材料层的方块电阻;L 为电阻的长度;W 为电阻的宽度;L/W 的值通常称为方块数。

可根据具体需要和工艺条件选择电阻的导电材料层,即确定了方块电阻 $R_{\square}$,然后选定电阻的宽度 W,再按需要的方块数或阻值确定电阻的长度 L。电阻的最小宽度除了要满足版图几何设计规则外,还要同时满足下列条件。

首先,要满足电阻精度的要求。电阻 R 的相对误差为

$$\frac{\Delta R}{R} = \frac{\Delta R_{\square}}{R_{\square}} + \frac{\Delta L}{L} + \frac{\Delta W}{W} \tag{5-2}$$

式(5-2)右侧第一项是方块电阻 $R_{\square}$的相对误差,由工艺确定;第二项是电阻长度 L 的相对误差,一般 L 较大且 ΔL 较小,该项一般可以忽略;第三项是电阻宽度 W 的相对误差,需要重点考虑。ΔW 是工艺加工中存在的绝对误差,W 设计得越大,电阻 R 相对误差就越小,但是电阻占用的芯片面积也就越大,通常选用一个满足电阻精度要求的最小宽度。

其次,芯片受单位面积能承受的最大功耗 P_{Amax} 限制,由此可得电阻单位条宽的最大工作电流,即有

$$P_{\mathrm{Amax}} \geqslant \frac{I^2 R}{LW} = \frac{I^2}{LW} \times R_{\square} \times \frac{L}{W} = R_{\square}\left(\frac{I}{W}\right)^2 \tag{5-3}$$

由式(5-3)可得

$$\left(\frac{I}{W}\right)_{\max} = \left(\frac{P_{\mathrm{Amax}}}{R_{\square}}\right)^{1/2} \tag{5-4}$$

可根据流经电阻的电流确定满足功耗需求的最小宽度。

实际设计中，电阻图形不一定是一个确定长度和宽度的矩形，可根据布局布线的具体需要灵活设计。图5-13给出了几种常用的电阻图形，相对理想的矩形在端头和拐角处有一定的差别。

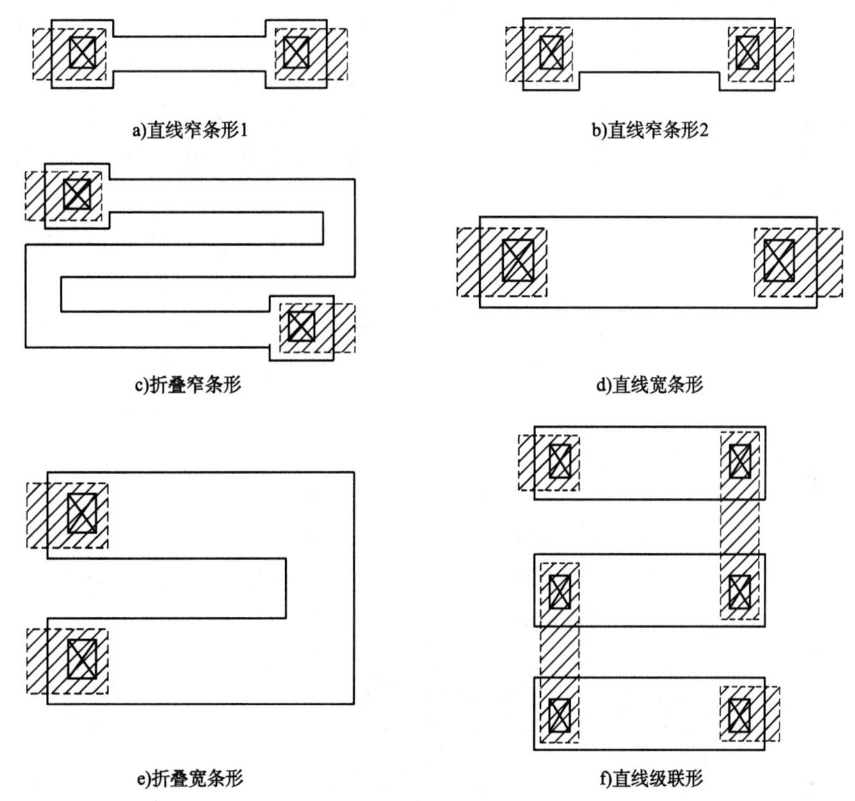

图5-13　几种常用电阻图形

电阻端头存在电流分布的非均匀性，通常采用端头修正因子K_1加以修正，K_1表示端头对总电阻方块的贡献，是经验数据。电阻条越宽，端头引进的电阻越小。

电阻拐角处同样存在电流分布的非均匀性，通常采用拐角修正因子K_2加以修正。经验数据表明，90°拐角（正方形）对电阻的贡献是0.5方，即$K_2=0.5$。对精度要求较高且阻值较大的电阻，通常采用图5-13e）所示图形，并且适当加大条宽，在消除拐角误差的同时减小端头和宽度引起的误差。

因此，修正后的电阻计算公式为

$$R=R_{\square}\left[\frac{\sum_{i=1}^{n}L_i}{W}+2K_1+(n-1)K_2\right] \tag{5-5}$$

式中，L_i为各直线段的长度；n为直线段数。在实际设计中，根据实际测试和经验对具体图形的端头和拐角进行修正后再进行计算。

5.4.4　电阻寄生效应

5.4.4.1　欧姆电压降

电流流经一条有电阻的导线时会导致电压下降，从而降低了信号电平。这在电源分布网络中尤为重要,因为在那里电流能够很容易达到安培级。现在考虑一条长 2cm 的 V_{DD} 或 GND 线,假设每 μm 宽度的电流为 1mA,由于电迁移的影响,这一电流密度接近于一条铝线所能承受的最大值。若薄层电阻为 0.05Ω/□,该导线(每 μm 宽度)的电阻等于 1kΩ。1mA/μm 的电流将导致 1V 的电压降。这一供电电压值的改变将降低噪声容限,并使电路各点的逻辑电平与离开电源端的距离有关。总之,来自片上逻辑和存储器以及 I/O 引线上的电流脉冲会造成电源分布网络的电压降,并且这是片上电源噪声的主要来源。除了造成可靠性风险外,电源网络的 IR 下降也会影响系统的性能,因为电源电压的很小下降都可能造成延时的明显增加。

解决这一问题最有效办法是缩短电源引线端与电路的电源接线端之间的最大距离。最容易实现的方法是设计一个电源分布网络的结构化版图。图 5-14 是一些四周具有压焊点的片上电源分布网络。在所有这些方法中,电源线和地线都是经由位于芯片四周的压焊块引入到芯片上的。采用哪一种方法取决于电源分布的宽线金属层(即厚的、节距大的、最上面的金属层)的数目。在图 5-14a)中,电源线和地线垂直(或水平)排布在同一层上,电源从芯片的两边引入,局部的电源线搭接到这个上层网格上,可在下面的金属层上进一步布线。在图 5-14b)中,采用两个宽线金属层分布电源,电源从芯片的四周引入。在图 5-14c)中,采用两个整块的金属板来分布 V_{DD} 和 GND。该方法的优点是大大降低了电源网络的电阻,同时金属板也在数据信号传送层之间起到了屏蔽作用,因而减弱了串扰。此外,它们还有助于减少片上电感。然而该方法只有在有足够的金属层可用时才行得通。

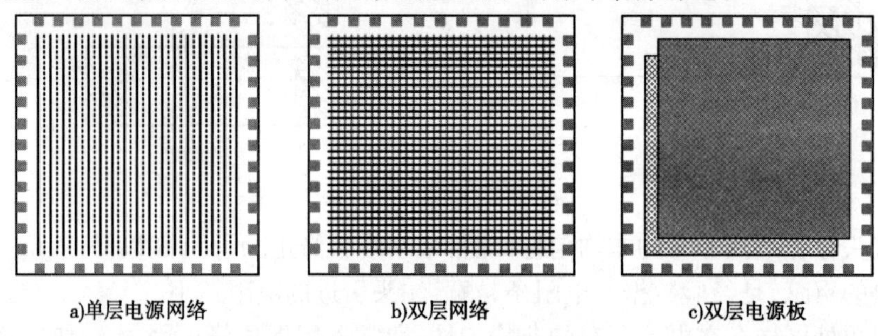

a)单层电源网络　　b)双层网络　　c)双层电源板

图 5-14　片上电源分部网络

在确定电源网络的尺寸时,由于在电源引线端与一个芯片模块或门的电源接线端之间存在许多路径,所以确切的电流流动还取决于诸如共用同一电路的邻近模块中的电流这样一些因素。这一分析的复杂性在于所连模块中的峰值电流是随时间分布的,即 IR 压降是一种动态现象,电源网格的最大问题归因于诸如时钟和总线驱动器所引起的同时切换事件。通常在时钟翻转之后或大的驱动器切换时对电源网络电流的需要最大。将所有峰值电流相加的最坏情形几乎总是导致导线的总体尺寸过大。因此,可通过计算机辅助设计工具来确定合理的电源分布网络尺寸,从而改善性能。

5.4.4.2　电迁移

金属导线上的电流密度受到电迁移效应的限制。在一条金属线上较长时间地通过直流电流会引起金属离子的移动。这终会导致导线断裂或与另一条导线短路。图 5-15 显示了由电迁移引起故障的一些例子。从图中可以清楚地看到在电子流动的方向上形成的小丘。

电迁移的发生率取决于温度、晶体结构和平均电流密度。而平均电流密度是唯一能够有效控制的因素，通常使电流保持在低于 0.5 ~ 1mA/μm 以防止电迁移。这一参数可以用来决定电源和接地网络导线的最小宽度。信号线中通常为交流电，因此，不易发生电迁移。电子的双向流动常常会对晶体结构的任何破坏起到退火作用。

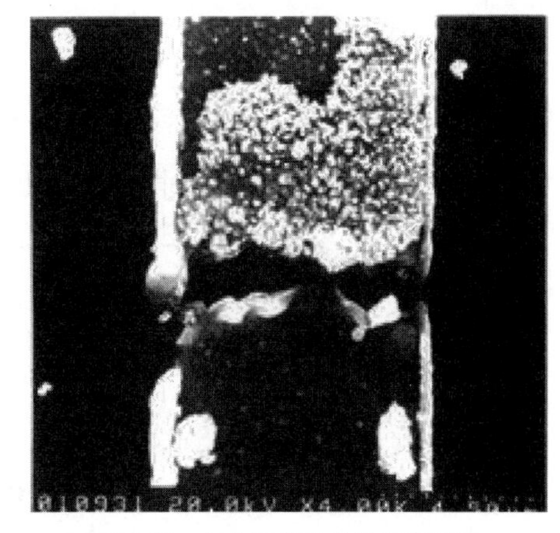

图 5-15 与电迁移有关的故障情况

电迁移效应与通过导线的平均电流成正比，而 IR 电压降则与峰值电流有关。在工艺层次上，可以采取许多预防措施来减少发生电迁移的风险。有一种办法是在铝中加入合金元素以阻挡铝离子的运动。另一种方法是控制离子的粒度。引入新的互连材料也非常有效。例如，当用铜互连代替铝时导线的预期寿命可增加 100 倍。

5.4.4.3 导线电阻引起的延时问题

采用更好的互连材料。硅化物和铜分别有助于降低多晶硅和金属线的电阻，而采用具有较低介电常数的绝缘材料能够减小电容。但是并不能解决长导线延时的根本问题。采用更好的互联策略。随着线长成为互连线延时和能量消耗的主要因素，任何有助于缩短线长的方法都会起到重要的作用。优化互联结构。导线流水线就是利用这类技术来改善性能的。

5.5 集成式电容

5.5.1 集成式电容的类型

集成电路中的电容结构有 pn 结电容、MOS 结构电容、金属叉指电容和多种平板结构电容，它们可以是有意设计的电容，也可能是客观存在的寄生电容，由于各种电容的单位面积电容量都较小，所以为达到一定的电容量，就要占用较大的芯片面积。因此，集成电路设计中应尽量避免使用大电容。

5.5.1.1 pn 结电容

集成电路工艺中的各种 pn 结都可用来制作电容，如典型 pn 结隔离双极型工艺中的发射区扩散与基区扩散、基区扩散与外延层、外延层与隔离扩散（n^+埋层与 p 衬底）分别构成的 BE 结、BC 结和隔离结，n 阱 CMOS 工艺中的 N 型有源区和 p 型衬底、p 型有源区、n 阱和 p 型衬底分别构成的 pn 结。图 5-16 给出一种 pn 结隔离工艺中的 pn 结电容结构图，它是采用 n^+发射区/p^+隔离和 n^+埋层/p^+隔离两个 pn 结并联，以便获得较大的电容值且占用较小面积。

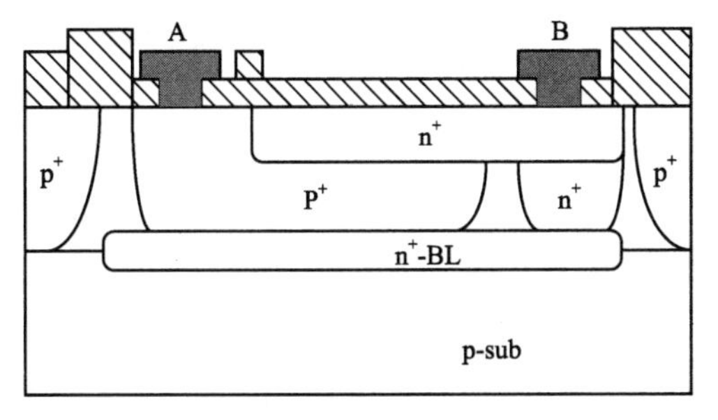

图 5-16 pn 结电容结构

pn 结电容有极性要求，一般使用反偏 pn 结的势垒电容，耗尽近似条件下单位面积势垒电容

值可表示为

$$C_J \approx \frac{C_J(0)}{(1-V/V_D)^{\gamma}} \tag{5-6}$$

式中，C_J为 pn 结零偏时单位面积势垒电容；V 为 pn 结上施加的电压；V_D为 pn 结的接触电势差；对于突变结 $\gamma \approx 1/2$，对于缓变结 $\gamma \approx 1/3$。在较高正偏压时，pn 结单位面积势垒电容可用 $C_J \approx (2.5 \sim 4)C_J(0)$来近似。pn 结单位面积电容值都较小，而且存在漏电流和寄生串联电阻，品质因数 Q 值都较低。两侧掺杂浓度都较高的 pn 结单位面积电容值相对较大，但是耐压能力较低。总之，目前很少用 pn 结制作电容。

5.5.1.2　平板结构电容

随着集成电路工艺的发展，多层多晶、多层金属工艺已走上成熟，然而任何两个相邻的导电层都可以看作是平板结构电容，如金属-绝缘体-金属结构、金属（多晶硅）-绝缘体-多晶硅结构、金属（多晶硅）-绝缘体-重掺杂半导体结构等。因此，多种平板结构电容也随之得到应用。为了提高单位面积电容值、减小电容面积，通常增加生长薄介质层工艺，使构成电容的两导电层间是薄介质层。平板结构单位面积介质电容的计算公式为

$$C = \frac{\varepsilon_r \varepsilon_0}{d} \tag{5-7}$$

式中，ε_r为相对介电常数；ε_0为真空中的介电常数；d 为绝缘介质的厚度。

图 5-17 为目前多层金属数模混合工艺中常用的金属-绝缘体-金属（MIM）平板结构电容，其中 Top plate 层是专为制作电容上极板的导电层，它与下极板（2nd Top Metal）之间是薄的绝缘介质层。

图 5-18 为典型 pn 结隔离工艺中常用到的金属-绝缘体-重掺杂半导体平板结构电容，上极板是金属层，下极板是高掺杂的 n^+ 发射区扩散层，中间介质层通常就是 n^+ 发射区扩散后形成的氧化层。如果要提高单位面积电容，就需要专门增加一次薄氧化层生长工艺。这种结构电容在端口 B 存在一个寄生的隔离结电容，如果电容 B 端接地则可消除寄生电容的影响。

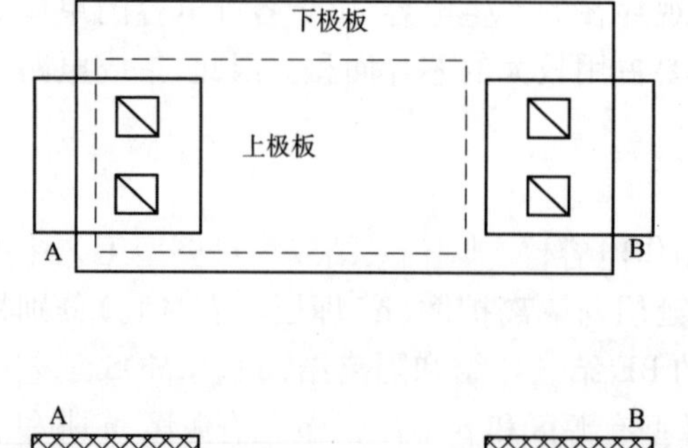

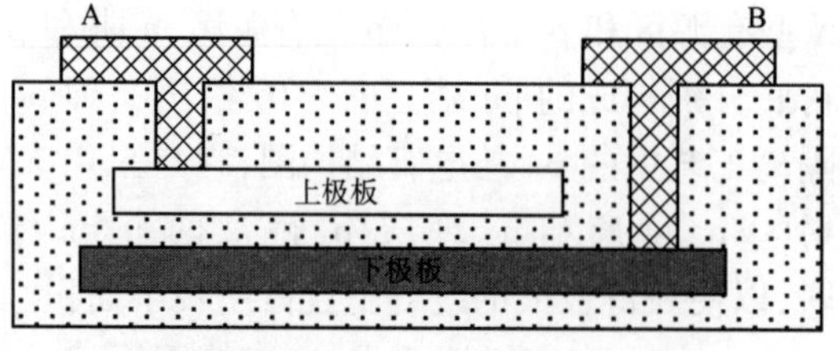

图 5-17　金属-绝缘体-金属（MIM）平板电容

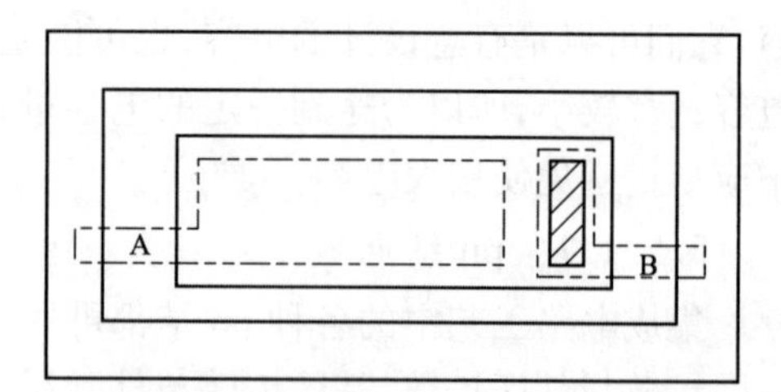

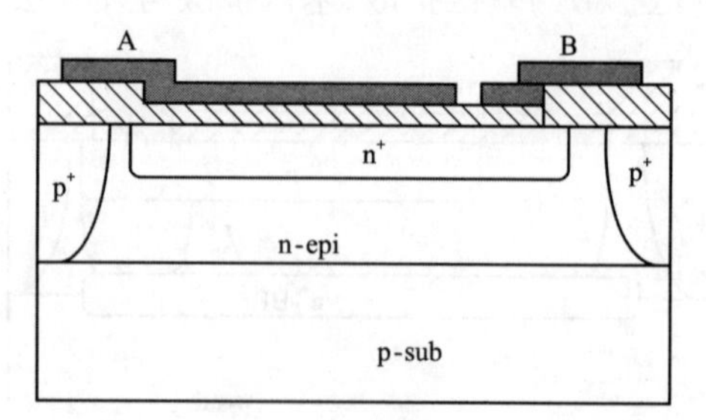

图 5-18　金属-绝缘体-重掺杂半导体平板电容

5.5.1.3　MOS 结构电容

MOS 结构电容就是金属-氧化物-半导体结构电容，又称 MIS 结构电容。图 5-19 给出了 p 型半导体衬底的 MOS 电容物理结构，其栅极 G 与衬底 S 之间的电容 C 与其之间所加电压 V_{GS}有关。

当 V_{GS}为比较大的负偏压时，p 型半导体表面形成多子空穴堆积层，称为堆积状态。此时呈现金属-绝缘体-重掺杂半导体平板结构电容特性，其电容近似为氧化层介质电容 C_{OX}。

当 V_{GS}为正偏压但不足以使半导体表面反型时，半导体表面形成耗尽层，称为耗尽状态。其电容 C 为氧化层介质电容 C_{OX}和耗尽层电容 C_D的串联。随 V_{GS}的增大，耗尽层增厚，则 C_D减小，即耗尽时电容 C 随 V_{GS}的增大也减小。

当 V_{GS}为比较大的正偏压时，半导体表面形成反型层，称为反型状态。其电容 C 将与工作频率有关。低频时，由于反型层中的电子能随电压变化，电容 C 近似为氧化层介质电容 C_{OX}；高频时，由于衬底向反型层提供电子的能力有限，反型层中的电子不能随电压快速变化，其电容 C 和耗尽状态相同。图 5-20 给出该结构的电容与电压关系曲线。

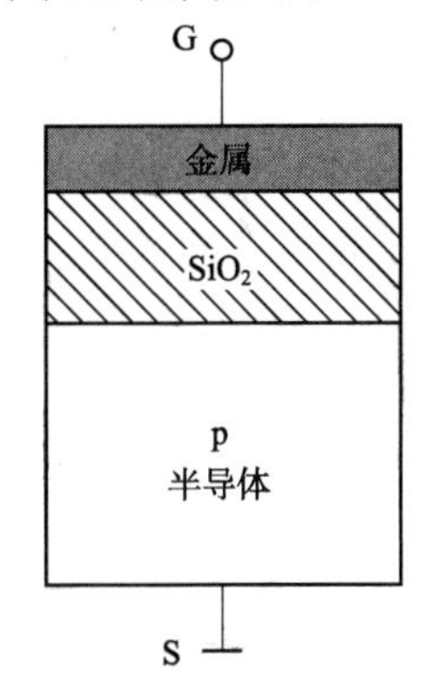

图 5-19　MOS 电容物理结构

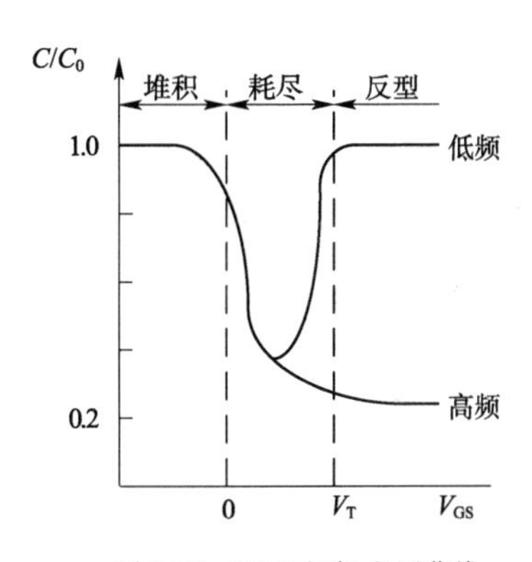

图 5-20　MOS 电容-电压曲线

以上讨论了 p 型半导体情形，对于 n 型半导体也有类似特性，只是电压极性相反。CMOS 电路中经常用的 MOS 结构电容是 p 沟道 MOS 场效应晶体管或 n 沟道 MOS 场效应晶体管的栅介质电容，高掺杂的多晶栅代替 MOS 结构电容中的金属层作为电容的上电极。通常用衬底表面反型状态，且将 MOS 场效应晶体管的源、漏、衬底三个电极短接，其电容等效为 MOS 场效应晶体管栅电容。

5.5.1.4　金属叉指结构电容

两条相邻的同层金属线相邻的侧面构成了平板介质电容。随着工艺特征尺寸的减小，这种同层金属线间的侧面寄生电容就越加突显出来。在当今的集成电路设计中，应避免相邻信号长距离平行走线，以减小寄生电容引起的信号间的串扰。但是，也可以利用这种寄生电容结构来制作所需要的电容。

图 5-21　金属叉指结构电容

为了减小面积和便于布局布线，采用同层相邻金属线制作电容时通常设计成叉指状，如图 5-21 所示，所以称之为金属叉指结构电容。其电容值的大小主要取决于两金属条间距、金属层的厚度以及叉指的长度和叉指数,即两金属条间距和两金属条相邻的侧面积。

5.5.2 电容寄生效应

5.5.2.1 电容的可靠性——串扰

由相邻的信号线与电路节点之间的耦合引起的干扰通常称为串扰(cross talk)。其所导致的干扰如同一个噪声源,会引起难以跟踪的间断出错,因为所注入的噪声取决于在相邻区域上布线的其他信号的瞬态值。在集成电路中,信号间的耦合可以是电容性的,也可以是电感性的,但在当前的开关速度下,电容性的串扰是主要因素。在设计混合信号电路的输入/输出电路时电感耦合是主要的考虑因素,但这在数字设计中目前还不是一个问题。

电容性串扰可能产生的效应受所考虑导线的阻抗的影响。如果该线是浮空的,那么由耦合引起的干扰就会持续存在并且可能会因邻近导线上后续的切换而变得更糟。反之,如果导线是被驱动的,那么信号会回到其原来的电平。

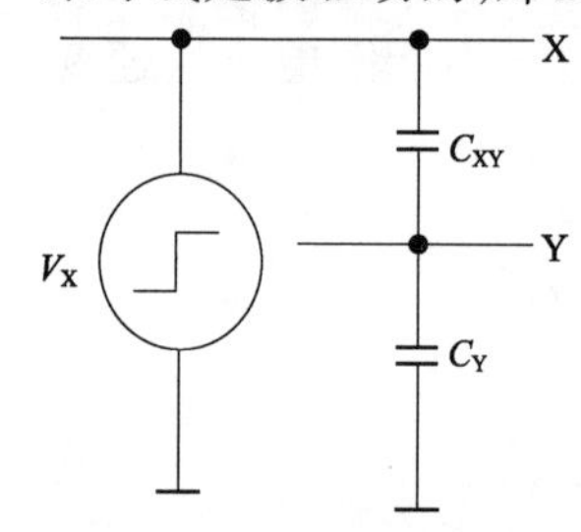

图5-22 浮空线电容耦合

(1)浮空线

考虑图5-22的电路结构。线X通过寄生电容C_{XY}与线Y耦合。线Y至地的总电容等于C_Y。设节点X处的电压发生了一个阶跃变化,在节点Y处因电容分压而衰减。

$$\Delta V_Y = \frac{C_{XY}}{C_Y + C_{XY}}\Delta V_X \tag{5-8}$$

对电容性串扰特别敏感的电路是位于全摆幅导线($\Delta V_X = V_{DD}$)附近的具有低摆幅预充电节点的电路。例如动态存储器、低摆幅片上总线以及某些动态逻辑系列。为了解决串扰问题,现如今的动态逻辑电路中必须要有电平恢复器件或电平保持器件。

(2)被驱动线

如果线Y被一个内阻为R_Y的信号源驱动,线X上的阶跃变化引起了线Y上的瞬态响应,以时间常数$\tau_{XY} = R_Y(C_{XY} + C_Y)$衰减。对“受害线”的实际影响与干扰信号的上升(下降)时间有很大关系。如果上升时间近似或大于上述时间常数,那么干扰的峰值就会减小C,如图5-23b)所示。显然,保持导线的驱动阻抗(因而τ_{XY})较低对降低电容串扰的影响有很大帮助。可在一个动态栅或预充电导线上加一个保持晶体管降低阻抗来控制噪声。总之,串扰对被驱动节点上信号完整性的影响是非常有限的。其造成的毛刺可能引起后面连接的元件操作错误,因而应当十分小心。

5.5.2.2 克服电容串扰的方法

串扰是比例噪声源。这意味着放大信号电平对加大噪声容限没有任何帮助,因为噪声源也同样按比例放大了。解决这一问题的唯一选择是控制电路的几何形态,或采用对耦合能量较不敏感的信号传输规范。可以遵循以下基本规则:

①如有可能,尽量避免浮空节点。对串扰问题敏感的节点,如预充电总线,应当增加保持器件以降低阻抗。

②敏感节点应当很好地与全摆幅信号隔离。

③在满足时序约束的范围内尽可能加大上升(下降)时间。但应当注意这对短路功耗可

能会有影响。

④在敏感的低摆幅布线网络中采用差分信号传输方法。这能使串扰信号变为不会影响电路工作的共模噪声源。

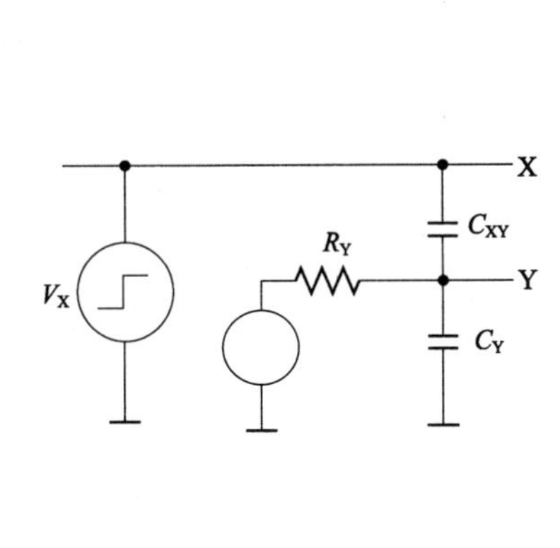

a)扰动X驱动线Y

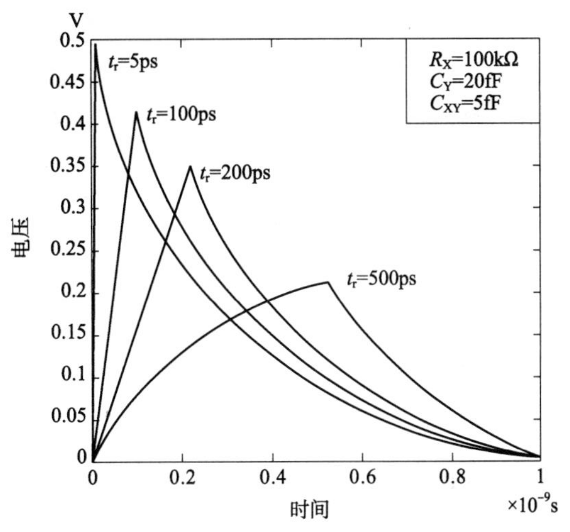

b)对V_X的不同上升时间，Y上的电压响应

图5-23　驱动线的电容耦合

⑤为了使串扰最小，不要使两条信号线之间的电容太大。例如使同一层上的两条导线平行布置很长一段距离就是一个很不好的做法，尽管在两相位系统中分配两个时钟或在布置总线时人们常常试图这么做。同一层上的平行导线应当足够远离。增加导线的节距(如对于总线)能够减少串扰，因而可提高性能。相邻层上导线的走向应当相互垂直。

⑥必要时可在信号之间增加一条屏蔽线——GND或V_{DD}。它能有效地使线间电容转变为一个接地电容，从而消除干扰。屏蔽的不利影响是增加了电容负载。

⑦不同层上信号之间的线间电容可以通过增加额外的布线层来进一步减少。当采用四层或者更多的布线层时，可以回到在印刷电路板设计中常使用的一种方法，每一个信号层都用一个GND或V_{DD}金属平面相间隔，如图5-24所示。

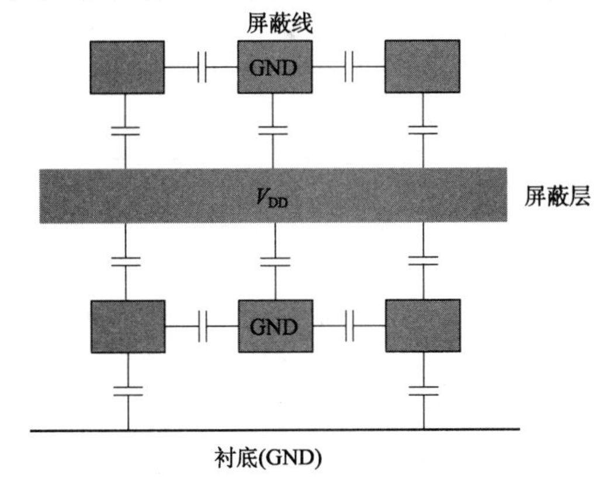

图5-24　布线层的截面图

5.6　集成式电感

5.6.1　集成式电感结构

随着集成电路制作工艺特征尺寸的减小和集成电路工作频率的不断提高，片上金属线

的电感效应逐渐凸现出来,但另一方面,这一特点也使片上电感的实现成为可能。

目前常用的电感是用顶层金属线构成的单匝线圈或多匝线圈,线圈形状可以是方形、圆形和多边形。图5-25所示为应用较多的方形多匝线圈电感结构,主要参数有金属线宽度 W、金属线间距 S、内圈中心半径尺和匝数 N(图中 $N=2.5$)。

图5-26给出的是圆形和八边形电感的版图示意图。由于影响电感值、Q 值以及自谐振频率的因素较多,通常采用工艺厂家提供的经过实际测试验证的电感图形、尺寸和模型,以便提高设计成功性。

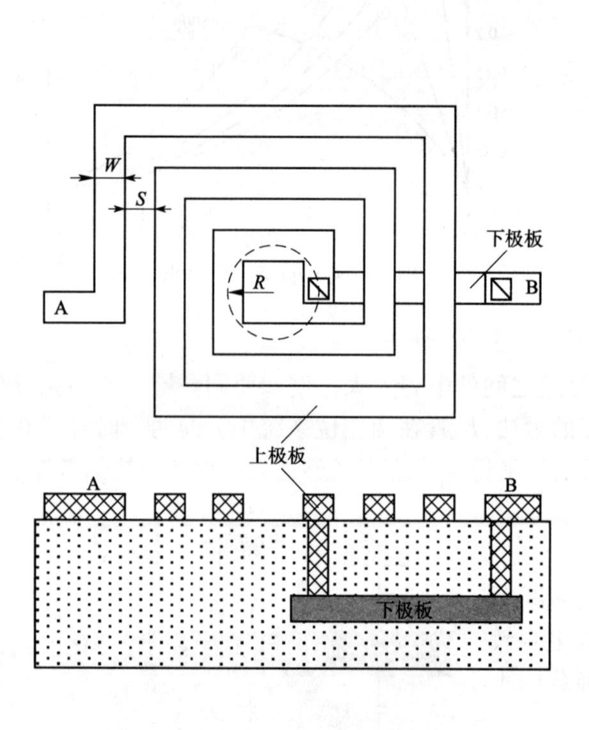

图5-25 方形多匝线圈电感结构

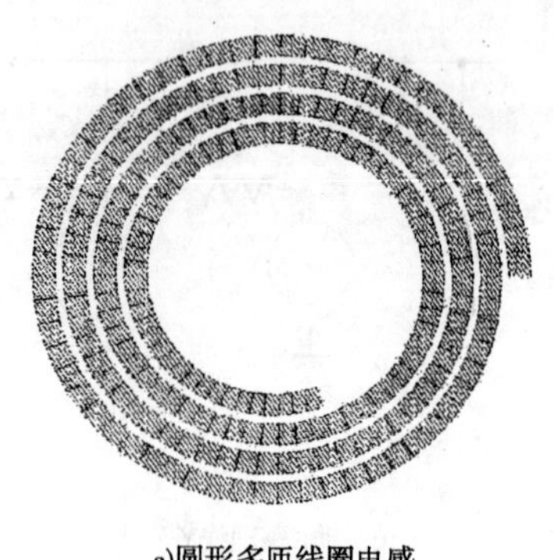

a)圆形多匝线圈电感

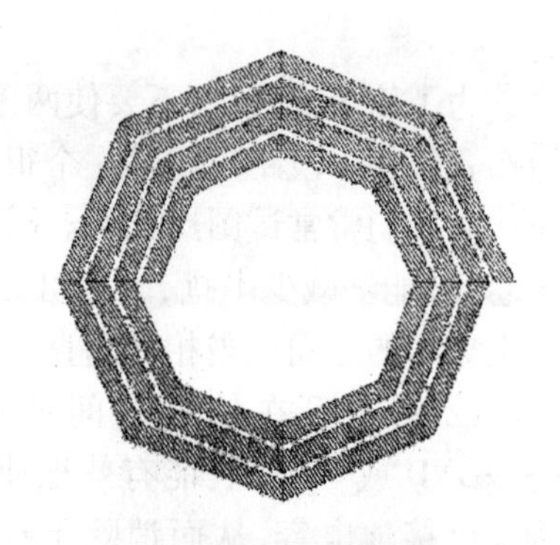

b)八边形多匝线圈电感

图5-26 圆形和八边形电感图形

5.6.2 电感寄生效应

除了寄生电阻和电容之外,互连线也显示出电感寄生效应。寄生电感的一个重要来源是压焊线和芯片封装。通过输入输出连线的电流也可能会发生快速的翻转,从而引起电压降、振荡及过冲这些在RC电路中不存在的现象。在较高的切换速度时,甚至会出现波传播和传输线效应。

在每一个切换过程中,电源轨线的瞬态电流都对电路电容充电(或放电)作用。电源端连线通过压焊线或封装引线连到外部电源上,都具有一个不可忽略的串联电感。瞬态电流的变化会在芯片外部和芯片内部的电源电压之间产生一个电压差。这一情形在输出压焊块上特别严重,因为驱动外部大电容会产生一个很大的电流。内部电源电压的偏差会影响逻辑电平并使噪声容限减小。

解决寄生电感问题的方法主要包括以下一些方面。

①压焊块和芯片内核有各自的电源引线。由于 I/O 驱动器要求的切换电流最大,它们引起的电流变化也最大。因此,通过提供各自不同的电源和接地引线,把发生大多数逻辑活动的芯片内核与驱动器分开。

②多个电源和接地引线。为了减少每条电源引线的 di/dt,可以限制连到同一条电源引线上的 I/O 驱动器的数目。一般每条电源引线连接 5 到 10 个驱动器。这一数目很大程度上取决于驱动器的开关特性,例如同时切换的门的数目以及上升和下降时间等。

③仔细选择封装上电源引线和接地引线的位置。位于封装四角处的导线和压焊线的电感明显较大(图 5-27)。

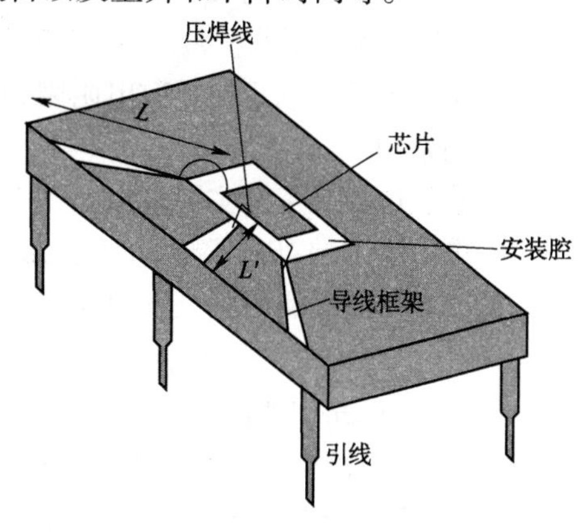

图 5-27　压焊线/引线的总电感取决于引线的位置

④将片外信号的上升和下降时间增加到所允许的最大程度,并将其分配到整个芯片上,特别是属于数据总线的部分。前面的例子说明过度减少输出驱动器的上升和下降时间不仅会消耗许多面积,还会影响电路的工作和可靠性。就节省面积而言,一个好的驱动器是能满足规定的最佳延时,而不是具有最小延时。当考虑噪声时,最好的驱动器是在输出端具有最大允许的上升和下降时间并满足所规定的延时。

⑤安排好消耗大电流的翻转使它们不会同时发生。例如可以错开一组输出驱动器的控制输入,使它们的切换稍稍错开一些。

⑥采用先进的封装技术(如表面封装或混合封装)可以大大减小每条引线的电容和电感。例如采用焊球技术以倒装方式安装在衬底上的芯片其压焊线电感减小至 0.1nH,这比标准封装的电感要小 50 至 100 倍。

⑦增加印刷板上的去耦电容。应当为每条电源引线加上去耦电容,这些电容的作用如同一个本地电源,稳定了从芯片上看到的电源电压。隔离了压焊线的电感和印刷板上互连线的电感(图 5-28)。实际上,这一旁路电容与电感结合,起到了低通网络的作用,滤去了电源线上瞬态电压脉冲的高频成分。

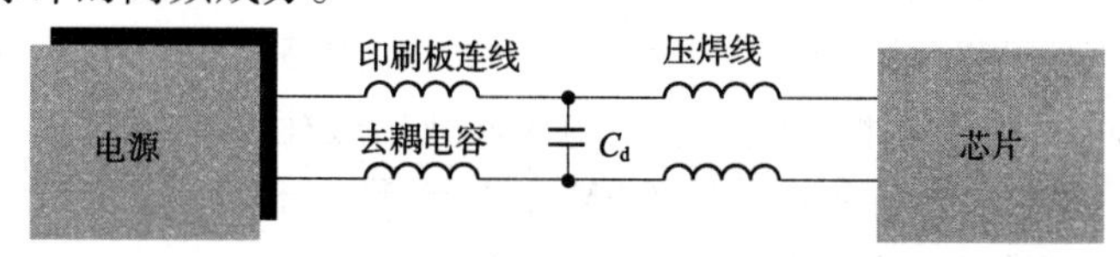

图 5-28　去耦电容将印刷板上的电感与压焊线及引线电感隔开

电源分布网络中的电容(包括导线电容和去耦电容)和电感的共同作用可能形成一个振荡的谐振电路。在各种谐振中,最显著的是由封装电感 L 与去耦电容 C_d 一起引起的谐振,它的谐振频率为 $f=1/\left(2\pi\sqrt{L\cdot C_d}\right)$。电源网格如果与系统时钟一起谐振,电源就可能出现危险的波动。电源网络的谐振频率低于时钟频率已非常普遍,因此,电源网络的振荡已成为一个严重的问题。

习 题

1. 什么是有源器件,什么是无源器件? 请举例说明。

2. 什么是嵌入式无源器件,由哪几部分组成?

3. 嵌入式无源器件有哪几种类型的薄膜以及它们各自的特点?

4. 双极型基本工艺可以制作哪几种类型的电阻以及它们的特点?

5. n 阱 CMOS 工艺中常用的电阻有哪些?

6. 集成电路中的矩形扩散电阻阻值如何计算,芯片受单位面积能承受的最大功耗有什么影响因素?

7. 片上电源噪声的主要来源是什么?

8. 电源网络的 IR 下降为什么会影响系统的性能? 如何解决?

9. 什么限制金属导线上的电流密度? 电迁移与哪些因素有关?

10. 集成电路中的电容结构有哪些? 以及它们的特点。

11. 集成电路中如何克服电容串扰?

12. 集成电路中的电感通常如何制作? 寄生电感的来源有哪些?

13. 集成电路中存在寄生电感,解决寄生电感问题的方法有哪些?

参 考 文 献

[1] 付蔚. 电子工艺基础[M]. 北京:北京航空航天大学出版社,2011.

[2] 胡斌,胡松. 电子元器件知识与典型应用[M]. 北京:电子工业出版社,2013.

[3] Richard K. Ulrich. 高级电子封装[M]. 李虹,张辉,郭志川,译. 北京:机械工业出版社,2010.

[4] E. JONES. Geometey and Layering Effects on the Operating Characteristics of Spiral Inductors [D]. PhD dissertation, Univ. of Arkansas, May 2005.

[5] 黄均鼐,汤庭鳌,胡光喜. 半导体器件原理[M]. 上海:复旦大学出版社,2011.

[6] 刘刚,雷鉴铭. 微电子器件与 IC 设计基础[M]. 北京:科学出版社,2009.

[7] 张渊. 半导体制造工艺[M]. 北京:机械工艺出版社,2015.

[8] 陈星弼,张庆中. 微电子器件[M]. 北京:电子工业出版社,2011.

[9] 王巍,冯世娟. 现代电子材料与元器件[M]. 北京:科学出版社,2012.

[10] 曲喜新. 电子材料导论[M]. 北京:清华大学出版社,2011.

第6章　器件 SPICE 模型

本章首先介绍 SPICE 器件模型基础知识，以及对二极管、双极型晶体管、MOS 场效应晶体管等元器件电路分析的描述语句。接着对二极管、双极型晶体管、MOS 场效应晶体管以及电阻器、电容器、二极管等无源器件的基本模型进行详细分析，并给出 SPICE 模型中描述这些器件特性的基本参数。

6.1　SPICE 器件模型概述

电路模拟程序所支持的各种元器件，在模拟程序中必须有相应的数学模型来描述。一个理想的元器件模型，应该既能反映元器件的电学特性又适于在计算机上进行数值求解。通常，器件模型的精度越高，模型本身也就越复杂，所要求的模型参数个数也越多。而集成电路往往包含数量巨大的元器件，器件模型复杂度的增加就会使计算时间成倍延长。反之，如果模型过于粗糙，会导致分析结果不可靠。因此所用元器件模型的复杂程度要根据实际需要而定。

如果需要进行元器件的物理模型研究或进行单管设计，一般采用精度和复杂程度较高的模型。二维准静态数值模拟是这种方法的代表，通过求解泊松方程，电流连续性方程等基本方程结合精确的边界条件和几何、工艺参数，相当准确地给出器件电学特性。而对于一般的电路分析，应尽可能采用能满足一定精度要求的简单模型。

SPICE 模型是较早出现的一种模型，是一种功能强大的通用模拟电路仿真器，主要用于 IC、模拟电路、数模混合电路、电源电路等电子系统的设计和仿真。比较常见的 SPICE 仿真软件有 HSPICE、PSPICE、TSPICE 等，虽然它们的核心算法类似，但仿真速度、精度和收敛性却不一样，其中以 Synopsys 公司的 HSPICE 和 Cadence 公司的 PSPICE 最为著名。HSPICE 事实上是 SPICE 工业标准仿真软件，在业内应用最为广泛，具有精度高、仿真功能强大等特点，主要应用于集成电路设计；PSPICE 主要应用于 PCB 板和系统级的设计。

HSPICE 模型已经广泛应用于电子设计中，可对电路进行直流分析、瞬态分析和交流分析等。被分析的电路中的元件可包括电阻、电容、电感、互感、电压源、电流源、各种受控源、传输线以及有源半导体器件等。优化的模拟电路仿真器 HSPICE 是用于稳态、瞬态和频率域内电路仿真的工业级电路分析产品的先锋。从直流到微波的频率大于 100 GHz，电路被精确模拟、分析和优化。HSPICE 能够进行理想的电池设计和过程建模，也是信号完整性选择和传输线分析的工具。HSPICE 应用于相当快速、精确的电路和行为仿真。由 HSPICE 模拟电路的大小仅受所使用的计算机虚拟内存的限制。HSPICE 软件被每一个计算机可用的接口平台优化成各种设计框架。

HSPICE 与大多数 SPICE 的变种兼容,并具有优越的收敛性,精确的模型参数,优化了基于模型和库单元的电路,能逐项或同时进行交流、直流和瞬态分析,具备蒙特卡罗和最坏情况分析,有较高级逻辑模拟标准库的单元特性描述工具,对于 PCB、多芯片系统、封装以及 IC 技术中连线间的几何损耗加以模拟。

HSPICE 的基础分析主要包括以下内容。

(1)直流分析

首先求出电路直流工作点,此时电路内的电感视为短路,电容视为开路。直流分析会计算出当电路的某个输入电源在某一个范围变化时,电路内某个元件或节点的输出变化,可以用 DC 分析的功能来求出放大器或电路的转移函数,以及寻找 Logic 的高低电位切入点。其输出语句如下。

.DC:设定电源、温度、参数值及直流转移曲线的扫描范围。

.OP:直流工作点分析,计算在特定时间或多时间点条件下的操作点情况。

.PZ:极/零点分析。

.SENS:小信号灵敏度分析,计算电路中指定的输出变量相对于线路其他元件参数的直流小信号敏感程度。

.TF:计算特定输出变量对输入源的直流小信号转移函数。

(2)暂态分析

暂态分析又称为时域分析,也就是计算电路某一个输出变数的响应。其输出语句如下。

.TRAN:在指定时间范围中计算电路的解,即所谓的时间扫描。

.FOUR:执行傅立叶分析。

(3)交流小信号分析

交流小信号分析时,HSPICE 将交流输出变量作为指定频率的函数来加以分析计算。分析时,直流工作点作为交流分析的初始条件,HSPICE 将电路中所有的非线性器件变换成线性小信号模型,电容和电感则被换算成相应的导纳值。其输出语句如下。

.AC:定义出使用者在电路分析时所指定的扫描频率范围、扫描取样形态和点数,以及蒙特卡罗分析次数。

.DISTO:计算线路在交流弦式稳态分析下的失真特性。

.NOISE:基于电路直流操作点的条件下,用来计算交流节点电压复数值。

.SAMPLE:采样噪声分析。

.NETWORK:计算阻抗矩阵、导纳矩阵、混合矩阵及散射矩阵参数。

(4)噪声分析

噪声分析.NOISE 用来计算各个器件的噪声对输出节点的影响,并给出其均方根并输出,可完成.AC 语句规定的各频率的计算,应在.AC 分析之后。其输出语句如下。

.PRINT:在输出的 list 文件中打印数字的分析结果。

.PLOT:在输出的 list 文件中打印低分辨率的曲线。

.GRAPH:生成用于打印机或 PostScript 格式的高分辨率曲线。

.PROBE:把数据输出到 post-processor,而不输出到 list 文件。

.MEASURE:输出用户定义的分析结果到 mt0 文件。

.OP，.TF，.NOISE，.SENS和.FOUR都提供直接输出功能。

6.2 二极管SPICE模型

6.2.1 直流模型

直流偏置时，pn结二极管可由一个等效欧姆电阻R_S与一个非线性电流源相串联来表示，如图6-1所示。

其中，电阻R_S可视为二极管的接触电阻和准中性区电阻的串联，电流I_D的表达式为

$$I_D = I_S\left[e^{\frac{V_D q}{nk_0 T}} - 1\right] \tag{6-1}$$

式中，n为发射系数，用来描述耗尽区中的产生复合效应；q为电子电荷，其值为1.602×10^{-19}C；k_0为玻尔兹曼常数，其值为1.38×10^{-23}J/K；T为热力学温度；I_S为饱和电流，其表达式为

$$I_S = Aq\left(\frac{D_p p_{n0}}{L_p} + \frac{D_n n_{p0}}{L_n}\right) \tag{6-2}$$

式中，A为pn结面积；D_p和D_n分别为空穴和电子扩散系数，在室温下，硅中空穴的扩散系数为13cm²/s，电子的扩散系数为37.5cm²/s；n_{p0}为p型区电子平衡态浓度；p_{n0}为n型区空穴平衡浓度；L_p和L_n分别为空穴和电子的扩散长度。

反向偏置时pn结会出现击穿现象，根据电压值把反向特性分段描述，电流I_D的表达式为

$$I_D = \begin{cases} -I_S & -V_B < V_D < -5\dfrac{nk_0 T}{q} \\ -I_S\left(e^{-q(V_B+V_D)/k_0 T} - 1 + \dfrac{qV_B}{k_0 T}\right) & V_D < -V_B \end{cases} \tag{6-3}$$

6.2.2 瞬态模型

二极管的瞬态模型如图6-2所示，描述了pn结的电容效应。二极管的电容C_T是由扩散电容(C_D)和结耗尽层电容(C_J)两部分组成，则其表达式为

$$C_T = C_D + C_J \tag{6-4}$$

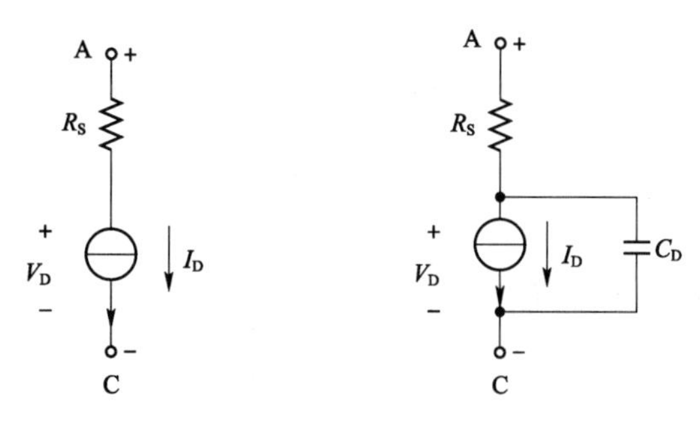

图6-1 二极管的直流模型　　图6-2 二极管的瞬态模型

其中，扩散电容 C_D 表达式为

$$C_D = \tau_D \frac{\partial I_D}{\partial V_D} \tag{6-5}$$

结耗尽层电容 C_J 表达式为

$$C_J = \begin{cases} C_J(0)\left(1 - \dfrac{V_D}{\varphi_0}\right)^{-m} & V_D < F_C\varphi_0 \\ C_J(0)\dfrac{1 - F_C(1+m) + m\dfrac{V_D}{\varphi_0}}{(1-F_C)^{(1+m)}} & V_D \geqslant F_C\varphi_0 \end{cases} \tag{6-6}$$

式中，τ_D 为渡越时间；φ_0 为结电势；m 为梯度因子；F_C 为正偏耗尽层电容公式中系数，取值从 0 到 1，隐含值为 0.5；$C_J(0)$ 为零偏压时结耗尽层电容。

二极管的电容 C_T 表达式为

$$C_T = C_D + C_J = \begin{cases} \tau_D \dfrac{\partial I_D}{\partial V_D} + C_J(0)\left(1 - \dfrac{V_D}{\varphi_0}\right)^{-m} & V_D < F_C\varphi_0 \\ \tau_D \dfrac{\partial I_D}{\partial V_D} + C_J(0)\dfrac{1 - F_C(1+m) + m\dfrac{V_D}{\varphi_0}}{(1-F_C)^{(1+m)}} & V_D \geqslant F_C\varphi_0 \end{cases} \tag{6-7}$$

6.2.3 交流模型

交流时，二极管线性化模型如图 6-3 所示。这时电导 g_D 可定义为

$$g_D = \left.\frac{\partial I_D}{\partial V_D}\right|_{\text{工作点}} = \frac{I_S q}{n k_0 T} e^{\frac{V_D q}{n k_0 T}} \tag{6-8}$$

电容 C_T 为

$$C_T = \begin{cases} \tau_D g_D + C_J(0)\left(1 - \dfrac{V_D}{\varphi_0}\right)^{-m} & V_D < F_C\varphi_0 \\ \tau_D g_D + C_J(0)\dfrac{1 - F_C(1+m) + m\dfrac{V_D}{\varphi_0}}{(1-F_C)^{(1+m)}} & V_D \geqslant F_C\varphi_0 \end{cases} \tag{6-9}$$

6.2.4 噪声模型

二极管在交流时的噪声模型如图 6-4 所示。此时电阻 R_S 产生的热噪声为

$$i_{nrs} = \sqrt{\frac{4k_0 T}{R_S}} \tag{6-10}$$

二极管的散粒噪声和闪烁噪声为

$$i_{nrd} = \sqrt{2qI_D + \frac{K_f I_D^{\ A_f}}{f}} \tag{6-11}$$

式中，f 为频率；K_f 为闪烁噪声系数；A_f 为闪烁噪声指数因子。

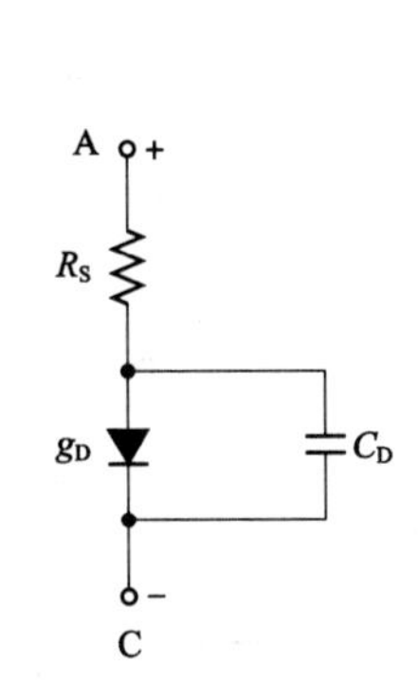

图 6-3　二极管交流模型

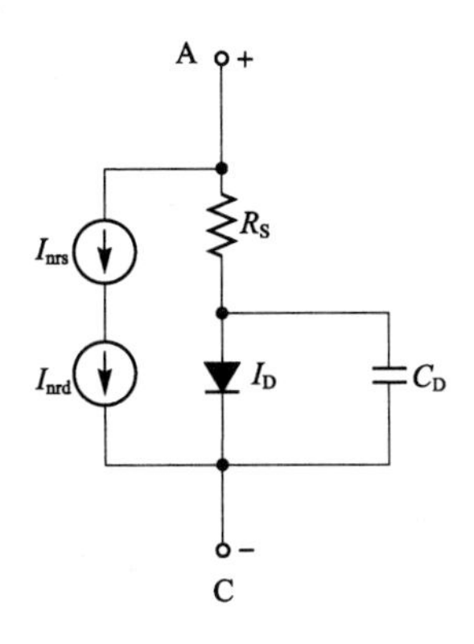

图 6-4　二极管噪声模型

6.2.5　温度效应

pn 结二极管模型中许多参数都与温度有关，饱和电流随温度的变化可表示为

$$I_S(T)=I_S(T_{nom})\left(\frac{T}{T_{nom}}\right)^{X_{TI}/n}\exp\left[-\frac{E_g q}{nk_0T}\left(1-\frac{T}{T_{nom}}\right)\right] \tag{6-12}$$

式中，E_g为禁带宽度；T_{nom}为标称温度，隐含值为 27℃（300K）；X_{TI}为饱和电流的温度指数因子。

结电势 φ_0的温度效应可表示为

$$\varphi_0(T)=\frac{T}{T_{nom}}\varphi_0(T_{nom})-2V_T\ln\left(\frac{T}{T_{nom}}\right)^{1.5}-\left[\frac{T}{T_{nom}}E_g(T_{nom})-E_g(T)\right] \tag{6-13}$$

对硅而言

$$E_g(t)=E_g(0)-\frac{\alpha T^2}{\beta+T} \tag{6-14}$$

式中，$E_g(0)=1.16\text{eV}$；$\alpha=7.02\times10^{-4}$；$\beta=1108$。

零偏压结耗尽层电容 $C_j(0)$的温度关系为

$$C_j(T)=C_j(T_{nom})\left\{1+m\left[400\times10^{-6}(T-T_{nom})-\frac{\varphi_0(T)-\varphi_0(T_{nom})}{\varphi_0(T_{nom})}\right]\right\} \tag{6-15}$$

pn 结二极管模型参数由表 6-1 给出，共有 14 个。

二极管模型参数　　表 6-1

参数名	SPICE 关键字	含　义	隐含值	单位
I_S	IS	饱和电流	10^{-14}	A
R_S	RS	等效电阻	0.0	Ω
n	N	发射系数	1	-
τ_D	TT	渡越时间	0.0	s
$C_J(0)$	CJ0	零偏压结电容	0.0	F
φ_0	VJ	结电势	1	V
m	M	梯度因子	0.5	-
E_g	EG	禁带宽度	1.11	eV

续上表

参数名	SPICE 关键字	含　义	隐含值	单位
X_{T1}	XT1	饱和电流温度指数因子	3.0	-
F_{C}	FC	正偏时耗尽层电容公式中系数	0.5	-
V_{B}	BV	反向击穿电压	∞	V
I_{BV}	IBV	反向击穿电流	10^{-3}	A
K_{f}	KF	闪烁噪声系数	0.0	-
A_{f}	AF	闪烁噪声指数因子	1	-

6.3 双极型晶体管的 SPICE 模型

6.3.1 小信号模型

HSPICE 晶体管等效电路有直流，交流，瞬态和交流噪声电路四种。在等效电路中的基本元素为基极电流(I_{B})和集电极电流(I_{C})。I_{B}和I_{C}是晶体管直流效应产生的。噪声和交流电路分析，要使用I_{B}和I_{C}相对于终端电压V_{BE}和V_{BC}的偏导数。这些偏导数的表达式为

反向基极电导

$$g_{\mu} = \left.\frac{\partial I_{\mathrm{B}}}{\partial V_{\mathrm{BC}}}\right|_{\text{工作点}} \tag{6-16}$$

正向基极电导

$$g_{\pi} = \left.\frac{\partial I_{\mathrm{B}}}{\partial V_{\mathrm{BE}}}\right|_{\text{工作点}} \tag{6-17}$$

集电极-基极电压影响集电极电流的变化，因而输出集电极电导为

$$g_{\mathrm{o}} = \left.\frac{\partial I_{\mathrm{C}}}{\partial V_{\mathrm{CE}}}\right|_{\text{工作点}} = -\left.\frac{\partial I_{\mathrm{C}}}{\partial V_{\mathrm{BC}}}\right|_{\text{工作点}} \tag{6-18}$$

跨导为

$$g_{\mathrm{m}} = \left.\frac{\partial I_{\mathrm{C}}}{\partial V_{\mathrm{BE}}}\right|_{\text{工作点}} = \frac{\partial I_{\mathrm{C}}}{\partial V_{\mathrm{BE}}} + \frac{\partial I_{\mathrm{C}}}{\partial V_{\mathrm{BC}}} = \frac{\partial I_{\mathrm{C}}}{\partial V_{\mathrm{BE}}} - g_0 \tag{6-19}$$

6.3.2 瞬态分析

横向和纵向 npn 晶体管的瞬态模型等效电路如图 6-5 和 6-6 所示。

6.3.2.1 瞬态模型电流分析

当I_{S}值给定时，基极和集电极电流I_{B}和I_{C}的表达式为

$$I_{\mathrm{C}} = \frac{I_{\mathrm{S}}}{q_{\mathrm{B}}}\left(e^{\frac{V_{\mathrm{BE}}q}{n_{\mathrm{F}}k_0T}} - e^{\frac{V_{\mathrm{BE}}q}{n_{\mathrm{R}}k_0T}}\right) - \frac{I_{\mathrm{S}}}{\beta_{\mathrm{R}}}\left(e^{\frac{V_{\mathrm{BE}}q}{n_{\mathrm{F}}k_0T}} - 1\right) - I_{\mathrm{SC}}\left(e^{\frac{V_{\mathrm{BC}}q}{n_{\mathrm{CL}}k_0T}} - 1\right) \tag{6-20}$$

$$I_{\mathrm{B}} = \frac{I_{\mathrm{S}}}{\beta_{\mathrm{F}}}\left(e^{\frac{V_{\mathrm{BE}}q}{n_{\mathrm{F}}k_0T}} - 1\right) + \frac{I_{\mathrm{S}}}{\beta_{\mathrm{R}}}\left(e^{\frac{V_{\mathrm{BC}}q}{n_{\mathrm{R}}k_0T}} - 1\right) + I_{\mathrm{SE}}\left(e^{\frac{V_{\mathrm{BE}}q}{n_{\mathrm{E}}k_0T}} - 1\right) + I_{\mathrm{SC}}\left(e^{\frac{V_{\mathrm{BC}}q}{n_{\mathrm{CL}}k_0T}} - 1\right) \tag{6-21}$$

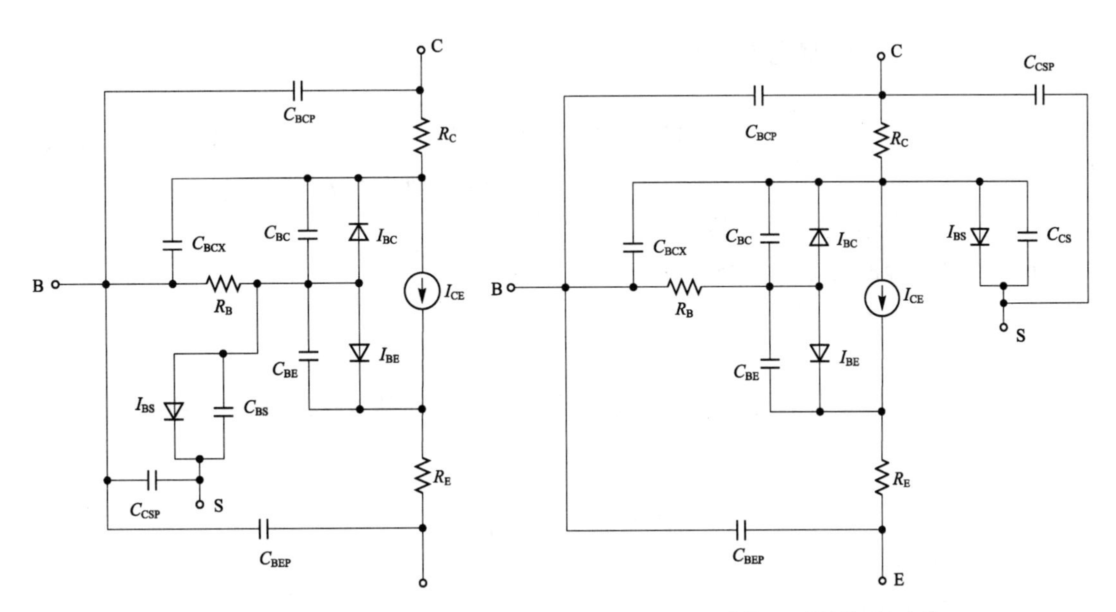

图6-5　横向 npn 晶体管瞬态电路　　　　图6-6　纵向 npn 晶体管瞬态电路

当模型中 I_{BE} 和 I_{BC} 的值给定时，基极和集电极电流 I_B 和 I_C 的表达式分别为

$$I_C = \frac{I_{BE}}{q_B}\left(e^{\frac{V_{BE}q}{n_F k_0 T}} - 1\right) - \frac{I_{BC}}{q_B}\left(e^{\frac{V_{BC}q}{n_R k_0 T}} - 1\right) - \frac{I_{BC}}{\beta_R}\left(e^{\frac{V_{BC}q}{n_R k_0 T}} - 1\right) - I_{SC}\left(e^{\frac{V_{BC}q}{n_{CL} k_0 T}} - 1\right) \tag{6-22}$$

$$I_B = \frac{I_{BE}}{\beta_F}\left(e^{\frac{V_{BE}q}{n_F k_0 T}} - 1\right) + \frac{I_{BC}}{\beta_R}\left(e^{\frac{V_{BC}q}{n_R k_0 T}} - 1\right) + I_{SE}\left(e^{\frac{V_{BE}q}{n_{EL} k_0 T}} - 1\right) + I_{SC}\left(e^{\frac{V_{BC}q}{n_{CL} k_0 T}} - 1\right) \tag{6-23}$$

式中，β_F 为理想最大正向电流增益；β_R 为理想最大反向电流增益；I_S 为饱和电流；n_F 为正向电流发射系数；n_R 为反向电流发射系数；n_{EL} 为非理想小电流基极-发射极发射系数；n_{CL} 为非理想小电流基极-集电极发射系数；q_B 为归一化基区多子电荷，它是反应大注入效应和基区宽度调制效应而引入的参数，其表达式为

$$q_B = \frac{q_1}{2}\left[1 + (1 + 4q_2)^{n_{KF}}\right] \tag{6-24}$$

其中，

$$q_1 = \frac{1}{1 - \frac{V_{BC}}{V_{AF}} - \frac{V_{BE}}{V_{AR}}} \tag{6-25}$$

$$q_2 = \frac{I_{SE}}{I_{KF}}\left(e^{\frac{V_{BE}q}{n_F k_0 T}} - 1\right) + \frac{I_{SC}}{I_{KR}}\left(e^{\frac{V_{BC}q}{n_R k_0 T}} - 1\right) \tag{6-26}$$

式中，I_{KF} 为正向 β_F 大电流下降的电流点；I_{KR} 为反向 β_F 大电流下降的电流点；n_{KF} 为正向 β_F 大电流下降的指数；V_{KF} 为正向欧拉电压；V_{KR} 为反向欧拉电压。

横向 npn 晶体管衬底电流的表达式为

$$I_{SC} = \begin{cases} I_{SS}\left(e^{\frac{V_{sc}q}{n_S k_0 T}} - 1\right) & V_{sc} > -10 n_S k_0 T/q \\ -I_{SS} & V_{sc} \leqslant -10 n_S k_0 T/q \end{cases} \tag{6-27}$$

纵向 npn 晶体管衬底电流的表达式为

$$I_{BS}=\begin{cases}I_{SS}\left(e^{\frac{V_{BS}q}{n_S k_0 T}}-1\right) & V_{bs}>-10n_S k_0 T/q\\ -I_{SS} & V_{bs}\leqslant -10n_S k_0 T/q\end{cases} \tag{6-28}$$

式中，n_S为衬底电流发射系数。

6.3.2.2 瞬态模型电容分析

(1)基极-发射极电容 C_{BE}

$$C_{BE}=C_{DE}+C_{JE} \tag{6-29}$$

式中，C_{DE}和 C_{JE}分别是基极-发射极扩散和耗尽电容。基极-发射极扩散电容 C_{DE}表达式为

$$C_{DE}=\frac{\partial}{\partial V_{BE}}\left(\tau_F\frac{I_{BE}}{q_B}\right) \tag{6-30}$$

式中，τ_F为理想正向渡越时间。

集电极-发射极电流 I_{BE}为

$$I_{BE}=I_S\left(e^{\frac{V_{BE}q}{n_F k_0 T}}-1\right) \tag{6-31}$$

基极-射极耗尽电容 C_{JE}表达式为

$$C_{JE}=C_{JE}(0)\left(1-\frac{V_{BE}}{\varphi_E}\right)^{-m_E} \tag{6-32}$$

式中，φ_E为基极-发射极结内建电势；$C_{JE}(0)$为零偏压基极-发射极耗尽层电容；m_E为基极-发射极结梯度因子。

(2)基极-集电极电容 C_{BC}

$$C_{BC}=C_{DC}+C_{JC} \tag{6-33}$$

式中，C_{DC}和 C_{JC}是集电极-基极扩散和耗尽电容。基极集电极扩散电容 C_{DC}表达式为

$$C_{DC}=\frac{\partial}{\partial V_{BC}}(\tau_R I_{BC}) \tag{6-34}$$

式中，τ_R为理想反向渡越时间。

内部基极集电极电流 I_{BC}为

$$I_{BC}=I_S\left(e^{\frac{V_{BC}q}{n_R k_0 T}}-1\right) \tag{6-35}$$

基极-集电极耗尽电容 C_{JC}的表达式为

$$C_{JC}=X_{CJC}C_{JC}(0)\left(1-\frac{V_{BC}}{\varphi_C}\right)^{-m_C} \tag{6-36}$$

式中，X_{CJC}为基极-集电极耗尽电容连到内部基极的百分数；$C_{JC}(0)$为零偏压基极-集电极耗尽层电容；φ_C为基极-集电极结内建电势；m_C为基极-集电极结梯度因子。

基极-集电结电容 C_{BCX}为

$$C_{BCX}=C_{JC}(0)(1-X_{CJC})\left(1-\frac{V_{BCX}}{\varphi_C}\right)^{-m_C} \tag{6-37}$$

(3)基极-衬底电容 C_{BS}

当反向偏压,$V_{BS}<0$ 时,有

$$C_{BS}=C_{JS}(0)\left(1-\frac{V_{BS}}{\varphi_S}\right)^{-m_S} \tag{6-38}$$

当正向偏压,$V_{BS}\geqslant 0$ 时,有

$$C_{BS}=C_{JS}(0)\left(1+m_S\frac{V_{BS}}{\varphi_S}\right) \tag{6-39}$$

式中,$C_{JS}(0)$为零偏压集电极-衬底结耗尽层电容;φ_S为衬底结内建电势;m_S为集电极-衬底结梯度因子。

(4)衬底-集电极衬底电容 C_{SC}

当反向偏压,$V_{SC}<0$ 时,有

$$C_{SC}=C_{JS}(0)\left(1-\frac{V_{SC}}{\varphi_S}\right)^{-m_S} \tag{6-40}$$

当正向偏压,$V_{SC}>0$ 时,有

$$C_{SC}=C_{JS}(0)\left(1+m_S\frac{V_{SC}}{\varphi_S}\right) \tag{6-41}$$

6.3.3 噪声分析

横向和纵向 npn 晶体管的交流噪声模型的等效电路分别如图 6-7 和 6-8 所示。

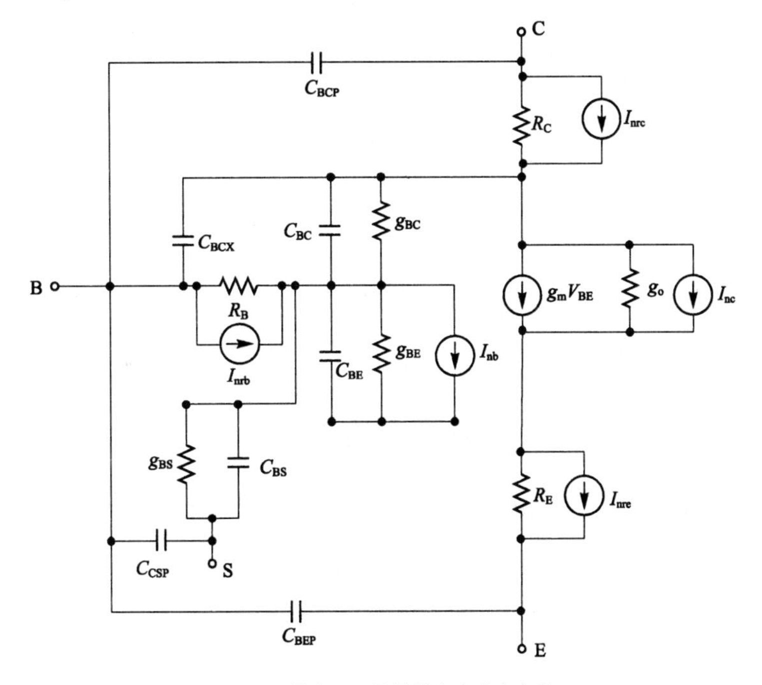

图 6-7 横向 npn 晶体管交流噪声电路

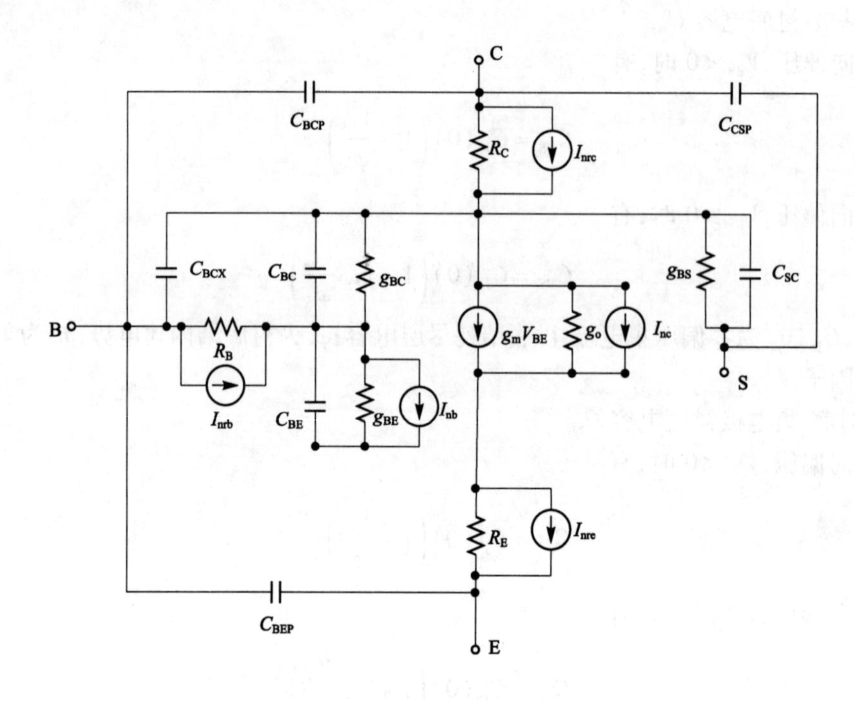

图6-8 纵向 npn 晶体管交流噪声电路

基极电阻噪声电流表达式

$$I_{nrb}=\left(\frac{4k_0T}{R_B}\right)^{1/2} \tag{6-42}$$

集电极电阻噪声电流表达式

$$I_{nrc}=\left(\frac{4k_0T}{R_C}\right)^{1/2} \tag{6-43}$$

发射极电阻噪声电流表达式

$$I_{nre}=\left(\frac{4k_0T}{R_E}\right)^{1/2} \tag{6-44}$$

I_{nb}为基极与发射极之间的噪声电流源,包括基极散粒噪声和闪烁噪声,其表达式为

$$I_{nb}^2=(2qI_B)+\left(\frac{K_f I_B{}^{A_f}}{f}\right) \tag{6-45}$$

I_{nc}为集电极与发射极之间的噪声电流源,是集电极的散粒噪声,其表达式为

$$I_{nc}=(2qI_c)^{1/2} \tag{6-46}$$

6.3.4 温度效应

横向和纵向 npn 晶体管的温度补偿交流电路分别如图 6-9 和图 6-10 所示。

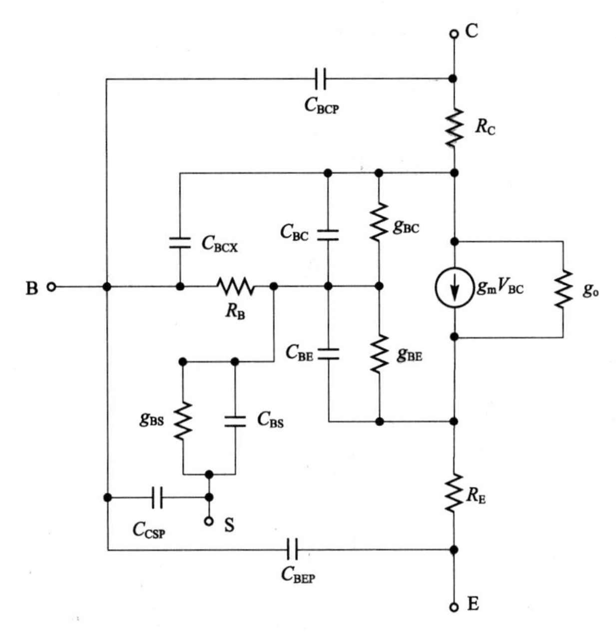

图 6-9　横向 npn 晶体管交流电路

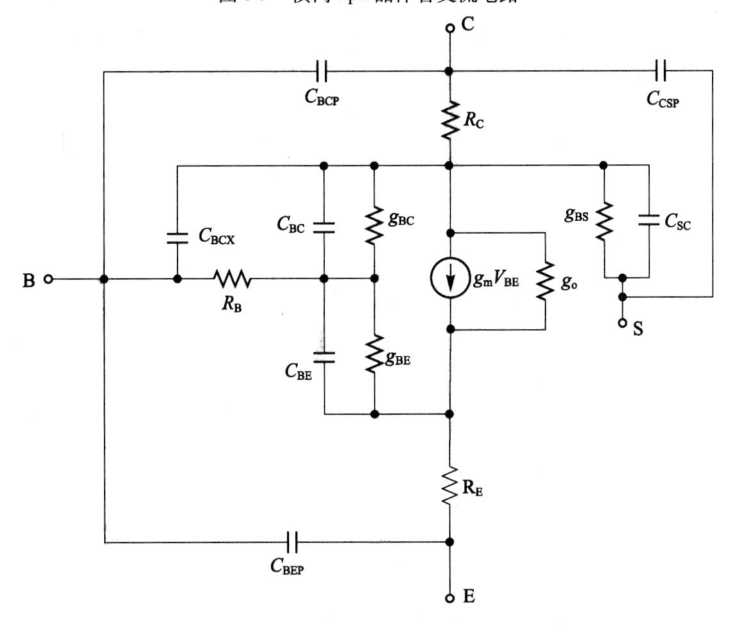

图 6-10　纵向 npn 晶体管交流电路

饱和度随温度变化表达式可表示为

$$I_{SE}(t) = \frac{I_{SE}}{\left(\frac{T}{T_{nom}}\right)^{X_{TB}}} e^{\frac{f_{acln}}{n_E}} \tag{6-47}$$

$$I_{SS}(t) = \frac{I_{SS}}{\left(\frac{T}{T_{nom}}\right)^{X_{TB}}} e^{\frac{f_{acln}}{n_S}} \tag{6-48}$$

式中，X_{TB}为正向β_F和反向β_R的温度系数。f_{acln}的表达式为

$$f_{acln}=\frac{E_g(T_{nom})}{V_T(T_{nom})}-\frac{E_g(T)}{V_T(T)}+X_{TI}\ln\left(\frac{T}{T_{nom}}\right) \tag{6-49}$$

式中，E_g为禁带宽度；X_{TI}为饱和电流的温度指数。

对硅而言

$$E_g(T_{nom})=1.16-7.02e-4\,\frac{T_{nom}^2}{T_{nom}+1108.0} \tag{6-50}$$

$$E_g(T)=1.16-7.02e-4\,\frac{T^2}{T+1108.0} \tag{6-51}$$

结电势φ的温度效应的表达式为

$$\varphi_{JE}(t)=\varphi_E\frac{T}{T_{nom}}-V_T(T)\left[3\ln\left(\frac{T}{T_{nom}}\right)+\frac{E_g(T_{nom})}{V_T(T_{nom})}-\frac{E_g(T)}{V_T(T)}\right] \tag{6-52}$$

$$\varphi_{JC}(t)=\varphi_C\frac{T}{T_{nom}}-V_T(T)\left[3\ln\left(\frac{T}{T_{nom}}\right)+\frac{E_g(T_{nom})}{V_T(T_{nom})}-\frac{E_g(T)}{V_T(T)}\right] \tag{6-53}$$

$$\varphi_{JS}(t)=\varphi_S\frac{T}{T_{nom}}-V_T(T)\left[3\ln\left(\frac{T}{T_{nom}}\right)+\frac{E_g(T_{nom})}{V_T(T_{nom})}-\frac{E_g(T)}{V_T(T)}\right] \tag{6-54}$$

式中，φ_E为基极-发射极内建电势；φ_C为基极-集电极内建电势；φ_S为衬底结内建电势。

零偏压结耗尽区电容$C_J(0)$为

$$C_{JE}(t)=C_{JE}(0)\left[1+m_E\left(4.0e-4\Delta T-\frac{V_{JE}(T)}{\varphi_E}+1\right)\right] \tag{6-55}$$

$$C_{JC}(t)=C_{JC}(0)\left[1+m_C\left(4.0e-4\Delta T-\frac{V_{JC}(T)}{\varphi_C}+1\right)\right] \tag{6-56}$$

$$C_{JS}(t)=C_{JS}(0)\left[1+m_S\left(4.0e-4\Delta T-\frac{V_{JS}(T)}{\varphi_S}+1\right)\right] \tag{6-57}$$

式中，$C_{JE}(0)$为零偏压基极-发射极耗尽层电容；$C_{JC}(0)$为零偏压基极-集电极耗尽层电容；$C_{JS}(0)$为零偏压衬底电容；m_E为基极-发射极结梯度因子；m_C为基极-集电极结梯度因子；m_S为衬底结梯度因子。

寄生电阻，作为温度的函数，与 TLEV 的值无关，寄生电阻表达式确定为

$$R_E(T)=r_E(1+T_{RE1}\Delta T+T_{RE2}\Delta T^2) \tag{6-58}$$

$$R_B(T)=r_B(1+T_{RB1}\Delta T+T_{RB2}\Delta T^2) \tag{6-59}$$

$$R_{BM}(T)=r_{BM}(1+T_{RM1}\Delta T+T_{RM2}\Delta T^2) \tag{6-60}$$

$$R_C(T)=r_C(1+T_{RC1}\Delta T+T_{RC2}\Delta T^2) \tag{6-61}$$

式中，T_{RE1}为电阻R_E的一阶温度系数；T_{RE2}为电阻R_E的二阶温度系数；T_{RB1}为电阻R_B的一阶温度系数；T_{RB2}为电阻R_B的二阶温度系数；T_{RM1}为电阻R_M的一阶温度系数；T_{RM2}为电阻R_M的二阶温度系数；T_{RC1}为电阻R_C的一阶温度系数；T_{RC2}为电阻R_C的二阶温度系数。

双极型晶体管的模型参数如附录 B 所示。

6.4 MOS 场效应晶体管 SPICE 模型

6.4.1 小信号模型

MOS 场效应晶体管的交流小信号分析以其直流工作点为基础，在工作的附近采用线性化方法得出模型。MOS 场效应晶体管小信号模型是一个有助于简化计算的线性模型，它仅在大信号电压和电流完全可以用直线表示时有效，模型中参数是由直流工作点的电流、电压确定，它反映的是 MOS 场效应晶体管对一定频率信号的响应，其小信号模型如图 6-11 所示。

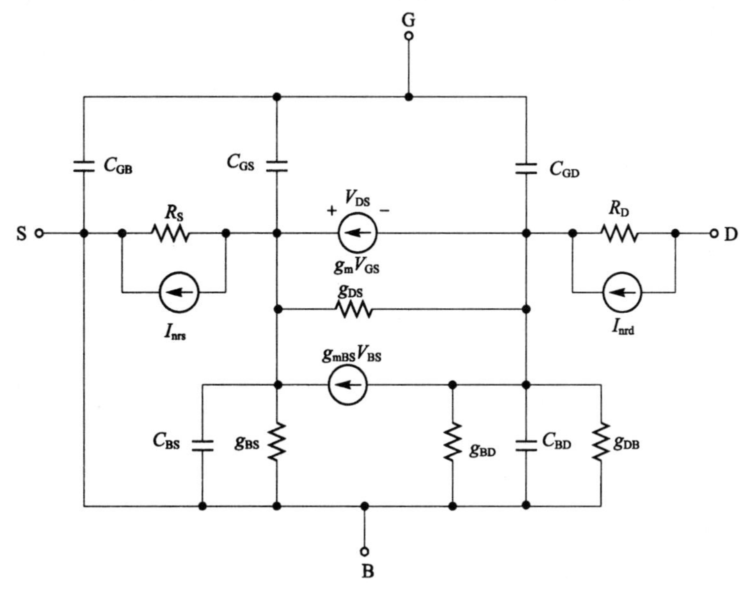

图 6-11 MOS 场效应晶体管的小信号模型

为表示小信号下 MOS 场效应晶体管的栅极电压 V_{GS} 对漏极电流 I_{DS} 的控制能力，定义参数跨导，其表达式为

$$g_m = \frac{\partial I_{DS}}{\partial V_{GS}} \tag{6-62}$$

根据式(6-62)，以 n 沟道 MOS 场效应晶体管为例，分别计算 MOS 场效应晶体管在饱和区、线性区和亚阈值区跨导 g_m 的大小。

(1)饱和区

$$g_m = \frac{\partial I_{DS}}{\partial V_{GS}} = \mu_n C_{OX}\frac{W}{L}(V_{GS} - V_T)(1 + \lambda V_{DS}) \tag{6-63}$$

式中，λ 为沟道长度调制系数。

(2)线性区，通常为了方便计算，忽略沟道长度调制效应，有

$$g_m = \frac{\partial I_{DS}}{\partial V_{GS}} = \mu_n C_{OX}\frac{W}{L}V_{DS} \tag{6-64}$$

(3)亚阈值区,亚阈值电流为

$$I_{DS}=I_{D0}\frac{W}{L}\exp\left(\frac{V_{GS}-V_T}{\eta k_0 T}q\right)\left[1-\exp\left(\frac{-V_{DS}q}{k_0 T}\right)\right] \tag{6-65}$$

则

$$g_m=\frac{\partial I_{DS}}{\partial V_{GS}}=I_{D0}\frac{W}{L}\exp\left(\frac{V_{GS}-V_T}{\eta k_0 T}q\right)\left[1-\exp\left(\frac{-V_{DS}q}{k_0 T}\right)\right]\frac{q}{\eta k_0 T}=I_{DS}\frac{q}{\eta k_0 T} \tag{6-66}$$

式中,η 为静电反馈系数。

6.4.2 噪声模型

MOS 场效应晶体管一般通过栅源电压控制沟道电流的大小,由于导电沟道材料是电阻性的,所以热噪声和闪烁噪声是 MOS 场效应晶体管的主要噪声。在漏极和源极电阻热噪声是由带有噪声的 MOS 场效应晶体管小信号模型两个电流源 I_{nrd} 和 I_{nrs} 引起的。这些电流源的表达式为

$$I_{nrs}=\left(\frac{4k_0 T}{R_S}\right)^{1/2} \tag{6-67}$$

$$I_{nrd}=\left(\frac{4k_0 T}{R_D}\right)^{1/2} \tag{6-68}$$

沟道热噪声和闪烁噪声是由电流源 I_{nd} 模拟的,其表示式为

$$I_{nd}^2=(I_{nd1})^2+(I_{nd2})^2 \tag{6-69}$$

沟道热噪声是 MOS 场效应晶体管的主要噪声源,是在沟道中产生的,对于工作在饱和区的长沟道 MOS 场效应晶体管的沟道噪声可以表示为

$$I_{nd1}=\left(\frac{8k_0 T g_m}{3}\right)^{1/2} \tag{6-70}$$

除了热噪声之外,表层硅衬底对载流子的捕获和释放过程还产生闪烁噪声,其表达式为

$$I_{nd2}=\left(\frac{K_f g_m^2}{C_{OX} W L f^{A_f}}\right)^{1/2} \tag{6-71}$$

式中,K_f为闪烁噪声系数;L、W 分别为 MOS 场效应晶体管的长度和宽度;A_f为闪烁噪声指数。

6.4.3 瞬态模型

6.4.3.1 MOS 场效应晶体管的二极管电流方程

MOS 场效应晶体管的瞬态分析的等效电路如图 6-12 所示。MOS 场效应晶体管总的直流电流是二极管的电流和电导电流之和。漏源 pn 结中的电流可用二极管的公式表示为

$$I_{BS}=\begin{cases}I_S\left(e^{V_{BS}q/(nk_0T)}-1\right) & V_{BS}>0\\ \dfrac{I_S q}{k_0 T}V_{BS} & V_{BS}\leqslant 0\end{cases} \tag{6-72}$$

$$I_{BD}=\begin{cases}I_S\left(e^{V_{BD}q/(nk_0T)}-1\right) & V_{BD}>0\\ \dfrac{I_S q}{k_0 T}V_{BD} & V_{BD}\leqslant 0\end{cases} \tag{6-73}$$

式中，I_S为衬底结饱和电流。

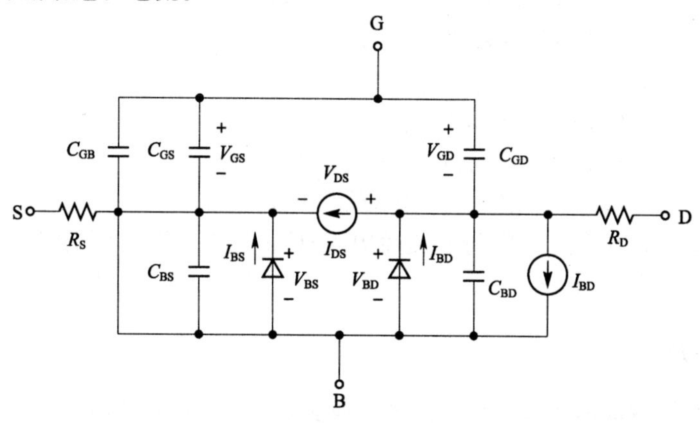

图 6-12 MOS 管瞬态分析等效电路

6.4.3.2 MOS 场效应晶体管的二极管电容方程

在许多电路设计中，MOS 场效应晶体管器件是在交流信号下工作的，需要考虑电容效应。图 6-12 中 MOS 场效应晶体管的二极管电容是扩散电容和耗尽电容之和。源极二极管电容表达式为

$$C_{BS}=\begin{cases}\tau_D\dfrac{\partial I_{BS}}{\partial V_{BS}}+C_{j0}\left(1-\dfrac{V_{BS}}{\varphi_B}\right)^{-m_j}+C_{jsw0}\left(1-\dfrac{V_{BS}}{\varphi_B}\right)^{-m_{jsw}} & V_{BS}<0\\ \tau_D\dfrac{\partial I_{BS}}{\partial V_{BS}}+C_{j0}\left(1+m_j\dfrac{V_{BS}}{\varphi_B}\right)+C_{jsw0}\left(1+m_{jsw}\dfrac{V_{BS}}{\varphi_B}\right) & V_{BS}>0\end{cases} \tag{6-74}$$

漏极二极管电容表达式为

$$C_{BD}=\begin{cases}\tau_D\dfrac{\partial I_{BD}}{\partial V_{BD}}+C_{j0}\left(1-\dfrac{V_{BD}}{\varphi_B}\right)^{-m_j}+C_{jsw0}\left(1-\dfrac{V_{BD}}{\varphi_B}\right)^{-m_{jsw}} & V_{BD}<0\\ \tau_D\dfrac{\partial I_{BD}}{\partial V_{BD}}+C_{j0}\left(1+m_j\dfrac{V_{BD}}{\varphi_B}\right)+C_{jsw0}\left(1+m_{jsw}\dfrac{V_{BD}}{\varphi_B}\right) & V_{BD}>0\end{cases} \tag{6-75}$$

式中，m_j为衬底结梯度因子；m_{jsw}为衬底结侧壁梯度因子；C_{j0}为衬底结底面单位面积零偏压电容；C_{jsw0}为单位面积零偏压衬底结侧壁电容；φ_B为衬底结电势。

6.4.3.3 栅极电容分析

MOS 场效应晶体管的模型栅极电容是终端电压的非线性函数，采用 MOS 场效应晶体管所有级别的分段线性模型。栅极电容模型的选择已扩展到允许不同的电容模型和直流模型组合。栅-源覆盖电容 C_{GS}、栅-漏覆盖电容 C_{GD}、栅-衬底覆盖电容 C_{GB}往往决定了 MOS 管的交流特性。在不同工作区域内的栅极覆盖电容的表达式为

(1)截止区

$$C_{GB}=C_{OX}(W_{eff})(L_{eff})+C_{GBO}(L_{eff}) \tag{6-76}$$

$$C_{GS}\approx C_{OX}(L_D)(W_{eff}) \tag{6-77}$$

$$C_{GD}\approx C_{OX}(L_D)(W_{eff}) \tag{6-78}$$

(2)饱和区

$$C_{GB}=C_{OX}(W_{eff})(L_{eff})+C_{GBO}(L_{eff}) \tag{6-79}$$

$$C_{GS}=C_{GSO}(W_{eff})+0.67C_{OX}(W_{eff})(L_{eff}) \tag{6-80}$$

$$C_{GD}\approx C_{GDO}(W_{eff}) \tag{6-81}$$

(3)线性区

$$C_{GB}=C_{GBO}(L_{eff}) \tag{6-82}$$

$$C_{GS}=C_{GSO}(W_{eff})+0.5C_{OX}(W_{eff})(L_{eff}) \tag{6-83}$$

$$C_{GD}=C_{GDO}(W_{eff})+0.5C_{OX}(W_{eff})(L_{eff}) \tag{6-84}$$

式中,C_{GBO}为单位沟道长度栅-衬底覆盖电容;C_{GSO}为单位沟道长度栅-源覆盖电容;C_{GDO}为单位沟道长度栅-漏覆盖电容。

6.4.4 温度效应

交流时,MOS 场效应晶体管模型受温度效应影响,如电路 6-13 所示,许多参数都与温度相关,其中结饱和电流随温度变化可表示为

$$I_S(T)=I_S(T_{nom})e^{f/n} \tag{6-85}$$

式中,f的表达式为

$$f=\frac{E_g(T_{nom})}{V_T(T_{nom})}-\frac{E_g(T)}{V_T(T)}+X_{TI}\ln\left(\frac{T}{T_{nom}}\right) \tag{6-86}$$

式中,X_{TI}为结电流温度指数。

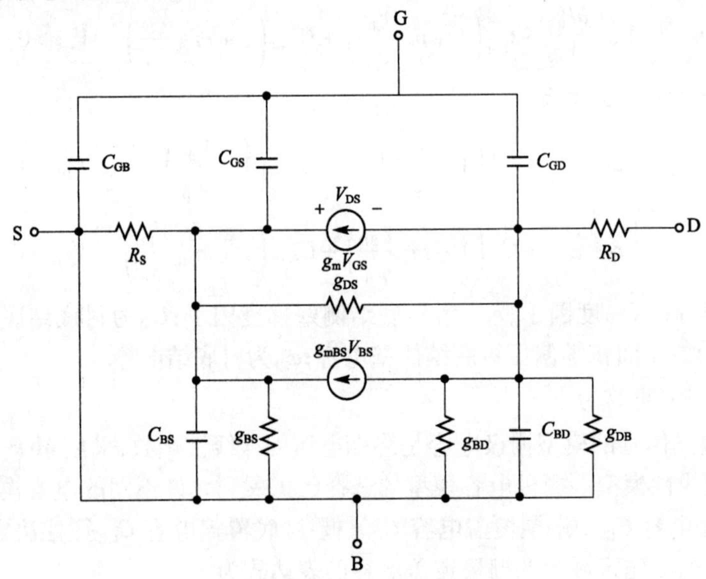

图 6-13 MOS 场效应晶体管交流模型

能隙的温度补偿表达式为

$$E_g(T_{nom})=1.16-7.02e-4\frac{T_{nom}^2}{T_{nom}+1108.0} \tag{6-87}$$

$$E_g(T)=1.16-7.02e-4\frac{T^2}{T+1108.0} \tag{6-88}$$

结耗尽区电容 $C_J(T)$ 温度表达式为

$$C_J(T)=C_J(T_{nom})\left[1+m_j\left(400u\Delta T-\frac{\varphi_B(T)-\varphi_B(T_{nom})}{\varphi_B(T_{nom})}+1\right)\right] \tag{6-89}$$

结电势 φ_B 的温度效应可表示为

$$\varphi_B(T)=\varphi_B(T_{nom})\left(\frac{T}{T_{nom}}\right)-V_T(T)\left[3\ln\left(\frac{T}{T_{nom}}\right)+\frac{E_g(T_{nom})}{V_T(T_{nom})}-\frac{E_g(T)}{V_T(T)}\right] \tag{6-90}$$

表面电势 φ_F 的温度方程为

$$\varphi_F(T)=\varphi_F(T_{nom})\left(\frac{T}{T_{nom}}\right)-V_T(T)\left[3\ln\left(\frac{T}{T_{nom}}\right)+\frac{E_g(T_{nom})}{V_T(T_{nom})}-\frac{E_g(T)}{V_T(T)}\right] \tag{6-91}$$

阈值电压临界温度方程的表达式为

$$V_{T0}(T)=V_{bi}(T)+\gamma\left[\varphi_F(T)\right]^{1/2} \tag{6-92}$$

其中,V_{bi} 的表达式为

$$V_{bi}(T)=V_{bi}(T_{nom})+\frac{\varphi_F(T)-\varphi_F(T_{nom})}{2}+\frac{E_g(T_{nom})-E_g(T)}{2} \tag{6-93}$$

式中,γ 为体效应系数。

6.4.5 二阶及高阶效应模型

本小节主要讨论 MOS 场效应晶体管的二阶效应和高阶效应。在亚微米(沟道长度在 1~0.5μm之间)、深亚微米工艺下,MOS 场效应晶体管的沟道长度很短,沟道内电场强度很大,短沟使得 MOS 场效应晶体管性能变差。下面讨论几种主要的短沟和窄沟效应的影响。

6.4.5.1 沟道长度与宽度对阀值电压的影响

有效的阈值 V_T 电压受设备的大小和终端电压的影响,其表达式为

$$V_T=V_{bi}-\frac{8.14}{C_{OX}L^3}V_{DS}+\gamma f_b\left(2\varphi_F-V_{BS}+V_{DS}\right)^{1/2}+f_n\left(2\varphi_F-V_{BS}+V_{DS}\right) \tag{6-94}$$

式中,$V_{bi}=V_{T0}-\gamma\sqrt{2\varphi_F}$。

饱和电压 V_{DS} 的表达式为

$$V_{DS}=V_{DS(sat)}+V_C-\left(V_{DS(sat)}^2+V_C^2\right)^{1/2} \tag{6-95}$$

式中,$V_{DS(sat)}$、V_C 的表达式为

$$V_{DS(sat)}=\frac{V_{GS}-V_T}{1+f_b} \tag{6-96}$$

$$V_C=\frac{V_{max}L}{\mu_S} \tag{6-97}$$

式中,μ_S 为表面迁移率;V_{max} 为载流子最大偏移速度。

该模型确定的沟道长度变化 ΔL 取决于模型参数 V_{max} 的值。

当 $V_{max}=0$ 时,有

$$\Delta L=X_d\left[k\left(V_{DS}-V_{DS(sat)}\right)\right]^{1/2} \tag{6-98}$$

当 $V_{max}>0$ 时,有

$$\Delta L=-\frac{E_pX_d^2}{2}+\left[\left(\frac{E_pX_d^2}{2}\right)+kX_d^2\left(V_{DS}-V_{DS(sat)}\right)\right] \tag{6-99}$$

式中，$X_d = \sqrt{2\varepsilon_{rs}/(qN_B)}$，$\varepsilon_{rs}$为硅的相对介电常数；$k$ 为饱和电场系数；E_p是在夹点的横向电场，它的值近似为

$$E_p = \frac{V_C(V_C + V_{DS(sat)})}{LV_{DS(sat)}} \tag{6-100}$$

6.4.5.2 迁移率

在讨论运动速率极限时，仅考虑了由 V_{DS}所引起的沿沟道水平的电场强度，然而，栅极电压同样对载流子的运动速率产生很大影响。随着垂直电场强度 E_X的上升，沟道内的载流子将更接近 $Si\text{-}SiO_2$界面，使载流子在表面区域内的散射增强，导致迁移率下降。表面迁移率μ_s的表达式为

$$\mu_s = \frac{\mu_0}{1 + \theta(V_{GS} - V_T)} \tag{6-101}$$

式中，θ 为迁移率调制系数，随着栅氧化层厚度 t_{ox}的降低而增加。

除了降低 MOSEFT 的电流和跨导外，迁移率退化也使得晶体管在饱和区 I/V 特性偏离简单的平方律特性，其漏电流不仅有偶次谐波，也存在奇次谐波。实际上，I_{DS}可表示为

在截止区 $V_{GS} \leqslant V_T$时，有

$$I_{DS} = 0 \tag{6-102}$$

在饱和区 $V_{GS} > V_T$时，有

$$I_{DS} = \beta\left(V_{GS} - V_T - \frac{1 + f_b}{2}V_{DE}\right)V_{DE} \tag{6-103}$$

式中，β、V_{DE}、f_b的表达式分别为

$$\beta = K_P\frac{W}{L} = u_{eff}C_{OX}\frac{W}{L} \tag{6-104}$$

$$V_{DE} = \min(V_{DS}, V_{max}) \tag{6-105}$$

$$f_b = f_n + \frac{\gamma f_s}{4(2\varphi_F - V_{BS} + V_{DS})^{1/2}} \tag{6-106}$$

上述中，V_{max}表示载流子最大漂移速度；γ 为体效应系数。

由宽度带来影响的参数 f_n的表达式为

$$f_n = \frac{1}{4}\frac{\delta}{W}\frac{2\pi\varepsilon_{rs}}{C_{OX}} \tag{6-107}$$

式中，δ 为窄沟道效应指数；ε_{rs}为半导体的相对介电常数。

短沟道效应的表达式为

$$f_s = 1 - \frac{X_j}{L}\left\{\frac{L_D + W_S}{X_j}\left[1 - \left(\frac{W_D}{X_j + W_D}\right)^2\right]^{1/2} - \frac{L_D}{X_j}\right\} \tag{6-108}$$

随着 V_{DS}的增加，漏区和耗尽层宽度将增大，这时漏区和源区的耗尽层宽度 W_D和 W_S分别为

$$W_D = X_d(2\varphi_F - V_{BS} + V_{DS})^{1/2} \tag{6-109}$$

$$W_S = X_d(2\varphi_F - V_{BS})^{1/2} \tag{6-110}$$

6.4.5.3 亚阈值电流

在前面 MOS 场效应晶体管的工作模型中，认为栅源电压 $V_{GS} < V_T$时，导电沟道没有形

成。实际上，在亚阈值区，$V_{GS} \approx V_T$时，一个"弱"反型层已经存在，并有一些源漏电流，甚至当栅源电压 $V_{GS} < V_T$，I_{DS}也并不会随之下降至零，而是呈指数下降。

由于势垒的作用，当栅极电压低于阈值电压 V_T大约为0.2V时，这一效应可表示为

$$I_{DS} \approx I_{D0}\frac{W}{L}\exp\left(\frac{V_{GS}-V_T}{\eta k_0 T}q\right)\left(1-\exp\frac{-V_{DS}q}{k_0 T}\right) \tag{6-111}$$

式中，I_{D0}为一个与工艺有关的系数；η 为亚阈值斜率因子，通常满足 $1<\eta<3$。

当MOS管进入阈值区域时，V_{GS}满足

$$V_{GS} < V_T + \eta\frac{k_0 T}{q} \tag{6-112}$$

在采用SPICE对电路进行模拟时，MOS器件的模型有很多不同级别。SPICE Level1模型是一阶模型，适用于长沟道MOS晶体管。随着沟道尺寸的减小，为了能够较准确地描述二阶效应带来的影响，SPICE Level 2、3(MOS 2、3)模型相继推出，其中Level 2模型是较为详细的二维解析模型，MOS3模型是一个半经验模型。MOS场效应晶体管器件SPICE Level 1、2、3的模型参数如附录C所示。

6.5 无源器件SPICE模型

6.5.1 电阻

在集成电路中，除了以pn结作为电阻外，还有多种以标准晶体管工艺兼容方式制作的集成电阻。常用的有扩散电阻(包括基区扩散电阻和发射区扩散电阻)、夹层沟道电阻、外延层电阻等。

在模型中指定电阻的宽度和长度，则电阻表达式为

$$R_{eff} = \frac{RW}{mL} \tag{6-113}$$

式中，m 为梯度因子。

在该模型的声明中如果指定一个可选的电容从节点到一个半导体端点或接地节点，电阻被指定为类似基本传输线的线模型，由长和宽来描述。有效的长度和宽度的计算表达式为

$$W_{eff} = W - 2D_W \tag{6-114}$$

$$L_{eff} = L - 2D_{LR} \tag{6-115}$$

式中，L 为电阻默认长度，W 为电阻默认宽度，D_W为绘制的宽度和实际宽度之差，D_{LR}绘制的长度和实际长度之差。则导线的电阻为

$$R_{eff} = \frac{L_{eff}R_{SH}W}{mLW_{eff}} \tag{6-116}$$

式中，R_{SH}为片电阻阻值。

在电阻模型中为了消除电阻噪声的影响，引入参数 N_F，电阻的热噪声的表达式为

$$I_{nr} = \left(N_F\frac{4k_0 T}{R}\right)^{1/2} \tag{6-117}$$

式中，N_F为噪声系数。

电阻的温度方程为

$$R(T)=R(1.0+T_{C1}\Delta T+T_{C2}\Delta T^2) \tag{6-118}$$

式中，$\Delta T=T-T_{nom}$；T_{C1}为电阻的一阶温度系数，T_{C2}为电阻的二阶温度系数。

电阻的模型参数如表6-2所示。

电阻的模型参数 表6-2

参数名	SPICE 关键字	意 义	隐含值	单位
m	M	梯度因子	–	–
D_{LR}	DLR	绘制的长度和实际长度之差	0	m
D_W	DW	绘制的宽度和实际宽度之差	0	m
N_F	NF	噪声系数	–	–
T_{C1}	TC1	电阻的一阶温度系数	0	1/℃
T_{C2}	TC2	电阻的二阶温度系数	0	1/℃^{2}
R_{SH}	RSH	片电阻	0	Ω

6.5.2 电容

集成电路的电容器主要有pn结电容和MOS结构电容。pn结电容是利用npn晶体管中的两个pn结和用做隔离的pn结空间电荷层所构成的电容。将这些pn结作为电容器用时，必须使pn结反偏，结电容又是反偏压的非线性函数。典型的MOS结构电容以重掺杂的硅半导体作为平板电容的下极板，金属膜作为上极板。MOS结构电容的漏电流小，质量较高。其电容量由下式表示

$$C=\frac{\varepsilon_{rs}\varepsilon_0 A_S}{d} \tag{6-119}$$

式中，ε_{rs}为半导体的相对介电常数；ε_0为真空介电常数；A_S为电容器面积；d为SiO_2厚度。

如果电容C给出，则

$$C_{APeff}=C_{AP}MW/L \tag{6-120}$$

式中，C_{AP}为默认电容。

若电容C没有给出，用有效宽度和长度的计算。有效宽度和长度的计算公式如下

$$W_{eff}=W-2D_{EL} \tag{6-121}$$

$$L_{eff}=L-2D_{EL} \tag{6-122}$$

式中，D_{EL}为绘制宽长比与实际宽长比之差。

电容表达式

$$C_{APeff}=M[L_{eff}W_{eff}C_{OX}+2(L_{eff}+W_{eff})C_{APSW}]W/L \tag{6-123}$$

式中，C_{OX}为底壁电容；C_{APSW}为侧壁边缘电容。

电容温度效应的表达式为

$$C(T)=C(1.0+T_{C1}\Delta T+T_{C2}\Delta T^2) \tag{6-124}$$

式中，$\Delta T=T-T_{nom}$；T_{C1}为电阻的一阶温度系数；T_{C2}为电阻的二阶温度系数。

电容的模型参数如表6-3所示。

电容的模型参数 表6-3

参数名	SPICE 关键字	含　　义	隐含值	单位
C_{AP}	CAP	默认的电容	0	F
C_{APSW}	CAPSW	侧壁边缘电容	0	F/m
D_{EL}	DEL	绘制宽长比与实际宽长比之差	0	m
C_{OX}	COX	底壁电容	0	F/m^2

6.5.3 电感

有效电感温度效应的表达式为

$$L(T)=L(1.0+T_{C1}\Delta T+T_{C2}\Delta T^2) \tag{6-125}$$

式中，$\Delta T=T-T_{nom}$；T 为元件的温度；T_{nom}为额定温度。

一个单独的耦合元件是由两个耦合电感创建。两个耦合电感之间的指定互感系数 K，由方程定义

$$K=\frac{M}{(L_1L_2)^{1/2}} \tag{6-126}$$

式中，L_1，L_2为两个耦合电感的电感；M 为电感之间的互感。

习　　题

1. 已知一个增强型 n 沟道器件，$V_T=0.7V$，当 $V_{GS}=5V$ 时管子工作在饱和区，$I_{DS}=500\mu A$，假设沟道调制效应参数为0，试绘出 $V_{GS}=1$、2、3、4 和5V 时器件的输出特性。

2. 已知一个 n 沟道管，沟道长度为 1μm，宽为 5μm，设 $V_D=2V$，$V_G=2V$，$V_S=2V$ 和 $V_B=2V$。用表6-4 中的参数计算 C_{GB}、C_{GS}和 C_{GD}。

表6-4

参　数	n　沟　道	单　　位
V_t	0.7	V
K_P	110	μA/V^2
λ	0.04	V^{-1}

3. 已知一个 n 沟道场效应晶体管，各电极电压为：漏极 4V，源极 2V，体 0V，设模型参数由表6-4 提供且 W/L 为 10μm/1μm，试求完整的小信号模型。

4. 考虑图6-14 中的电路。(a)写出描述此电路的 SPICE 网表；(b)假设 M_2的 W/L 为 2μm/1μm，且 M_3和 M_2的比匹配为 1:2，重复步骤(a)。

5. 用 SPICE 对图6-14 所示电路进行下列分析：(a)绘出 V_{OUT}相对于 V_{IN}的变化，参数如图标注。(b)分别以 +10% 的变化改变 K_P和 V_T，重复步骤(a)进行四次仿真。

6. 在图6-14 中，当 I_1 取值为 10μA、20μA、30μA、40μA、50μA、60μA 和 70μA 时，用 SPICE 画出 I_2作为 V_2的函数曲线，V_2的最大值是 5V。用模型参数 $V_T=0.7V$、$K_P=110\mu A/V^2$ 和 $\lambda=0.01V^{-1}$。用 $\lambda=0.04V^{-1}$重算。

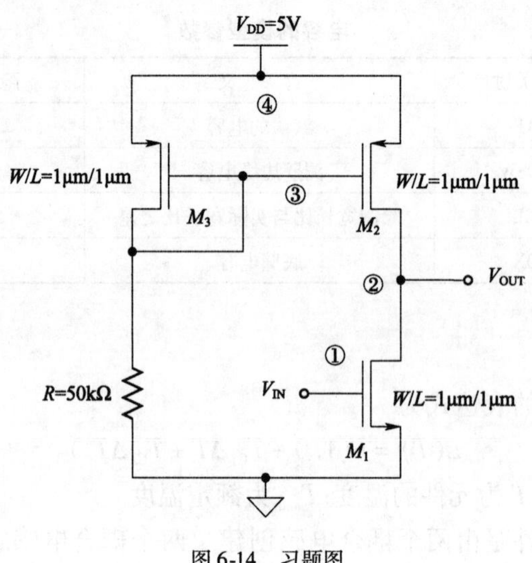

图 6-14 习题图

参考文献

[1] StevenMS, CharlesH. SPICE 电路分析[M]. 苏蕾,译. 北京:科学出版社,2007.

[2] 叶以正,来逢昌. 集成电路设计[M]. 北京:清华大学出版社,2011.

[3] 赵雅兴. PSpice 与电子器件模型[M]. 北京:北京邮电大学出版社,2004.

[4] 刘名章. Pspice 电路设计与分析[M]. 北京:国防工业出版社,2010.

[5] Ulrich T, Christoph S. 电子电路设计原理与应用[M]. 2 版. 张林,译. 北京:电子工业出版社,2013.

[6] Christophe Basso. 实用电子与电气基础 · 开关电源仿真与设计-基于 SPICE[M]. 2 版. 吕章德,译. 北京:电子工业出版社,2015.

[7] Steven Sandler, Charles Hymowitz . SPICE Circuit Handbook[M]. Mcgraw-Hill, 2006.

[8] Muhammad H R. 电力电子学的 SPICE 仿真[M]. 毛鹏,译. 北京:机械工业出版社,2016.

[9] 雷绍充,邵志标,梁峰. 超大规模集成电路测试[M]. 北京:电子工业出版社,2008.

[10] 杨之谦,申明. 超大规模集成电路设计方法学导论[M]. 2 版. 北京:清华大学出版社,1999.

第 2 篇　半导体制造工艺

第 7 章　半导体工艺技术
第 8 章　半导体工艺仿真
第 9 章　薄膜制备技术

第7章 半导体工艺技术

自1948年晶体管发明以来，半导体工艺经历了晶体管、集成电路、大规模集成电路时代，而今正逐步跨入超大规模集成电路时代。1954年发明扩散技术后，使半导体器件的性能和生产方式进入了一个崭新的阶段。以硅的热氧化为基础的平面技术的出现，加上外延生长晶体技术的发明，使硅晶体管在频率、功率、饱和压降和表面噪声性能及稳定性和可靠性方面均得到提高，平面工艺地位显著突出。平面技术不仅促进双极型集成电路的出现和快速发展，也为MOS场效应晶体管及集成电路的相继诞生准备了必要条件。新型器件的发展，促进各种工艺不断完善发展，使电子设备的体积大幅度缩小、重量大幅度减轻，而且性能及可靠性方面也达到新的高度。

目前，半导体产业已逐渐演变为以设计，制造和封装三个相对独立的行业。如图7-1所示，广义上讲可把半导体制造(工艺)流程归纳为以拉、切和磨为主体的衬底制备技术；以光刻、制版为主体的图形加工技术；以热扩散、离子注入等为主体的掺杂技术；以外延、氧化、蒸发为主体的薄膜制备技术以及后续的工艺集成与封装测试技术等几方面的内容。

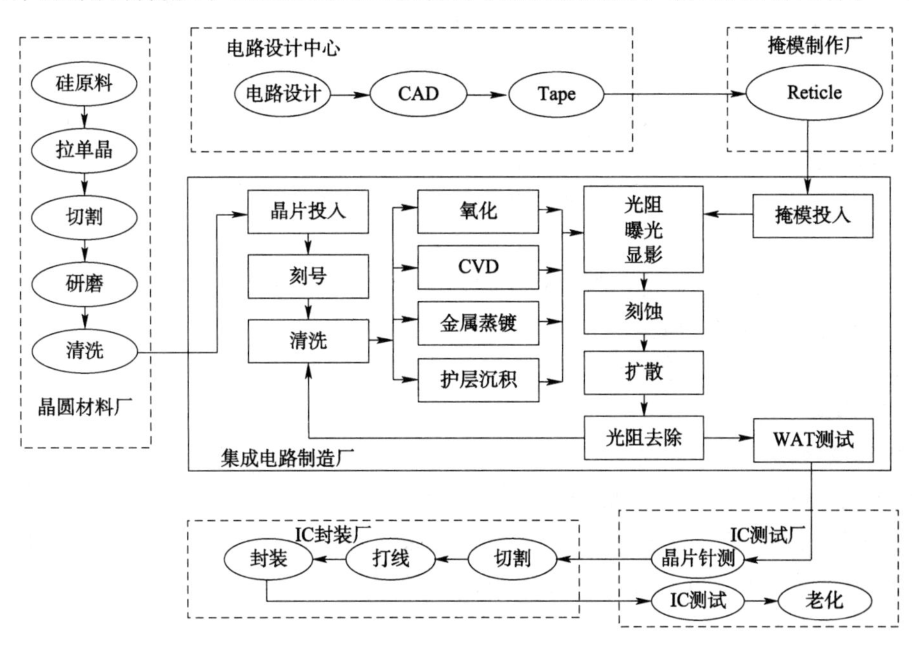

图7-1 半导体制造工艺流程

狭义上讲，半导体工艺是指在半导体硅片上制造出集成电路或分立器件的芯片结构，需要20~30个的工艺步骤的工作、方法和技术即为芯片的制造工艺。不同的电路芯片其制造工艺亦不同，且结构复杂的超大规模集成电路芯片制备工艺相当的繁杂。不同产品芯片的工艺步骤,可分解为多个基本相同的单元,就是单项工艺,不同产品的制备就是将单项工艺按需要排列组合来实现,排列顺序称为该产品的工艺流程。

7.1 衬底清洗

随着半导体工艺集成度不断提高、器件尺寸不断减小,衬底表面的洁净度对集成电路的质量和成品率至关重要,对清洗的要求就更加严格。沾污源分为颗粒型和薄膜型。颗粒型主要包括硅晶尘埃、石英尘埃、灰尘,从净化间外带来的颗粒,工艺设备,净化服中的纤维丝,及硅片表面掉下来的胶块,去离子水中的细菌等。随特征尺寸的缩小,颗粒的大小会使缺陷上升,从而影响电路的成品率。薄膜型是硅片表面的另一种沾污源,主要有油膜、药液残留、显影液和金属膜等,有时膜可能会变成颗粒。

硅片清洗是半导体器件制造中最重要、最频繁的步骤,直接影响到器件的成品率、性能和可靠性,国内外对清洗工艺的研究一直在不断地深入。现在人们已研制出了很多种可用于硅片清洗的工艺方法和技术,主要清洗的种类及其机理如下。

7.1.1 湿法化学清洗

湿法清洗一直是晶片清洗技术的主流。主要利用溶剂、各种酸碱、表面活性剂和水,通过腐蚀、溶解、化学反应转入溶液和冷热冲洗等方法去除晶片表面的沾污物,每次使用化学试剂后,都应用纯水清洗,以去除化学试剂的残留物。

(1)擦洗法

当硅片表面沾污有微粒或有机残渣时常用擦片的方法清洗。该方法被认为是去除化学机械抛光液残余物的最有效的方法之一,在日本、韩国被普遍使用,在欧洲和美国也获得广泛的应用。擦洗法一般可分为手工擦洗和擦片机擦洗两种方法。

(2)溶液浸泡法

溶液浸泡法就是通过将要清除的硅片放入溶液中浸泡来达到清除表面污染目的的一种方法,它是湿法化学清洗中最简单也是最常用的一种方法。它主要是通过溶液与硅片表面的污染杂质在浸泡过程中发生化学反应及溶解作用来达到清除硅片表面污染杂质的目的。

(3)超声波清洗法

超声波清洗是半导体工业中广泛应用的一种清洗方法。该方法具有清洗效果好、操作简单,对于复杂的器件和容器也能清除的优点,但也具有噪音较大、换能器易坏的缺点。超声波清洗主要用于除去粒径大的颗粒,随着粒子尺寸的减小,清洗效果下降,为增加超声波清洗效果,有时需要在清洗液中加入表面活性剂。同时,由于超声能的作用,会对片子造成损伤。

(4)兆声波清洗法

兆声波清洗是湿法化学清洗应用最广泛的措施,不仅保存了超声波清洗的优点,而且克服了它的不足。兆声波清洗的机理是由高能(0.8~1.0MHz)频振效应并结合化学清洗剂的化学反应,以高速的流体波连续冲击晶体片的表面,使硅片表面的附着的污染物和微粒子被强制去除。兆声波清洗频率高,不同于产生驻波的超声波清洗,不会损伤硅片。

(5)旋转喷淋法

旋转喷淋法是指利用机械方法将硅片以较高的速度旋转起来,在旋转过程中通过不断向硅片表面喷液体(高纯去离子水或其他清洗液)而达到清洗硅片目的的一种方法。该方法利用所喷液体的溶解(或化学反应)作用来溶解硅片表面的沾污,同时利用高速旋转的离心作用,使溶有杂质的液体及时脱离硅片表面,这样硅片表面的液体总保持非常高的纯度。

(6)激光清洗法

激光清洗法是利用激光把表面沾污物浮起,然后利用流动的惰性气体将杂质带走。该方法可使表面微缺陷小于1 Å,能够去除0.09~80μm的颗粒以及CMP抛光液残余物、光刻残余物、有害化学物和金属离子。同时,可以不消耗水和化学试剂,不受亲水性限制,也不会产生有害的废料。

7.1.2 干法清洗

所谓干法清洗是相对湿法化学清洗而言,一般指不采用溶液的清洗技术,根据是否彻底采用溶液工艺,可分为全干法清洗和半干法清洗。目前,常采用的全干法清洗技术为等离子体清洗技术,半干法清洗为汽相清洗技术。

(1)等离子体清洗

等离子清洗在半导体工艺中比较成熟的应用便是等离子去胶(干法去胶)。所谓等离子体去胶是指在低压系统中,利用射频电源产生的高压交变电场将氧气震荡成具有高反应活性或高能量的离子,可以迅速地使光刻胶氧化形成挥发性物质,然后由工作气体流及真空泵将其清除出去,这样把硅片上的光刻胶去除掉。该方法具有工艺简单、操作方便的优点,并且没有废料处理和环境污染问题,但不能去除炭和其他非挥发性金属或金属氧化物。

(2)汽相清洗

汽相清洗是指利用液体工艺中对应物质的汽相等效物(如去氧化物的HF)与硅衬底的沾污物质相互作用而去除杂质的目的的一种清洗方法。

HF汽相干洗技术成功地用于去除氧化膜、氯化膜和金属化后腐蚀残余,并可减少清洗后自然生长的氧化膜量。

7.1.3 束流清洗

束流清洗技术是指利用含有较高能量的成束流状的物质流(能量流)与硅片表面的沾污杂质相互作用,达到清除衬底表面杂质的一种清洗技术。常用的束流清洗技术有微集射束流技术、激光束技术和冷凝喷雾技术等。其工作原理是利用束流所具有的冲击力作用到沾污杂质上,克服沾污物质与衬底之间的范德瓦尔斯附着力。

7.2 氧化技术

二氧化硅(SiO_2)在半导体器件及其制造中起着十分重要的作用,不仅可作为杂质选择扩散的掩蔽层,而且可以作为器件表面的保护层和钝化层。二氧化硅薄膜和光刻技术相结合,促使半导体器件的制造技术和性能发生质的飞跃。随着科学技术的发展,二氧化硅的应用日益广泛,目前二氧化硅膜的制备已成为半导体工艺流程中的一个重要环节。

下面在介绍二氧化硅膜结构、性能及其制备的基础上,将着重分析热氧化中影响氧化层厚度的因素和氧化过程产生的氧化层缺陷和预防措施。

7.2.1 二氧化硅薄膜结构性能

硅的表面总是覆盖一层二氧化硅薄膜,即使是刚解理的硅,在空气中一旦暴露,就会生长出几个原子层的氧化膜,厚度为15~20 Å,然后逐渐增长至40 Å停止,具有良好的化学稳定性和电绝缘性。二氧化硅薄膜具有与硅良好的亲和性、稳定的物理化学性质、良好的可加工性,以及对掺杂杂质的掩蔽能力,在集成电路工艺中占重要的地位。

7.2.1.1 二氧化硅的基本结构

二氧化硅是自然界中广泛存在的一种物质。按结构特点可分为结晶形和非结晶形(无定形)两种。方石英、磷石英、水晶等都属于结晶形的 SiO_2。在硅器件和集成电路生产中经常采用热氧化方法制备的 SiO_2,是无定形的,它是一种透明的玻璃体。

无论是结晶形还是无定形的 SiO_2,都是由Si-O四面体组成的,其基本结构如图7-2a)所示。四面体的中心是硅原子,四个顶角上是氧原子,顶角上的四个氧原子刚好满足了硅原子的化合价。从顶角上的氧到中心的硅,再到另一个顶角上的氧,称为O-Si-O键桥。其中Si-O距离为1.60Å,而O-O距离为2.27Å。相邻的Si-O四面体是靠Si-O-Si键桥连接着。对无定形的 SiO_2,Si-O-Si的角度是不固定,一般分布在110°~180°之间,峰值为144°。

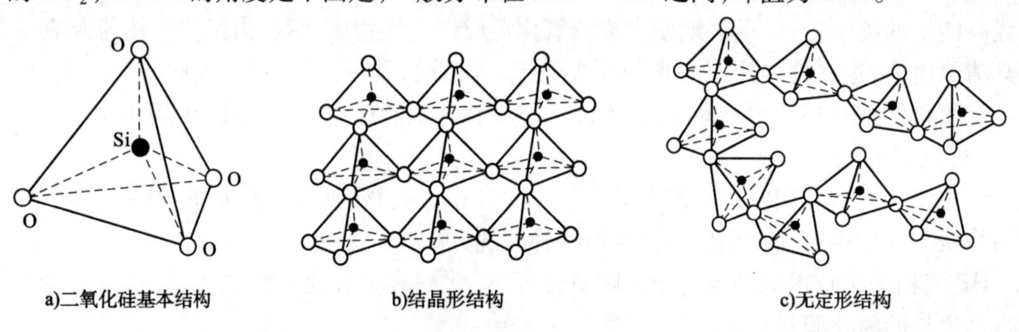

图7-2 二氧化硅的基本结构

结晶形 SiO_2 是由Si-O四面体在空间规则排列所构成。每个顶角上的氧原子都与相邻的两个Si-O四面体中心的硅形成共价键,二维结构如图7-2b)。无定形 SiO_2 虽然也是由Si-O四面体构成,但这些Si-O四面体在空间排列没有一定规律,其中大部分氧也是与相邻的两个Si-O四面体中心的硅形成共价键,但也有一部分氧只与一个Si-O四面体中心的硅形成共价键,连接两个硅氧四面体的氧称为桥键氧,只与一个硅连接的氧称为非桥键氧,即没有形成氧桥。无定形的 SiO_2 的氧大部分是桥键氧,整个无定形的 SiO_2 就是依靠桥键氧把Si-O四面体无规则的连接起来,构成三维玻璃网络体,二维结构如图7-2c)所示。

无定形 SiO_2 网络的强度应是桥联氧数目与非桥联氧数目之比的函数。桥联氧的数目越多,则Si-O四面体之间的结合就越紧密,否则就疏松。各种不同方法,甚至同一种方法制备的 SiO_2,其桥联氧数与非桥联氧数之比也会相差很大。也正因如此,无定形的 SiO_2 没有固定的熔点,只能说某一温度范围是软化温度。因为要使一个桥联氧脱离健合状态所需要的能量与一个非桥联氧脱离键合状态所需要的能量不同。

由无定形 SiO_2 的结构可看到，每个 Si-O 四面体中心的硅都与四个顶角上的氧形成共价键，而每个顶角上的氧最多与两个硅形成 Si-O 键（桥联氧）。硅要运动就必须“打破”四个 Si-O 键，而对氧来说，只需“打破”两个 Si-O 键。相比之下，无定形的 SiO_2 网络中，氧的运动与硅相比更容易一些。正因如此，无定形 SiO_2 网络中出现的硅的空位是相对困难的。在热氧化方法制备 SiO_2 的过程中，是氧或水汽等氧化剂穿过 SiO_2 层，到达 Si-SiO_2 界面与硅反应生成 SiO_2，而不是硅向 SiO_2 外表面的运动，在表面与氧化剂反应生成 SiO_2。

在室温下 Si-O 键以共价键为主，但也含有一定的离子键成分。随着室温的升高，离子键所占比例增大。因为 SiO_2 中氧离子是带负电的，氧空位就带正电。在热氧化过程中是氧向 Si-SiO_2 界面扩散，并在界面处与硅反应生成 SiO_2。因此，在靠近界面附近的 SiO_2 中容易缺氧，致使带正电的氧空位会对 SiO_2 层下面的硅表面势能产生一定的影响。

7.2.1.2 二氧化硅的基本性能

二氧化硅具有稳定的物理化学性能，是酸性氧化物。除氟、氟化氢和氢氟酸以外，其具有抗卤素、卤化氢以及硫酸、硝酸和高氯酸等的作用。其典型的物理性质如下。

(1) 热稳定性

石英晶体的熔点为1732℃，而非晶态二氧化硅无熔点，软化温度为1500℃。

(2) 密度

密度是 SiO_2 致密程度的标志。密度大表示 SiO_2 致密程度高。无定形 SiO_2 的密度一般为 $2.20g/cm^3$，不同方法制备的 SiO_2 密度有所不同，但大部分都接近这个值。

(3) 折射率

折射率是表征 SiO_2 薄膜光学性质的一个重要参数。不同方法制备的 SiO_2，折射率有所不同，但差别不大。一般来说，密度大的 SiO_2 薄膜具有较大的折射率，对波长为5500Å左右的光波，SiO_2 的折射率为1.46。

(4) 电阻率

二氧化硅电阻率的高低与制备方法及所含杂质等因素密切相关。高温干氧氧化法制备的 SiO_2，电阻率可高达 $10^{16}\Omega \cdot cm$ 以上。

(5) 介电特性

二氧化硅相对介电常数为3.9，介电强度为 $10^6 \sim 10^7$ V/cm，可用于绝缘介质材料。

二氧化硅不仅可以用于制造平板玻璃、玻璃制品、铸造砂、玻璃纤维、陶瓷彩釉、防锈用喷砂、过滤用砂、熔剂和耐火材料以及制造轻量气泡混凝土等领域，也是制造光导纤维的重要原料。在半导体工艺中，二氧化硅有着极其重要的用途，主要体现在以下几个方面。

(1) 掩模

二氧化硅薄膜对某些元素如硼、磷、砷和锑等具有掩蔽扩散作用，可在半导体平面工艺中，作为扩散过程的掩模层。

(2) 钝化层和保护层

在芯片的表面，沉积一层二氧化硅可以保护器件或电路，使之免于沾污，尤其是 pn 结的表面，沾污将使器件单向导电性能变坏；另外，二氧化硅可使器件的表面钝化，避免化学腐蚀。

(3)电隔离薄膜

二氧化硅是一种优良的介质材料,在集成电路元件或多层布线之间可制作为介质隔离薄膜。

(4)绝缘栅

MOS 场效应晶体管作为电压控制型器件,栅电极下面是一层致密的二氧化硅绝缘薄膜。高致密度的二氧化硅在保证栅电极和衬底之间具有足够绝缘强度的同时,应尽量降低其厚度,以保证器件控制的灵敏度。

目前,在硅基片的表面生长二氧化硅薄膜的方法很多,例如热氧化生长法、掺氯氧化法、热分解淀积法、磁控溅射法、真空蒸发法、外延生长法和阳极氧化法等。其中,热氧化生长法、掺氯氧化法和热分解淀积法是生产上常用的三种方法。

7.2.2 热氧化

热氧化法是一种在硅片表面直接生长二氧化硅薄膜的主要手段,氧化层与硅之间完美的界面特性是成就硅时代的主要原因。热氧化法可分为干氧氧化法、水汽氧化法和湿氧氧化法三种。热氧化的基本装置主要有水平式和直立式两种,6in 以下的硅片都采用水平式氧化炉,8in 以上的硅片都采用直立式氧化炉。图 7-3 为水平式热氧化装置示意图,主要结构包含炉体、加热控制系统、石英管和气体控制系统等部分。开槽的石英舟放在石英管中,石英槽用来垂直摆放硅片。炉管的装片端置于具有垂直流向的过滤空气的护罩中,持续注入的过滤空气可以减少周围空气中的灰尘、微粒对硅片的污染。供气系统用来注入高纯氮气、干燥氧气或水蒸气。加热系统可将炉体保持在 900 ~ 1200℃,控温系统可使控制温度从低温线性增加到氧化设置的温度,以避免硅片在温度突变时发生形变破裂。

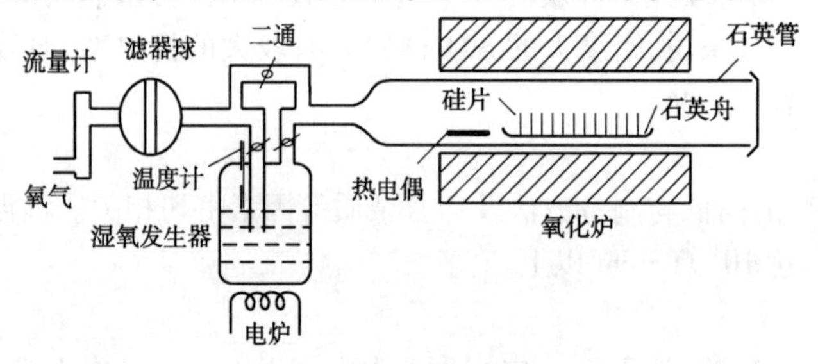

图 7-3 水平式热氧化装置示意图

7.2.2.1 干氧氧化法

干氧氧化法是指在高温条件下,用干燥纯净氧气直接与硅片表面的硅原子反应,生成二氧化硅层,反应式为

$$Si + O_2 = SiO_2 \tag{7-1}$$

干氧氧化法的氧化层生长机理主要包括两种。一种是在热氧化的过程中,氧原子或氧分子穿过氧化层与硅原子进行反应,而不是硅原子向外扩散到氧化层的外表面进行的反应。因此,其过程是氧原子或氧分子先与硅表面反应生成起始氧化层,然后氧化层阻止了氧化进一步发生,氧分子和氧原子只能通过扩散的方式到达 SiO_2-Si 界面与硅反应生成 SiO_2。如此延续下去,则 SiO_2氧化层继续增厚。

另一种理解是，氧在 SiO_2 中的扩散是以离子的方式进行。随着氧化层的形成，氧离子透过氧化层，到达 SiO_2-Si 界面与硅原子反应生成新的氧化层。其生长速率主要由氧离子在 SiO_2 层中的扩散及氧与硅在界面的反应速率决定。在 1000℃以上时，氧化速率主要由氧离子在 SiO_2 层中的反应决定。因此，随着氧化时间的增加，氧离子就要透过更厚的氧化层才能与硅反应，所以氧化速率减缓。如果氧化温度下降到 700℃以下时，则氧化速率主要由 SiO_2-Si 界面反应速率来决定。图 7-4 给出对数坐标下的干氧氧化层厚度与氧化时间的实验曲线。由图可知，同一温度下的实验数据基本为直线分布。

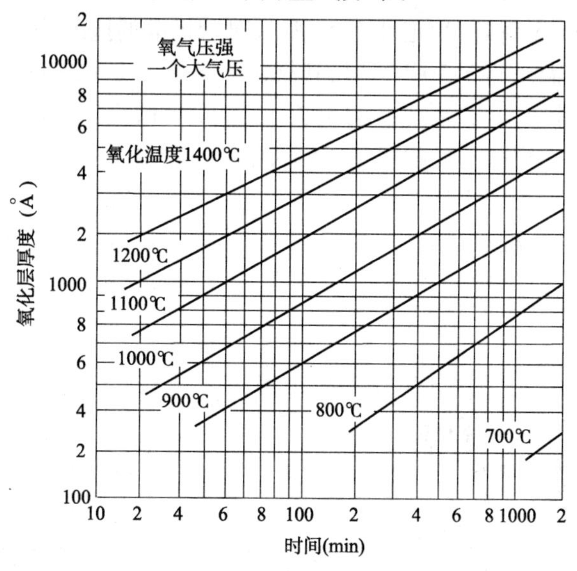

图 7-4 干氧氧化氧化层厚度与氧化时间的关系

干氧氧化法生成的氧化层，具有结构致密、均匀性和重复性好的优点，而且掩蔽能力强，与光刻胶黏附性好，是一种很理想的钝化膜。目前，制备高质量的 SiO_2 薄膜基本上都采用这种方法，例如 MOS 场效应晶体管的栅氧化层。但干氧氧化法生长速率慢，所以经常同湿氧氧化方法结合来生长氧化层。

7.2.2.2 水汽氧化法

用惰性气体（氮气或氩气）携带水汽进行氧化，这种情况下的氧化完全由水汽引起。在这种氧化系统中，将纯氢和纯氧直接送入氧化炉内反应生成水汽，而且可以在很宽的范围内变化 H_2O 的分压，并能减少污染。水汽氧化是指高温下，利用高纯水产生的蒸汽与硅片表面发生反应生成 SiO_2。反应式为

$$Si + 2H_2O = SiO_2 + 2H_2 \uparrow \tag{7-2}$$

根据反应式可知，每生成一个 SiO_2 分子，需要两个 H_2O 分子，同时产生两个 H_2 分子。产生的 H_2 分子沿 Si-SiO_2 界面或者以扩散方式通过氧化层逸出。水汽氧化的过程很复杂，一般按下面方式进行。

首先，水汽同 SiO_2 网络中的桥键氧反应生成非桥联羟基 Si-OH（硅烷醇）。反应式为

$$H_2O + Si\text{-}O\text{-}Si \rightarrow Si\text{-}OH + OH\text{-}Si \tag{7-3}$$

其次，部分桥联氧化转化为非桥联羟基，使得 SiO_2 结构大大弱化，生成的羟基再通过

SiO_2层扩散到 Si-SiO_2界面处，并和硅原子反应生成 Si-O 四面体和氢，反应过程如下

$$2Si\text{-}OH + Si\text{-}Si \rightarrow 2Si\text{-}O\text{-}Si + H_2\uparrow \tag{7-4}$$

最后，氢气以扩散的方式通过 SiO_2层离散时，其中一部分氢同 SiO_2网络中的桥键氧反应生成羟基，反应式为

$$H_2 + 2O\text{-}Si \rightarrow 2HO\text{-}Si \tag{7-5}$$

该过程进一步使 SiO_2结构强度减弱。在水汽氧化过程中 SiO_2网络不断受到削弱致使水分子在 SiO_2中扩散加快。在1200℃时，水分子的扩散速度比干氧氧化时扩散速度快几十倍，正因为这样水汽氧化质量较差，稳定性不太理想，对磷扩散的掩蔽能力不强。

对于水汽氧化，当温度高于1000℃时，其氧化速率主要受水或硅烷醇在氧化层中的扩散速率所限制。根据实验得知，二氧化硅的生长规律基本符合抛物线规律。当氧化温度低于1000℃时，氧化层的生长规律与抛物线发生较大偏离，而更接近于线性关系。有关水汽氧化的生长速率的实验结果，如图 7-5 所示。

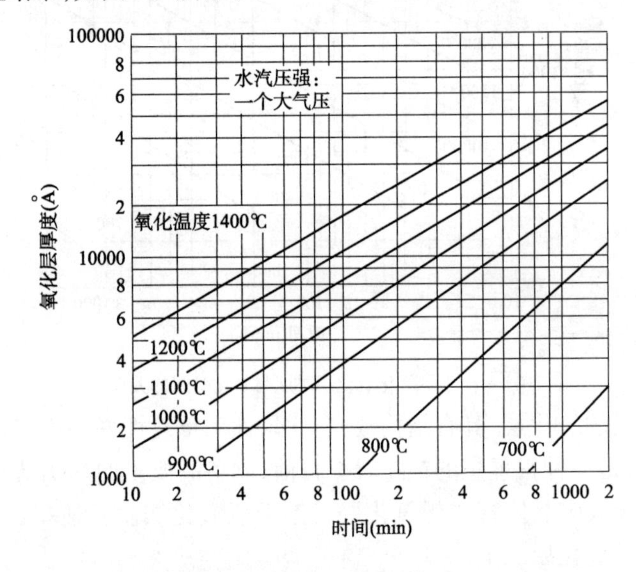

图 7-5　水汽氧化氧化层厚度与氧化时间的关系

实验表明，水汽氧化生长速率较快，在1200℃时，水分子扩散速率比干氧氧化时氧分子的扩散速率快几十倍，故水汽氧化的生长速率较快。但氧化膜质量不高，稳定性差，尤其对于磷扩散的掩蔽能力较差，所以一般不用此方法。

7.2.2.3　湿氧氧化法

湿氧氧化法是将干燥纯净的氧气，在通入氧化炉之前先经过一个水浴瓶，使氧气通过加热的高纯水携带一定量的水汽。水浴瓶温度一般在 85 ~ 98℃ 范围内，氧气流量一般在 200 ~ 500mL/min。湿氧氧化的氧化剂是氧气和水汽的混合物，氧化层的生长速率介于干氧氧化与水汽氧化二者之间。由于水汽的氧化速度比干氧快，在一定的时间和温度下，氧气中所携带的水汽含量是决定氧化膜厚度重要参数。

实际生长中，结合干氧氧化和湿氧氧化的优点，采用干氧-湿氧-干氧交替氧化的方法来制备氧化层。生成的氧化层既避免了干氧氧化慢的缺点，又保证了 SiO_2表面和 SiO_2-Si 界面

的质量，也能有效避免湿氧氧化表面容易在光刻时产生浮胶的缺点。由于干氧和湿氧氧化具有设备简单、操作简便、易于掌握，生长的氧化膜质量较好、性能较稳定等优点，因而得到了广泛的应用。表7-1中列出了三种热氧化方法及二氧化硅薄膜特性的比较。

三种热氧化方法及二氧化硅薄膜特性的比较 表7-1

氧化方式	氧化温度（℃）	生长速率常数（$\mu m^2/min$）	生长0.5μm SiO_2所需时间（min）	二氧化硅的密度（g/cm^3）	备注
干氧	1000	1.48×10^{-4}	1800	2.27	
	1200	6.2×10^{-4}	360	2.15	
湿氧	1000	38.5×10^{-4}	63	2.12	水浴温度95℃
	1200	117.5×10^{-4}	22	2.12	
水汽	1000	43.5×10^{-4}	58	2.08	发生器温度102℃
	1200	133.0×10^{-4}	18	2.05	

7.2.3 氧化层质量分析

二氧化硅薄膜质量的好坏，对器件的成品率和性能影响很大。因此，控制好二氧化硅薄膜的斑点、针孔、白雾、裂纹和氧化层错等缺陷以及可动带电离子，尤其是钠离子，并保持薄膜的均匀性和致密性等，具有重要的意义。

7.2.3.1 表面缺陷

二氧化硅表面缺陷主要有斑点、针孔、白雾和裂纹等缺陷以及薄膜厚度的不均匀性。可以用肉眼或显微镜进行目检或镜检来鉴别。这里主要介绍二氧化硅的斑点、针孔和薄膜厚度不均匀性的形成和预防措施。

（1）斑点

氧化前，硅片表面处理不好，残留下一些杂质微粒。这些杂质微粒在高温下被碳化并黏附在硅片表面，容易形成黑点。石英管管壁因侵蚀产生的薄膜微粒，掉落在硅片的表面会形成氧化层表面的突起。石英管进气端炉的外部太长导致水蒸气凝聚或水浴瓶内的水盛的太满造成水珠飞溅，或清洗后硅片表面残留水迹，这些均会使氧化后的二氧化硅薄膜表面出现斑点。氧化膜表面出现斑点时，斑点导致氧化膜对杂质的掩蔽能力降低，突起较大的斑点会影响光刻的对准精度，从而造成光刻质量不好，器件性能变差或失效。

因此，在操作过程中应避免水珠的飞溅，硅片清洗后要烘干或用离子机甩干，以防止斑点的产生。

（2）氧化膜针孔

在高倍显微镜下观察氧化膜表面时，在完整、致密的氧化膜表面常发现一些小亮点，犹如细小的孔洞，常称为“针孔”。当硅片存在位错和层错时，位错和层错存在的地方容易引起杂质的“凝聚”，使该处不能很好地生长氧化层，从而形成氧化膜的针孔。如果位错和层错密度过高，则针孔密度相应增多。针孔不易被肉眼所发现，但它却能让杂质穿透使掩蔽失效，引起晶体管漏电流增大，耐压降低甚至穿通。针孔还能造成金属电极引线与氧化膜下面的区域短路，使器件性能变差或失效。为消除氧化针孔，应保证硅片表面的平整、光亮，还要加强器件制造过程中的清洁处理。

(3)薄膜厚度不均匀性

氧化反应管中氧气和水汽的压力不匀、温度不稳定、恒温区太短、水温变化或硅片表面状态不良等,均会造成氧化膜厚度不均匀。氧化膜厚度不均匀不仅会影响氧化膜对扩散杂质的掩蔽作用,而且在光刻腐蚀时,容易造成局部钻蚀。

为了得到厚度均匀的氧化膜,除要求氧化炉恒温区场、操作时应把硅片完全推入到恒温区、严格控制炉温和水浴温度以外,还应特别注意合理选择气体的流量以及注意观察气体的流动情况,设法保持反应管内石英舟周围的蒸汽压均匀一致。

7.2.3.2 结构缺陷

二氧化硅薄膜的结构缺陷主要是热氧化层错,也称为氧化诱生层错(Oxidation-Induced Stacking Faults,OSF 或 OISF),分为表面和体内氧化诱生层错两种。表面的氧化诱生层错一般以机械损伤、金属沾污、微缺陷在表面的显露处等作为成核中心;体内的氧化诱生层错则一般成核于氧沉淀。

在热氧化过程中,硅在 Si-SiO_2界面氧化不完全,未氧化的硅原子由于界面的推进而挣脱晶格成为自由原子,并以较高的迅速进入硅体成为间隙原子,造成间隙原子过饱和。过饱和间隙原子扩散至张应力或晶格缺陷处形成氧化诱生层错并长大。热氧化工艺诱生的氧化层错会导致 pn 结反向漏电流增大、耐压降低甚至穿通,载流子迁移率下降,影响器件的跨导和开关速度。

目前,消除氧化层错的最有效方法是在高温氧化时,用含氯化氢或三氯乙烯气体的氧气清洁系统进行氧化。另外,用二氧化硅乳胶代替铜离子、铬离子抛光使硅片表面平整、光亮和无损伤层,或吸除技术来降低热氧化层错,均有较好的效果。

7.2.3.3 氧化层电荷

在热氧化方法制备二氧化硅膜时,可产生大量与工艺有关的各种电荷,主要有界面陷阱电荷、氧化层固定电荷、可动离子电荷和氧化层陷阱电荷。下面分别介绍这四种电荷的产生原因、数量及减少的方法。

(1)界面陷阱电荷

在 Si-SiO_2界面处,存在电荷密度为 $10^{10}/cm^2$左右,起源于界面结构缺陷、氧化感生缺陷以及金属杂质和辐射等因素引起的其他缺陷。它的能级在 Si 的禁带中,可以与价带或导带方便交换电荷的施主或受主能级,也可以是少数载流子的产生和复合中心。通常可通过氧化后在低温、惰性气体中适当的迟火来降低界面陷阱电荷的浓度。

(2)氧化层固定电荷

通常把位于距离 Si-SiO_2界面处 3nm 的氧化层内的正电荷,又称界面电荷,是由氧化层中的缺陷引起的,电荷密度在 $10^{10} \sim 10^{12}/cm^2$。固定电荷的来源普遍认为是氧化层中过剩的硅离子,或者说氧空位。由于氧离子带负电,氧空位带有正电中心的作用,所以氧化层固定电荷带正电。

(3)可动离子电荷

可动离子电荷主要是 Na^+、K^+、Li^+等轻碱金属离子及 H^+离子,是快扩散杂质,电荷密度在 $10^{10} \sim 10^{12}/cm^2$。其中,因为 Na^+在人体和环境中大量存在,热氧化时容易发生 Na^+污染。在温度偏压实验中,Na^+能在 SiO_2中横向及纵向移动,从而调制了器件的表面势,引起器件参数的不稳定。要减少 Na^+ 电荷沾污，通常使用含氯氧化工艺且用氯周期性地清洗管道、炉管等。同时，保证化学试剂超纯性以及传输过程中的清洁性。

(4)氧化层陷阱电荷

在 SiO_2 中或 Si/SiO_2 界面附近，杂质或不饱和键捕捉到加工过程中产生的电子或空穴，分别带负电或正电，电荷密度 $10^9 \sim 10^{13}/cm^2$ 之间。氧化陷阱电荷的产生方式主要有电离辐射和热电子注入。通常采用1000℃干氧氧化改善二氧化硅结构，以及在惰性气体中进行低温退火等方式减少电离辐射陷阱电荷。

7.2.3.4 热应力

因为 SiO_2 与 Si 的热膨胀系数不同(Si 是 $2.6 \times 10^{-6}\ K^{-1}$，$SiO_2$ 是 $5 \times 10^{-7}\ K^{-1}$)，因此，在结束氧化退出高温过程后，会产生很大的热应力，对 SiO_2 膜来说是来自 Si 的压缩应力。这会造成硅片发生弯曲并产生缺陷。严重时，氧化层会产生破裂，从而使硅片报废。所以在加热或冷却过程中要使硅片受热均匀。同时，升温和降温速率不能太快。

7.2.4 其他氧化方法

7.2.4.1 掺氯氧化

人们在努力探索能够避免钠离子对二氧化硅的沾污和抑制钠离子漂移的新工艺时，发现掺氯氧化工艺具有良好效果。掺氯氧化，实质上就是在热生长二氧化硅氧化膜时掺入一定量氯离子的过程。实验表明，所掺入的氯离子主要分布在 Si-SiO_2 的界面附近 100Å 附近，氯离子填补了氧空位形成 Si-Cl 负电中心，可有效地降低固定正电荷密度和界面态密度。同时，掺氯氧化还有明显的吸除有害杂质的作用，例如 Na、Fe、Au 等杂质在氧化层内扩散到外表面容易形成具有挥发性的氯化物。

干氧氧化的气氛中含有 HCl 时，则发生如下的化学反应

$$4HCl + O_2 = 2\ Cl_2 + 2H_2O \uparrow \tag{7-6}$$

反应生成的 H_2O 能有效地加快氧化速率，即使干氧氧化加入的是 Cl_2 同样能提高氧化的速率。主要因为，氯主要集中在 Si-SiO_2 的界面附近，键能为 5.0eV 的 Si-Cl 比键能为 4.5eV 的 Si-O 更容易形成，生成氯硅化合物，然后进一步生成硅氧化层。

尽管掺氯氧化不能彻底解决产品的可靠性问题，但该工艺操作简便，不需要增加额外的工序和复杂的设备，因而受到普遍重视，并被很快推广到硅平面器件的生产中。

7.2.4.2 高压氧化

通常将氧化剂气体以高于大气压 10 ~ 20 倍的压力的热氧化称为高压氧化。高压氧化的主要特点是高压下气相氧化剂运动到硅表面的速度很快，氧原子更快地穿越正在生长的氧化层，使氧化层的生长速度增大。因此，高压氧化能在较低的温度下，仍然保持一定的氧化速率，或在常压相同的温度下获得更快的氧化速率。较低的生长温度和较高的生长速度，能有效地减小杂质的再分布和 pn 结的位移，可抑制氧化过程诱生缺陷、应力等。高压氧化可分为高压干氧氧化和高压水汽氧化两种。高压水汽氧化又可分为氢氧合成高压水汽氧化和高压去离子水注入式水汽氧化。

除此之外，二氧化化硅的制备方法还有多种，例如热分解、溅射和蒸发等，将在第9章中

详细阐述。

7.3 图形加工技术

图形加工技术是制作分立器件和集成电路中控制最小特征尺寸的关键环节。图形加工技术主要目的是在半导体晶片表面的掩模层上，利用光刻、刻蚀工艺制备出合乎要求的薄膜图形，以实现选择扩散（或注入）、金属膜布线或表面钝化等，直接决定着管芯的横向结构图形和尺寸，是影响分辨率以及半导体器件成品率和质量的重要因素。随着集成电路集成度的不断提高、最小特征尺寸不断地减小，要求单个器件尺寸及其间隔越来越小，常以最小特征尺寸来标志集成电路的工艺水平。20 世纪 90 年代中期，最小特征线宽达到 0.35μm，至 2005 年发展到 0.18μm。随后，最小线宽先后经历了 90nm、65nm、45nm 和 32nm 等几个不同的阶段。据权威机构预测到 2016 年，器件的最小特征尺寸应在 13nm。

图形加工技术的精度主要受到光掩模的质量和精度、光致抗蚀剂的性能、图形形成的方法及装置精度、位置对准方法及装置精度、腐蚀方法及控制精度等因素的影响。光刻蚀图形的质量直接影响集成电路的可靠性和成品率。

7.3.1 光刻蚀工艺流程

光刻蚀工艺是指在光致抗蚀剂的保护下，所进行的选择性腐蚀，是利用光致抗蚀剂经曝光后在某些溶剂里的溶解特性发生变化这一现象。如图 7-6 所示，光刻蚀工艺流程主要包括基片前处理、涂胶、前烘、曝光、显影、漂洗、后烘（坚膜）、腐蚀和去胶等步骤，具体情况如下。

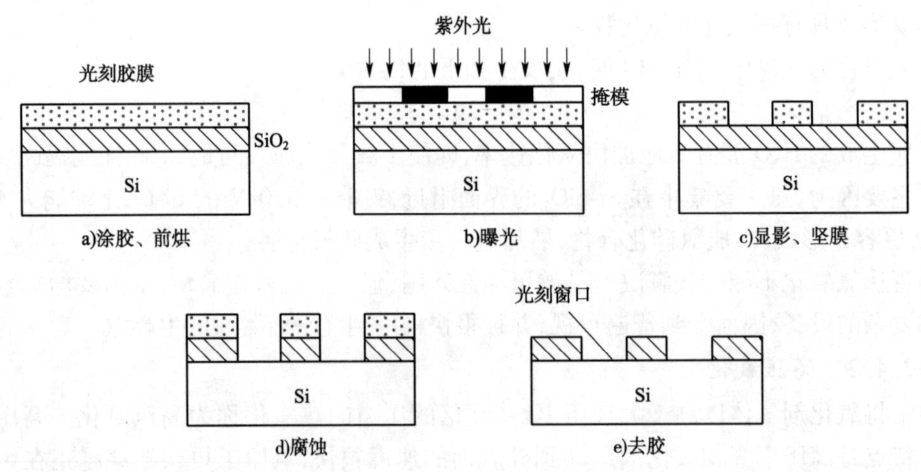

图 7-6 光刻与刻蚀工艺流程图

①前处理是光刻工艺的第一步，其主要目的是对衬底表面进行处理，以增强其与光刻胶之间的黏附性。

②涂胶包括滴胶、高速旋转等步骤，即在衬底表面涂一层黏附良好、厚度适当、均匀的光刻胶。一般采用旋转法进行涂胶，把光刻胶滴注到基片表面上，利用基片高速旋转时产生的离心力，将光刻胶铺展形成薄层。

③前烘又称软烘，是在一定的温度下，使光刻胶膜里面的溶剂缓慢的、充分的逸出来，使光刻胶膜干燥。

④曝光是对涂有光刻胶的基片进行选择性的光化学反应，使接受到光照的光刻胶的光学特性发生改变。

⑤显影是用显影液溶解掉不需要的光刻胶，将光刻掩模版上的图形转移到光刻胶上。在显影液的选择时，必须要求需要去除的那部分光刻胶膜溶解得快，溶解度大；对需要保留的那部分光刻胶膜溶解度极小。

⑥坚膜是一个热处理步骤，坚膜的目的就是使残留的光刻胶溶剂全部挥发，提高光刻胶与衬底之间的黏附性以及光刻胶的抗腐蚀能力。

⑦刻蚀就是将涂胶前所沉积的薄膜中没有被光刻胶覆盖或保护的那部分去除掉，达到将光刻胶上的图形转移到其下层材料上的目的。

当刻蚀完成后，光刻胶膜已经不再有用，需要将其彻底去除，完成这一过程的工序就是去胶。此外，刻蚀过程中残留的各种试剂也要清除掉。

7.3.2 光致抗蚀剂分类

光致抗蚀剂的种类很多，一般均为有机高分子化合物，主要由碳、氢等元素组成。根据其结构类型的不同，高分子又分线型和体型两种。其主要成分包含聚合物、溶剂、感光剂和添加剂等。由于链间的结合比较松弛，分子之间的间隙比较大，一些低分子化合物（如通常的溶剂）很容易渗透其间，使线性长链分子溶解、体型高分子溶胀。其性能评价标准主要表现在分辨率（resolution capability）、纵横比、黏结能力、曝光速度、灵敏性、工艺宽容度和针孔等因素。根据光致抗蚀剂在曝光前后溶解特性的变化，可将其分为负性和正性两种。

（1）负性光致抗蚀剂

负性光致抗蚀剂大多为聚异戊二烯类型，早期是基于橡胶型的聚合物。聚合物曝光后由非聚合态变为聚合状态，形成一种互相黏结的物质，具有抗刻蚀性。受光照部分产生交链反应而成为不溶物，非曝光部分被显影液溶解，获得的图形与掩模版图形互补。负性抗蚀剂具有附着力强、灵敏度高和显影条件要求不高等特点，适于低集成度的生产工艺。

（2）正性光致抗蚀剂

正性光致抗蚀剂的基本聚合物是苯酚-甲醛聚合物，也称为苯酚-甲醛 Novolak 树脂，聚合物相对不可溶，在用合适光能量曝光后，光刻胶转变成可溶状态。受光照部分发生降解反应可被显影液溶解，留下的非曝光部分的图形与掩模版一致。正性抗蚀剂具有分辨率高、对驻波效应不敏感、曝光容限大、针孔密度低和无毒性等优点，适于高集成度的生产工艺。

7.3.3 掩模版制备

掩模版是根据分立器件和集成电路参数所要求的图形和尺寸，按照选定的方法，设计所需要的掩模图案，并以一定的间距和布局将图案转移到基片上，供光刻工艺重复使用。光掩模版基片一般为薄膜、塑料或玻璃等材料，以便用于光致抗蚀剂涂层选择性曝光。光掩模版的发展先后经历了湿版、卤化银乳剂干版（也称为史罗甸干版）、超微粒乳胶干版、硬质铬版和彩色版等几个阶段。普通光掩模版基片一般采用精选的高平整度制版玻璃。对于玻璃的缺陷密度、紫外光透过率和温度膨胀系数等都有一定的要求。光掩模版的制备通常分为图形设计、中间掩模版制作、工作掩模版制作和掩模检测等过程。

7.3.3.1 掩模版图形设计

根据集成电路的电学功能和制造工艺的要求,按照集成电路版图设计规则在方格坐标纸上把电路图形化,设计并绘制出原始的布局布线总图。一块掩模上的图形代表了集成电路设计的一层,综合的布线图按照集成电路制造对应的工序分成若干块掩模层。随着集成度与电路复杂程度的不断提高,靠人工设计版图已十分困难,必须借助计算机辅助设计进行版图设计和自动布局布线。在此过程中,必须考虑集成电路制造工艺和成品率之间的关系,特别是大规模集成电路,必须要对设计规则进行校验,例如检测器件的间隔、尺寸和套合等。

7.3.3.2 中间掩模版制作

精缩分步重复照相或缩小分步重复投影光刻。首先,根据设计原始总图和制版精度的要求(通常总图要比实际芯片尺寸约大 100 ~ 1000 倍),利用刻图机按照光刻不同层次将所需的图形分别刻在若干张可剥离的聚酯红膜片上,并揭去不需要的部分,即制成一套掩模原图。然后,通过大型初缩机照相缩小成中间掩模版。通常,这种中间掩模版比实际芯片尺寸大 10 倍。随着集成度的提高,人工制图和刻图已不能满足要求,因而借助计算机辅助制版成为目前发展的趋势。计算机辅助制版的软件系统能实现计算机控制自动制版,由坐标数字化仪根据设计图纸读取坐标数据,也可以根据设计草图所提供的数据,按照制版语言的规则书写源程序。再经过制版软件处理,编译成自动制图机、各种图形发生器系统和显示器等所能接受的数据格式,并制成数据带。甚至还可完全依靠计算机,采用标准单元版图数据库与人机交互图形编辑软件,通过光笔显示器进行布局布线,形成版图数据带;再由这些数据带控制自动绘图机、自动刻图机和各种图形发生系统,实现自动制版或自动扫描成像。

7.3.3.3 工作掩模版制作

工作掩模版是实际用于光刻工艺的光掩模版。通常是由中间掩模版经过精缩机进一步缩小到芯片实际尺寸的图形。同时,进行分步重复制成含有芯片图形阵列的母掩模版;再经过一次或多次掩模复印工序,最终制成用于生产的工作掩模版。有时,为了避免复印工序引入缺陷使尺寸精度发生变化,而直接将母掩模版作为工作掩模版使用。此外,还采用一种精缩机图形合成技术,利用拼接图形词汇库的各种图形词汇直接按设计图纸的要求,由精缩机进行图形拼接,合成制作各种厘米级长度、微米级精度的大面积微细结构掩模版。也可以把整个版图分割成若干区域,先制作区域掩模原版模块,再以精缩机拼接合成的方式,制作各种超过精缩机有效像场的大面积、高精度掩模版。随着超大规模集成电路技术的发展,电路几何图形结构的加工尺寸接近微米或亚微米级,以往的光学光刻技术已难以适应,需要采用电子束曝光、X 射线曝光等短波长曝光复印技术来提高加工精度。而这些短波长曝光专用掩模的制作,需要更复杂的复制工艺技术。

7.3.3.4 掩模版检测

光掩模版的质量是影响集成电路功能和成品率的重要因素之一。为保证光掩模版的质量,必须进行严格的控制,主要内容如下。

①掩模缺陷密度的控制,包括各种随机图形缺陷和掩模清洁度的控制。

②掩模版精度的控制,包括掩模对准定位精度、机械重复精度、图形几何尺寸精度、图形

坐标位置精度和套合精度等的控制。

③图形质量的控制，包括几何图形完整性、图形边缘清晰度、反差、光密度、均匀性的控制。在掩模版制作过程中，每道工序都需要采用人工或自动掩模检测系统进行严格检查、测量、修改和修补，以保证掩模版的质量。

7.3.4 光刻技术

光刻技术是将特定的几何图形，通过曝光、显影工艺转移到涂在基片表面的抗蚀剂膜层上的工艺过程。其中，曝光工艺是光刻技术的关键。这些几何图形确定了集成电路的各种区域，如离子注入区、接触窗口和引线键合区等。在这个过程中，精确的复印和转移是极为重要的，尤其是微米和亚微米甚至纳米级图形更重要。曝光方法有多种，根据曝光源可分为光学光刻、电子束光刻、X射线光刻和离子束光刻等。本节在抗蚀剂和掩模版的基础上，对曝光环节进行讨论。

7.3.4.1 光学光刻

根据光学光源的波长，可将光学光刻分为紫外(UV)光刻、深紫外(DUV)光刻和极紫外(EUV)光刻三大类。常用的曝光方法有接触式曝光、接近式曝光和投影式曝光三种。本节着重介绍一种常用的光学投影式曝光的原理，如图7-7所示。曝光是利用光学缩小投影的方法，把掩模版的图形投影到涂有光致抗蚀剂的基片上进行曝光。它的基本步骤是定位对准和曝光。定位对准是将掩模的图形与基片上的图形精确套合，然后使彼此紧密地接触在一起。故此，要求有良好的对准装置，并应认真仔细地进行操作。

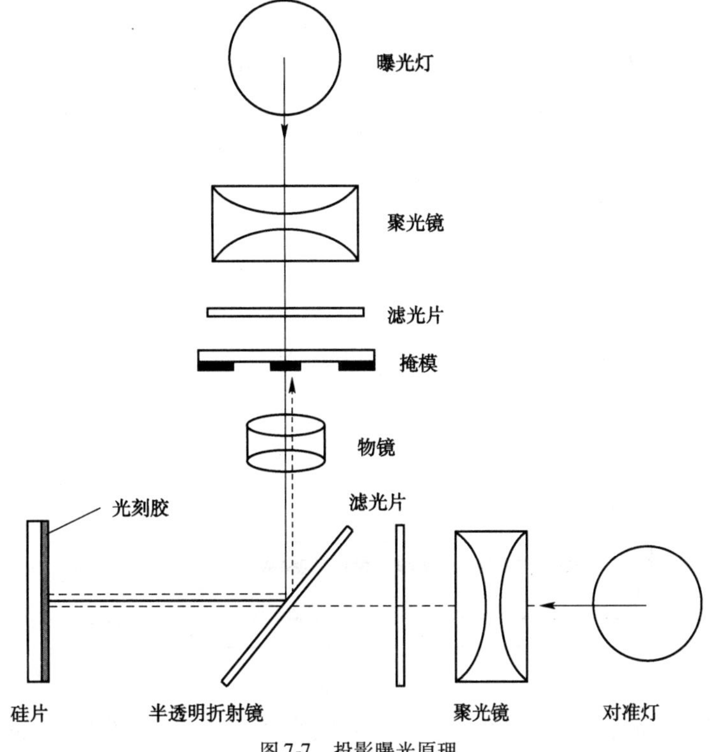

图7-7 投影曝光原理

曝光时,曝光量决定于光致抗蚀剂的吸收光谱、光致抗蚀的配比、膜层厚度、光源的光谱成分、平行度,以及光的衍射、反射等特性,要通过反复实验来确定最佳的曝光量。在实际生产中,常以曝光时间来控制曝光量。同时,曝光效果还取决于光掩模版的质量和分辨率、光掩模版与光致抗蚀剂膜的接触情况。

相比其他方法,本方法简单易行,能满足一般生产要求,所以目前仍然是使用的最广泛的曝光方法。但是,掩模版与片子的翘曲、弯曲,由压紧力而引起光掩模版和片子的变形,以及进入空气和其他气体等原因,存在不同程度的曝光间隙。因此,为了能在紧密接触下得到高的分辨率,有人采用柔性掩模曝光技术克服曝光缝隙的影响。

7.3.4.2 电子束光刻

电子束光刻采用高能电子束对抗蚀剂进行光栅扫描或矢量扫描,使它在某种溶剂中变成易溶或不溶,从而获得与掩模版相对应的抗蚀剂结构图形,主要用来制作掩模版。其工作原理是经过电子束扫描过的电子抗蚀剂发生分子链重组,使曝光图形部分的抗蚀剂发生化学性质改变。经过显影和定影,获得高分辨率的抗蚀剂曝光图形。电子束光刻技术的主要工艺过程为涂胶、前烘、电子束曝光、显影和坚膜。

电子束具有波长短、分辨率高、焦深长、易于控制和修改灵活的特点,广泛应用于光学和非光学曝光的掩模制造过程中。电子束直写能在圆片上直接作图,但其生产率很低,限制了其使用,在下一代曝光中,能否使电子束的高分辨与高效率寻得统一,是电子束开发商追求的目标。

7.3.4.3 X 射线光刻

X 射线光刻技术源于20世纪80年代,很有希望取代光学曝光而进行100nm以下线宽集成电路的制造。X 射线曝光类似接近式光学曝光方法,如图7-8所示。X 光射线的波长大约为1nm,同步辐射 X 射线的波长是0.8nm,具有功率高、亮度高、光斑小、准直性良好等优点。

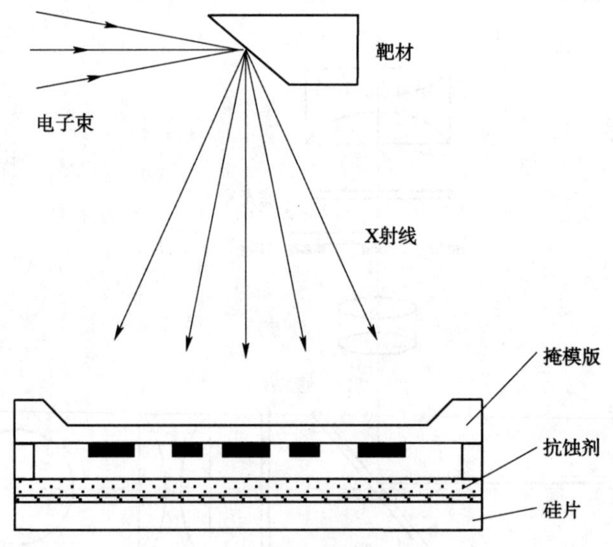

图7-8 X 射线曝光原理

X 射线曝光具有波长短、焦深长、生产率高、宽容度大、曝光视场大、无邻近效应、对环境不敏感等特点,作为下一代曝光技术具有诱人的前景。

7.3.4.4 离子束光刻

离子束曝光一般为投影式曝光，就是由气体（氢或氦）离子源发出的离子通过多极静电离子透镜投照于掩模并将图像缩小后聚焦于涂有抗蚀剂的片子上，进行曝光和步进重复操作。由于离子的质量大，具有焦深长、数值孔径小而视场大、衍射效应小、损伤小、产量高和对抗蚀剂厚度变化不敏感等优点。因此，离子束光刻比光学、X射线或电子束光刻技术具有更高的分辨率。

在曝光过程中，光刻掩模版与光刻胶膜的接触情况、曝光光线的平行度、光刻胶膜的质量和厚度、曝光时间和掩模版的分辨率和质量等均会影响曝光的分辨率。除上述因素，分辨率还与显影、腐蚀及光刻胶的性能等有关，是上述多种因素综合作用的结果。

7.3.5 刻蚀技术

经过光刻工艺已将特定的图形转移到覆盖在半导体基片表面的抗蚀剂上。为了集成电路或分立器件的生产，还要将抗蚀剂上的图形，包括线、面和孔洞进一步转移到抗蚀剂下面的各薄层上。这种图形转移采用刻蚀工艺完成，即选择性的刻蚀掉薄层上未被掩蔽的部分，主要的方法有湿法刻蚀和干法刻蚀两种。

7.3.5.1 湿法刻蚀

湿法刻蚀是传统的刻蚀方法，是把基片浸泡在一定的化学试剂或试剂溶液中，使没有被抗蚀剂掩蔽的那一部分薄膜表面与试剂发生化学反应而被除去湿法腐蚀工艺，由于具有低成本、高产出、高可靠性以及其优良的选择比等优点，在半导体、绝缘体和金属薄层刻蚀领域被广泛地使用。

（1）二氧化硅的刻蚀

湿法刻蚀二氧化硅在微电子技术应用中通常是用HF来实现，其反应方程式为

$$SiO_2 + 6HF = H_2 + SiF_6 + 2H_2O \tag{7-7}$$

一般HF浓度为49%，反应速度过快。因此，常采用加入NH_4F的HF缓释溶液，也称为氧化层缓释刻蚀剂（Buffered Oxide Etch，BOE），可以减少F^-的分解，从而使反应更稳定。有资料表明，NH_4F的浓度过大会严重影响其腐蚀速率的均匀性及线性；在低温下生成固态的NH_4HF_2，这些固态物质能产生颗粒并导致药液组分的变化，当NH_4F的重量比为15%时，能有效地解决此问题。在刻蚀二氧化硅时，为了适应不同的工艺要求，例如去除二氧化硅的膜厚，为更好的控制腐蚀速率等，可选择不同的HF浓度配比及工艺条件。

（2）硅的刻蚀

不管单晶硅和多晶硅，都能被HNO_3和HF的混合液腐蚀掉，反应最初是由HNO_3在表面形成一层二氧化硅，然后被HF溶解掉，其反应方程式为

$$Si + HNO_3 + 6HF = H_2SiF_6 + HNO_2 + H_2O + H_2 \tag{7-8}$$

常把CH_3COOH作为缓冲溶剂，可以减少HNO_3的分解。

（3）氮化硅的刻蚀

氮化硅在半导体工艺中主要作为场氧化层，在进行局部氧化生长时的屏蔽层及半导体器件完成主要制备流程后的保护层。氮化硅可用沸腾（160℃左右）的85%的H_3PO_4溶液进

行腐蚀,但会造成抗蚀剂的脱落。因此,常采用二氧化硅作为掩蔽层对氮化硅进行腐蚀,二氧化硅图形有光刻胶形成,然后去胶,接下来进行 H_3PO_4 对氮化硅腐蚀。

(4)铝的刻蚀

湿法刻蚀铝及铝合金,通常在加热的磷酸、硝酸、醋酸和水的混合液中进行,温度大约是 35~45℃,典型的组分为 80% H_3PO_4 +5% HNO_3 +5% CH_3COOH +10% H_2O,温度越高刻蚀速度越快,刻蚀反应的进行方式是由硝酸和铝反应产生氧化铝,再由磷酸和水分解氧化铝。反应式如下

$$2Al + 6HNO_3 = Al_2O_3 + 3H_2O + 6NO_2 \tag{7-9}$$

$$Al_2O_3 + 2H_3PO_4 = 2AlPO_4 + 3H_2O \tag{7-10}$$

通常,溶液的配比、温度高低、药液组分、铝膜纯度以及合金组分,是否搅拌、搅拌速度等因素均会影响刻蚀速度,常见的刻蚀速度范围为 100~300nm/min。

7.3.5.2 干法刻蚀

干法刻蚀是为满足半导体工艺对高精度抗蚀剂图形转移要求,而进行的等离子体对薄膜刻蚀技术。等离子体刻蚀是利用气体辉光放电过程形成的化学活性原子与被腐蚀膜层发生选择性的化学反应,反应生成为能被气流带走的气体。根据被刻蚀材料的不同,选择合适的气体就可以更快地进行反应,实现刻蚀去除的目的。另外,还可以利用电场对等离子体进行引导和加速,使其具备一定能量,当其轰击被刻蚀物的表面时,会将被刻蚀物材料的原子击出,从而达到利用物理上的能量转移来实现刻蚀的目的。因此,干法刻蚀是晶圆片表面物理和化学两种过程平衡的结果,又分为物理性刻蚀、化学性刻蚀和物理化学性刻蚀三种。

①物理性刻蚀又称为溅射刻蚀。很明显,溅射刻蚀是利用等离子体中的离子或高能原子对衬底进行轰击,打出衬底原子的过程和溅射非常相像。这种刻蚀方法方向性很强,可以做到各向异性刻蚀,但不能进行选择性刻蚀。

②化学性刻蚀是利用等离子体中的化学活性原子团与被刻蚀材料发生化学反应,从而实现刻蚀目的。由于刻蚀的核心还是化学反应(只是不涉及溶液的气体状态),因此,刻蚀的效果和湿法刻蚀有些相近,具有较好的选择性,但各向异性较差。

③物理化学性刻蚀是人们对以上两种极端过程进行折中,得到目前广泛应用的一些物理化学性刻蚀技术。例如,反应离子刻蚀(Reactive Ion Etching ,RIE)和高密度等离子体刻蚀(HDP)。这些工艺通过活性离子对衬底的物理轰击和化学反应双重作用刻蚀,同时兼有各向异性和选择性好的优点。目前 RIE 已成为超大规模集成电路制造工艺中应用最广泛的主流刻蚀技术。

7.3.5.3 抗蚀剂去除

在工艺生产的诸多步骤后都有抗蚀剂去除步骤,包括湿法和干法腐蚀、离子注入后或光刻有误须返工的圆片。抗蚀剂去除的目的是快速有效地去除抗蚀剂而不影响下面的各层材料。去除抗蚀剂工艺主要分为干法和湿法两大类。本节主要讲述湿法去除抗蚀剂,包括有机去除抗蚀剂和非有机去除抗蚀剂两种。

①有机去除抗蚀剂是通过拆散抗蚀剂结构而达到去胶的目的。但其限制性较大,常用的药液有 DMF,ACT 和 EKC 等。

②非有机去除抗蚀剂为将 H_2SO_4 和 H_2O_2 混合溶液加热到 120~140℃左右,其强氧化性

使光刻胶氧化成 CO_2 和 H_2O。值得注意的是，此类去除抗蚀剂常用在无金属层上，也就是说在 Al 及 Al 以后层次的抗蚀剂去除，不能用此类方法。

若检查抗蚀剂未净，需要继续去除抗蚀剂。常用稀 HF 进行漂洗，用流水洗净甩干；或使用 $H_2O:H_2O_2:NH_4OH=7:3:3$ 清洗 10 ~ 20min，用流水洗净甩干。

7.3.6 缺陷分析

图形加工技术是半导体工艺的核心，是影响分辨率以及器件成品率、可靠性重要的环节之一。图形加工技术要求刻蚀图形必须完整、尺寸准确和边缘整齐。在图形外氧化层上没有针孔，在图形内没有残留的被腐蚀物质；同时，要求套合准确，无沾污等。然而，在实际的光刻过程中常会出现浮胶、毛刺、钻蚀、针孔和小岛等缺陷。本节将讨论这些缺陷产生的原因及其对器件特性的影响。

7.3.6.1 浮胶

浮胶是在显影或腐蚀过程中，由于化学试剂不断侵入光刻胶膜与 SiO_2 或其他薄膜间的界面，引起抗蚀剂胶膜皱起或剥落的现象。浮胶将严重影响光刻图形的质量，甚至造成整批硅片的报废。浮胶产生原因和胶膜与衬底的粘附性有密切关系。

(1)显影时浮胶产生原因

涂胶前硅片表面不清洁，沾有油污或水汽，使胶膜表面间黏附不良；光刻胶配制有误或胶液陈旧变质，胶的光化学反应性能不好；前烘时间不足或过度、曝光不足、光化学反应不彻底和显影时间过长。以上均导致胶膜黏附能力差，部分胶膜溶于显影液中引起浮胶。

(2)腐蚀时产生浮胶的原因

坚膜不足，胶膜没有烘透，黏附性差；腐蚀液配比不当，如腐蚀的氢氟酸缓冲腐蚀液中氢化铵太少，腐蚀液活泼性太强；腐蚀温度太高、温度太低时腐蚀时间太长，腐蚀液穿透或从胶膜底部渗入，引起浮胶。

此外，显影时产生浮胶的因素也可能造成腐蚀时浮胶，腐蚀时浮胶会使掩蔽区的氧化层受到严重破坏。

7.3.6.2 毛刺和钻蚀

腐蚀时，若腐蚀液渗入光刻胶膜的边缘，使图形边缘受到腐蚀，从而破坏掩蔽扩散的氧化层或铝条的完整性。当渗透腐蚀较轻时，图形边缘出现针状的局部破坏，习惯上称之为毛刺。当图形边缘腐蚀严重时，出现锯齿状或花斑状的破坏，称为钻蚀。当 SiO_2 掩蔽膜窗口存在毛刺和钻蚀时，会引起侧面扩散结特性变坏，影响器件的成品率和可靠性。产生毛刺或钻蚀的原因具体如下。

①基片表面不清洁，存在油污，灰尘或水汽，使光刻胶和氧化层黏附不良，引起毛刺或局部钻蚀。

②氧化层表面存在磷硅玻璃，特别是磷浓度较大时，表面与光刻胶黏附性不好，耐腐蚀性能差，容易造成钻蚀。

③光刻胶中存在颗粒状物质，造成局部黏附不良。

④对于光聚合型光刻胶，曝光不足，显影时产生钻溶，腐蚀时造成毛刺或钻蚀。

⑤显影时间过长，图形边缘发生钻溶，腐蚀时造成钻溶。

⑥掩模图形的边缘有毛刺状缺陷，以及硅片表面有突起或固体颗粒，在对准定位时掩模与硅片表面间有摩擦，使图形的边缘有划痕，腐蚀时产生毛刺。

7.3.6.3 针孔

在光刻图形外面的氧化层上，经光刻后会出现直径为微米数量级的小孔洞，通常称为针孔。针孔的存在，将使氧化层不能有效地起到杂质扩散的掩蔽作用和绝缘作用。在大功率晶体管和集成电路产生中，通常在刻蚀引线孔之后，进行低温沉积 SiO_2，然后套引线孔，以减少氧化层针孔。光刻时产生针孔的主要原因如下。

①氧化硅薄膜表面有尘土、石英屑、硅渣等外来颗粒，使得涂胶与基片表面未充分沾润，留有未覆盖的小区域，腐蚀时产生针孔。

②光刻胶中含有固体颗粒，影响曝光效果，显影时剥落，腐蚀时产生针孔。

③光刻胶膜本身抗蚀能力差，或胶膜太薄，腐蚀液局部穿透胶膜，造成针孔。

④前烘不足，残存溶剂阻碍抗蚀剂交联，或前烘时骤热引起溶剂挥发过快而鼓泡，腐蚀时产生针孔。

⑤曝光不足，关联不充分，或曝光时间过长，胶层发生皱皮，腐蚀液穿透胶膜而产生腐蚀斑点。

⑥腐蚀液配方不当，腐蚀能力太强。

⑦掩模版透光区存在灰尘或黑斑，曝光时局部胶膜未曝光，显影时被溶解，腐蚀后产生针孔。

7.3.6.4 小岛

小岛是指在应该将氧化层刻蚀干净的光刻窗口内，还留有没有刻蚀干净的形状不规则的局部氧化区域，习惯上称为小岛。小岛的存在，使扩散区域的局部点有氧化层，阻碍了杂质在该处的扩散而形成异常区，造成器件击穿特性变坏，反向漏电增加，甚至极间穿通。光刻中产生小岛的原因如下。

①掩模版图形上的针孔或损伤，在曝光时形成漏光点光刻胶膜感光交联，保护了氧化层不被腐蚀，形成小岛。对这种情况，可在光刻腐蚀后，易版或移位再进行一次套刻，以减少或消除小岛。

②曝光过度或光刻胶变质失效，以及显影不足，局部区域光刻胶在显影时溶解不净。

③氧化层表面有局部耐腐蚀物质，如硼硅玻璃等。

④腐蚀液不干净，存在阻碍腐蚀作用的脏物。

7.4 掺杂技术

7.4.1 掺杂基本概念

本征半导体中载流子数目极少，导电能力很低。然而，若在本征半导体中掺入微量的杂质，形成的杂质半导体的导电性能将显著增强。杂质半导体可以分为 n 型半导体和 p 型半导体两大类。n 型硅(锗)半导体中掺入的杂质为磷或其他五价元素，自由电子数目大量增加，自由电子成为多数载流子，空穴则成为少数载流子。p 型硅(锗)半导体中掺入的杂质多为硼或其他三价元素,空穴数的目大量增加,空穴成为多数载流子,而自由电子则成为少数载流子。为改变半导体材料的电学性能,通常人为地将一定数量和种类的杂质掺入半导体基片规定的区域,并获得精确的杂质数量和分布图形,称为半导体掺杂技术。

掺杂技术可以用来制作 pn 结、集成电路的电阻器、互连线,是实现半导体器件和集成电路纵向结构的重要手段。掺杂方法主要有热扩散、离子注入和合金等。

7.4.2 热扩散

热扩散出现于20世纪50年代,长期以来在晶体管和集成电路生产中得到广泛的应用。热扩散的原理是利用物质在热运动下会从浓度高处的向浓度低处运动,并最终使其分布趋于稳定。扩散方法优点是可以批量生产、容易获得高浓度掺杂。杂质热扩散有预扩散和主扩散两道工序。

预扩散工序是在硅表面较浅的区域中形成杂质分布的扩散,杂质的固溶度决定硅表面杂质浓度的大小。该过程主要是在衬底表面淀积一定数量的杂质原子。由于热扩散的温度较低、扩散的时间较短,杂质原子在衬底表面的扩散深度极浅,这一步是恒表面浓度扩散,通常也称为"预淀积"。

主扩散工序是将预扩散时形成的扩散分布进一步向深层推进的热处理工序。其是通过固态扩散向半导体内引入施主或受主杂质,这种方法需要将硅置于扩散炉内加热,其温度要在900℃以上,使杂质向半导体内部扩散,重新分布,达到所要求的表面浓度和扩散结深(或结深),这一步是有限表面恒定源扩散,也称为"再分布"。

目前,常用的热扩散工艺可分为液态源扩散、片状源扩散、固-固扩散和双温区锑扩散四种。均可以通过控制扩散温度、扩散时间以及气体流量实现对掺入杂质量的控制。

7.4.2.1 杂质扩散机制

微观扩散机制可以概括空位机制、填隙原子机制和易位机制三种。

①空位机制为在一定温度下,晶体中总会存在一定浓度的空位,处在空位近邻的杂质或基质原子可能跳进空位,本来的原子位置就成为新的空位。而另外的邻近原子也可能占据这个新形成的空位,使空位继续运动,即把原子的扩散视为空位的运动。

②填隙原子机制为原子在点阵的间隙位置间的跃迁而导致的扩散。一种为,一个原子由正常位置跳跃到间隙位置,然后由这个间隙位置跳跃到另一个间隙位置而发生的扩散现象。另一种为,从间隙位置到格点位置再到间隙位置的迁移过程,其特点是间隙原子取代近邻格点上的原子,原来格点上的原子移到一个新的间隙位置。前种填隙原子机制主要存在于溶质原子较小的间隙式固溶体中,而后种填隙原子机制主要存在于自扩散晶体中。

③易位机制为相邻原子对调位置或是通过循环式的对调位置,从而实现原子迁移的扩散,称为易位式扩散机制。此种扩散机制要求相邻的两个原子或更多的原子必须同时获得足够大的能量,以克服其他原子的作用而离开平衡位置实现易位。因而,必然会引起晶格较大的畸变,所以实现的可能性很小,在扩散中不可能起主导作用。

7.4.2.2 扩散系数与扩散方程

扩散是微观粒子的一种极为普遍的运动形式。从本质上讲,它是微观粒子作无规则热运动的统计结果。发生在晶体中的扩散,一类是外来杂质原子在晶体中的扩散,称为杂质原子扩散；另一类是在纯基体中基质原子的扩散，称为自扩散。扩散使浓度（或温度）趋于均匀的一种热运动。在此，仅讨论浓度不均匀所产生的扩散现象。假设单位时间垂直通过单位面积的扩散物质量，称为扩散通量 j，与扩散物质浓度 $n(x,t)$ 的梯度成正比

$$j = -D\,\nabla n(x,t) \tag{7-11}$$

式中，负号为粒子从浓度高处向浓度低处扩散；系数 D 为扩散系数，单位是 m^2/s，与晶体结构、扩散物质浓度及温度等有关。

式(7-11)称为费克(Fick)第一定律，适用于扩散系统的任何位置，也适用于扩散过程的任一时刻，其中 j、D 和 n 可以是常量，也可以是变量，即费克第一定律既适用于稳态扩散，也适用于非稳态扩散。

对于晶体的情形，D 一般是个二阶张量，式(7-11)可写成分量形式

$$\left.\begin{aligned} j_1 &= -D_{11}\frac{\partial n(x,t)}{\partial x_1} - D_{12}\frac{\partial n(x,t)}{\partial x_2} - D_{13}\frac{\partial n(x,t)}{\partial x_3} \\ j_2 &= -D_{21}\frac{\partial n(x,t)}{\partial x_1} - D_{22}\frac{\partial n(x,t)}{\partial x_2} - D_{23}\frac{\partial n(x,t)}{\partial x_3} \\ j_3 &= -D_{31}\frac{\partial n(x,t)}{\partial x_1} - D_{32}\frac{\partial n(x,t)}{\partial x_2} - D_{33}\frac{\partial n(x,t)}{\partial x_3} \end{aligned}\right\} \tag{7-12}$$

在立方晶体中，D 是一个标量（零阶张量）。为简单起见，通常只讨论 D 为标量的情形，并且在扩散物质浓度很低时，可认为 D 与浓度 $n(x,t)$ 无关。

扩散通量 j 的散度，还应满足连续性方程

$$\frac{\partial n(x,t)}{\partial t} = -\nabla \cdot j \tag{7-13}$$

把式(7-11)代入连续性方程，得

$$\frac{\partial n(x,t)}{\partial t} = D\,\nabla^2 n(x,t) \tag{7-14}$$

此方程称为费克第二定律。

根据实验的条件，解出式(7-14)，并且通过测量可以求出 D。以一维的形式为例

$$\frac{\partial n(x,t)}{\partial t} = D\,\frac{\partial^2 n(x,t)}{\partial x^2} \tag{7-15}$$

扩散方程随不同的坐标和不同的边界条件有不同的解法。实验上一般采用两种边界条件，即恒定源扩散和恒定表面浓度扩散。

恒定源扩散，一定量 Q 的粒子由晶体的表面向内部扩散，即当开始时

$$\left.\begin{aligned} t=0,x=0,n(0,0) &= Q \\ t=0,x\neq 0,n(x,0) &= 0 \end{aligned}\right\} \tag{7-16}$$

当 $t>0$ 时，扩散到晶体内部的粒子总数为 Q，即：

$$\int_0^{\infty} n(x,0)\,\mathrm{d}x = Q \tag{7-17}$$

那么，式(7-15)的解为

$$n(x,t) = \frac{Q}{\sqrt{\pi D t}}\exp\left(-\frac{x^2}{4Dt}\right) \tag{7-18}$$

恒定表面浓度扩散，扩散粒子在晶体表面的浓度 $n(0,0)$ 保持不变，其边界条件为

$$\left.\begin{array}{l} x=0, t\geqslant 0, n(0,t)=n(0,0) \\ x\neq 0, t=0, n(x,0)=0 \end{array}\right\} \tag{7-19}$$

据此边界条件式(7-15)的解为

$$n(x,t)=\frac{n(0,0)}{\sqrt{\pi Dt}}\int_0^{\infty}\exp\left[-\frac{(x-x')^2}{4Dt}\right]\mathrm{d}x' \tag{7-20}$$

式中，x' 为积分变量。

如果令

$$\frac{(x-x')^2}{4Dt}=\beta^2 \tag{7-21}$$

那么，式(7-21)可变为

$$\begin{aligned} n(x,t) &= \frac{2n(0,0)}{\sqrt{\pi}}\int_{\frac{x}{2\sqrt{Dt}}}^{\infty}e^{-\beta^2}\mathrm{d}\beta \\ &= n(0,0)\left[1-\frac{2}{\sqrt{\pi}}\int_0^{\frac{x}{2\sqrt{Dt}}}\exp(-\beta^2)\mathrm{d}\beta\right] \\ &= n(0,0)\left[1-\mathrm{erf}\left(\frac{x}{2\sqrt{Dt}}\right)\right] \end{aligned} \tag{7-22}$$

式(7-22)是一个宽度随时间增大的高斯分布。若扩散的是放射性的原子，容易测出不同位置 x 的原子浓度分布 $n(x,t)$。

7.4.2.3 扩散层质量参数

对热扩散工艺来说，主要的目的就是获得合乎要求、质量良好的扩散层。具体来说，就是控制好各次扩散的结深、方块电阻、表面浓度和杂质分布以及次表面浓度和次表面层薄层电阻，获得合乎要求芯片和晶体管的 pn 结、耐压和放大倍数等电学特性。因此，扩散层质量参数主要体现在扩散的深度(或结深)，方块电阻、扩散的表面浓度等方面。具体的主要参数如下。

(1)结深

在扩散时，若扩散杂质和衬底杂质的类型不同，则扩散后在衬底中形成 pn 结。通常，从扩散层表面到扩散层浓度等于衬底浓度处之间的距离称为扩散结深，以微米为单位计量。扩散结深的大小通常受到扩散时间和扩散温度的影响，但后者影响的作用更大。除此之外，凡是对扩散系数有影响的因素，对实际结深均有影响。同时，衬底的浓度和再分布的氧化速率对扩散结结深也有一定的影响。

(2)方块电阻

方块电阻是标志扩散层质量的一个重要参数，一般用 $R_\square$(或 R_s)表示。如图 7-9 所示，结深为 x_j 的一个正方形扩散层，对于这样一个正方形扩散层的薄层电阻，可表示为

$$R_\square=\rho\frac{l}{lx_j}=\frac{\rho}{x_j} \tag{7-23}$$

式中，l 为正方形的边长；ρ 为电阻率。

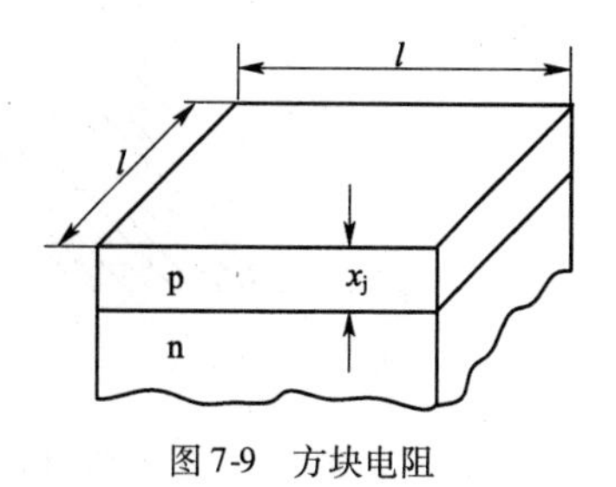

图 7-9 方块电阻

可见,薄层电阻与薄层电阻率成正比,与薄层厚度(结深)成反比,而与正方形的边长无关,ρ/x_j所代表的是一个方块的电阻,故称为方块电阻,单位为 Ω/□。

(3)表面浓度

表面浓度是半导体产品设计或制造过程中,分析问题时经常要用到的又一个重要的参数。表面浓度不同,杂质分布可以有很大的差异,从而对器件的特性带来影响。然而,即使表面浓度 N_S相同,分布仍然是不确定的,如图 7-10a)所示。反之,方块电阻 $R_□$相同,分布也不确定,如图 7-10b)所示。根据方块电阻 $R_□$与杂质总量 Q 的关系,以及杂质总量 Q 和结深 x_j的表达式,在衬底杂质浓度不变的情况下,方块电阻 $R_□$、表面浓度 N_S和结深 x_j三者之间存在对应的关系。已知其中两个,第三个就唯一被确定,从而确定杂质的分布。反之亦然,如图 7-10c)所示。可见,方块电阻 $R_□$、表面浓度 N_S和结深 x_j都是描述杂质分布常用的相关的参数。

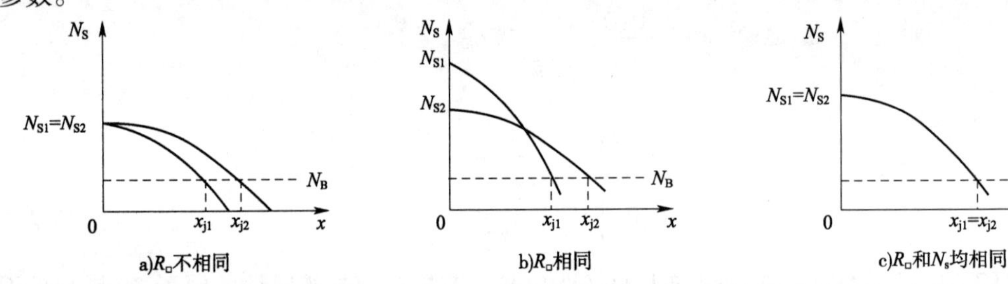

图 7-10　同种分布函数下,$R_□$、N_S和 x_j之间的关系

表面浓度的大小一般由扩散形式、扩散杂质源、扩散温度和时间所决定。恒定表面源扩散,表面浓度的数值基本上就是扩散温度下杂质在衬底的固溶度,对于有限表面源扩散,表面浓度则由预淀积的杂质总量和扩散时的温度和时间决定。

同时,表面浓度的大小,还与氧化温度和时间有关。氧化温度愈高,杂质扩散愉快,就愈能减弱杂质在表面附近的堆积。氧化时间愈长,再分布所影响到的深度就愈大。因此,杂质再分布影响到的扩散深度和杂质浓度的分布,与氧化温度和时间有很大的关系,这当然也包括了对表面浓度的影响。

(4)次表面浓度和次表面层薄层电阻

在晶体管的设计和扩散层的分析中,常要用到次表面薄层的概念。次表面薄层就是指扩散表面之下,自某个深度 x 的平面到 pn 结位置之间的一个薄层。例如,双极型扩散晶体管的基区就属于这种情况,如图 7-11 所示,在 x_{jE}处的杂质浓度就称为次表面浓度。

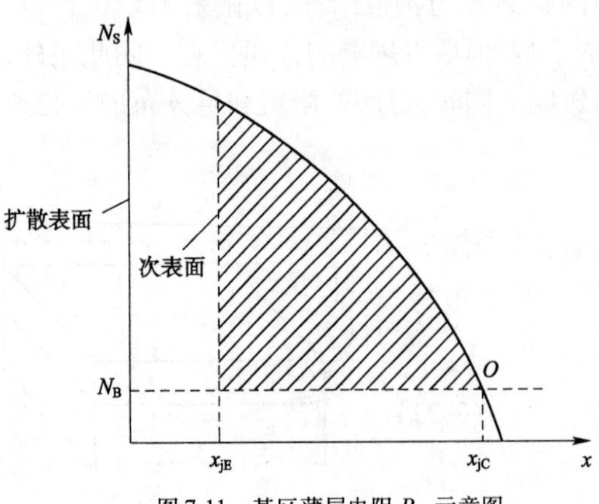

图 7-11　基区薄层电阻 $R_□$示意图

由薄层电阻的定义可知,次表面层薄层电阻可表示为

$$R_□ = \frac{\bar{\rho}}{x_{jC} - x_{jE}} = \frac{1}{\bar{\sigma}(x_{jC} - x_{jE})} \quad (7\text{-}24)$$

式中,x_{jC}和 x_{jE}就分别为基区扩散和发射的结深,$\bar{\rho}$ 为基区薄层的平均电阻率。

$R_□$在此即为基区薄层电阻,它与扩散层薄层电阻不同,因为它只是反映了基区薄层内净杂质的总量,如图 7-11 中的阴影部分。

7.4.3 离子注入

离子注入技术提出于 20 世纪 50 年代,起初是应用在原子物理和核物理究领域。在 1970 年左右,这种技术被引进半导体制造行业。离子注入技术有很多传统工艺所不具备的优点。例如,加工温度低、易做浅结、大面积注入杂质仍能保证均匀、掺杂种类广泛,并且易于自动化。

相比扩散掺杂,离子注入掺杂具有以下优点。

①可在较低的温度下,将各种杂质掺入到不同的半导体。

②能精确控制掺入晶圆片内杂质的浓度分布和注入深度。

③可以实现大面积均匀掺杂,而且重复性好。

④掺入杂质纯度高。

⑤注入粒子的直射性好,杂质的横向扩散小。

⑥可以得到理想的杂质分布。

⑦工艺条件容易控制。

离子注入工艺由于其不可比拟的优势,已成为超大规模集成电路制造中不可缺少的最主要的掺杂工艺。离子注入技术的应用,推动了半导体器件和集成电路工业的快速发展,从而使集成电路的生产进入了大规模及超大规模时代。

7.4.3.1 离子注入的基本原理

用能量为 100keV 量级的离子束入射到材料中去,离子束与材料中的原子或分子将发生一系列物理的和化学的相互作用,入射离子逐渐损失能量,最后停留在材料中,并引起材料表面成分、结构和性能发生变化,从而优化材料表面性能或获得某些新的优异性能。

7.4.3.2 离子注入的基本结构

离子注入机总体上分为七个主要的部分,如图 7-12 所示。

①离子源是用于离化杂质的容器。常用的杂质源气体有 BF_3、AsH_3 和 PH_3 等。

②质量分析器主要用于不同离子具有不同的电荷质量比,在分析器磁场中偏转的角度不同,可分离出所需的杂质离子,且离子束很纯。

③加速器为在高压静电场下,用来对离子束加速。该加速能量是决定离子注入深度的一个重要参量。

④中性束偏移器是利用偏移电极和偏移角度分离中性原子。

⑤聚焦系统是用来将加速后的离子聚集成直径为数毫米的离子束。

⑥偏转扫描系统是用来实现离子束在 x、y 方向的一定面积内的扫描。

⑦工作室是用来放置样品的地方,其位置可调。

7.4.3.3 离子注入的工艺流程

(1)离子源与衬底

离子源主要采用含杂质原子的化合物气体,如硼源有 BF_3、BCl_3;磷源有 H_2+PH_3;砷源为 H_2+AsH_3。图 7-13 为离子注入时[111]晶向硅的放置方法。为防止沟道效应,一般采用偏离晶向 7°,平面偏转 15°的注入方式。

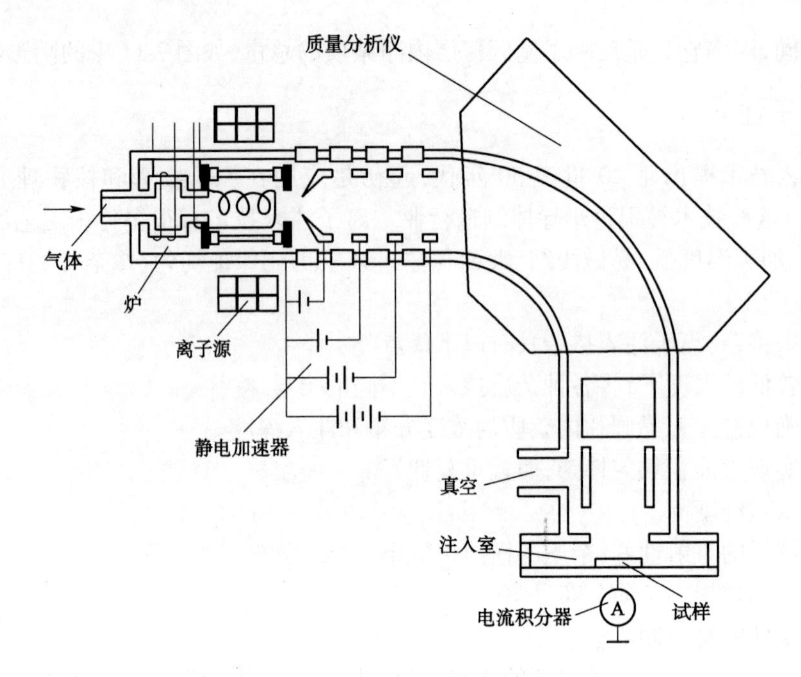

图 7-12　离子注入系统示意图

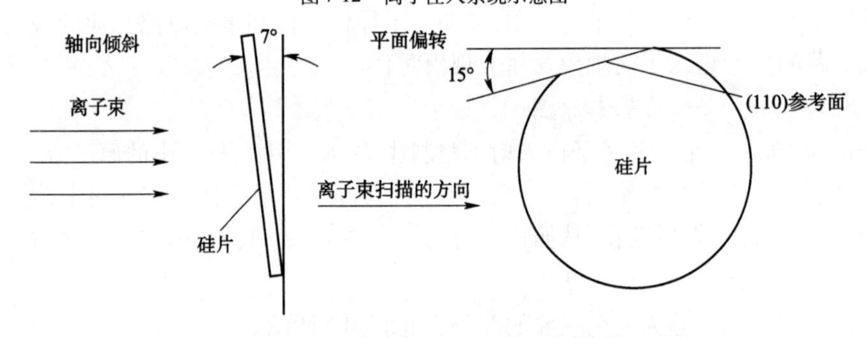

图 7-13　离子注入时(111)晶向硅的放置方法

(2)掩模

因为离子注入是在常温下进行的,所以光刻胶、二氧化硅、金属薄膜等多种材料都可以作为掩模使用,要求掩模效果达到99.99%。

光刻胶作为掩模时,光刻显影后无须坚膜即可直接进行离子注入。负胶离子注入后,胶膜的高聚物交联,难以用一般的方法去除,多数采用等离子干法去胶;或者可将胶膜尽量做厚,使注入的离子只分布在胶的外层,胶/硅界面的胶未受离子轰击,这样易于去除。

二氧化硅作为掩模时,离子注入容易导致二氧化硅薄膜损伤,在后面工艺操作时,与光刻胶黏附性下降,二氧化硅的腐蚀速率增快1~2倍。

(3)工艺方法

直接注入法。离子在光刻窗口直接注入Si衬底,直接注入杂质一般在射程大、杂质重掺杂构成深pn结工艺中采用。

间接注入法。离子通过介质薄膜(如氧化层或光刻胶)注入衬底晶体。间接注入法介质薄膜有保护硅作用,沾污少,可获得精确的表面浓度。

多次注入法。可先注入离子(如 Ar),使单晶硅转化为非晶态,再注入所需杂质,目的是使杂质纵向分布精确可控,与高斯分布接近。也可以将不同能量、剂量的杂质多次注入到衬底硅中,目的是使杂质分布为设计形状。

(4)退火

退火有高温退火、激光退火和电子束多种,后两种方法是近年出现的低温退火工艺。

高温退火是在扩散炉内,一般用 N_2 保护,或者通 O_2 同时生长氧化层。表 7-2 所示为典型的退火工艺条件和效果。

典型的退火工艺条件和效果 表 7-2

温度(℃)	时间(min)	效 果
450	30	杂质电活性部分激活,迁移率 20% ~50%
550	30	低剂量硼(10^{12} ions/cm^2)激活,迁移率 50% 恢复
600	30	非晶→单晶,大剂量磷(10^{15} ions/cm^2)激活,迁移率 50% 恢复
800	30	大剂量硼,20% 激活,其他元素 50% 恢复
950	10	杂质全部激活,迁移率、少子寿命恢复

7.4.3.4 注入离子的分布

注入离子的纵向浓度分布,如图 7-14 所示,可取高斯分布。

$$N(x) = N_{\max}\exp\left[-\frac{1}{2}\left(\frac{x-R_p}{\Delta R_p}\right)^2\right] \tag{7-25}$$

式中,$N(x)$为距离靶表面为 x 的注入离子浓度;ΔR_p是标准差,可查表得到;$N_{\max}$为峰值处浓度,它与注入剂量 N_S关系为

$$N_{\max} = \frac{N_S}{\sqrt{2\pi}\Delta R_p} \approx \frac{0.4N_S}{\Delta R_p} \tag{7-26}$$

通过上述对离子注入技术的基本原理、基本结构以及一些应用的介绍,可以清楚地认识到离子注入技术的重要性。半导体掺杂仍是未来电子技术发展水平的瓶颈,因为要想突破现有的集成规模,必须能够制造出更加精细化的元器件,这就需要掺杂工艺更加精细,更具有可控性。因此,对离子注入技术的改进是未来高精工艺的发展方向。

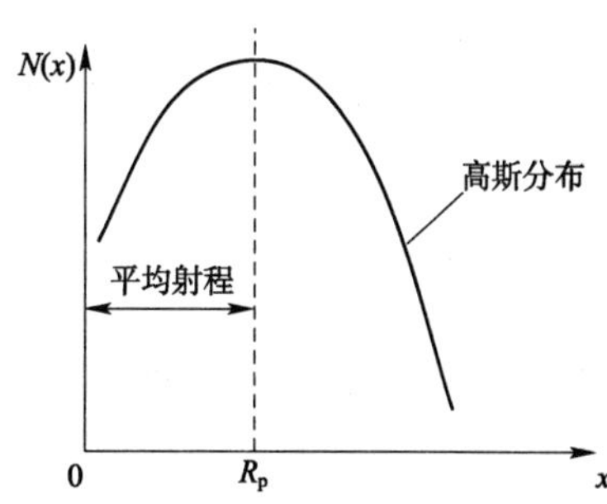

图 7-14 离子纵向浓度高斯分布示意图

同时,离子注入也存在如下不足。

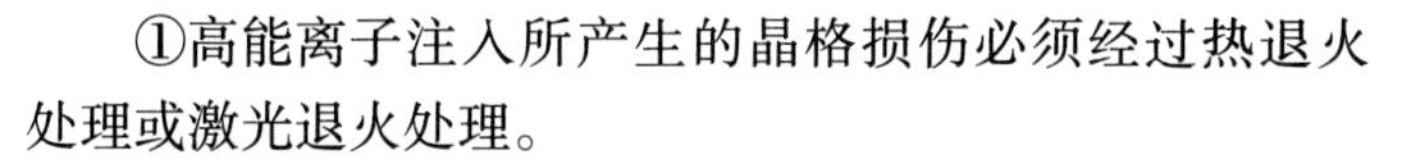

①高能离子注入所产生的晶格损伤必须经过热退火处理或激光退火处理。

②高浓度的离子掺杂受到限制。

③在不存在严重的晶格损伤的条件下,离子注入的深度有限。

④离子穿透是各向异性的(即在各个晶向上离子穿透是不同的)。

⑤离子注入设备复杂且昂贵。

7.4.4 其他掺杂方法

除以上两种主要的掺杂方法之外,还有中子嬗变、合金技术等掺杂方法。中子嬗变是采

用中子辐照的办法对材料进行掺杂的一种技术。对于半导体硅,通过热中子的辐照,可使部分的Si同位素原子转变为磷(P)原子,出现了施主磷而使Si成为了n型,掺入的杂质浓度分布非常均匀。合金技术掺杂是将掺杂球放置到半导体单晶片上,加热到共熔状态,然后降温,掺杂相从共熔体析出,沿着半导体晶片的晶向生长,一般情况下适用于锗,最大的特点为杂质均匀分布。同时,分布的pn结为突变结。目前,在半导体工艺中,通常采用两种或两种以上的掺杂方法相结合,得到特定器件杂质分布的需求。

习 题

1. 衬底的主要清洗方法有哪几种,各自的特点是什么?
2. 二氧化硅的用途有哪些?
3. SiO_2按结构特点分为哪些类型?热氧化生长的SiO_2属哪一类?
4. 热氧化过程中,干氧氧化、湿氧氧化薄膜质量有什么优缺点?
5. 水汽氧化和湿氧氧化,二者的区别是什么?
6. 热氧化时常见的缺陷有哪些?产生的主要原因是什么?
7. 掺氯氧化工艺对提高氧化膜质量有哪些作用?
8. 光刻胶有哪两大类,各自的优点是什么?
9. 曝光的方式有哪些,各有什么特点?
10. 刻蚀技术有哪两大类,各自使用范围是什么?
11. 在实际的光刻过程中,常出现的缺陷有哪些?
12. 什么是掺杂,掺杂的作用?
13. 掺杂的方式有哪几种,各有什么特点?
14. 热扩散的方式有哪两种,各自的作用是什么?
15. 什么是沟道效应?如何才能避免?

参考文献

[1] 杨树人,王宗昌,王兢. 半导体材料[M]. 3版. 北京:科学出版社,2013.

[2] 王蔚,田丽,任明远. 集成电路制造技术——原理与工艺[M]. 北京:电子工业出版社,2013.

[3] 李惠军. 现代集成电路制造工艺原理[M]. 济南:山东大学出版社,2007.

[4] 关旭东. 硅集成电路工艺基础[M]. 北京:北京大学出版社,2003.

[5] 王阳元,关旭东,马俊如. 集成电路工艺基础[M]. 北京:高等教育出版社,1991.

[6] 唐国洪,张佐兰. 大规模集成电路工艺原理[M]. 南京:东南大学出版社,1990.

[7] 张亚非. 半导体集成电路制造技术[M]. 北京:高等教育出版社,2006.

[8] 刘恩科,朱秉升,罗晋升. 半导体物理学[M]. 7版. 北京:电子工业出版社,2014.

第 8 章　半导体工艺仿真

随着微电子技术的快速发展,半导体工艺水平及半导体器件性能的不断提高,相应的仿真软件 TCAD(Technology Computer Aided Design)的作用功不可没。TCAD 是建立在半导体物理基础上的数值仿真工具,不仅可以对工艺条件进行仿真,取代或部分取代昂贵、费时的工艺实验,也可对不同器件进行仿真优化,获得理想的器件特性。

半导体工艺和器件仿真的软件很多。例如,美国 Synopsys 公司开发的 Sentaurus TCAD 全面继承了早期开发的 TSUPREM-4、MEDICI 和原瑞士 ISE 公司开发的 DIOS、DESSIS 的特点和优势,可以用来模拟集成器件的制备工艺、物理特性和互连线特性等。硅谷科技股份有限公司经过二十多年的不懈努力,也成功推出半导体仿真 Silvaco TCAD 工具,不仅可对半导体工艺流程进行仿真,还可对器件的电学性能、光学和热学行为进行模拟,分析其二维或三维的直流、交流和时域响应等。其中,商用的 TCAD 工具主要有半导体工艺仿真 ATHENA 软件和半导体器件仿真 ATLAS 软件。

本章主要介绍半导体仿真 Silvaco TCAD 工具的 ATHENA 部分,即工艺仿真软件。通过 ATHENA 例程的学习,深入了解半导体工艺的基本知识和流程,对读者学习半导体器件及电路制造和后道工序有一定的帮助。

8.1　ATHENA 概述

工艺仿真模块 ATHENA 是一种高级的一维和二维工艺仿真器,具有很强的模拟仿真功能。主要包括单项工艺,例如氧化、曝光、显影、刻蚀、扩散、离子注入、沉积和外延等内容。集成工艺基本是对单项工艺的一种有序组合。在 Silvaco TCAD 中,Deckbuild 是一个交互式、图形化的实时运行环境,包含仿真编辑和输入窗口以及仿真控制和输出窗口。仿真语句不仅可以直接用键盘输入,也可通过编辑窗口调用相应的工具、进行参数选择和设置,通过单击 WRITE 按钮生成。因此,工艺仿真模块 ATHENA 提供一个易于使用、模块化、可扩展的平台。

8.1.1　程序启动

Silvaco TCAD 仿真软件有 Windows 版本和 Linux(或 Unix)版本两种,而编辑窗口是在 Linux(或 Unix)版本才能使用。编辑窗口可以帮助初学者理解每一步工艺的主要参数和一些基本的语法。在 Linux(或 Unix)系统提示符下,输入 deckbuild-an& 命令,以便进入 Deckbuild 交互模式。几秒钟后 Deckbuild 主窗口显示出来(版本及目录名可能不相同),如图 8-1 所示。单击 File 下拉菜单中的 Empty Documents 选项,清空 Deckbuild 主窗口下的仿真输入窗口。

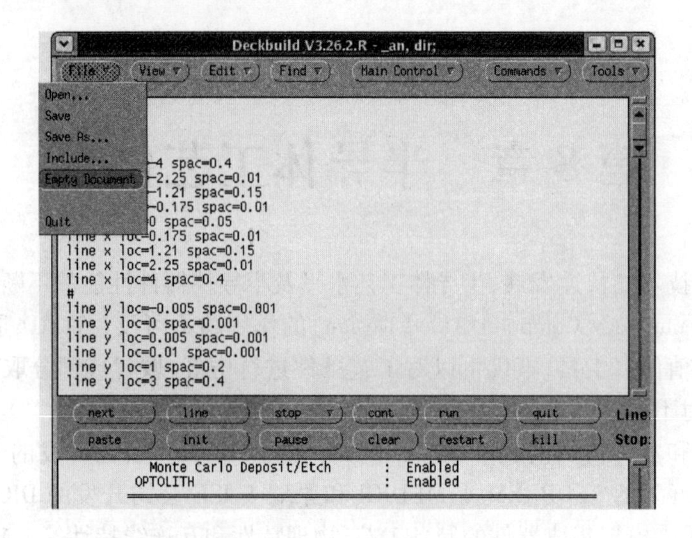

图 8-1 清空 Deckbuild 中的输入窗口

8.1.2 例子加载

Deckbuild 包括大量的仿真例子。当 Deckbuild 启动后,Examples 将会被激活。在 Main Control 下拉菜单中,点击 Examples... 菜单选项,如图 8-2 所示。

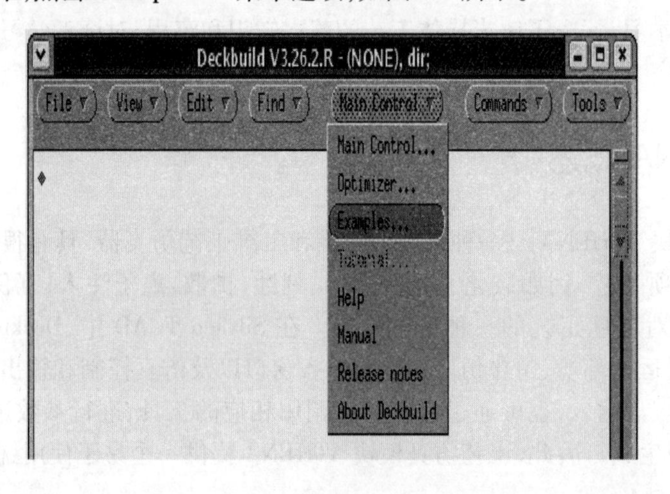

图 8-2 打开 Examples... 菜单选项

几秒钟内,Examples 窗口就会显示出来,如图 8-3 所示。在 Index 菜单下,包含几十种例子;在每种例子中,又包含诸多个子例子。可以在 Index 菜单下,通过鼠标双击需要选择例子,也可以从 Section 和 Sub-section 下拉菜单中直接选择。选取后,直接点击 Load example 按钮,如图 8-4 所示。随后,会弹出一个 Notice 窗口,点击 Confirm 按钮将实例语句加载到 Deckbuild 的输入窗口。此时,可通过控制窗口中的 run 按钮,进行模拟仿真。

若对某种器件结构没有特殊的要求,仅研究某个参数大小的变化对器件性能的影响,可直接在输入窗口对相应语句的参数进行修改,进行运行仿真。

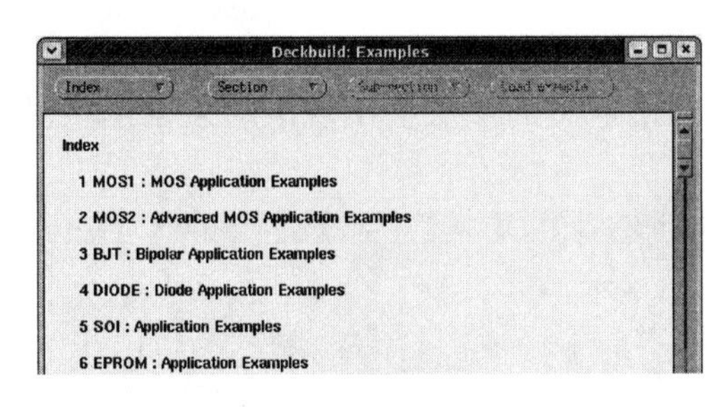

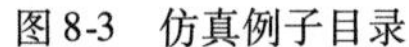
图 8-3 仿真例子目录

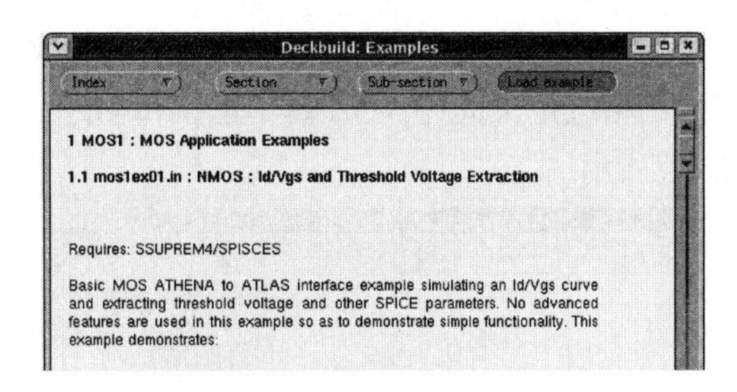

图 8-4 仿真例子加载

8.2 n 沟道 MOS 场效应晶体管仿真

为便于学习,本章以 n 沟道 MOS 场效应晶体管为例,采用编辑窗口和语法对照的方式,介绍 ATHENA 进行工艺仿真的使用方法。

8.2.1 仿真网格构建

在工艺仿真之前,需要先定义衬底,然后经过一系列工艺步骤完成所需的器件结构。主要因为,Silvaco TCAD 是基于网格计算的仿真工具,即在网格点处可以计算其特性。网格点的数目或网格的疏密决定了仿真的精度和快慢,合理定义网格的分布具有重要的意义。

8.2.1.1 网格定义方式

网格线定义的命令为 line,主要参数有 x、y、location 和 spacing 等。参数 x、y 设定网格线垂直 X 轴或 Y 轴,loc 设定网格线在坐标轴上的位置,spacing 设定在 loc 处临近网格线的间距,loc 和 spacing 的默认单位均为 μm。图 8-5 为网格划分示意图,其中 x1、x2、y1 和 y2 表示网格线在 X 轴或 Y 轴的坐标值,s1、s2、s3 和 s4 为对应坐标处网格线的间隔。

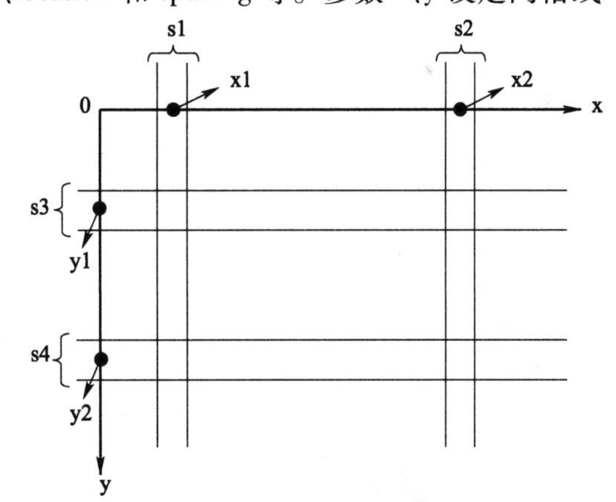

图 8-5 网格划分示意图

如果在几个 loc 处的 spacing 都是一样大小,那么网格就是均匀分布。如果 spacing 不一样,Silvaco 会自动调整并尽量使 loc 处的 spacing 和设置保持一致,系统会自动调整网格线的疏密度,将网格间距从较小值渐变到较大值,这时网格线就是非均匀分布。

8.2.1.2 在 0.6μm×0.8μm 的方形区域创建网格

①在 File 下拉菜单中,单击 Empty Document 选项,清空 Deckbuild 输入窗口;在 Deckbuild 输入窗口中输入语句 go athena,如图 8-6 所示。

②单击 Command 下拉菜单下 Mesh Define...选项,弹出 ATHENA Mesh Define 编辑窗口,如图 8-7 所示。

③在网络定义编辑窗口中,Direction 栏缺省为 X 方向。单击 Location 栏,通过滚动条或

直接输入数字值0,表示要插入的网格线定义点在位置0;单击Spacing栏,输入值0.1,表示相邻网格线定义间距为0.1。单击Insert按钮,网格定义的参数会出现滚动条菜单中,如图8-7所示。

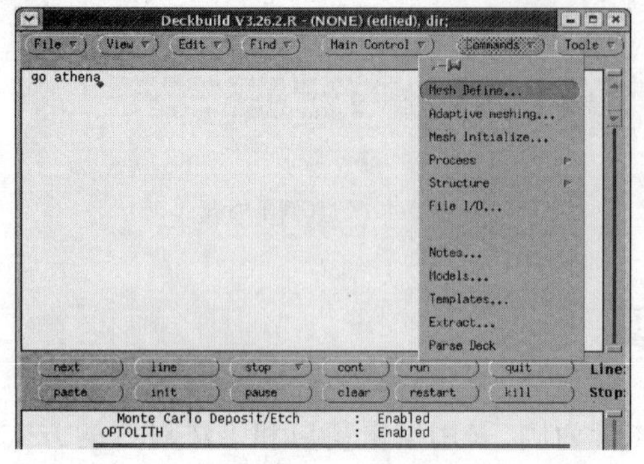

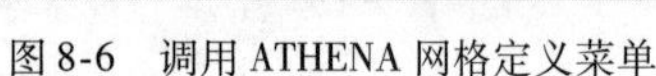
图8-6 调用ATHENA网格定义菜单

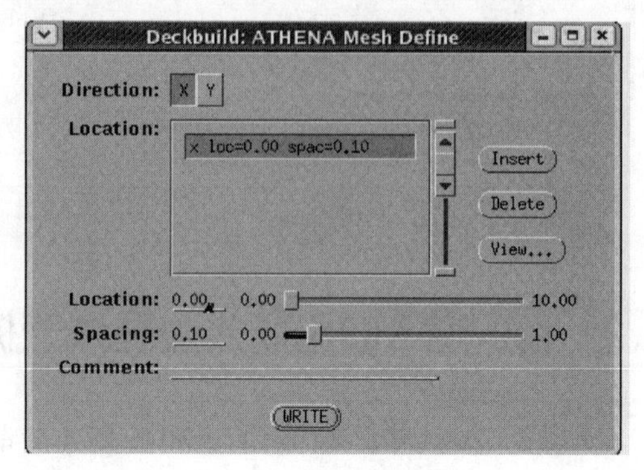

图8-7 单击Insert按钮

④在x=0.2、x=0.4和x=0.6处,分别插入第二、第三和第四个网格线定义点,并将网格间距设为0.006、0.006和0.01。X轴在右边0.2~0.4范围的区域内,定义了一个非常精密的网格,作为n沟道MOS晶体管的有源区。

⑤随后继续在Y轴上建立网格。在Direction栏中选择Y方向;单击Location栏并输入定义点的位置0,单击Spacing栏并输入网格间距值为0.002。

⑥在网格定义编辑窗口单击Insert按钮。类似X轴的输入,依次插入第二、第三和第四个Y方向的网格定义点,位置分别设为y=0.2、y=0.5和y=0.8,网格间距分别对应为0.005,0.05和0.15,如图8-8所示。

⑦在Comment栏,输入注释内容"Non-Uniform Grid"。

⑧单击WRITE按钮,网格定义语句自动写入输入窗口中,如图8-9所示。

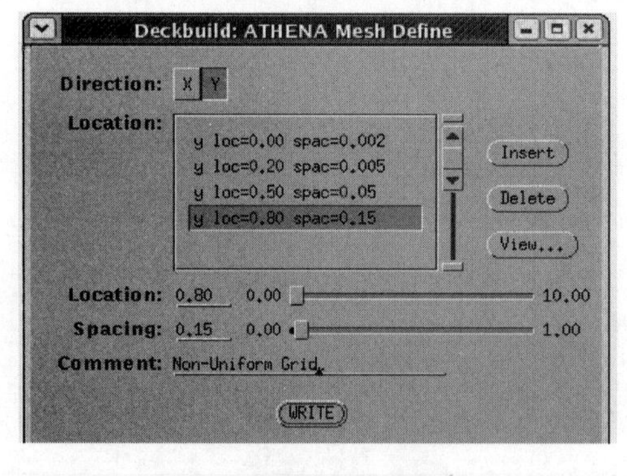

图8-8 网格定义编辑窗口

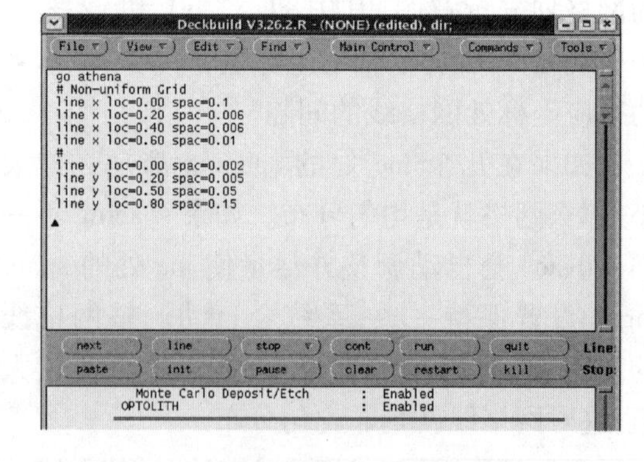

图8-9 网格定义语句

为了预览所定义的网格,在网格定义菜单中选择View键,则会显示View Grid窗口。

8.2.1.3 网格定义需要注意事项

①疏密适当,在物理量变化很快的地方适当密一些。

②不能超过上限值(20000)。

③命令line定义整个X方向和Y方向的网格分布,通常会浪费一些网格,比如表面处X

刻蚀边界可以密一些,但衬底在该X处就可以疏一些。采用relax命令就可以在line定义好的网格分布基础上释放一些网格点。

④仿真中很多问题实质是网格设置的问题,要注意查看报错的信息和网格定义相关的命令和参数。

8.2.2 衬底初始化

网格定义菜单确定的Line语句只是为ATHENA仿真结构建立一个直角网格系基础。下一步是衬底区的初始化,对仿真结构进行初始化的步骤如下。

①单击Command下拉菜单中Mesh Initialize...选项,弹出ATHENA Mesh Initialize编辑窗口,如图8-10所示。在缺省状态下,硅材料为<100>晶向。

②单击Impurity栏中的Boron,衬底以硼为背景杂质。

③假设背景杂质浓度为1.0×10^{14}atoms/cm^3。在Concentration栏,通过滚动条选择或直接输入1.0;在Exp栏中选取指数值为14(也可通过By Resistivity进行以Ω·cm为单位的电阻系数设置)。

④对于Dimensionality栏,选择2D,在二维情况下进行仿真。

⑤在Comment栏,输入注释内容"Initial Silicon Structure with <100> Orientation"。

⑥单击WRITE按钮,如图8-11所示。自动输入网格初始化的语句如下。

```
# Initial Silicon Structure with <100> Orientation
init silicon c. boron =1.0e14 orientation =100 two. d
```

在initialize语句中,orientation为硅衬底的晶向,two. d为仿真的维度。

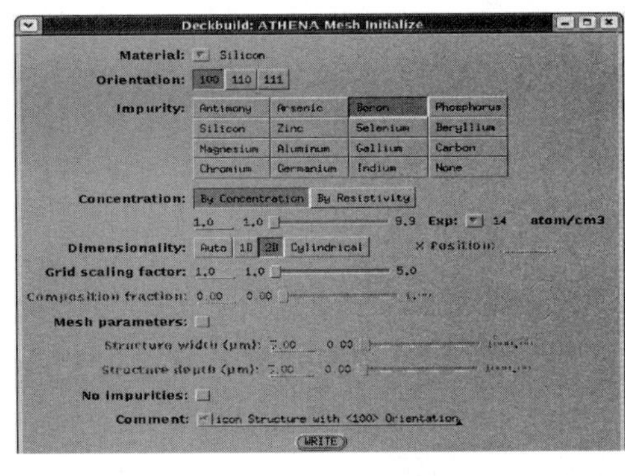

图8-10 衬底初始化编辑窗口

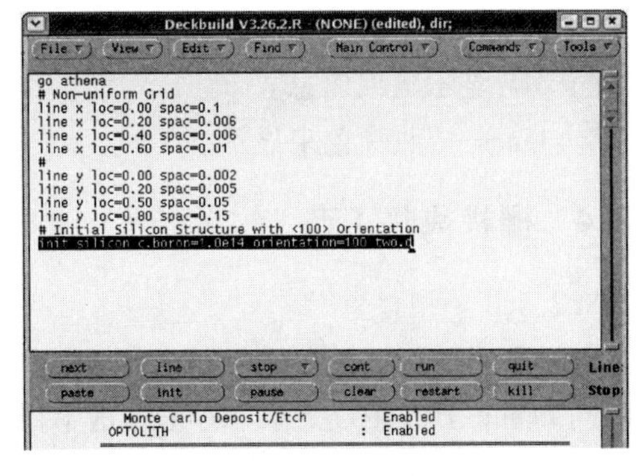

图8-11 衬底初始化语句

8.2.3 ATHENA运行及绘图

为运行ATHENA并绘图,单击Deckbuild控制窗口的run键,将会在输出窗口中,通过历史纪录功能自动产生struct outfile =. history01. str语句,如图8-12所示。利用TonyPlot(可视化工具)使初始结构可视化的步骤如下。

①在输出窗口中,选中". history01. str",依次单击Tools下拉菜单中Plot和Plot Structure...选项,将弹出TonyPlot窗口,如图8-13所示。

②在TonyPlot窗口中,依次点击Plot和Display...,将弹出Display(2D Mesh)显示方式编

辑窗口,如图 8-13 中插图。在缺省状态下,Edges 和 Regions 图像已选。把 Mesh 图像选上,并单击 Apply 按钮,将出现三角形网格。

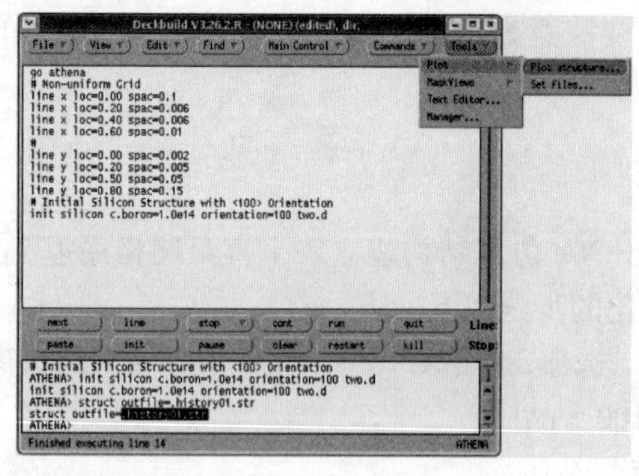

图 8-12　绘制历史文件结构

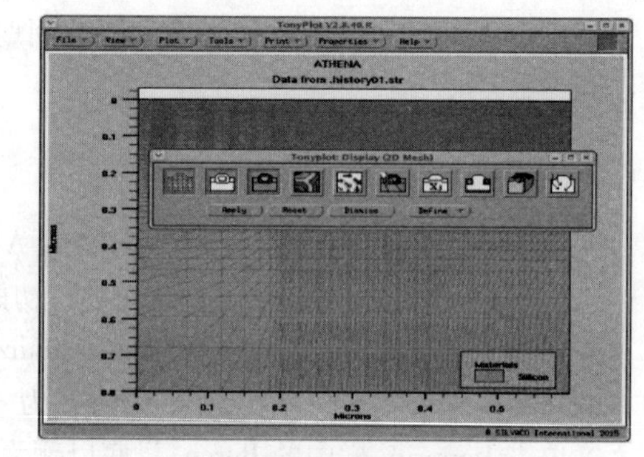

图 8-13　初始网格衬底

下面从左至右介绍 TonyPlot:Display(2D Mesh)的功能。

Mesh:显示结构中的网格分布。

Edges:显示结构的边界。

Regions:用不同颜色区分材料区域。

Contours:显示器件结构内部的物理量的分布。

Vectors:显示器件内部的矢量信息(如电场分布、电流分布……)。

Light:显示光线在器件内部的特性(光强、波长和反射率……)。

Junction:显示器件结构中 PN 结的位置。

Electrodes:显示电极的名称。

3D:显示三维信息。

Lines:按照颜色来显示。

8.2.4 栅极氧化工艺

8.2.4.1 栅极氧化

假设采用干氧氧化在硅表面生成栅极氧化层。条件是 1 个大气压,氧化温度 925℃、氧化时间 11min、HCl 浓度 3%。为完成这个任务,在 Command 下拉菜单,依次点击 Process 和 Diffuse…选项,将弹出 ATHENA Diffuse 编辑窗口,如图 8-14 所示。

①在 ATHENA Diffuse 窗口,将 Time(minutes)栏中的 30 改为 11;Temperature 栏中 1000 改为 925;在 Temp 栏中,选择 Constant。

②在 Ambient 栏中,选择 $DryO_2$ 项;激活 Gas Pressure(atm)和 HCl% 按钮,将 HCl% 改为 3;在 Comment 栏,输入注释内容"Gate Oxidation",并单击 WRITE 按钮。栅极氧化语句将被写入 Deckbuild 输入窗口,具体如下。

```
# Gate Oxidation
diffus time = 11 temp = 925 dryo2 press = 1 hcl. pc = 3
```

在 diffuse 语句中,diffus time 为扩散时间,temp 为氧化温度,dryo2 为扩散气体氛围,hcl. pc 为氧化剂气流中 HCl 的百分比。

③点击控制窗口中 Cont 按钮,运行结束将产生一个新的历史文件.history02.str(根据运行的次数,可能依次产生.history02.str,.history03.str……)。选中.history02.str,依次单击 Tools 下拉栏中的 Plot 和 Plot Structure…选项,氧化层结构将在 TonyPlot 窗口显示,如图 8-15 所示。

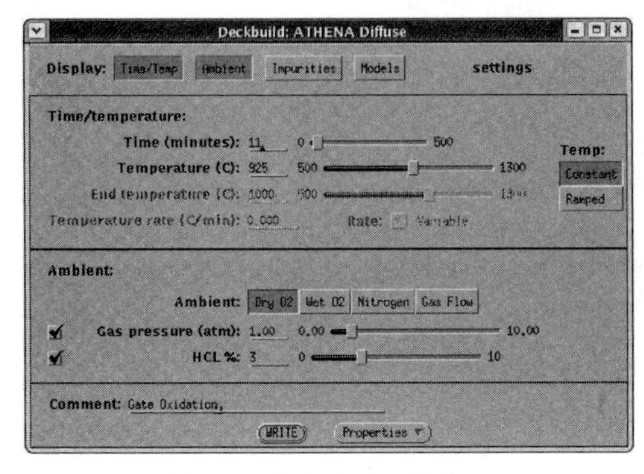

图 8-14　栅极氧化编辑窗口

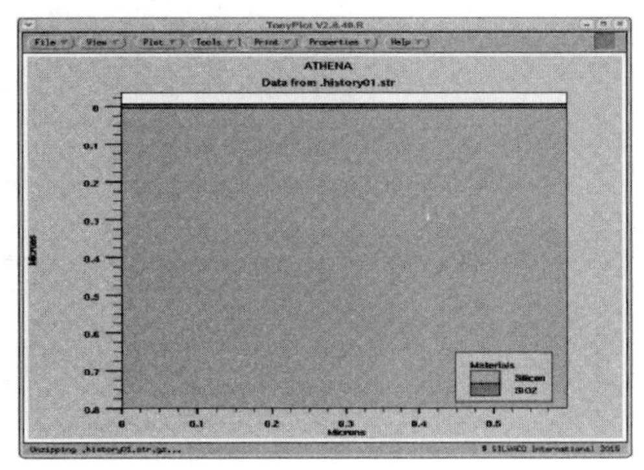

图 8-15　栅极氧化结构

8.2.4.2　抽取氧化层厚度

Deckbuild 有内建的抽取功能,在 ATHENA 中某一步工艺之后,可抽取材料厚度、结深、表面浓度、浓度分布和方块电阻等特性,自动获得抽取语句。下面以抽取栅极氧化层的厚度为例,进行阐述。

①在 Command 下拉菜单中,单击 Extract…选项,弹出 ATHENA Extract 窗口,如图 8-16 所示。Extract 栏缺省为 Material thickness;在 Name 栏中输入 Gate Oxide Layer;在 Material 栏中,通过 Material…选取 SiO_2。

②在 Extract location 栏单击 X,在 Value 栏输入数值 0.2,表示抽取 x = 0.2 处氧化层的厚度。单击 WRITE 按钮,相应语句将写入 Deckbuild 输入窗口,具体如下。

```
#extract name = "Gate Oxide Layer" thickness material = "SiO ~2" mat.occno = 1 x.val = 0.2
```

在 extract 语句中,mat.occno = 1 为说明氧化层数的参数。

③单击 Deckbuild 控制窗口的 Cont 按钮,输出窗口运行的语句显示,氧化层的厚度为 100.187Å,如图 8-17 所示。

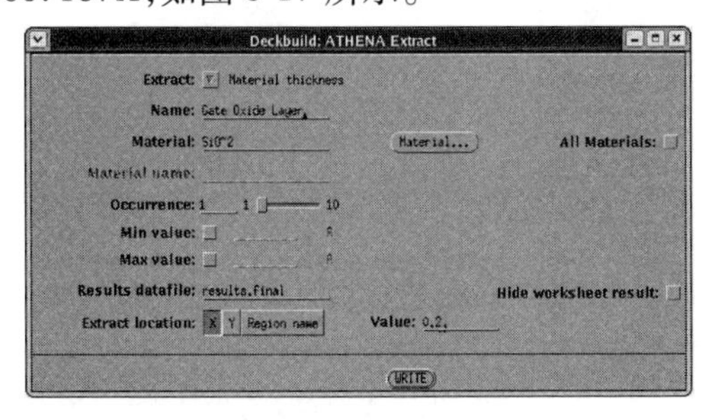

图 8-16　栅极氧化层抽取编辑窗口

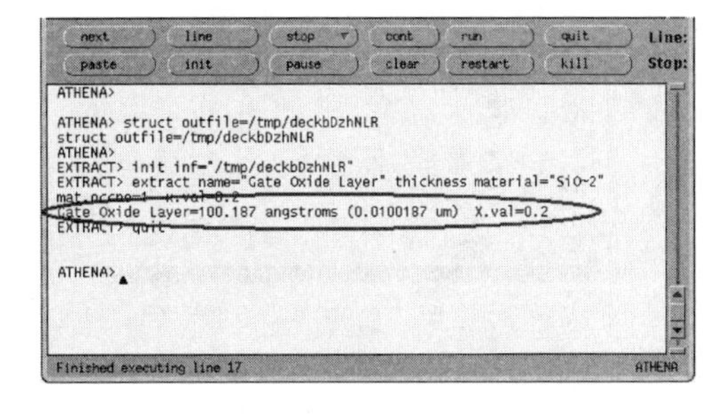

图 8-17　栅极氧化层抽取运行结果

8.2.4.3　氧化层厚度优化

假设栅氧化层需要的厚度为 105Å,需要对扩散时间和扩散温度进行调整。为了对参数进行优化,可按如下方法使用 Deckbuild 最优化参数。

①单击 Main Control 下拉菜单中 Optimizer...选项，弹出 Optimizer 编辑窗口，缺省参数表格为 Setup 模式，如图 8-18 所示。

Deckbuild: Optimizer - (NONE) (edited)

Mode Setup　File　Print　Optimize

Setup parameter	Initial value	Stop criteria	Current value
Marquardt parameter	0.2	1e3	---
Marquardt scaling	2		---
Function evaluations		30	---
Jacobian evaluations		70	---
Gradient norm	1e-9		---
Sum of squares difference	1e-6		---
F/C difference	0.3		---
RMS error (%)		0.01	---
Average error (%)		1e-4	---
Maximum error (%)		1.0	---
Successful iterations		4	---

图 8-18　Setup 模式参数表格

②在 Maximum error(%)行中，将 Stop criteria 一栏中 5 改为 1。

③在 Mode 下拉菜单中，将 Setup 模式改为 Parameter 模式，如图 8-19 所示。

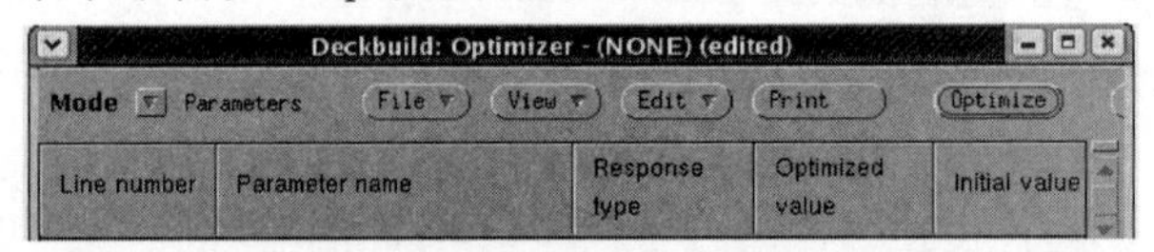

图 8-19　Parameter 模式参数表格

假设需要优化的参数包括栅极氧化过程中的扩散时间和扩散温度。为了进行优化，必须在 Deckbuild 输入窗口中选中栅极氧化语句，如图 8-20 所示。

④在 Parameter 模式参数表格中，依次单击 Edit 和 Add 菜单选项，弹出 Parameter Define 窗口，列出所有可能的参数，如图 8-21 所示。

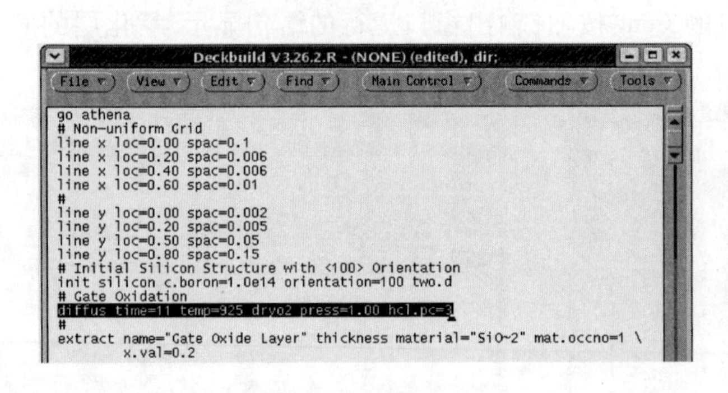

图 8-20　选中栅极氧化语句

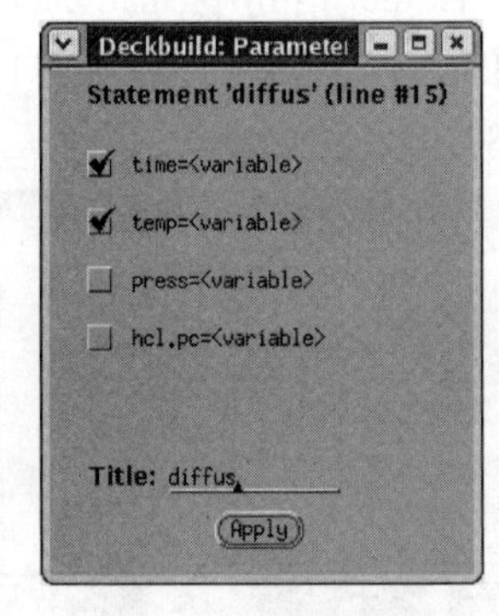

图 8-21　定义最优化参数

⑤激活要优化的参数，例如 time = <variable> 和 temp = <variable> 这两项。点击Apply 按钮，添加的最优化参数被列出，如图 8-22 所示。

⑥通过 Mode 下拉菜单，将 Parameter 模式改为 Targets 模式。

⑦返回 Deckbuild 的输入窗口，选中栅极氧化层厚度抽取语句，如图 8-23 所示。

⑧依次单击 Edit 和 Add 菜单选项，将 Gate Oxide Layer 添加到 Targets 模式参数表格中，在 Target value 列表中输入 105，如图 8-24 所示。

⑨单击 Optimize 按钮，等待一段时间之后仿真运行结束。

⑩通过 Mode 下拉菜单，设置 Graphics 模式或 Results 模式。Results 模式，如图 8-25 所示。最优化结果显示，时间为 11.3741，温度为 927.052，抽样氧化层厚度为 104.663Å。

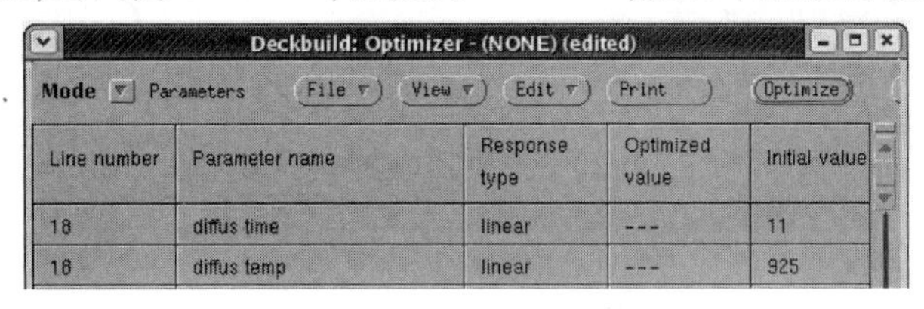

图 8-22 添加最优化参数

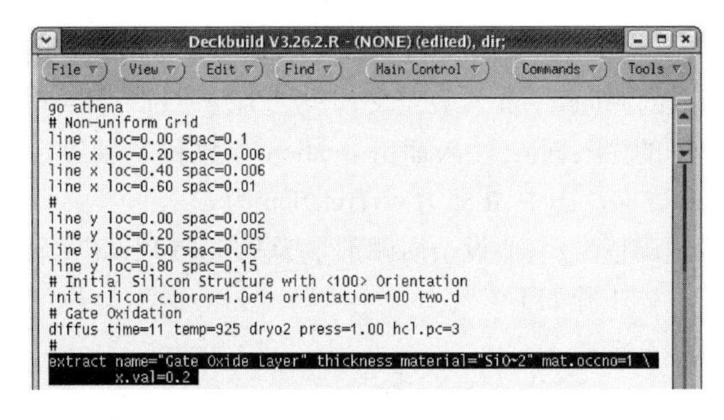

图 8-23 选中 Extract 栅极氧化层厚度语句

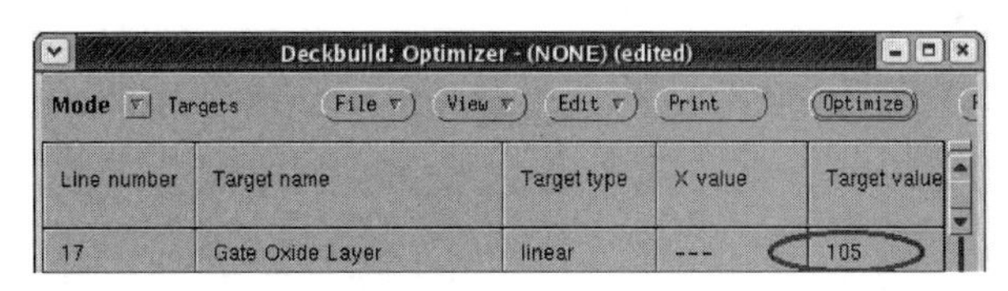

图 8-24 Targets 模式参数表格

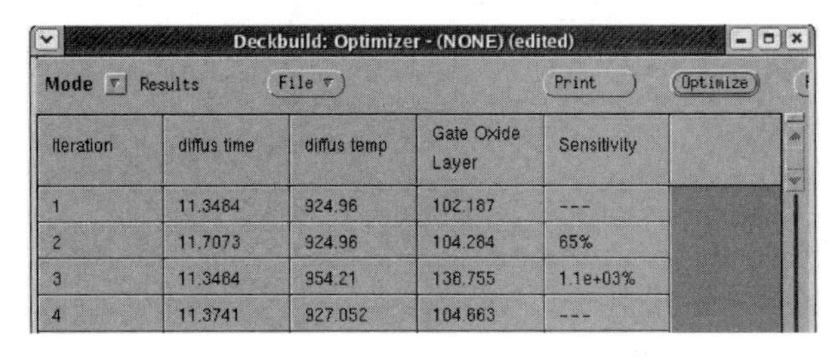

图 8-25 Optimizer 中 Results 模式

⑪为完成优化的目的，需要返回 Parameters 模式，依次单击 Edit 和 Copy to Deck 菜单选项，最优化值将在原位自动更新，如图 8-26 所示。

8.2.5 离子注入

离子注入是把某种元素的原子电离成离子，并使其在几十至几百千伏的电压下进行加速，在获得较高速度后射入放在真空靶室中的工件材料表面的一种离子束技术。在半导体技术中，离子注入是向半导体器件结构中掺杂的主要方法。

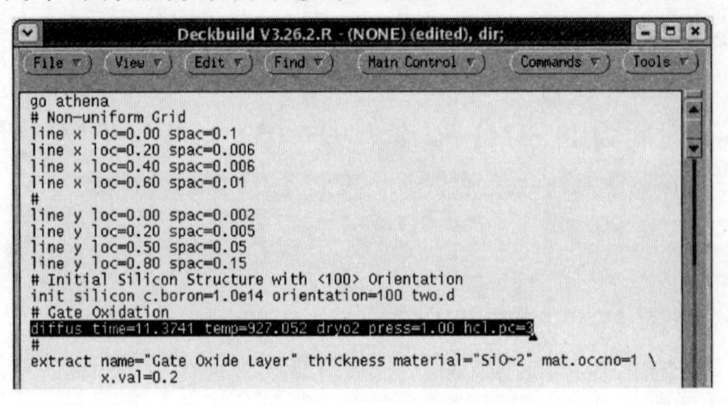

图 8-26 优化值在原位自动更新

图 8-27 为离子注入的几何示意图。离子注入中存在三个面：首先，为样品表面 Σ，晶向由仿真初始化 init 命令的 orientation 参数定义；其次，为仿真面 β，也即在 Tonyplot 中所显示的器件剖面；最后，离子的注入面 α，注入面由 rotation 参数和 Y 轴决定，注入的方向是在注入面内与 Y 轴夹角 tilt 方向。图中，θ 即为 tilt，rotation 为 φ。

下面以阈值电压的调整为例，假设杂质硼剂量为 $9.5 \times 10^{11}\,cm^{-2}$，注入能量为 10keV，tilt 为 7°，rotation 为 30°，具体步骤如下。

8.2.5.1 完成离子注入

①在 Command 下拉菜单中，依次单击 Process 和 Implant...选项，弹出 ATHENA Implant 编辑窗口，如图 8-28 所示。

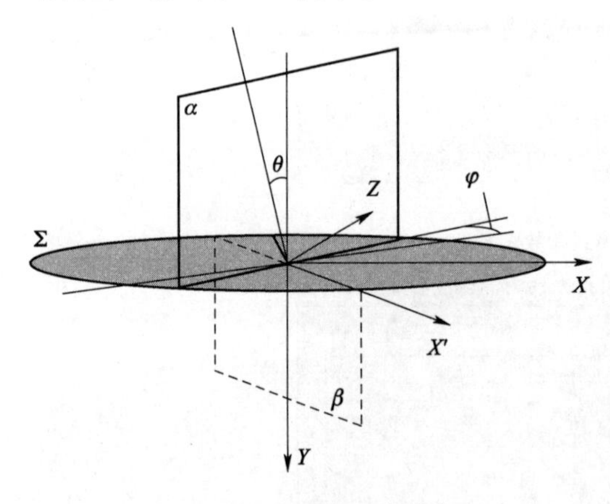

图 8-27 离子注入的几何示意图

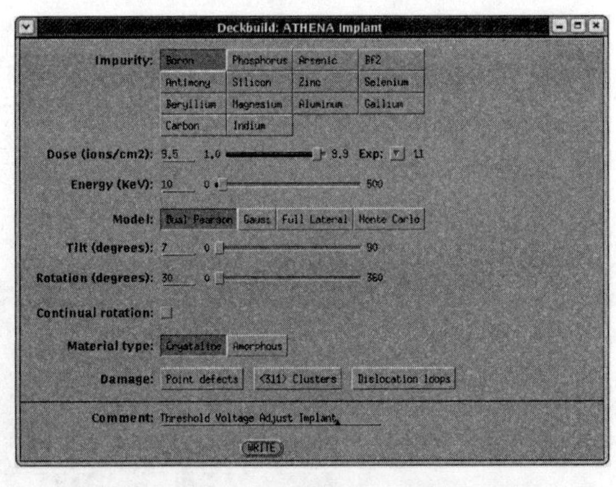

图 8-28 离子注入编辑窗口

②在 Impurity 栏选择 Boron；分别在 Dose 和 Exp 中输入值 9.5 和 11；在 Energy、Tilt 及 Rotation 栏中，分别输入 10、7 和 30，缺省为 Dual Pearson 模式；将 Material Type 栏中，选择 Crystalline。

③在 Comment 栏中，输入注释内容“Threshold Voltage Adjust Implant”；单击 WRITE 按钮，语句会写入 Deckbuild 输入窗口中，具体如下。

Threshold Voltage Adjust Implant

implant boron dose =9.5e11 energy =10 tilt =7 rotation =30 crystal

在 implant 语句中，implant boron dose 为注入硼杂质的剂量，单位为 cm^{-2}；energy 为离子的能量，单位 KeV。

④单击 Deckbuild 控制窗口上的 Cont 键，ATHENA 继续运行，在仿真输出窗口中产生一个新的历史文件。

8.2.5.2 掺杂浓度分析

硼杂质的剖面形状可以通过 2D Mesh 菜单或 TonyPlot 的 Cutline 工具进行绘制。在 2D Mesh 菜单中，硼杂质的剖面轮廓线会显现出来。在二维结构中运行 Cutline 可以创建一维的硼杂质的横截面图。

首先，用利用 2D Mesh 菜单去获得硼杂质剖面的轮廓线。

①选中阈值电压调整注入历史文件.history03.str，在 Tools 下拉菜单下，依次点击 Plot 和 Plot Structure...选项。

②在 TonyPlot 窗口中，依次选择 Plot 和 Display...选项，将弹出 Display(2D mesh)窗口。

③在 Display(2D mesh)窗口下，依次单击 Define 和 Contours...。

④弹出 TonyPlot:Contours 窗口，如图 8-29 所示。在缺省状态下，窗口中 Quantity 选项为 Net Doping，修改为 Boron；单击 Apply 按钮，运行结束后再单击 Dismiss。

其次，要从硼杂质剖面的二维结构中得到一维的横截面图，具体步骤如下。

①在 TonyPlot 窗口中，依次点击 Plot、Tools 和 Cutline...选项，弹出 Cutline 窗口。

②在缺省状态下，Vertical 图标已被选中，这将把图例限制在垂直方向。

③在结构中，从氧化层开始按下鼠标左键，并一直拖动到结构的底部，将出现一个一维的硼杂质剖面图，如图 8-30 所示。

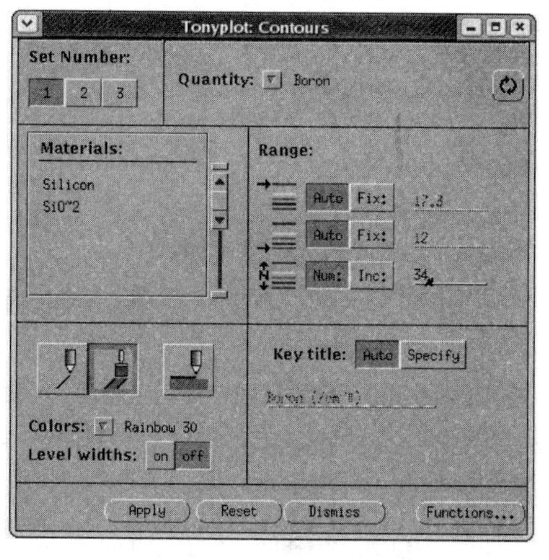

图 8-29 调用 TonyPlot:Contours 窗口

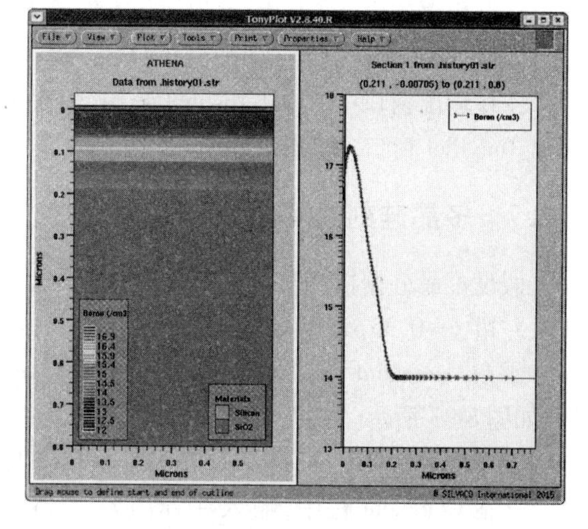

图 8-30 结构垂直方向截面图

8.2.6 多晶硅栅沉积

沉积可以用来产生多层结构。共形沉积是最简单的沉积方式，并可以在各种沉积层形状要求不是非常严格的情况下使用。在 n 沟道 MOS 场效应晶体管工艺中，多晶硅层的厚度约为2000Å,这使得用共形多晶硅沉积取而代之成为可能。为完成共形沉积,在ATHENA Commands菜单中依次选择Process、Deposit和Deposit...选项,弹出ATHENA Deposit窗口,如图8-31所示。

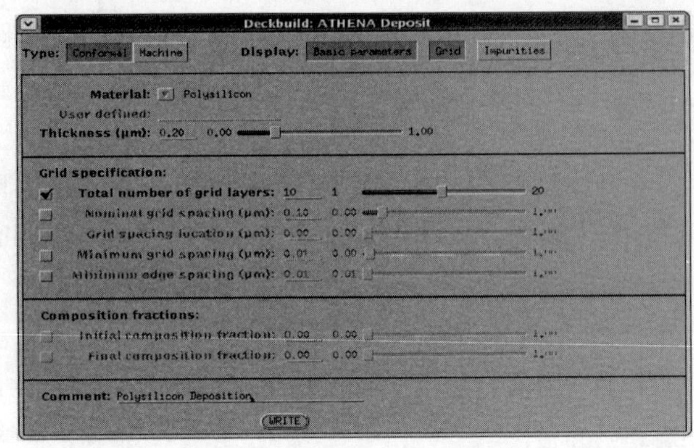

图8-31 ATHENA Deposit编辑窗口

①在Deposit编辑窗口中,沉积类型Type缺省为Conformal;在Material栏中选择Polysilicon;在Thickness栏中输入厚度值0.2;在Grid specification栏中,激活Total number of grid layers按钮,输入值为10(在一个沉积层中设定网格,可分析杂质分布)。

②在Comment栏中,输入注释内容"Polysilicon Deposition";单击WRETE按钮,在Deckbuild输入窗口中,自动写入如下语句。

```
# Polysilicon Deposition
deposit polysilicon thick =0.20 divisions =10
```

在沉积语句中,thick表示薄膜的厚度,单位为μm。

③单击Deckbuild控制窗口中的Cont键,继续进行ATHENA仿真。

④在输出窗口中,选中.history04.str,依次单击Tools、Plot和Plot Structure...菜单选项,将弹出TonyPlot窗口,如图8-32所示。

8.2.7 多晶硅刻蚀

假设多晶硅栅极网格的边缘定义为x=0.35μm,中心网格为x=0.6μm。因此,多晶硅应从左边x=0.35μm开始进行刻蚀。

①在Command下拉菜单下,依次单击Process、Etch和Etch...,将弹出ATHENA Etch窗口,如图8-33所示。在Etch Method栏中,缺省为Geometrical;在Geometrical type栏中选择Left;在Material栏中,选择Polysilicon;在Etch location栏,输入值0.35。

②在Comment栏中,输入注释内容"Polysilicon Etch";点击WRITE按钮,相应得语句如下。

```
# Polysilicon Etch
etch polysilicon left p1.x =0.35
```

③单击Deckbuild控制窗口的Cont键,继续进行ATHENA仿真。依次单击Tools、Plot和Plot Structure...菜单选项,绘制刻蚀结构,如图8-34所示。

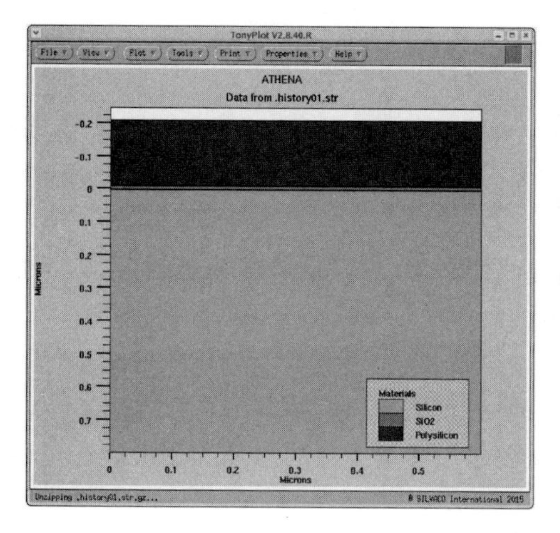

图 8-32　多晶硅层的沉积

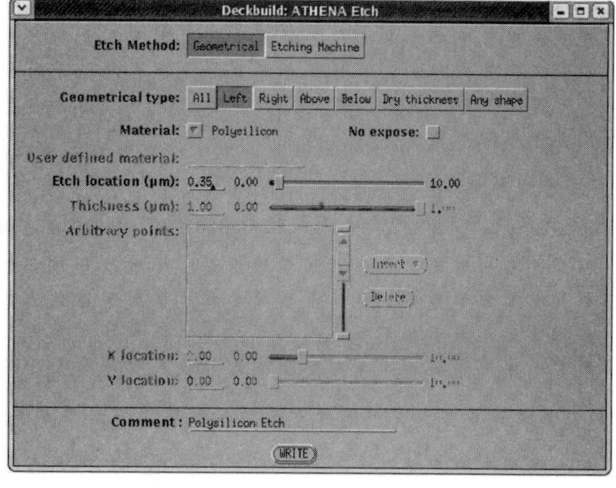

图 8-33　ATHENA Etch 编辑窗口

8.2.8　多晶硅氧化

在离子注入前，需要对多晶硅进行氧化。假设条件为 900℃，1 个大气压下进行 3min 的湿氧氧化。氧化过程要在非平面且未经破坏的多晶硅上面进行，要使用被称为 Fermi 和 Compress 的两种方法。Fermi 法用于掺杂浓度小于 $1 \times 10^{20} cm^{-3}$ 的未经破坏的衬底，Compress 法用于在非平面结构上仿真和进行二维氧化。如图 8-35 所示。

①在 Command 下拉菜单下，依次单击 Process 和 Diffuse...菜单选项，弹出 Diffuse 编辑窗口。

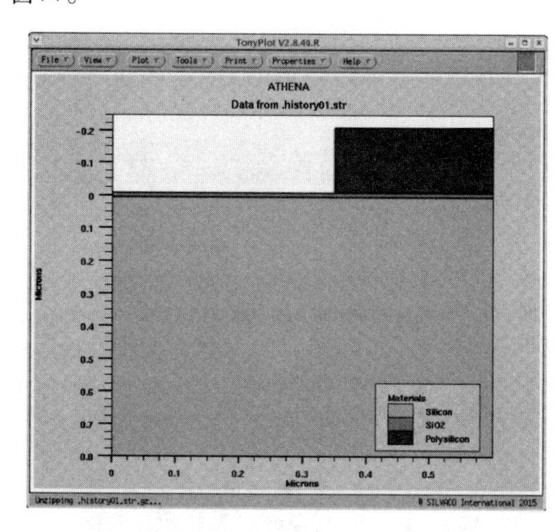

图 8-34　多晶硅的刻蚀

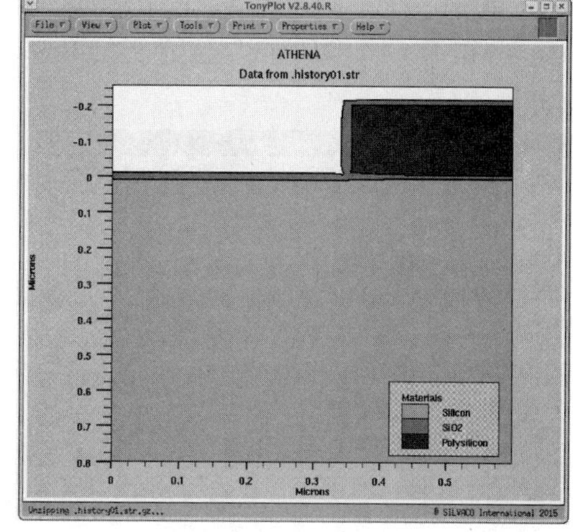

图 8-35　多晶硅氧化

②在 Display 栏，缺省为 Time/Temp 和 Ambient；在 Time 栏中，将 11 改为 3，在 Temperature 将 925 改为 900；在 Ambient 栏中，点击 Wet O_2；激活 Gas pressure 按钮，缺省值为 1.0，而不要激活 HCL 按钮。

③在 Display 栏，点击 Models；在 Models 栏中，同时激活 Diffusion 和 Oxidation 模式，分别选择 Fermi 和 Compressible 项。

④在 Comment 栏中,输入注释内容“Polysilicon Oxidation”,单击 WRITE 按钮。在 Deckbuild 输入窗口中,自动写入氧化语句如下。

```
# Polysilicon Oxidation
method fermi compress
diffus time = 3 temp = 900 weto2 press = 1.00
```

在多晶硅氧化语句中,method fermi compress 是指同时采用 Fermi 扩散和 Compressible 氧化模式两种。

8.2.9 多晶硅掺杂

在完成了多晶硅氧化之后,接下来要以磷杂质创建一个重掺杂的多晶硅栅极。这里杂质磷的剂量为 $3\times10^{13}\text{cm}^{-2}$,注入能量为 20keV。

①在 Command 下拉菜单下,依次单击 Process 和 Implant...选项,弹出 ATHENA Implant 编辑窗口,如图 8-36 所示。

②在 Impurity 栏中,将 Boron 改为 Phosphorus;在 Dose 和 Exp 两栏中,分别输入值 3 和 13;在 Energy、Tilt 和 Rotation 中分别输入值 20、7、30;在 Mode 栏中,缺省为 Dual Pearson;将 Material Type 选为 Crystalline。

③在 Comment 栏中,输入注释内容“Polysilicon Implant”;单击 WRITE 按钮,在 Deckbuild 输入窗口中,自动写入离子注入语句。

```
# Polysilicon Implant
implant phosphor dose = 3.0e13 energy = 20 rotation = 30 crystal
```

④单击 Deckbuild 控制窗口的 Cont 键,继续进行 ATHENA 仿真。

⑤点击 Display(2D Mesh)菜单上的 Contours 键及 Apply 键将结构的 Net Doping 绘制出来,如图 8-37 所示。

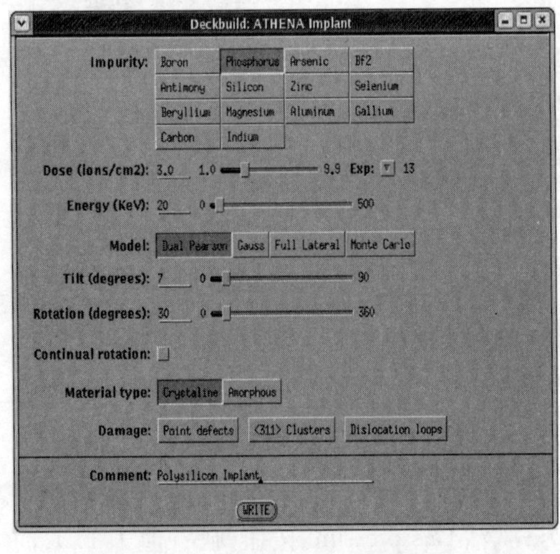

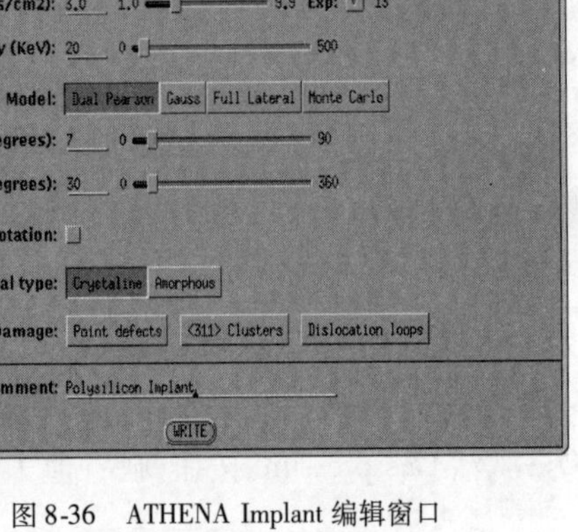

图 8-36 ATHENA Implant 编辑窗口

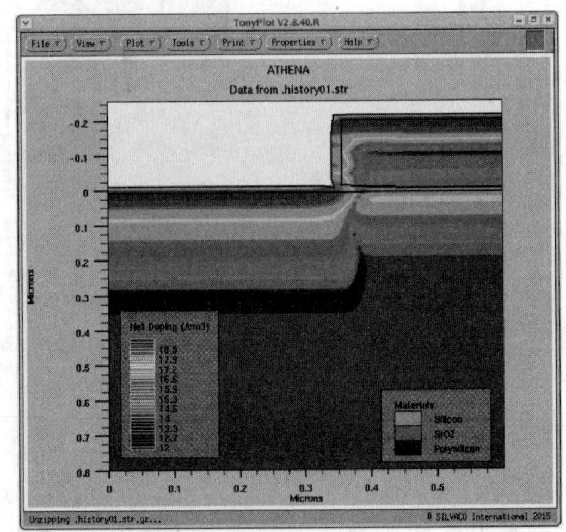

图 8-37 Net Doping 浓度分布

⑥在 Display(2D Mesh)窗口中,依次单击 Define 和 Countours...菜单选项。弹出 TonyPlot:contours 窗口。在 Quantity 选项中,将 Net Doping 改为 Phosphorus。

⑦依次单击 Apply 按钮和 Dismiss 按钮,将出现注入磷杂质的剖面结构,结果如图 8-38 所示。

8.2.10 隔离氧化层沉积

在源极和漏极植入之前,首先需要进行的是侧强隔离氧化层的沉积。假设侧墙隔离氧化层沉积的厚度为 0.12μm,可以通过 ATHENA Deposit 编辑窗口实现。

①在 Command 下拉菜单下,依次单击 Process、Deposit 和 Deposit...菜单选项,弹出 ATHENA Deposit 编辑窗口。

②在 Type 栏中,缺省为 Conformal;在 Display 栏,缺省为 Basic Parameter 和 Grid;在 Material 栏中,选择 Oxide;在 Thickness 栏,输入值为 0.12;在 Grid Specification 栏,激活 Total number of grid layers 按钮,输入值为 10;在 Comment 栏中,添加注释语句"Spacer Oxide Deposition",并单击 WRITE 按钮,在 Deckbuild 输入窗口将写入沉积语句。

```
# Spacer Oxide Deposition
deposit oxide thick =0.12 divisions =10
```

③单击 Deckbuild 控制窗口上的 Cont 键,继续进行 ATHENA 仿真。利用 Tonyplot 可视化工具绘制器件结构,结果如图 8-39 所示。

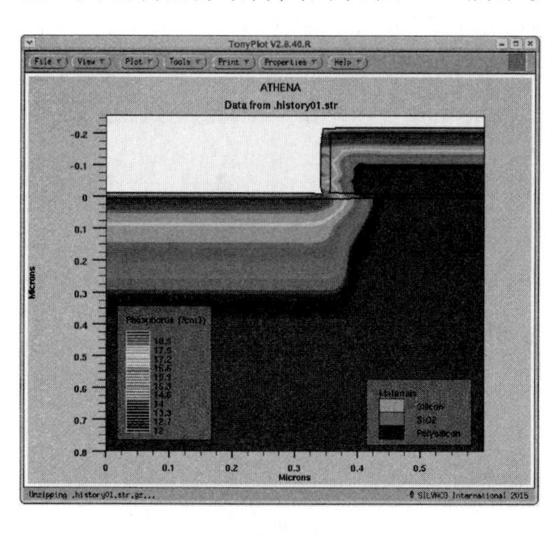

图 8-38 磷杂质的剖面结构

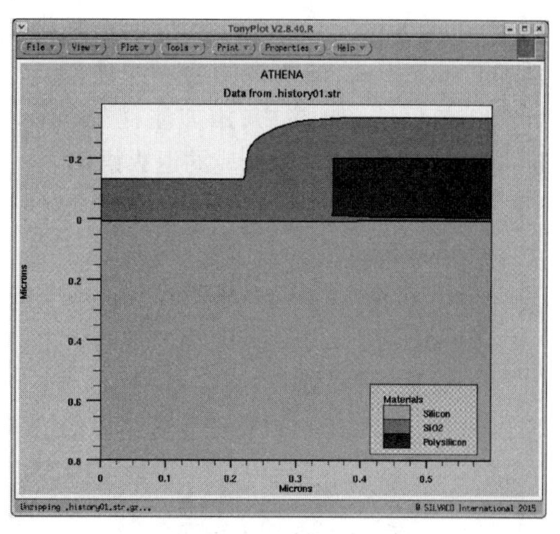

图 8-39 隔离氧化层沉积

8.2.11 隔离氧化层刻蚀

为形成侧墙氧化隔离,必须进行隔离氧化层干法刻蚀,可以通过 ATHENA Etch 编辑窗口完成。

①在 Etch Method 栏中,缺省为 Geometrical;在 Geometrical type 栏中,选择 Dry thickness;在 Material 栏中,选择 Oxide;在 Thickness 栏中输入值 0.12。

②在 Comment 栏中,输入注释内容"Spacer Oxide Etch";单击 WRITE 按钮,在 Deckbuild 输入窗口,将写入刻蚀语句。

```
# Spacer Oxide Etch
```

```
etch oxide dry thick = 0.12
```

③单击 Deckbuild 控制窗口上的 Cont 键,继续进行 ATHENA 仿真。利用 Tonyplot 可视化工具绘制器件结构,如图 8-40 所示。

8.2.12 源/漏极注入和退火

n 沟道 MOS 场效应晶体管的源/漏极为重掺杂区,需要注入砷,剂量为 $5\times10^{15}\,cm^{-2}$,注入能量为 50 keV。在打开 ATHENA Implant 编辑窗口的基础上,具体步骤如下。

①在 Impurity 栏中,将注入杂质由 Phosphours 改为 Arsenic;在 Dose 和 Exp 中分别输入 5 和 15;在 Energy、Tilt 和 Rotation 中分别输入值 50、7 和 30;将 Material Type 选为 Crystalline;在 Comment 栏中,输入注释内容"Source/Drain Implant";单击 WRITE 按钮,在 Deckbuild 输入窗口中,写入注入语句。

```
# Source/Drain Implant
implant arsenic dose = 5.0e15 energy = 50 rotation = 30 crystal
```

随后,对源/漏极注入进行一个短暂的退火工艺,条件是 1 个大气压,900℃,1min,氮气环境。该过程利用 ATHENA Diffuse 编辑窗口实现。

②在 Diffuse 编辑窗口中,将 Time 和 Temperature 栏的值分别设为 1 和 900;在 Ambient 栏中,单击 Nitrogen;激活 Gas Pressure 按钮,缺省值为 1;在 Display 栏中,单击 Modes 选项,激活 Diffusion 模式,选中 Femi 菜单选项。

③在 Comment 栏中,添加注释"Source/Drain Annealing"。单击 WRITE 按钮,在 Deckbuild 输入窗口中,写入相应的退火语句。

```
# Source/Drain Annealing
method fermi
diffus time = 1 temp = 900 nitro press = 1.00
```

在该语句中,nitro press 为氮气的压力,单位为 atm。

④单击 Deckbuild 控制窗口中 Cont 键,继续进行 ATHENA 仿真。利用 ATHENA Tonyplot 窗口和 Display(2D)窗口,绘制砷杂质的浓度分布结构,如图 8-41 所示。

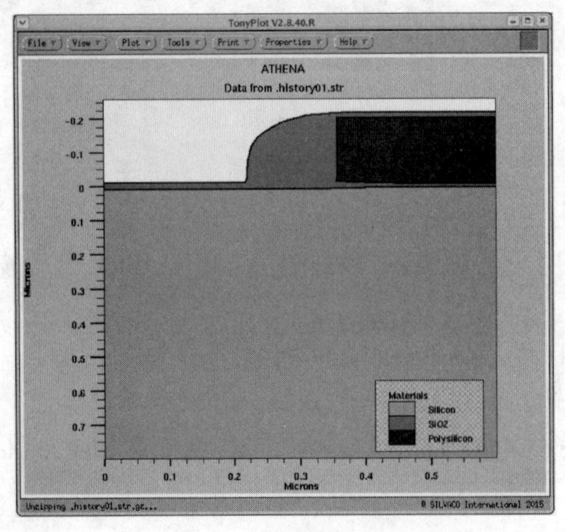

图 8-40 侧墙氧化隔离刻蚀

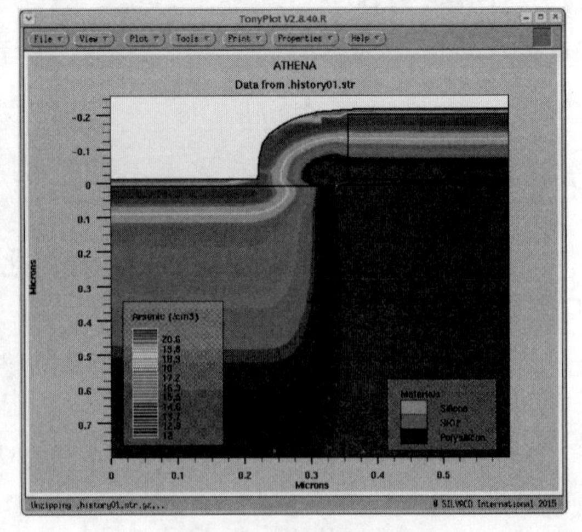

图 8-41 砷杂质的浓度分布

8.2.13 金属沉积

ATHENA 可以在任何金属、硅化物或多晶硅区域上沉积电极。一种特殊的方法是将电极放在背部(backside)而不需要沉积金属。对于 n 沟道 MOS 场效应晶体管结构的金属沉积,可通过下面的方法完成。

首先,在源/漏极区域形成接触孔,将铝沉积上去。为了形成源/漏极区域的接触孔,氧化层应从 x =0.2μm 开始刻蚀。具体步骤如下。

①在 ATHENA Etch 窗口的 Geometrical type 栏中,单击 Left;在 Material 栏中,选择 Oxide;在 Etch location 栏中输入 0.2;在 Comment 栏中,添加注释内容“Open Contact Window”;单击 WRITE 按钮,将写入如下语句。

```
# Open Contact Window
etch oxide left p1.x =0.20
```

在氧化层刻蚀语句中,p1.x 代表刻蚀的位置。

②继续 ATHENA 仿真,并用 TonyPlot 可视化工具将刻蚀后的结构绘制出来,如图 8-42 所示。

其次,利用 ATHENA Deposition 窗口,在 n 沟道 MOS 场效应晶体管的表面沉积一个厚度为 0.03μm 的铝层。具体步骤如下。

①在 Material 栏中,选择 Aluminum;在 Thickness 栏中,输入 0.03;将 Grid specification 栏的参数 Total number of grid layers 设置为 2。

②在 Comment 栏中,添加注释内容“Aluminum Deposition”,并单击 WRITE 按钮。金属沉积语句将会写入 Deckbuild 输入窗口中。

```
# Aluminum Deposition
deposit aluminum thick =0.03 divisions =2
```

③继续 ATHENA 仿真,通过 TonyPlot 可视化工具将沉积铝的结构绘制出来,如图 8-43 所示。

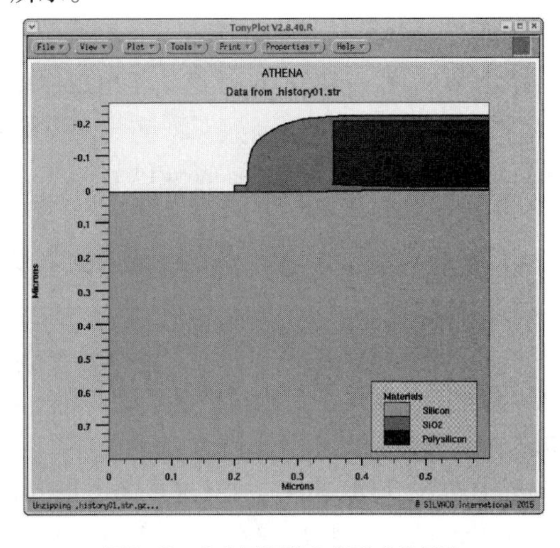

图 8-42 在金属沉积之前形成接触孔

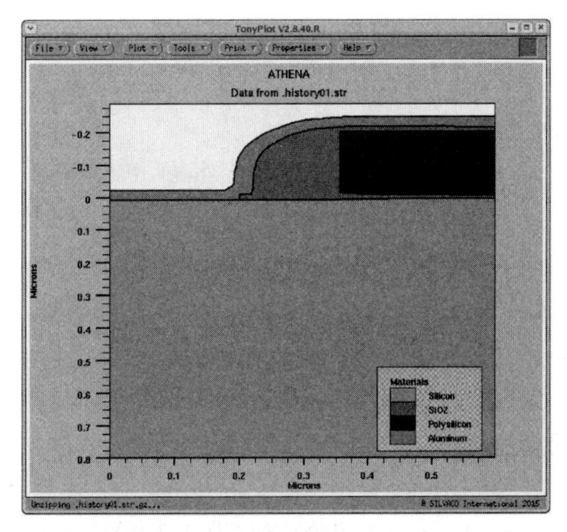

图 8-43 n 沟道 MOS 场效应晶体管上铝的沉积

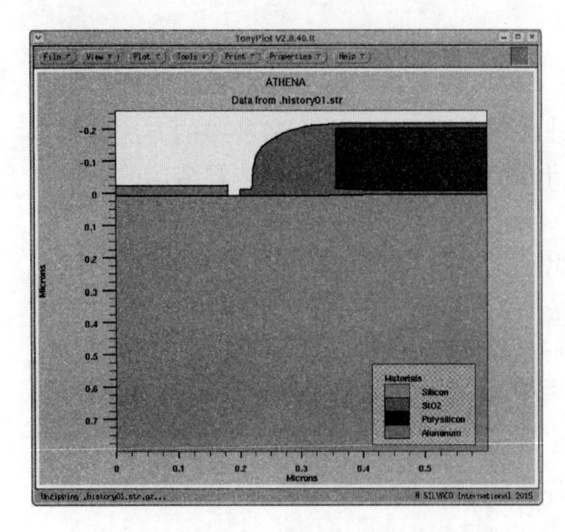

图 8-44　n 沟道 MOS 场效应晶体管中铝的刻蚀

最后,利用 ATHENA Etch 窗口,将铝从 x = 0.18μm 开始刻蚀,具体步骤如下。

①在 ATHENA Etch 编辑窗口的 Geometrical type 栏中,单击 Right;在 Material 栏中,选择 Aluminum;在 Etch location 栏中输入 0.18;在 Comment 栏中,添加注释内容"Etch Aluminum";单击 WRITE 按钮,将写入如下语句。

```
# Etch Aluminum
etch aluminum right p1.x = 0.18
```

②继续 ATHENA 仿真,并将刻蚀后的结构绘制出来,如图 8-44 所示。

8.2.14　器件参数的抽取

下面将在半个 n 沟道 MOS 场效应晶体管结构中抽取一些器件参数。主要包括器件的结深、n^+源/漏极方块电阻、氧化隔离层下的 LDD 方块电阻以及长沟道阈值电压,这可以通过 Command 下拉菜单中的 Extract...选项完成。

(1)抽取结深

在 ATHNENA Extract 窗口下,将 Extract 栏中 Material thickness 改为 Junction depth;在 Name 栏中输入 nxj;在 Material 栏中,选择 Silicon;在 Extract location 栏中,单击 X 方向并输入值 0.1;单击 WRITE 按钮,Extract 语句将自动写入输入窗口。

```
#extract name = "nxj" xj material = "Silicon" mat.occno = 1 x.val = 0.1 junc.occno = 1
```

在结深抽取语句中,xj 是 n 型的源/漏极的结深;mat.occno = 1 是指计算要从第一层材料开始;x.val = 0.1 是指在 x = 0.1μm 的地方得到源/漏极结深;junc.occno = 1 是指计算要从制定层的第一个结开始。

(2)获取 n^+ 源/漏方块电阻

将 Extract 栏中的 Junction depth 改为 sheet resistance;在 Name 栏中输入 n + + sheet res;在 Extract Location 栏中,选中 X 方向并输入 0.05;单击 WRITE 按钮,Extract 语句将出现在输入窗口中,具体如下。

```
#extract name = "n + +  sheet res"  sheet.res material = "Silicon"  mat.occno = 1\
x.val = 0.05 region.occno = 1
```

在这个语句中,sheet.res 为方块电阻,mat.occno = 1 和 region.occno = 1 是指测试第一层材料和区域的方块电阻;x.val = 0.05 是指 n^+ 区域所在的位置。

(3)测量 LDD 方块电阻

为了在氧化层下测量 LDD 方块电阻,根据图 8-44 将 x = 0.3 设为测试点是合理的,把被测电阻命名为"LDD sheet res"。简单地按如下步骤进行。

在 Extract 栏中,选择 sheet resistance;在 Name 栏中输入"LDD sheet res";选择 X 方向,将 Extract location 栏中的值改为 0.3;单击 WRITE 按钮,Extract 语句将出现在输入窗口中,具体如下。

#extract name = "LDD sheet res" sheet. res material = "Silicon" mat. occno = 1 \
x. val = 0. 3 region. occno = 1

(4)测量沟道阈值电压

在 n 沟道 MOS 场效应晶体管 x = 0. 49μm 处测量沟道阈值电压,具体步骤如下。

在 Extract 栏中,选择 QUICKMOS 1D Vt;在 name 栏中输入 1dvt;在 Device type 栏单击 NMOS;激活 Qss 按钮,输入值 1e10;在 Extract location 栏,输入 0. 49;单击 WRITE 按钮,Extract 语句将写入 Deckbuild 输入窗口中,具体如下。

#extract name = "1dvt" 1dvt ntype qss = 1e10 x. val = 0. 49

在阈值电压抽取语句中,1dvt 是指测量一维阈值电压的 Extract 程序;ntype 是 MOS 场效应晶体管的类型;x. val = 0. 49 是 MOS 场效应晶体管沟道内的位置;qss = 1e10 是指密度为 1×10^{10}的表面态电荷,单位为 cm^{-2}。

以上将语句写入 Deckbuild 输入窗口后,点击控制窗口中 Cont 按钮,测量值将会出现在 Deckbuild 输出窗口中呈现。

8.2.15 半个 n 沟道 MOS 结构镜像

为得到一个完整的 n 沟道 MOS 场效应晶体管,需要将前面构造的半个 n 沟道 MOS 场效应晶体管采用镜像仿真,具体步骤如下。

①在 Command 目录下,依次单击 Structure 和 Mirror...菜单选项,将弹出 ATHENA Mirror 编辑窗口,如图 8-45 所示。

②在 Mirror 栏中,点击 Right 选项。单击 WRITE 按钮,相应的语句将写入输入窗口中,具体如下。

#struct mirror right

③单击 Deckbuild 控制窗口中 Cont 键,继续 ATHENA 仿真。将完整的 n 沟道 MOS 场效应晶体管结构绘制出来,如图 8-46 所示。

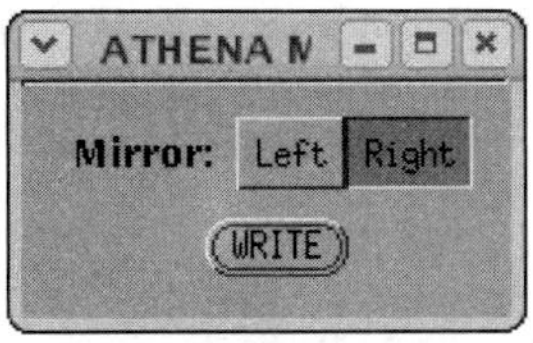

图 8-45 镜像编辑窗口

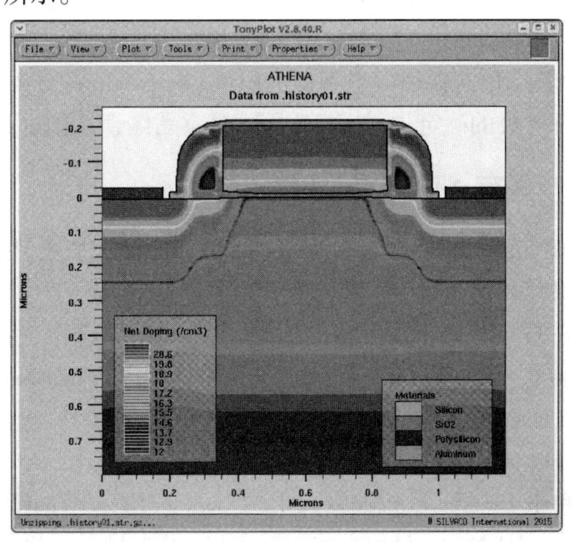

图 8-46 完整 n 沟道 MOS 场效应晶体管浓度分布

8.2.16 电极标注

为了使器件仿真器ATLAS实现偏置,有必要对n沟道MOS场效应晶体管的电极进行标注。结构电极可以通过ATHENA Electrode编辑窗口进行定义,具体步骤如下。

①在Command目录下,依次单击Structure和Electrode...菜单选项,弹出ATHENA Electrode编辑窗口。在Electrode Type栏中,选择Specified Position;在Name栏中,输入source;激活X Position按钮,输入值为0.1,如图8-47所示。

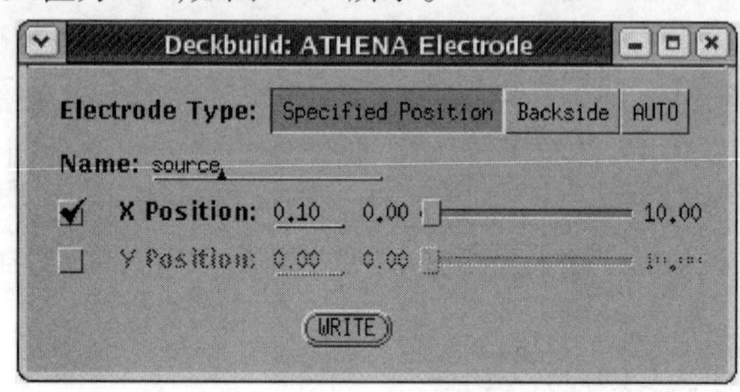

图8-47 ATHENA Electrode编辑窗口

②单击WRITE按钮,相应的语句将会出现在Deckbuild输入窗口中,具体如下。

#electrode name = source x = 0.1

同理,继续使用ATHENA Electrode编辑窗口,在x = 1.1μm处确定漏极,可得如下语句。

#electrode name = drain x = 1.1

多晶硅栅极电极的确定,也有同样的形式。

#electrode name = gate x = 0.6

在半导体工艺仿真ATHENA软件中,backside电极可以放在结构的底部不用金属。要确定backside电极,在Electrode Type栏中,选择Backside;在Name栏中,输入文件名backside;单击WRITE按钮,下面的底部电极语句将写入输入窗口中,具体如下。

#electrode name = backside backside

backside语句说明一个平面的电极(高度0),将会放置在仿真结构的底部。

随着电极的确定,n沟道MOS场效应晶体管结构也就完成。

8.2.17 保存ATHENA结构文件

Deckbuild在每一步运行完成后,都会保存历史文件,但很多情况下有必要独立地对结构进行保存并初始化。保存或加载结构可以使用ATHENA File I/O菜单,具体步骤如下。

①在Command目录下,单击File I/O...菜单选项,将弹出ATHENA File I/O编辑窗口。在Format栏,单击Save按钮;如图8-48所示,在File name栏输入nmos.str,建立一个新的文件名称nmos.str。单击WRITE按钮,相应语句自动写入输入窗口,具体如下。

#struct outfile = nmos.str

②单击Deckbuild控制窗口上的Cont按钮,用TonyPlot可视化工具绘制nmos.str结构。在Display(2D Mesh)显示方式编辑窗口,点击显示电极名称的按钮,以查看源、栅和漏以及底部电极,如图8-49所示。

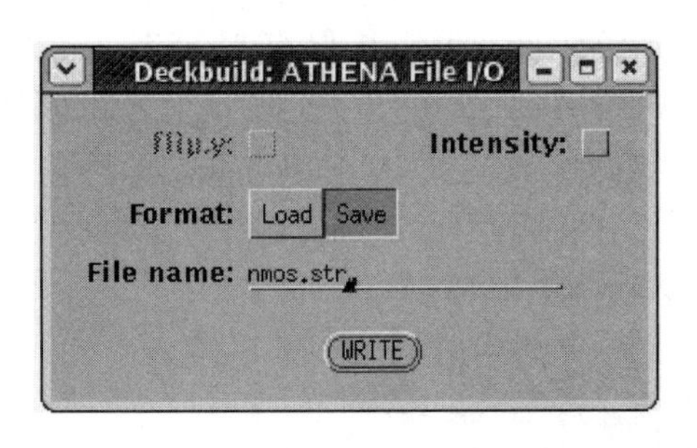

图 8-48　ATHENA File I/O 编辑窗口

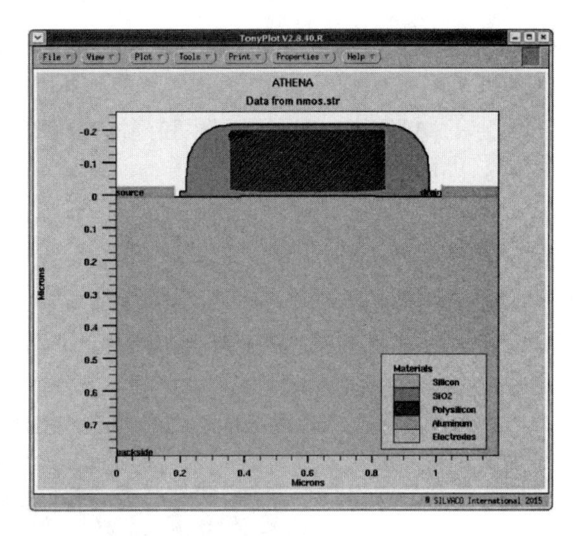

图 8-49　n 沟道 MOS 场效应晶体管电极标注

8.3　光刻工艺仿真

在 Command 下拉菜单下，依次单击 Process 和 Photo 选项。在 Photo 选项下，包括 Mask（掩模）、Illumination（光源）、Projection（投影）、Filter（滤光）、Layout（图层）、Image（成像），Expose（曝光），Bake（烘烤）和 Develop（显影）工艺步骤，如图 8-50 所示。Photolith 提供的光刻胶及其光学性质和显影特性，可根据需要修改。

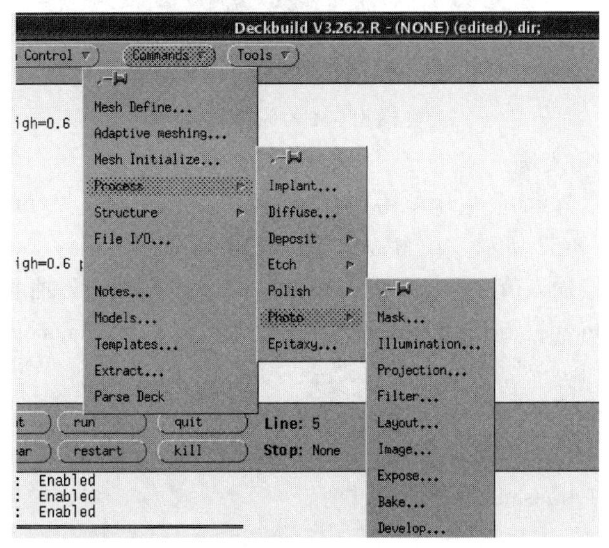

图 8-50　光刻界面

下面分别对各个工艺步骤，进行语法、参数和说明进行介绍。

8.3.1　掩模设计

掩模（Mask）主要的目的是沉积和形成光刻胶图形。光刻胶图形定义的主要方法有两种。一种是由掩模编辑器 Maskviews 直接绘制图形(也可以作为 Image 图形),另一种是借助 ATHENA Layout 编辑窗口或直接在 Deckbuild 输入窗口,编辑相应的语句直接定义。Mask 状态设定了,ATHENA 就可以沉积和刻蚀光刻胶。

8.3.1.1 图形绘制法

在 Deckbuild 主窗口,依次单击 Tools、Maskviews 和 Start Maskviews...选项,将会弹出为 Maskviews 界面,如图 8-51 所示。在 Maskviews 中绘制的图形,可直接保存为 *.lay 格式。也可以使用其他的编辑工具绘制掩模,然后转换为 Maskviews 能识别的格式。例如,可以使用 LEdit 编辑掩模图形,将其导出成 *.gds 格式文件后,即可导入 Maskviews;再另存为 *.lay格式。

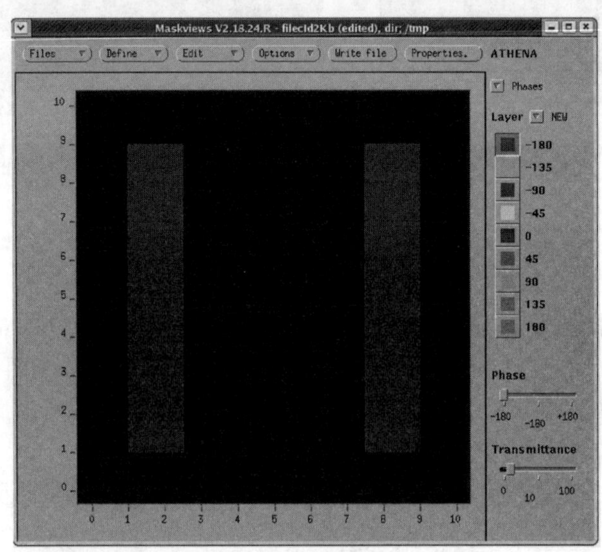

图 8-51 Maskviews 界面

8.3.1.2 语句定义法

在 Command 下拉菜单下,依次单击 Process、Photo 和 Layout...菜单选项,将弹出 ATHENA Layout 窗口,如图 8-52 所示。在 Mask x low、Mask x high、Mask z low 和 Mask z high 的栏中,通过滚动条或直接输入值 -6.0、0.0、-3 和 3,即定义 X 轴和 Z 轴的边界值,组成一个矩形区域;在 Transmittance 栏,通过滚动条或直接输入值 0.8;在 Comment 栏中添加注释内容"Define of Photoresist Layer";单击 WRITE 按钮,将写入如下语句。

```
# Define of Photoresist Layer
layout x.low =-6.00 x.high =0.00 z.low =-3.00 z.high =0.00 phase =0.0 transmit =0.8
```

在 Layout 语句中,transmit 为光强透过率。

8.3.2 光源选择

在 ATHENA Illumination 编辑窗口的 Wavelength 栏中,选择照明系统的光源。如图 8-53 所示,选择 I-Line;另外,也可以通过点击 User Defined 按钮之后,在 Lambda 栏中直接输入所需波长;在 X tilt 和 Z tilt 栏中,分别输入值 0.2 和 0.5,表示照明系统和光轴的角度(°);在 Intensity 栏中,输入值 1.0。在 Comment 栏中,添加注释内容"Select Illumination";单击

WRITE 按钮,将写入光源选择语句。

Select Illumination

illumination i. line x. tilt =0. 20 z. tilt =0. 50 intensity =1

在光源选择语句中,intensity 为掩模或网线面的强度。当在 Lambda 栏中直接输入所需波长时,对应波长的单位为 μm。

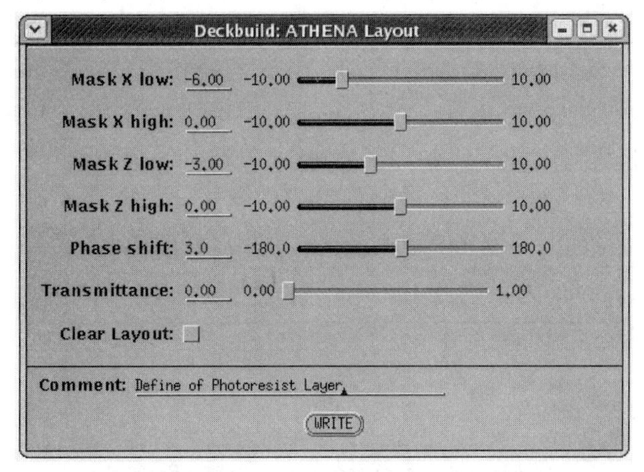

图 8-52　Layout 编辑窗口

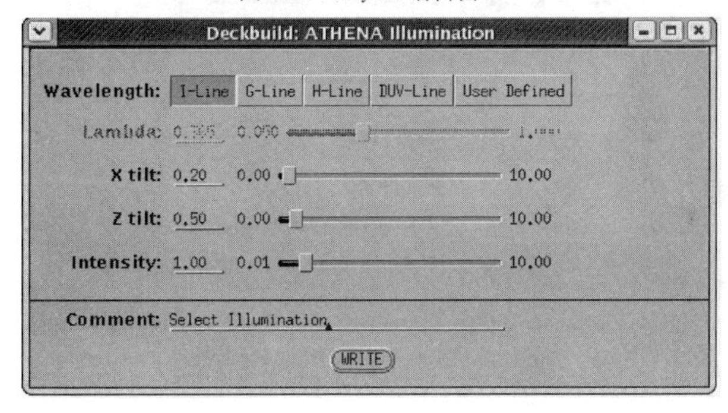

图 8-53　Illumination 编辑窗口

8.3.3　投影系统参数配置

如图 8-54 所示,在投影系统参数配置 ATHENA Projection 编辑窗口中,将 Numerical aperture 栏设置为 0. 5;将 Flare 栏设置为 1;在 Comment 栏中,添加注释内容"Photolith Profection";单击 WRITE 按钮,将写入如下语句。

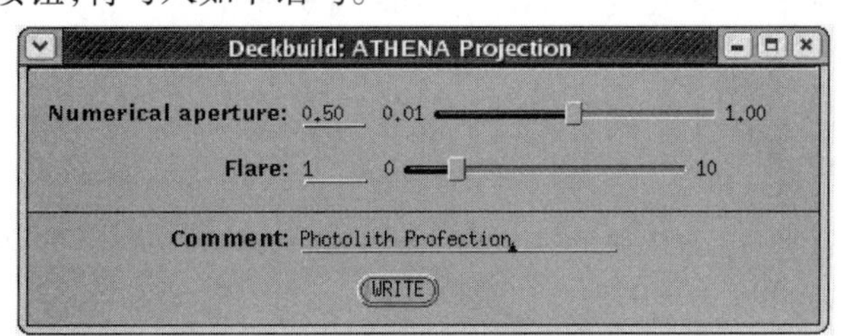

图 8-54　Projection 编辑窗口

Photolith Profection

projection na = 0. 50 flare = 1

在 Projection 语句中,na 为光学系统的孔隙数,flare 为成像时出现的耀斑数,以百分比描述。

8.3.4 滤光参数配置

在 ATHENA Filter 编辑窗口的 Filter system 栏中,缺省为 Illumination;在 Pupil shape 栏中,选择发射孔的形状,例如 Gaussian;在 Comment 栏中添加注释"UV Filter";如图 8-55 所示,单击 WRITE 按钮,将写入如下语句。

UV Filter

illum. filter gaussian radius = 0. 00 angle = 0. 0 gamma = 1. 00 sigma = 0. 3

在 Filter 语句中,gamma 为发射孔 Gaussian 的透明度。

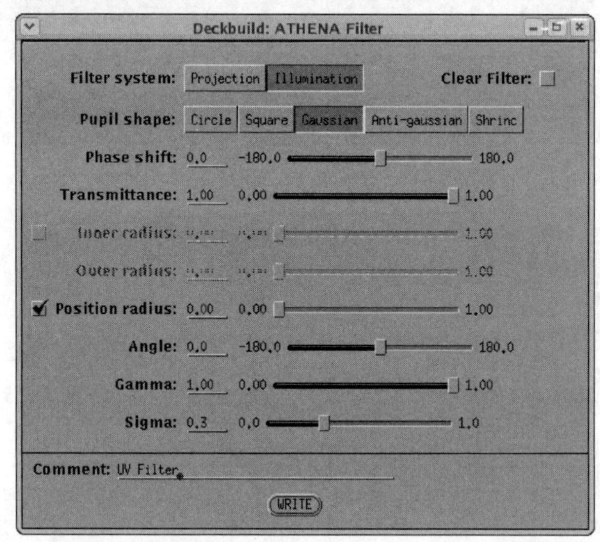

图 8-55 Filter 编辑窗口

8.3.5 成像

图 8-56 为 ATHENA Image 编辑窗口。在 Mask type 栏中,缺省为 Opaque 不透明;单击 Clear 按钮,清除掩模;在 Window x low 栏中,输入值 -5.0;在 Window x high 栏中,输入值 -0.5;在 Window z low 栏中输入值 -3.0;在 Window z high 栏中输入值 0.5;在 Mesh resolution x、Mesh resolution z 输入值 0. 1;在 Comment 栏中,添加注释内容"Image Window";单击 WRITE 按钮,将写入如下语句。

Image Window

image clear win. x. low = -5.00 win. x. high = -0.50 win. z. low = -3.00 win. z. high = 0.50\

defocus = 0. 00 dx = 0. 5 dz = 0. 5

在 Image 语句中,win. x. low、win. x. high、win. z. low 和 win. z. high 表示成像窗口的最大和最小的 x 值或 z 值;dx 和 dz 分别代表成像窗口 X 的中间值、Z 的中间值。

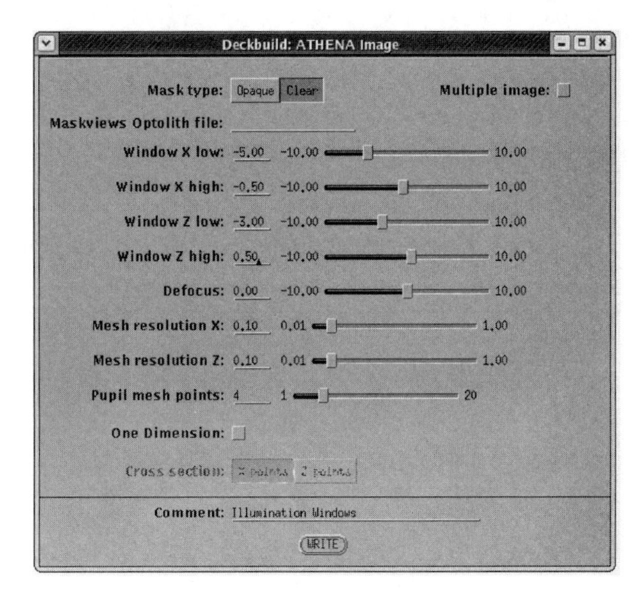

图 8-56 Image 编辑窗口

8.3.6 曝光

图 8-57 为 ATHENA Expose 编辑窗口。在 Pollarization 栏中，缺省为 Perpendicular；在 Exposure dose 栏中，输入值 240；在 Reflections 栏中，输入值 1；在 Comment 栏中，添加注释内容 "UV Expose"；单击 WRITE 按钮，将写入曝光语句如下。

```
# UV Expose
expose perpendicul dose = 240.0 num. refl = 1
```

在 Expose 语句中，perpendicul(parallel) 为 TE(TM) 波；expose perpendicul dose 为 TE 波的曝光剂量，单位为 mJ/cm^2；num. refl 光反射的次数。

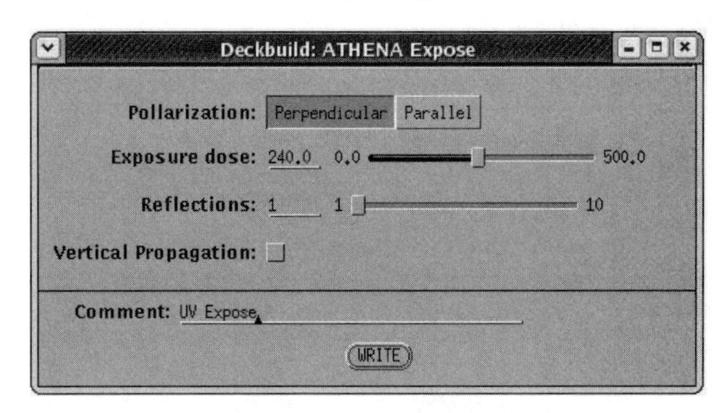

图 8-57 Expose 编辑窗口

8.3.7 烘烤

在 ATHENA Bake 编辑窗口中，如图 8-58 所示，Diffusion Length 为缺省状态，扩散长度为 0.05μm。用鼠标激活 Temperature 按钮，输入值 140；在 Time of run 栏中，输入 40，利用下拉按钮选择 minutes；在 Comment 栏中，添加注释内容 "Bake of Photoresist"；通过单击 WRITE 按

钮,将写入如下烘烤语句。

#Bake of Photoresist

bake temperature = 140.0 time = 40 minutes

若激活 Reflow 按钮,则有

bake temperature = 140.0 time = 40 minutes reflow

在 Bake 语句中,temperature 为烘烤的温度,单位为℃;reflow 为烘烤时回流。

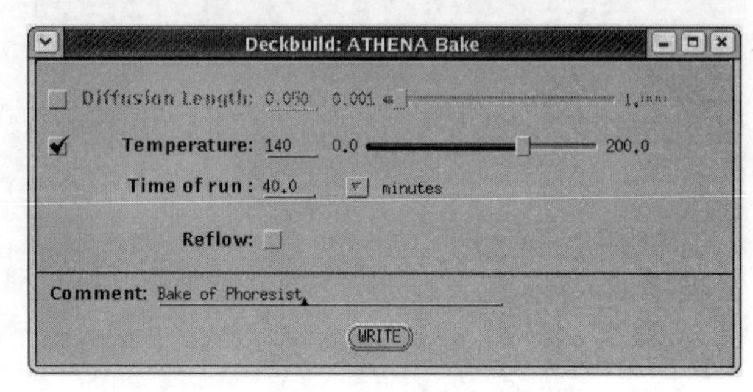

图 8-58 Bake 编辑窗口

8.3.8 显影

在 ATHENA Develop 编辑窗口的 Model 栏中,缺省为 Dill 显影模型;在显影时间 Time 栏中,输入值 60;在 Steps 栏中,输入值 3;在 Sub-steps 栏中,输入值 20;在 Comment 栏,添加注释内容"Development of Photoresist",如图 8-59 所示。单击 WRITE 按钮,将写入如下显影语句。

Development of Photoresist

develop dill time = 60 steps = 3 substeps = 20

在 Develop 语句中,time 为显影的总时间,单位为 s;steps 为设定刻蚀的次数;每一个 sub-steps 的时间长度为 time/steps * sub-steps。

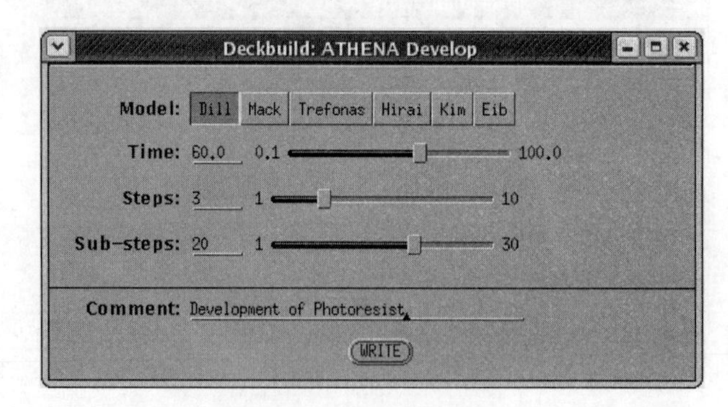

图 8-59 Develop 编辑窗口

8.3.9 完整光刻流程

假设一个 n 沟道 MOS 场效应晶体管,漏区、源区窗口均为 2.0μm × 1.0μm,沟道长度为 6.0μm。为在源、漏区扩散杂质形成 n^+,需进行图形转移。具体仿真步骤如下。

```
go athena
# Define of Global Variables
set lay_left = -4.5
set lay_right = -3.5
# Define of UV system
illumination g.line
illum.filter clear.fil circle sigma =0.38
projection na =0.54
pupil.filter clear.fil circle
# Define of Photoresist Layer
layout lay.clear x.lo = -6.0 z.lo = -3.0 x.hi = $lay_left z.hi =3.0
layout x.lo = $lay_right z.lo = -3.0 x.hi =0.0 z.hi =3.0
# Image Window
image clear win.x.lo = -5.0 win.z.lo = -0.5 win.x.hi = -3.0 win.z.hi = 0.5 dx = 0.05
one.d
# Tonyplot of Mask
structure outfile = mask.str intensity mask
tonyplot mask.str
# Non-Uniform Grid
line x loc = -6.0   spac =0.10
line x loc = -4.0   spac =0.05
line x loc = -2.0   spac =0.05
line x loc =0.0   spac =0.01
line y loc =0.0   spac =0.02
line y loc =0.2   spac =0.05
line y loc =1.0   spac =0.15
line y loc =2.0   spac =0.20
# Initialize Silicon
init silicon orient =100 c.boron =1e15 two.d
# Gate Oxidation
diffus time =30 temp =925 dryo2 press =1.00 hcl.pc =3
# Deposit of Photoresist Layer
deposit name.resist = AZ1350J thick =0.6 divisions =30
# Tonyplot of Preoptolith
rate.dev name.resist = AZ1350J i.line c.dill =0.018
# Tonyplot of Optolith preoptolith
structure outfile = preoptolith.str
tonyplot preoptolith.str
```

```
# UV Expose
expose dose =240.0 num. refl =10
#Development of Photoresist
bake temperature =100.0 time =30 minutes
# Development of Photoresist
develop kim time =60 steps =6 substeps =24
# Structure Mirror
struct mirror right
# Tonyplot of Optolith
structure outfile = optolith. str
tonyplot optolith. str
```

在例子的开始,全局变量 lay_left 和 lay_right 的值分别为 -4.5 和 -3.5。这样在后续语句中声明“$ lay_left”和“$ lay_right”时,设置的值将赋予这些变量。这种全局变量设置的方法可以给仿真参数的设置带来很大的方便,尤其是在应用变参数的仿真中,可使仿真参数更容易维护和修改。光刻的具体仿真结果如图 8-60 和图 8-61 所示。

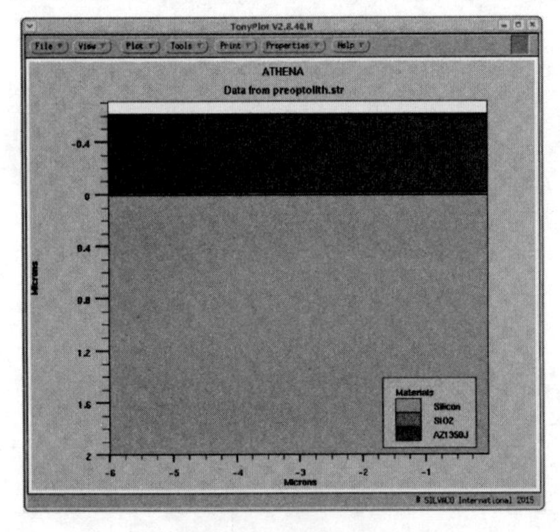

图 8-60　光刻胶沉积

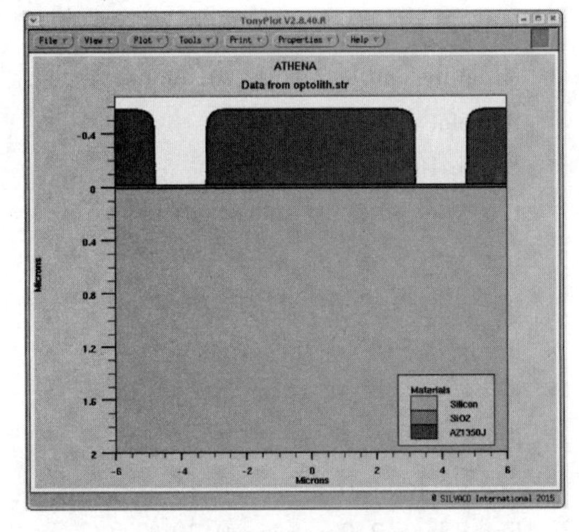

图 8-61　光刻胶刻蚀

习　题

1. 半导体工艺仿真软件工具语法的形成有哪两种方式？各有什么特点？
2. 简述 SilvacoTCAD 工艺仿真的单项工艺流程？
3. 网格定义的目的是什么,其疏密度有什么意义？
4. 氧化层形成的方式有哪几种？
5. 如何提取器件结构的特征？
6. 如何实现氧化层厚度的优化过程？
7. 光刻胶图形的定义方法有哪些？
8. 请对 p 沟道 MOS 场效应晶体管进行工艺仿真。

参 考 文 献

[1] 韩雁,丁扣宝. 半导体器件 TCAD 设计与应用[M]. 北京:电子工业出版社,2013.

[2] 李惠军. 现代集成电路制造工艺原理[M]. 济南:山东大学出版社,2007.

[3] 关旭东. 硅集成电路工艺基础[M]. 北京:北京大学出版社,2003.

[4] 王阳元,关旭东,马俊如. 集成电路工艺基础[M]. 北京:高等教育出版社,1991.

[5] 唐国洪,张佐兰. 大规模集成电路工艺原理[M]. 南京:东南大学出版社,1990.

[6] 唐龙谷. 半导体工艺和器件仿真软件 Silvaco TCAD 实用教程[M]. 北京:清华大学出版社,2014.

第9章　薄膜制备技术

薄膜制备技术是半导体制造过程中一项重要的工艺，先进的薄膜制备技术是实现优质半导体材料和器件的基础和保证。自20世纪60年代，外延生长技术被应用到半导体领域以来，尤其是最近几年，新型半导体材料、新型光电器件和超大规模集成电路的研制，促进了薄膜制备技术的快速发展。薄膜制备技术的高度发展，不仅为新型半导体器件的研制创造了条件，也为半导体理论的进一步发展奠定了基础。

薄膜的种类很多，主要包括金属薄膜、半导体薄膜和介质薄膜等，薄膜质量的高低可直接影响产品的基本性能。薄膜材料不仅在半导体技术，而且在磁学、光学和生物医学等诸多领域均有广泛的应用。薄膜的制备技术多种多样，主要包括真空蒸发、溅射镀膜、分子束外延、脉冲激光沉积、化学气相沉积、化学溶液制备和软溶液工艺等多种方法。一般情况下，根据薄膜制备过程中主要依靠的物理或化学过程，可将薄膜制备技术划分为物理制备技术和化学制备技术两大类。

物理制备技术主要是利用某种物理过程，例如物质的热蒸发或在受到离子束轰击时物质表面原子的溅射等现象，实现物质从原物质到薄膜可控的原子或分子转移过程。物理制备技术具有如下特点。

①需要使用固态或熔化态的物质作为沉积过程的原物质。

②原物质要经过物理过程进入气相。

③需要相对较低的气体压力环境。

④在气相状态及基片表面上，并不发生化学反应。

化学制备技术是利用气态的先驱反应物，通过原子、分子间化学反应过程形成固态薄膜的技术。利用这种方法可以制备固体电子器件所需的各种薄膜、轴承和工具的耐磨涂层、发动机或核反应堆部件的高温防护层等。化学制备技术可以有效地控制薄膜的化学组分，与其他相关工艺具有较好的相容性。

9.1　物理制备技术

薄膜物理制备技术，常用的方法为物理气相沉积（Physical Vapor Deposition，PVD）技术。它是在真空条件下，采用物理方法将原物质的固体或液体表面气化成气态原子、分子或部分电离成离子，并通过低压气体或等离子体，在基片表面沉积具有某种特殊功能薄膜的技术。物理气相沉积技术出现于20世纪70年代末，制备的薄膜具有硬度高、成膜均匀致密、摩擦系数低、耐磨性好和化学性能稳定等优点。同时，还具有工艺简单、对环境无污染和耗材少等优点。到20世纪90年代初，物理气相沉积技术开始得到广泛的应用。

物理气相沉积技术是一种重要的薄膜制备技术，主要包括真空蒸镀、溅射镀膜、离子束镀膜、脉冲激光沉积、分子束和离子束外延等诸多方法。目前，物理气相沉积技术不仅可沉积金属膜、合金膜，还可以沉积化合物、陶瓷、半导体和聚合物膜等。

随着高科技及新兴产业的发展，物理气相沉积技术出现了不少新的先进的亮点，例如多弧离子镀与磁控溅射兼容，大型矩形长弧靶和溅射靶、非平衡磁控溅射靶和孪生靶，带状泡沫多弧沉积卷绕镀层和条状纤维织物卷绕镀层等技术，使用的镀层设备向计算机全自动和大型工业规模方向发展。

9.1.1 真空基础

多数薄膜材料需要具备特殊的薄膜尺寸、结构和性能要求，必须在真空或较低的气压条件下进行制备。真空可以排除空气的不良影响，可防止金属氧化脱碳、减少气体和杂质的污染。真空还可减少气体分子间的碰撞次数，降低材料的沸点和气化点以及提供良好的绝热条件等。本节主要介绍真空的概念、真空的获取和真空的测量等基础知识。

9.1.1.1 真空的概念

真空是指低于大气压力的气体的给定空间，即每立方厘米空间中气体分子数大约少于两千五百亿亿个的给定空间。真空是相对于大气压（101.3 kPa）来说的，并非空间没有物质存在。用现代抽气方法获得的最低压力，每立方厘米的空间里仍会有数百个分子存在。

气体稀薄程度是对真空的一种客观量度，最直接的物理量度是单位体积中的气体分子数。由于要精确地测定单位体积中的分子数很难实现，而用单位面积上压力即能直接或间接测量，通常真空度的高低用气体的压强来表示。压强的国际单位为帕斯卡（Pascal），简称帕（Pa），代表每平方米的压力为1牛顿（$1Pa = 1N/m^2$）。早期的压强单位有毫米汞柱（mmHg）、托（Torr）、巴（Bar）、标准大气压（atm）、每平方英寸磅力（psi）等，换算关系如表9-1所示。

几种压强单位的换算关系 表9-1

单位名称	帕（Pa）	毫米汞柱（mmHg）	托（Torr）	巴（Bar）	标准大气压（atm）	磅力每平方英寸（psi）
1 Pa	1	7.501×10^{-3}	7.501×10^{-3}	1×10^{-5}	9.869×10^{-6}	1.450×10^{-6}
1 mmHg	133.322	1	1	1.333×10^{-3}	1.316×10^{-3}	1.934×10^{-2}
1 Torr	133.322	1	1	1.333×10^{-3}	1.316×10^{-3}	1.934×10^{-2}
1 Bar	1×10^{5}	750	750	1	0.986923	14.5038
1 atm	1.013×10^{5}	760	760	1.013	1	14.6959
1 psi	6.895×10^{-3}	51.715	51.715	6.895×10^{-2}	6.805×10^{-2}	1

目前，采用最新技术可达到的真空度约为 1×10^{-13} Pa，而大气压力约为 10^5 Pa。为了科学研究和实际工程应用的需要，通常将真空划分为粗真空（$1 \times 10^2 \sim 1 \times 10^5$ Pa）、低真空（$1 \times 10^{-1} \sim 1 \times 10^2$ Pa）、高真空（$1 \times 10^{-6} \sim 1 \times 10^{-1}$ Pa）、超高真空（$1 \times 10^{-10} \sim 1 \times 10^{-6}$ Pa）和极高真空（$< 1 \times 10^{-10}$ Pa）五个区域。在各个真空区域，气体分子的性质不相同。粗真空条件下，气体空间近似为大气状态，分子仍以热运动为主，分子之间碰撞十分频繁；低真空下，气体分子的流动逐渐从黏滞流状态向分子状态过渡，气体分子相互之间、气体分子与器壁之间的碰

撞次数差不多;高真空下则以分子与器壁碰撞为主,而且碰撞次数大大减少;在超高真空时,气体分子数目更少,几乎不存在分子间的碰撞,分子与器壁的碰撞机会也更少。

9.1.1.2　真空的获得

人们通常把能够从密闭容器中排出气体或使容器中的气体分子数目不断减少的设备称为真空获得设备或真空泵。目前,在真空技术中,采用各种不同的方法,已经能够获得和测量从大气压力 10^5Pa 到 10^{-13}Pa,宽达 18 个数量级的压力范围。主要的真空设备有旋片式机械真空泵、油扩散泵、复合分子泵、分子筛吸附泵、钛升华泵、溅射离子泵和低温泵等。其中,前三种是通过某种机构的运动把气体直接从密闭容器中排出,属于气体传输泵;后四种是通过物理、化学等方法将气体分子吸附或冷凝在低温表面上以达到所需的真空度,属于气体捕获泵,不需采用油为介质,故亦称无油泵。按所能获得真空度高低,从一个大气压下开始抽气,只能获得较低的真空度的真空泵称为前级泵;而那些不能从大气压下开始抽气,而只能从低真空度抽到高真空度状态的真空泵称为次级泵。

(1)机械泵

机械泵是运用机械方法不断地改变泵内吸气空腔的容积,使被抽容器内气体的体积不断膨胀,从而获得真空的泵。机械泵的种类很多,常用的是旋片式机械泵,如图 9-1 所示。其由一个定子、一个偏心转子、旋片和弹簧等组成。定子为一圆柱形空腔,空腔上装着进气管和出气阀门,转子顶端保持与空腔壁相接触,转子上开有槽,槽内安放了由弹簧连接的两个刮板。当转子旋转时,两刮板的顶端始终沿着空腔的内壁滑动。为了保证机械泵的良好密封和润滑,排气阀浸在密封油里以防止大气流入泵中。油通过泵体上的缝隙、油孔及排气阀进入泵腔,使泵腔内所有的运动表面被油覆盖,形成了吸气腔与排气腔之间的密封。同时,油还充满了泵腔内的一切有害空间,以消除它们对极限真空的影响。工作时,转子沿着箭头所示方向旋转时,进气口位置容积逐渐扩大而吸入气体,同时排气口位置容积逐渐被压缩,将吸入气体从排气口排出。

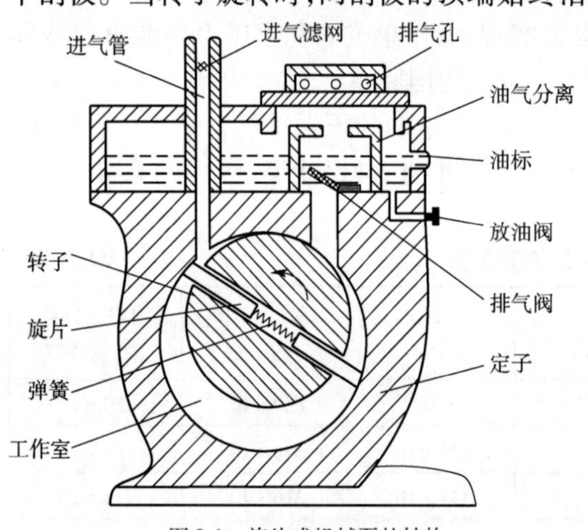

图 9-1　旋片式机械泵的结构

(2)扩散泵

扩散泵是利用被抽气体向蒸气流扩散的现象来实现排气的,在扩散泵中没有转动或压缩部件,工作压强范围为 $10^{-2} \sim 10^{-6}$Pa。其中,以油作为工作介质的扩散泵叫作油扩散泵。油扩散泵主要由泵壳、喷嘴、导管、蒸气流冷却水套和加热器等组成;扩散泵油需具有分子量大、饱和蒸气压低和较黏稠的特点。油扩散泵通过电炉加热处于泵体下部的扩散泵油,沸腾的油蒸气沿着伞形喷口高速向上喷射,在喷嘴出口处蒸气流造成低压,因而使进气口附近被抽气体的压强高于蒸气流中该气体的压强,所以被抽气体分子就沿蒸气流束的方向高速运动,即不断向泵体下部运动,经三级喷嘴逐级连续的作用,将被抽气体压缩到低真空端由机械泵抽走。油蒸气通过冷却液降温,运动到下部与泵壁接触凝结为液体,流回泵底再重新被加热成蒸气,工作原理如图 9-2 所示。

油扩散泵的主要缺点是泵内油蒸气的回流会直接造成真空系统的污染。同时,油扩散泵不能单独使用,一般采用机械泵为前级泵,以满足出口压强(低于40Pa),如果出口气体压强高于规定值,抽气作用就会停止。此外,若油扩散泵在较高空气压强下加热,会导致大分子结构的扩散泵油分子氧化或裂解。

(3)分子泵

分子泵属于无油的气体传输泵,作为次级泵可以与前级泵构成复合真空系统,以获得超高真空。分子泵可分为涡轮分子泵、牵引分子泵和复合分子泵三大类。其中,涡轮分子泵可分为"敞开"叶片型和互叠叶片型;前者转速高,抽速也较大,后者则相反。牵引分子泵的结构简单、转速较小、压缩比大。复合型分子泵结合了牵引分子泵的压缩比大与涡轮分子泵的抽气能力高优点,利用高速旋转的转子携带气体分子可获得超高真空。

1958年,联邦德国的W.贝克首次提出具有实用价值的涡轮分子泵,以后相继出现了各种不同的结构,主要有立式和卧式两种。涡轮分子泵主要由泵体、带叶片的转子、静叶轮和驱动系统等组成。图9-3为立式涡轮分子泵结构示意图。涡轮分子泵的转子叶片具有特定的形状,叶片的转速为10000~50000r/min,将动量传给气体分子。同时,涡轮分子泵有很多级叶片,上一级叶片输送过来的气体分子会受到下一级叶片的作用继续被压缩至更下一级。类似油扩散泵,涡轮分子泵是靠高速转子叶片对气体分子施加作用力,使气体分子向特定的方向运动。涡轮分子泵就是利用这一现象工作的,靠高速运转的转子碰撞气体分子并把它驱向排气口,由前级泵抽走,而使被抽容器获得超高真空。

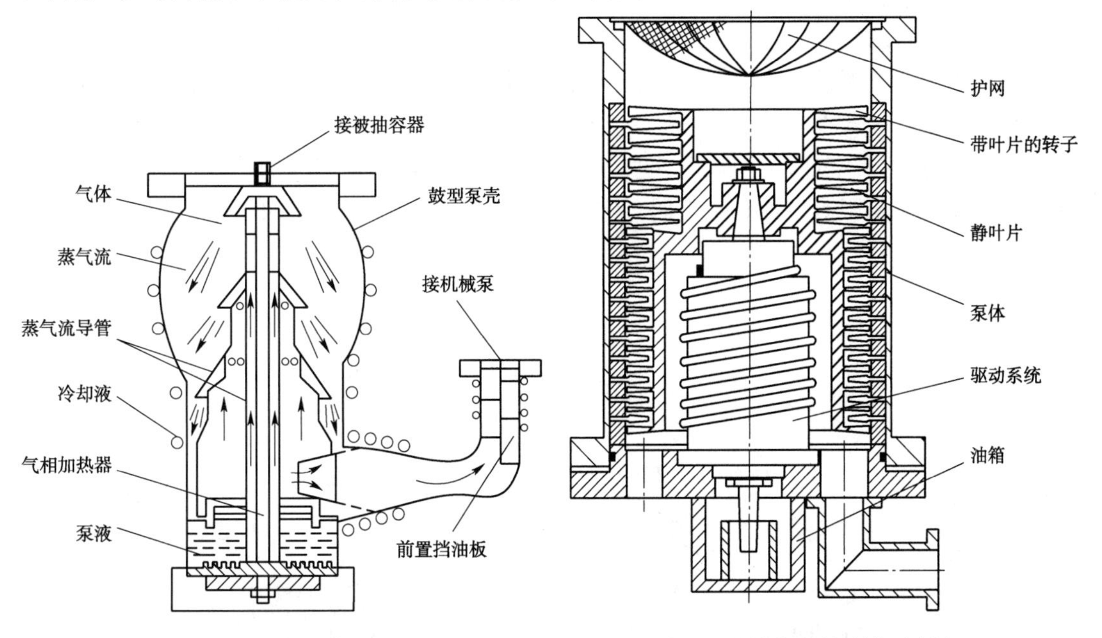

图9-2 扩散泵的工作原理图

图9-3 涡轮分子泵的结构示意图

涡轮分子泵的极限真空可达到10^{-8}Pa量级,抽速可达到1000L/s,工作压强范围为10^{-8}~10^{-1}Pa之间。涡轮分子泵还有激活快、抗各种射线照射能力强、无气体存储和解吸效应以及无油蒸气污染和污染很少等优点。涡轮分子泵适用于在要求清洁的高真空和超高真空的仪器及设备上使用,也可用来作为离子泵、升华泵等气体捕集超高真空泵的前级预抽真空泵,为获得更低的极限压力或更清洁的无碳氢化合物的真空环境奠定基础。

除此之外,获得真空的装置还包括依靠气体分子在低温条件下自发凝结或被其他物质表面吸附实现对气体分子的去除的低温吸附泵、采用通电加热使钛丝升华而得到真空的钛升华泵、利用超低温表面冷凝气体而排气的低温冷凝泵等。

9.1.1.3　真空度的测量

在真空技术中遇到的气体压强都很低,要直接测量其压强是极不容易。一般情况下,均是利用测定在低气压下与压强有关的某些物理量,经变换后再确定其容器中的气体压强,从而得到容器中的真空度。压强相关的具体物理量或特性,只有在某一压强范围内,变化才能较为显著。因此,每种方法都有其一定的测量范围,这个范围就是该真空计的"量程"。真空测量仪表按测量范围和结构原理,大体分为测量真空度低于0.1Pa以下的电阻式真空计和热偶式真空计、测量真空度在0.1Pa~10^{-5}Pa高真空的电离真空计、测量10^{-6}Pa以上超高真空的热阴极电离式真空计、测量真空度在10^{-9}Pa以上的冷阴极磁控式真空计。通常,为加宽量程,将低真空热偶式和高真空电离式组成一种复合真空计。

(1)热传导真空计

热传导真空计是利用气体的热传导与压强有关的原理制成的真空计。热传导真空计是在玻璃管中安装一根热丝,给热丝通电发热使其温度高于周围气体和管壳的温度,产生温差热传导现象。当达到热平衡时,热丝的温度决定于气体热传导。气体压力越高,气体分子数越多、碰撞的次数越多,传导的热量就越多,平衡温度也就越低。由此可知,热丝温度与气体压力存在着一定的对应关系,通过测量热丝的温度,便可计算出气体的压力。

根据热丝温度测量方法的不同,热传导真空计主要有三种,利用热丝随温度变化的线膨胀性质制成的膨胀式真空计;利用热丝电阻随温度变化的性质制成的电阻真空计,如图9-4所示,又称皮拉尼真空计;利用热电偶直接测量热丝的温度变化制成的热电偶真空计,如图9-5所示。目前,电阻真空计和热电偶真空计是低真空测量中用得最多的两种真空计。

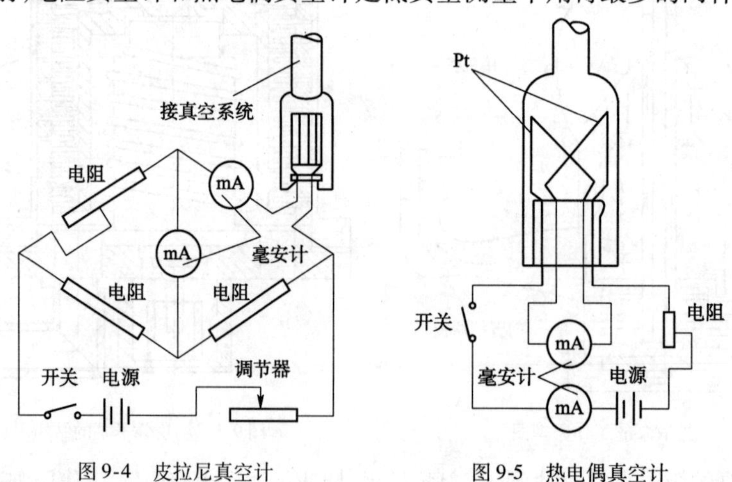

图9-4　皮拉尼真空计　　图9-5　热电偶真空计

(2)热阴极电离真空计

电离真空计是利用气体电离产生的离子流与气体的压力有关的原理制成的真空计。根据气体电离源的不同,又分为热阴极电离真空计和冷阴极电离真空计。热阴极电离真空计的规管是一个三极管,管内有阴极、栅极和收集极,如图9-6所示。在稀薄气体中,灯丝发射的电子经加速电场加速后,具有足够的能量,碰撞气体分子能引起其电离,产生正离子和负电子,电离概率的大小与电子的能量有关。电子在一定的飞行路径中与分子碰撞的次数(或产生的正离子数),与气体分子密度成正比。因此,根据电离真空计离子收集极收集到的离子数的多少,就可确定被测量空间的压强大小。热阴极电流真空计的测量范围一般为10^{-1}~10^{-6}Pa。在压强大于10^{-1}Pa时,虽然气体分子数增加,电子与分子的碰撞数增加,但能量下降,电离概率降低,当压强增加到一定程度时电离作用达到饱和,使曲线偏离线性,故测量的上限为10^{-1}Pa。

在低压强下(小于10^{-6}Pa),具有一定能量的高速电子撞击到栅极,产生软X射线,当其辐射到离子收集极时,将自己的能量也交给金属中的自由电子,会使自由电子逸出金属而形成光电流,导致离子流增加,也就是说,这时由离子收集极测得的离子流是离子电流与光电流二者之和。当二者在数值上可比拟时,曲线将偏离线性。故10^{-6}Pa就成为测量的下限压强值。部分型号的电离真空计将收集极改为线针状,把灯丝放在加速极外边,使收集极受软X射线辐射的面积减少,可用于测量更高的真空度,约为10^{-10}Pa。

(3)冷阴极电离真空计

冷阴极电离真空计,俗称冷规。冷阴极电离真空计也是利用低压力下气体分子的电离电流与压力有关的原理制成的真空计。如图9-7所示,冷阴极电离真空计的电离规管结构为二极管,在一个玻璃管内封装两块平行的金属平板作阴极。金属平板通常采用镍、铝和不锈钢等材料,要求在离子轰击下具有较高的二次发射系数。在阴极之间装设一个环状阳极,阳极材料为镍、钼、不锈钢及镍铬合金。冷阴极电离真空计的有三个工作过程。首先,冷发射例如场致发射、光电发射、气体被宇宙射线电离等产生的少量初始电子,在电场的作用下向阳极运动过程中,由于正交磁场的存在改变了其运动轨迹。其次,在电、磁场的共同作用下,电子沿螺旋形轨道迂回地飞向阳极,运动轨迹形成具有摆线投影的曲线,延长了带电粒子的飞行路程,使碰撞气体分子的机会增多。最后,电子碰撞气体分子时,部分电离碰撞形成的正离子在阴极上打出的二次电子,也受电场和磁场的共同作用而参与这种运动,使电离过程连锁的进行,在很短时间内雪崩式地产生大量的电子和离子,形成了自持气体放电。

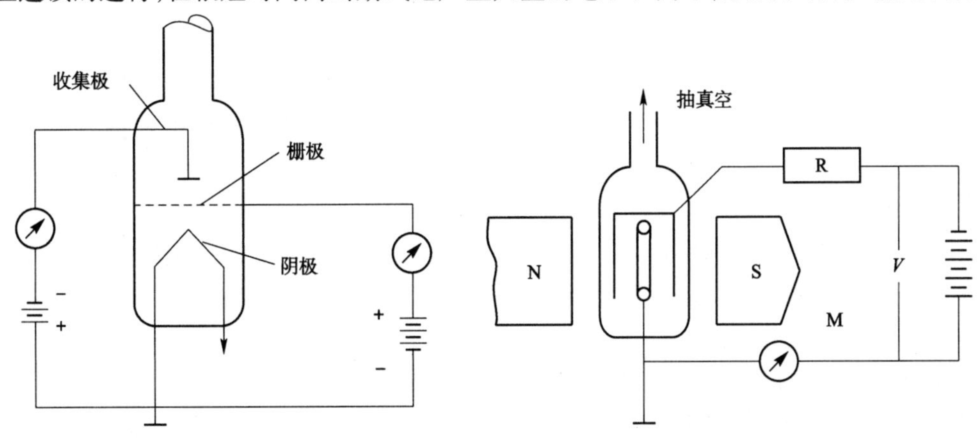

图9-6 热阴极电离真空计原理图

图9-7 冷阴极电离真空计原理图

冷阴极电离真空计压力测量范围一般为($1\sim10^{-5}$)Pa。相比热阴极电离真空计,冷阴极电离真空计具有结构简单、灵敏度高和工作稳定等优点,限制其下限延伸是其场致发射;测量上限主要受限流电阻及在高压强时,电子与离子复合概率增加等限制。

9.1.2 真空蒸发镀膜

真空蒸发(Vacuum Evaporation)镀膜是指在真空室中,加热蒸发容器中欲形成薄膜的原物质,使其原子或分子从表面气化逸出,形成蒸气流,入射到固体基片的表面,凝结形成固态薄膜的方法。真空蒸发镀膜的主要物理过程是通过加热使原物质蒸发变成气态,故该法又称为热蒸发法。采用真空蒸发镀膜的技术可追溯到19世纪50年代。1857年,M·法拉第开始真空镀膜,在氮气中蒸发金属丝形成薄膜,由于当时真空技术水平较低,该方法需要较长时间,不具备实用性。自1930年,油扩散泵出现后,真空技术得到迅猛发展,真空蒸发镀膜进入了实用化阶段。

真空蒸发镀膜技术是一种基本的镀膜技术。相比其他的气相沉积技术,真空蒸发镀膜有诸多优点,例如设备廉价、操作简单,制备薄膜纯度高、成膜速率快,薄膜生长机理比较简单、易控制和模拟等。因此,得到了广泛的应用。然而,真空蒸发镀膜也存在不足,例如不容易获得结晶结构的薄膜、沉积的薄膜与基片的附着力较小和工艺重复性不够好等。

9.1.2.1 真空蒸发镀膜的原理

真空蒸发装置主要由真空室、蒸发源、基片和基片加热器以及测温器构成,如图9-8所示。真空室为蒸发过程提供必要的真空环境;在真空状态下将原物质加热后,达到一定的温度即可蒸发;基片用于接收原物质并在其表面形成固态蒸发膜。真空蒸发镀膜包括以下三个基本过程。

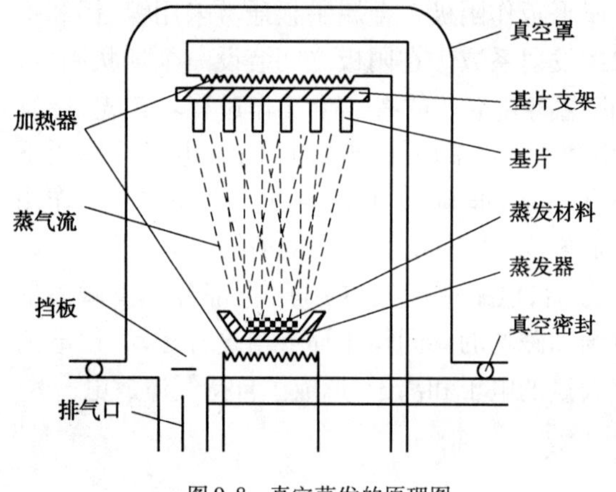

图9-8 真空蒸发的原理图

①加热过程为凝聚相转变为气相的(固体或液相-气相)的相变过程。每种待蒸发物在不同温度时有不相同的饱和蒸气压;蒸发化合物时,其组分之间发生反应,其中有些组分以气态或蒸气进入蒸发空间。

②气化原子或分子在蒸发源与基片之间的输运过程,即这是粒子在环境气氛中的飞行过程。在粒子飞行过程中,碰撞真空室内残余气体分子的次数,取决于蒸发气化原子或分子的平均自由程,以及蒸发源到基片之间的距离,常称为源基距。

③蒸发原子或分子在基片表面上的沉积过程,即是蒸发凝聚、成核和核生长,形成连续薄膜的过程。由于基片温度远远低于蒸发源温度,因此沉积物分子在基片表面将直接发生从气相到固相的转变过程。

在以上过程中,黏附在基片表面的原子或分子由于热运动可沿表面移动,如碰上其他原子便积聚成团。这种团最易于发生在基片表面应力高的地方或在基片的解理阶梯上,因为这使吸附原子的自由能最小。进一步的沉积使上述岛状的团即晶核不断扩大,直至延展成连续的薄膜。因此,真空蒸发薄膜的结构和性质,与蒸发速度、基片温度有密切关系。通常情况下,基片温度越低、蒸发速率越高,膜的晶粒越细越致密。

9.1.2.2 真空蒸发的种类

真空蒸发镀膜是在真空室中,加热蒸发容器中待形成薄膜的原物质,使其原子或分子从表面气化逸出,形成蒸气流,入射到基片的表面,凝结形成固态薄膜的方法。蒸发源是蒸发装置的重要部件,它是用来加热镀膜原物质的部件。大多数金属材料在1000~2000℃高温下蒸发。蒸发源是真空蒸发镀膜的关键,根据蒸发源的不同,可将真空蒸发镀膜分为电阻热蒸发、电子束蒸发、高频感应蒸发和激光束蒸发等类型。

(1)电阻热蒸发

电阻热蒸发一般是用片状或丝状的高熔点金属(钽、钼和钨等)做成适当形状的电阻加热器,装入待蒸发的原物质,让气流通过,对原物质进行直接加热蒸发,或者把原物质放入氧化铝、氧化铍等坩埚中进行间接加热蒸发,这就是电阻热蒸发法。

电阻热蒸发方式必须考虑待蒸发原物质与加热材料的"浸润性"问题。浸润性受蒸发原物质表面能大小的影响。高温熔化的原物质在加热材料上有扩展倾向时,容易发生浸润,原物质与加热材料亲和力强、蒸发状态稳定,认为是面蒸发;反之,如果原物质有凝聚而接近于形成球形的倾向时,难于浸润,认为是点蒸发。若采用丝状加热器,易于形成点蒸发的原物质就可能从加热材料上掉下来。

电阻热蒸发的镀膜机具有结构简单、造价便宜、使用可靠,可用于熔点不太高的原物质的进行蒸发镀膜,尤其适用于对镀膜质量要求不太高的大批量的生产中。迄今为止,在镀铝制膜的生产中仍然大量使用着电阻热蒸发工艺。然而,电阻加热器所能达到的最高温度不仅有限,而且寿命也较短。近年来,为了提高加热器的寿命,国内外已采用寿命较长的氮化硼合成的导电陶瓷材料作为加热器。

(2)电子束蒸发

电子束加热蒸发是真空蒸发镀膜的一种,是利用在真空条件下电子束轰击原物质,原物质受电子束的轰击,获得能量蒸发气化并向基片输运,在基片上凝结形成薄膜的方法。在电子束蒸发装置中,被加热的物质放置于水冷的坩埚中,可避免蒸发材料与坩埚壁发生反应影响薄膜的质量。因此,电子束蒸发沉积法可以制备高纯薄膜,在同一蒸发沉积系统中也可装置多个坩埚,实现同时或分别蒸发,沉积多种不同物质的薄膜。

电子束蒸发可以蒸发高熔点材料,比一般电阻热蒸发热效率高、束流密度大、蒸发速度快,制成的薄膜纯度高、质量好,厚度可以较准确地控制,可以广泛应用于制备高纯薄膜和导电玻璃等各种光学材料薄膜。

(3)高频感应蒸发

高频感应蒸发是将装有蒸发材料的坩埚放在高频(通常为射频)螺旋线圈的中央,使蒸发材料在高频电磁场感应下产生强大的涡流损失或磁滞损失,致使蒸发材料升温,直至气化蒸发。一般采用频率为一万到几十万赫兹之间。原物质体积越小,需要的感应频率越高。蒸发源一般由水冷高频线圈和石墨或陶瓷坩埚组成,如图9-9所示。在钢带上连续真空镀铝的大型设备中,高频

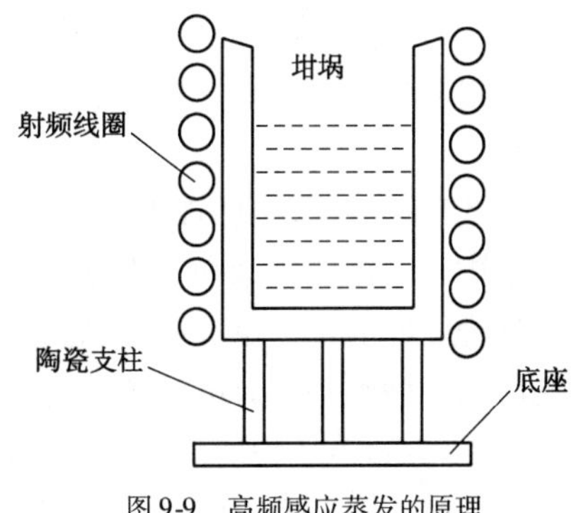

图9-9 高频感应蒸发的原理

感应加热蒸发镀膜工艺已经取得令人满意的结果。

高频感应蒸发镀膜具有蒸发速率大,蒸发源温度均匀稳定、不易产生飞溅现象,蒸发源一次装料、无须送料机构和操作简单等优点。然而,必须采用抗热震性好,高温化学性能稳定的氮化硼坩埚,蒸发装置必须屏蔽,需要较复杂和昂贵的高频发生器。同时,线圈附近的压强过高时,容易产生残余气体电离,使功耗增大。

9.1.3 溅射镀膜

以一定能量的离子或中性原子、分子轰击固体表面,使固体近表面的原子或分子获得足够大的能量而最终逸出固体表面的现象称为"溅射"。早在1852年Grove就在气体辉光放电管中发现了离子对阴极材料的溅射现象。1877年,美国贝尔实验室及西屋电气公司首先应用溅射原理制备薄膜,并于1940年用于实际生产。由于溅射镀膜具有低温、高速两大特点而得到迅速发展,且随着设备不断地改进、完善,在样品表面刻蚀和表面镀膜中也越来越广泛地被采用。

9.1.3.1 溅射镀膜的原理

溅射镀膜是利用带电离子在电场中加速后具有一定动能,将离子引向欲被溅射的材料制成的靶电极,入射的带电离子碰撞靶面原子,通过动量的转移将靶面原子溅射出来,这些被溅射出来的原子将沿着一定的方向射向基片,到达基片表面的原子沉积成膜。溅射镀膜原理较为复杂,影响薄膜沉积的因素也很多。从机理上分析,可将溅射镀膜分为等离子体产生、离子轰击靶材、靶原子气相输运和沉积成膜四个过程。在此,主要介绍等离子体产生过程。

等离子产生过程是指在一定真空度的气体通过电极加载电场,气体被击穿形成等离子体,出现辉光放电现象,即有气体原子或分子被离化过程。它是一种稳定的自持放电、靠离子轰击阴极产生二次电子来维持。传统的直流平板式溅射装置都是将靶安装在阴极板上,而基片放置在阳极板上。当阴极刚加上负电压时,只有很小的电流流过,主要因为在真空室内仅存有少量的离子和电子。在辉光放电产生之前,电流几乎是恒定的,电流强度取决于参加运动的电荷数量。当电压增大时,带电离子和电子在电场中作加速运动,碰撞气体原子或电极产生更多的带电粒子,电流随着带电粒子数量的增加而平稳地增大。然而,电压受到功率源输出的限制而呈一常数。随后,发生"雪崩"现象,正离子轰击阴极靶面,释放出二次电子,后者与中性气体原子碰撞,形成更多正离子。这些正离子再回到阴极,产生出更多的二次电子,并进一次形成更多的正离子。当产生的电子数正好产生足够量的离子,这些离子再能生出同样数量的电子时,放电过程达到自持。这时,气体开始起辉,电压降低,电流突然升高。

此时,工作气体已被击穿,因而气体内阻将随电离度的增加而显著下降、放电区由原来只集中于阴极的边缘和不规则处变成向整个电极上扩展。导电粒子的数目大大增加,在碰撞过程中的能量也足够高,因此会产生明显的辉光。继续增加功率,电流继续增加将使得辉光区域扩展到整个放电区域,电流增加的同时电压也开始上升。这是由于放电已扩展至整个电极区域,这个稳定的"异常辉光放电区"就是溅射使用的范围,也是辉光放电工艺实际的使用区域。随着电流的继续增加,放电电压再次突然大幅度下降,电流剧烈增加。这时,进入电弧放电，在溅射中应力求避免。

9.1.3.2 溅射镀膜的分类

由于溅射镀膜比蒸发镀膜有一系列的优点，该方法发展虽然起步较晚，但速度却很快，由早期的只能做导体膜的直流溅射发展到制备多种介质膜、化合物膜、超导膜等的射频溅射。根据电极结构的特征可以分为直流溅射、射频溅射、磁控溅射和反应溅射等。另外，还可将不同溅射方法组合起来。例如，将射频溅射与反应溅射相结合就构成了射频反应溅射。

(1)直流溅射

直流溅射(DC Sputtering)又称阴极溅射或二极溅射，是最早出现并用于金属薄膜制备的溅射方法。通常将直流高压电源加在阴极靶材和阳极基片之间。工作时先将真空室抽至真空度大于 10^{-3}Pa，然后通入氩气。当氩气压达(1～10)Pa 时在阴阳极之间加上数千伏的直流高电压，使之在阴阳极之间产生辉光放电，使氩气电离，正离子撞击阴极靶，负离子飞向阳极并与中性气体分子碰撞产生二次离子和电子，二次电子再产生正离子与电子，以此维持放电。所以直流二极溅射放电所形成的回路，是靠气体放电所产生的正离子飞向阴极靶，一次电子飞向阳极而形成。

直流溅射设备简单，但存在各工艺参数不易独立控制的问题。例如，放电电流易随电压和气压的变化而波动。另外，直流溅射工作气体的气压也较高(在 10Pa 左右)，不利于减小气体中的杂质对薄膜的污染；飞溅出来的靶原子会受到过多的散射，到达基片的原子数量和能量均减小，导致薄膜的沉积速率和致密度降低。最大的局限是，直流溅射不能沉积绝缘体薄膜。为此，在直流溅射的基础上，出现了三极或四极溅射，或者结合施加偏压的方法形成偏压溅射。

(2)射频溅射

射频溅射(RF Sputtering)是指激发气体等离体的电场是交变电场的溅射方法。1966 年美国 IBM 公司研发出射频溅射技术，可以溅射绝缘介质。这一溅射方法的出现，解决了直流溅射装置不能用来溅射沉积绝缘介质薄膜的问题。射频溅射是将直流溅射电源换成交流电源，在两极间接上射频(5MHz～30MHz，国际上多采用 13.56MHz)电源后，两极间等离子体不断振荡运动的电子从高频电场中获得足够的能量，更有效地与气体分子发生碰撞，使后者电离，产生大量的离子和电子，产生二次电子来维持放电过程，射频溅射可以在低压(1Pa 左右)下进行，沉积速率也因气体散射少而较直流溅射高。高频电场可以经由其他阻抗形式耦合进入沉积室，而不必再要求电极一定要是导体。由于射频溅射可以在靶材上产生自偏压效应，即在射频电场作用的同时，靶材会自动处于一个较大的负电位下，从而导致气体离子对其产生自发的轰击和溅射，而在基片上自偏压效应很小，气体离子对其产生的轰击和溅射可以忽略，从而产生溅射沉积效应。

(3)磁控溅射

磁控溅射(Magnetron Sputtering)是 20 世纪 70 年代发展起来的溅射技术。电子在电场的作用下，在飞向基片过程中碰撞氩原子，电离产生出一个 Ar^+ 和新电子对；新电子飞向基片，Ar^+ 在电场作用下加速飞向阴极靶，并以高能量轰击靶表面，使靶材发生溅射。在溅射粒子中，中性的靶原子或分子沉积在基片上形成薄膜，而产生的二次电子会受到电场和磁场共同作用，运动轨迹近似于一条摆线。若为环形磁场，则电子就以近似摆线形式在靶表面做圆周运动,它们的运动路径不仅很长,而且被束缚在靠近靶表面的等离子体区域内,且在该区域中电离出大量的 Ar^+ 来轰击靶材,从而实现了高的沉积速率。随着碰撞次数的增加,二次电子的能量消耗殆尽,逐渐远离靶表面,并在电场的作用下最终沉积在基片上。由于该电子的能量很低,传递给基片的能量很小,致使基片温升较低。根据设备装置,磁控溅射源主要分为平面源、圆柱源和 S 枪三种。

磁控溅射不仅可得到很高的溅射速率,而且在溅射时还可避免二次电子轰击而使基片保持或接近冷态,这对使用单晶和塑料基片具有重要意义。磁控溅射电源可为直流也可为射频放电工作,故能制备金属、绝缘体等多种材料,且具有设备简单、易于控制、镀膜面积大和附着力强等优点。

(4)反应溅射

反应溅射(Reaction Sputtering)是利用溅射技术制备介质薄膜的一种方法。即在溅射镀膜时,引入某些活性反应气体来改变或控制沉积特性,从而对薄膜的成分和性质进行控制。通常,一种情况为在反应气体的情况下,靶材会与反应气体反应形成化合物,例如氮化物或氧化物等;另一种情况为,在惰性气体溅射化合物靶材时由于化学不稳定性往往导致薄膜较靶材少一个或更多组分,必须加上反应气体补偿所缺少的组分。为保证在基片形成化合物时反应充分,必须控制入射到基片上的金属原子和反应气体分子的速率。在一定的反应气压下,溅射功率愈大,反应可能愈不完全。通过调节溅射功率,或者恒定溅射功率,调节反应气体压强,均可获得质量较好的薄膜。

除上述的四种溅射方法之外,准直溅射、低气压甚至是零气压溅射、高真空溅射、自溅射、RF-DC 结合型偏压溅射、ECR 溅射在薄膜制备中应用的日益广泛,工艺技术也在不断地完善,相应薄膜的特性和用途也不尽相同。

9.1.3.3 溅射镀膜的特点

溅射镀膜靶材为固体,靶与基片的位置可以自由选择,上下放、垂直对立放等均可,操作维护简单;工艺中不采用毒性、腐蚀性气体,且制备薄膜可在较低温度下进行。另外,溅射属于非平衡过程,可以制取一些自然界不存在的物质。具体优点如下。

(1)可制备特殊材料薄膜

任何物质均可以溅射,尤其是高熔点、低蒸气压元素和化合物。只要是固体,不论是块状、颗粒状的物质都可以作为靶材。另外,还可以通过反应溅射由单质靶制备化合物薄膜。

(2)厚度可控性和重复性好

在溅射镀膜的过程中,薄膜厚度能否可控制在要求的范围内称为膜厚的可控性。溅射镀膜的沉积速率主要工作电流控制,可通过严格地控制工作电流控制好膜的沉积速率,从而控制膜厚,且能在较大面积上获得均匀一致的膜厚。在相同的工艺条件下,多次溅射膜的重复再现称为重复性。由于溅射速率可控,只要严格控制工艺条件就可得到重复性好的薄膜。

(3)附着力强

溅射原子的能量比蒸发原子高 1 ~ 2 个数量级,高能量的溅射原子沉积到基片上产生较高的热能,增强了溅射原子与基片的附着力,并且有部分溅射原子产生注入现象,在基片上形成一层溅射原子与基片原子相互融合的伪扩散层。同时,在成膜过程中,基片始终在等离子区中被清洗和激活,去除附着力不强的溅射原子,净化基片表面,有效地增强了薄膜表面的附着力。

(4)密度和纯度高

溅射镀膜得到的膜密度高、针孔少,且膜层的纯度较高。因为在溅射镀膜过程中,不存在真空蒸发时无法避免的坍塌及加热材料污染现象。

9.1.4 分子束外延

分子束外延(Molecular Beam Epitaxy,MBE)为一种主要的外延技术。是指在清洁的高真空环境下,使具有一定热能的一种或多种分子(原子)束流喷射到晶体基片上,在其表面生长成膜。分子束外延多用于外延薄层、杂质分布复杂的多层硅外延,也可用于Ⅲ-Ⅴ族、Ⅱ-Ⅵ族化合物半导体及合金、多种金属和氧化物单晶薄膜的外延生长,有效地促进超大规模集成电路和集成光学的快速发展。然而,分子束外延设备复杂、价格昂贵,外延生产效率低、成本高不易大规模生长。因此,尽管分子束外延是制备高质量、高精度外延层的工艺方法,但在微电子技术领域生产上很少采用。

9.1.4.1 分子束外延的原理

根据外延过程中的空间位置,MBE可分为分子束产生区、各分子束交叉混合区、反应晶化过程区三个基本区域。在分子束产生区,各种不同的源,均可蒸发形成具有一定束流密度的分子,如图9-10所示。在分子束交叉混合、反应和晶化过程区,可控分子束在高真空环境条件下对基片的扫描,从源喷射的分子束撞击基片表面被吸附,被吸附的分子在表面迁移、分解,进入晶格位置发生外延生长,未进入晶格的分子因热脱附而离开表面。分子束外延是由喷射炉将外延分子束直接喷射到单晶基片的表面,用快门可迅速地控制外延层生长的开始或停止。因此,能精确地控制外延层的厚度,薄膜的厚度可控制在Å量级。外延室有多个喷射炉,可同时喷射不同种类的分子束,外延层的组分、掺杂剂可迅速调整。因此,外延层的基本结构、组分和杂质分布均可精确控制。

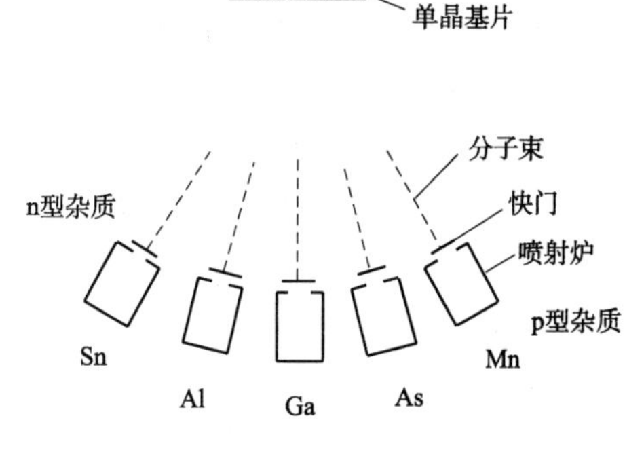

图9-10 分子束外延喷射原理示意图

从本质上讲,分子束外延也属于真空蒸发方法。相比传统的真空蒸发,分子束外延系统具有超高真空,并配有原位监测和分析系统,能够获得高质量的单晶薄膜。晶体生长受分子束相互作用的动力学过程支配,而异于常规的气相外延(VPE)和液相外延(LPE)中的准热力学平衡。随着分子束外延技术的发展,除固态源分子束外延外,还有气态源分子束外延、化学束外延、金属有机物分子束外延和等离子体分子束外延以及激光分子束外延技术。

9.1.4.2 影响外延薄膜质量的因素

(1)背景真空度

在分子束外延中,背景气压不仅会降低物质分子的喷射,而且影响溢出分子的行进。根据气体分子运动论,喷射炉外残存气体将使蒸发物质的碰撞加剧,其直线运动受到妨碍,并且经过多次碰撞后还可能形成雾状颗粒。理论计算表明,当真空度为1.33×10^{-3}Pa时,室温下抵达基片的分子数约为$10^{14}\sim10^{15}/\text{cm}^2\cdot\text{s}$。假如黏附系数为1,那么一秒钟内就会在基片表面形成与固体原子面密度相当的残余单分子层。残存气体不仅妨碍蒸气分子在基片表面的游移，而且还可以作为杂质进入薄膜中或者与薄膜形成化合物，势必影响外延层的质量，增加外延层的缺陷。

因此，分子束外延必须在超高真空下进行，初始压强通常为 1.3×10^{-8}Pa 左右，生长时压强需要低于 1.3×10^{-6}Pa。

(2)原位清洁处理

在正式外延沉积之前，原位清洁处理也是保证结晶的重要措施。原位清洗有两种方法，一种是在1000～1200℃的高温下烘烤10～20min，由于基片的表面天然氧化物的分解，炭等杂质的脱附而达到清洁表面的目的；另一种是用低能惰性气体溅射来"清洗"基片的表面，然后在800～900℃进行短时间退火，以消除溅射损伤。

(3)掺杂

半导体材料硅中，常用的掺杂元素 B、P 和 As。在分子束外延过程中，则因其蒸发过难或过甚而不适用。因此，通常用 Ga、Al 和 Sb 作为掺杂剂。根据杂质的抵达率和黏附系数，适当选择基片温度(400～800℃)，通过控制分子束流的强弱就可以得到所需要的生长速率和掺杂浓度。

若在沉积过程，同时用离子注入掺杂，则 B、P 和 As 等应用就不受上述限制，但要严格控制注入的能量和分子束流的电流强度，以使杂质刚好落在生长的界面之下。

9.1.4.3 分子束外延的特点

分子束外延生长是属于真空蒸镀法，但又不同于一般的真空蒸镀方法。它是在超高真空环境中通过把热蒸发产生的原子或分子束投射到具有一定取向、一定温度的清洁基片上而生成高质量的薄膜材料或各种所需结构，能够得到极高质量薄膜单晶的新的晶体生长方法。随着分子束外延蒸发源、监控系统和分析系统的性能提高和真空环境改善的同时，分子束外延还能有效地利用平面技术，因此分子束外延已优于液相外延及汽相外延，推动了超薄层微结构材料为基础的新一代半导体科学技术的发展。相比传统的化学气相外延和真空蒸镀，分子束外延具有以下特点。

①分子束外延是一个以气体分子论为基础的蒸发过程，但其并不以蒸发温度为控制参数，而是以系统中的四极质谱仪、原子吸收光谱等现代分析仪器，精确地监控分子束的种类和强度，可有效地控制薄膜的生长过程与生长速率。

②分子束外延是一个超高真空的物理沉积过程，既不需要考虑中间化学反应，又不受质量传输的影响，并且利用快门可以对生长和中断进行瞬时控制。因此，膜的组分和掺杂浓度可随源的变化而迅速调整。

③分子束外延的基片温度低，可有效降低界面上热膨胀引入的晶格失配效应和基片杂质对外延层自掺杂扩散的影响。

④分子束外延是一个动力学过程，即将入射的中性粒子(原子或分子)一个一个地堆积在基片上进行生长，而不是一个热力学过程，可实现普通热平衡生长方法难以生长薄膜的制备。

⑤分子束外延生长速率极慢，大约为1μm/h，相当于每秒生长出一个单原子层。因此，分子束外延可精确控制薄膜厚度、结构和成分以及实现陡峭异质结构等，是一种原子级的加

工技术,特别适合生长超晶格材料。

然而,在实际分子束外延过程中,会产生外延层生长和外延层掺杂两大类缺陷。外延层生长缺陷分为体内缺陷、表面缺陷、外延层图形漂移和畸变等;外延层掺杂缺陷可分为自掺杂缺陷和互扩散缺陷两种。

9.1.5 脉冲激光沉积

脉冲激光沉积(Pulsed Laser Deposition,PLD)是利用高能激光束作为热源来轰击待蒸发原物质,在基片上蒸镀薄膜的一种新技术,其工作原理如图9-11所示。1960年,希尔多·梅曼在休斯实验研究所建造出第一台红宝石激光器。1965年,Smith和Tumer等人第一次用激光制备出光学薄膜,分析发现这种方法类似于电子束打靶蒸发镀膜,当时并没有显示出很大的优势。直到1987年美国Bell实验室首次成功地利用短波长脉冲准分子激光制备了高质量的钇钡铜氧超导薄膜。经过十几年的发展,脉冲激光沉积技术已成功制备出多种优良的薄膜,成为一种重要的制膜技术,受到国际上广大科研工作者的高度重视。当前,脉冲激光沉积技术在铁电、半导体、金刚石或类金刚石等多种功能薄膜以及生物陶瓷薄膜的制备上显示出广阔的应用前景。

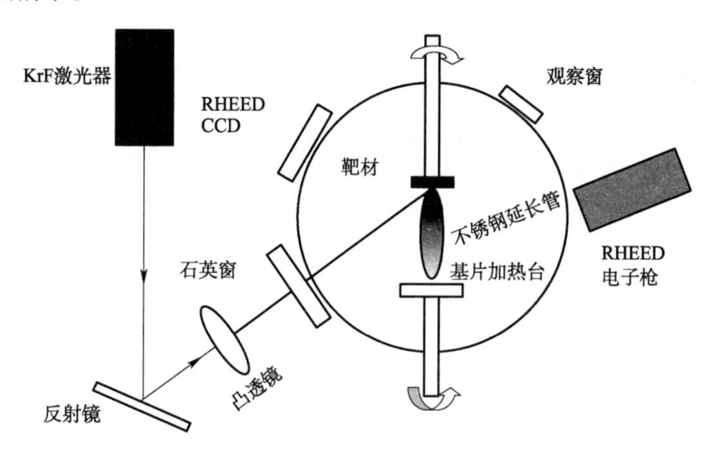

图9-11 脉冲激光沉积工作原理示意图

9.1.5.1 脉冲激光沉积的原理

脉冲激光沉积是将脉冲准分子激光所产生的高功率脉冲激光束聚焦作用于真空室内的靶材,使靶表面材料在极短的时间内被加热熔化、气化直至使靶材表面产生高温高压等离子体,形成一个看起来像羽毛状的发光团——羽辉;等离子体羽辉垂直于靶材表面定向局域膨胀发射从而在基片上沉积形成薄膜。通常,脉冲激光沉积成膜过程分为激光与靶材作用、等离子体输运和沉积成膜三个阶段。

(1)激光与靶材作用

激光束聚焦在靶材表面,在足够高的能量密度下和短的脉冲时间内,靶材吸收激光能量并使光斑处的温度迅速升高至靶材的蒸发温度以上而产生高温及烧蚀,靶材气化蒸发,有原子、分子、电子、离子和分子团簇及微米尺度的液滴、固体颗粒等从靶的表面逸出。这些被蒸发出来的物质反过来又继续和激光相互作用,其温度进一步提高,形成区域化的高温高密度的等离子体，靶表面约 1 ~ 10μm 的范围内将形成密度可达 10^{16} ~ 10^{21} cm^{-3}、温度达到 2×10^4K以上。等离子体通过逆韧致吸收机制吸收光能，形成一个具有致密核心的明亮的等离子体火焰。

(2)等离子体在空间输运

等离子体火焰继续受到激光束作用，进一步电离导致温度和压力迅速升高，并在靶面法线方向形成大的温度和压力梯度，使其沿该方向向外作等温和绝热膨胀。此时，等离子体的非均匀分布形成相当强的加速电场。在这些极端条件下，高速膨胀过程发生在数十纳秒瞬间，迅速形成了一个沿法线方向向外的细长的等离子体羽辉。

(3)等离子体沉积成膜

等离子体中的高能粒子轰击基片表面，然后在基片上成核、长大形成薄膜。晶核的形成和长大取决于很多因素，例如等离子体的密度、温度、离化度、凝聚态物质成分、基片温度等。随着晶核超饱和度的增加，临界核开始缩小，直到高度接近原子的直径，此时薄膜的形态是二维的层状分布。在晶核长大成膜的过程中，靶材表面喷射出的高速离子对已成膜的反溅射作用、易挥发元素的损失和液滴的存在，均对薄膜质量产生一定的影响。

9.1.5.2 脉冲激光沉积的特点

脉冲激光沉积技术是目前最有前途的制膜技术，其通过非加热方法控制局部电子能量分布，是一种非平衡的制膜方法。相比磁控溅射等制备技术，在制备材料方面具有很多优异的特点，具体如下。

①可以生长和靶材成分一致的多元化合物薄膜，甚至含有易挥发元素的多元化合物薄膜。由于等离子体的瞬间爆炸式发射，不存在成分择优蒸发效应，以及等离子发射的沿靶轴向的空间约束效应。因此，脉冲激光沉积的薄膜易于准确再现靶材的成分。由于薄膜的特性与其组分密切相关，脉冲激光沉积技术的这一特性显得格外宝贵。

②激光能量的高度集中，脉冲激光沉积可用于金属、半导体、陶瓷等多种材料的蒸发，也可用于难熔材料，例如硅化物、氧化物、碳化物、硼化物等的薄膜沉积。

③易于在较低温度(如室温)下原位生长取向一致的织构膜和外延单晶膜。因此，适用于制备高质量的光电、铁电、压电、高锝超导等多种功能薄膜。因为等离子体中原子的能量比通常蒸发法产生的粒子能量要大得多，使得原子沿表面的迁移扩散更剧烈，二维生长能力易于在较低的温度下实现外延生长；而低的脉冲重复频率也使原子在两次脉冲发射之间有足够的时间扩散到平衡的位置，有利于薄膜的外延生长。

④能够沉积高质量纳米薄膜。高的粒子动能具有显著增强二维生长和抑制三维生长的作用，促使薄膜的生长沿二维展开，因而能够获得极薄的连续薄膜而不易出现岛化。同时，脉冲激光沉积技术中极高的能量和高的化学活性又有利于提高薄膜质量。

⑤灵活的换靶装置，便于实现多层膜及超晶格薄膜的生长，多层膜的原位沉积便于产生原子级清洁的界面。靶结构形态可以多样，因而适用于多种材料薄膜的制备。另外，系统中引入实时监测、控制和分析装置不仅有利于高质量薄膜的制备，而且有利于激光与靶物质相互作用的动力学过程和成膜机理等物理问题的研究。

然而，脉冲激光沉积技术也存在一些缺点，主要表现如下。

①小颗粒的形成。它主要由亚表面沸腾、反弹溅射和脱落三个现象产生。在激光辐射

期间，接近靶面的初期羽辉受到一个很大的弹力，如果激光能转化为热量并传输到靶的时间比蒸发表面层所需时间更少时，就会发生亚表面沸腾。当激光焦点下的熔融态物质受到膨胀羽辉所施反向弹力时，会发生溅射；溅射出来的颗粒尺寸较大，会以大的团簇形状存留在膜中，影响膜的质量。

②薄膜厚度不够均匀。融蚀羽辉具有很强的方向性，在不同的空间方向，等离子体羽辉中的粒子速率不尽相同，使粒子的能量和数量的分布不均匀，因此只能在很窄范围内形成均匀厚度的膜。

9.1.5.3 颗粒物产生的预防措施

脉冲激光沉积薄膜表面存在着大小不一的颗粒物，成为限制脉冲激光沉积技术获得广泛应用的主要因素之一。颗粒物大小和多少强烈依赖于沉积参数，例如激光波长、激光能量强度、脉冲重复频率、基片温度、气氛种类、气压大小和靶基距离等。另外，靶材和基片晶格是否匹配，基片表面抛光、清洁程度均影响到薄膜附着力的强弱和薄膜表面的光滑度。为有效降低薄膜颗粒物的密度和尺寸，研究者提出了一些有效的解决措施，具体如下。

(1)高致密度的靶材

使用高致密度的靶材，大块和大颗粒被打下的概率降低。同时，选用靶材吸收率高的激光波长，可有效降低激光渗入靶材的深度，靶材对激光的吸收能力增大，则作为液滴喷射源的熔融层越薄，产生的液滴密度越低。

(2)机械屏蔽

脉冲激光沉积产生颗粒物的速率要比原子、分子的速率低一个数量级，因此可以通过基于速率不同的机械屏蔽技术来减少颗粒物。常用的机械屏蔽技术主要有，靶材与基片之间增加速率筛，拦截速度较慢的颗粒；靶材与基片不同轴，通过相互碰撞、散射方法降低较大颗粒的沉积；同轴掩模版来阻挡液滴到达基片；在靶材与基片之间增加偏转的电场或磁场，减少液滴的沉积。

(3)激光能量和频率

激光能量太低产生不了溅射或溅射少沉积速度慢，随着能量的增加沉积速率、粒子平均尺寸、等离子体羽辉空间分布也随之增大。然而，激光能量过大会有大颗粒出现，薄膜表面光洁度降低。另外，频率太高时沉积在膜上的颗粒还未运动开，下一批溅射的颗粒已落下来，造成堆积从而形成薄膜不均匀；频率太低时，间隔时间长杂质就会进入薄膜，降低薄膜的质量。

(4)基片温度

基片温度是决定薄膜质量好坏的最关键因素。基片加热可有效增加颗粒在薄膜上的迁移，利于薄膜的结晶。若基片温度较低，沉积原子还来不及排列，又堆积新的原子，则不能形成单晶；若温度过低，原子很快冷却，难以在基片上迁移，会形成非晶或多晶。若基片温度过高，则热缺陷大量增加，也难以形成单晶。

(5)靶材与基片间距

靶材与基片间距也会影响颗粒的大小和多少。当间距太大时，羽辉中的离子就会复合成大颗粒；间距太近时，羽辉的离子能量过大、速度过快，对沉积膜和基片均有损伤。实验表明，一般间距为4cm时，效果较好。

9.2 化学制备技术

薄膜化学制备技术是基于化学反应的一种薄膜沉积方式。

在薄膜化学制备技术中，应用最广泛的是化学气相沉积（Chemical Vapor Deposition, CVD）。化学气相沉积是利用气态或蒸气态的物质在气相或气固界面上反应生成固态沉积物的技术。在大多数情况下，这些反应都依靠热激发。因此，对反应温度，特别是基片温度，需要严格控制。一般来说，在一定的温度范围内，基片温度越高越有利于反应的顺利进行。近年来，化学气相沉积技术发展的很快，已成为薄膜制备中一个相当重要的方法，主要用途在于生产厚度在 μm 级的薄膜。该方法已在微电子材料、光电子材料、机械材料、航空航天材料等方面都有重要的应用。

化学溶液制备是另一类薄膜的化学制备技术。化学溶液制备技术是利用相关试剂的溶液，采用化学反应或电化学反应在基片表面沉积薄膜的技术。这种技术不需要真空环境，设备价廉、工艺简单，有较大的推广价值。除此之外，近年发展起来的软溶液制备技术（Soft Solution Processing, SSP）也属于薄膜的化学制备技术范畴，受到广泛的关注。

9.2.1 化学气相沉积

化学气相沉积是制备半导体单晶外延薄膜的最主要方法。然而，化学气相沉制膜过程十分复杂，在化学反应中通常包括多种成分和物质，可能产生一些中间产物，而且有许多独立的变量，例如温度、压强和气流流速等。为获得良好的制膜条件，需要对沉积过程和机理进行仔细的分析。首先，要明确反应物质在气相中的溶解度、各种气体的平衡分压，动力学和热力学的过程；其次，要了解反应气体由气相到衬底表面的质量的输运、气流与衬底表面边界层的形成，生长成核，以及表面反应、扩散迁移，直到最终生长成膜。下面在介绍化学气相沉积物理过程和反应方式的基础上，详细阐述常用化学气相沉积的方法和特点。

9.2.1.1 化学气相沉积的基本原理

化学气相沉积，指把含有构成薄膜元素的气态反应剂或液态反应剂的蒸气及反应所需其他气体引入反应室，在衬底表面发生化学反应生成薄膜的过程。薄膜生长的基本原理主要包括物理过程和反应方式两部分内容，具体如下。

(1)物理过程

在化学气相沉积过程中，反应气体被载入反应器或沉积腔中，并在那里反应而在基片的表面形成预期的物质。有时是使用一种气体在加热时分解来形成薄膜，有时则用多种气体反应来形成薄膜。不论是哪一种情况，生成薄膜的反应均为在基片表面上发生，而不是在气流中发生。有时反应物并不是以气体存在，在此情况下有可能使用一个液体源或固体源。通常载气以鼓泡的方式流过液体源或固体源，将其带入反应器。常用载气主要有氮气或氢气等，也可作稀释气体使用。

根据化学气相沉积中前驱物的物理、化学状态，化学气相沉积进程可分为气相前驱物的产生、将前驱物运输到基片和最终反应等几个步骤，如图 9-12 所示。其中，最终反应又包括反应物在基片表面的吸附，反应物在表面的分解和反应副产物的解吸三个过程。

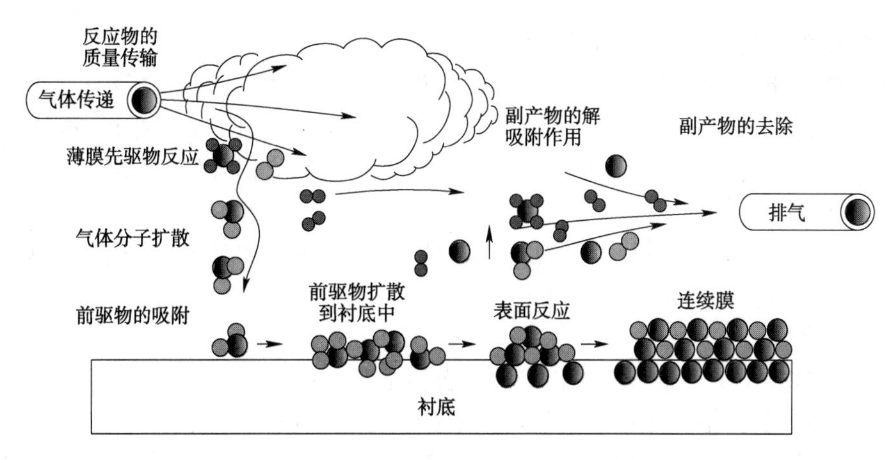

图 9-12　化学气相沉积反应的基本步骤示意图

(2)反应方式

在化学气相沉积中,化学反应方式种类很多。调节反应的温度、浓度、压力、气体组成等,就可得到不同结构、性质和成分的薄膜。主要的化学反应包括热分解反应、还原与置换反应、氧化或氮化反应、水解反应和歧化反应等。其中,热分解制备薄膜在半导体技术中应用较为广泛,不仅可以制备硅薄膜,而且还可以制备氧化膜;氢还原反应主要制备半导体薄膜和金属薄膜;氧化反应主要是在基片上制备氧化物薄膜;氮化反应主制备氮化硅。

9.2.1.2　常用的化学气相沉积

化学气相沉积方法按照反应容器内的压力、沉积的温度、反应器壁的温度和沉积反应的激活方式等条件,可将其分为诸多种类。例如,按照反应容器内的压力可分为常压化学气相沉积和低压化学气相沉积;按沉积的温度,可分为低温(200℃ ~500℃)化学气相沉积、中温(500℃ ~1000℃)化学气相沉积和高温(1000℃ ~1300℃)化学气相沉积;按反应器壁的温度,可分为热壁式化学气相沉积和冷壁式化学气相沉积;按反应激活方式可分为热激活化学气相沉积和等离子体激活化学气相沉积。本节将对一些典型的化学气相沉积进行阐述。

(1)常压化学气相沉积

常压化学气相沉积(Atmospheric Pressure CVD,APCVD),是指进行化学反应沉积时容器内的压力为通常压力。这类反应在常压下操作,装料、卸料方便。整个装置一般包括气体净化系统、气体测量和控制部分、反应器和尾气处理系统等,如图 9-13 所示。

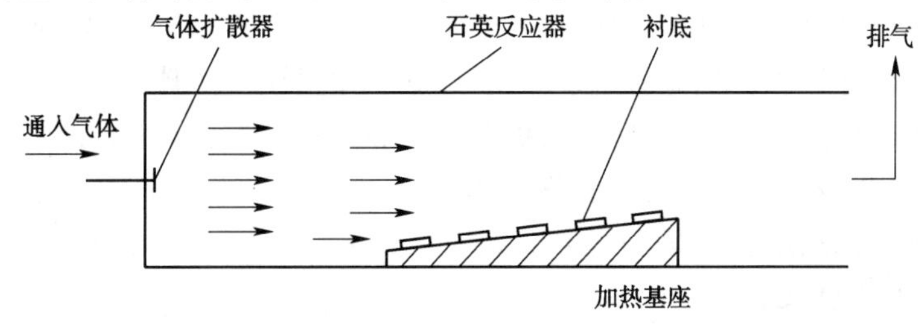

图 9-13　常压 CVD 装置反应示意图

当选择常压化学气相沉积时,原物质不一定在室温下都是气体。若用液体原料,需加热使其产生蒸气,再由载流气体携带入反应室;若用固体原料,加热升化后产生的蒸气由载流气体带入反应室。这些反应物在进入沉积区之前,一般不希望它们之间相互反应。因此,在低温下会发生相互反应的物质,在进入沉积区之前应隔开。

常压化学气相沉积的工艺特点是能够连续供气和排气,物料的运输一般是通过不参加反应的惰性气体来实现。由于至少有一种反应产物可连续地从反应区排出,这就使反应总处于非平衡状态,从而有利于形成薄膜层。另外,常压化学气相沉积的沉积参数容易控制,工艺重复性较好、工件容易取放,同一反应器配置可反复多次使用。

常压化学气相沉积应用最早也很广泛,像硅外延、二氧化硅膜生长、多晶硅膜生长和氮化硅膜生长等均可使用常压气相沉积。

(2)低压化学气相沉积

由于常压硅外延工艺杂质的固相扩散和自掺杂难以控制,外延层与基片交界面处杂质浓度过渡区分布缓变,不可能形成陡峭的杂质浓度分布。在1973年,Boss等人提出了低压化学沉积(Low Pressure CVD,LPCVD)技术,有效地减少了常压外延对器件带来的自掺杂影响。典型的低压化学气相沉积装置反应室如图9-14所示。相比一般常压化学气相沉积装置,主要区别在于低压化学气相沉积装置需要一套真空泵系统维持整个系统在较低的气压下工作。

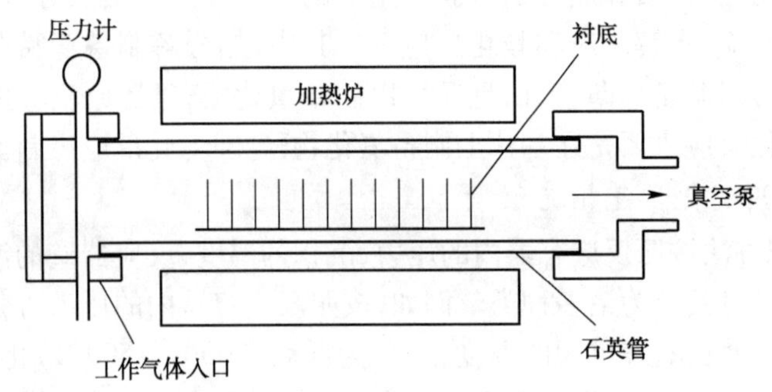

图9-14 低压CVD装置反应室示意图

低压化学气相沉积通常在低于0.1MPa的压力下工作。低压环境改变了反应室中的气体流动,使源气体分子占主导地位,比较复杂的气流环境变得简单,原来的紊乱气流变成层流气流。同时,气体的分子密度变稀,分子的平均自由能增大,杂质的扩散速度加快,因而由基片逸出的杂质能快速地穿过边界层被主气流排除出反应室,使得这些杂质重新进入外延层的机会大大减少。当反应停止时,反应室中残存的反应剂和掺杂剂能迅速地被排除掉,缩小了基片与外延层之间的过渡区,很好地改善厚度及电阻率的均匀性,减少了埋层图形的漂移和畸变。低压化学气相沉积克服了常压化学沉积时的膜厚均匀性差、膜质疏松等缺点;同时能有效减少了外延层中的层错和位错,更有利于形成平整光亮的外延层。

当前,低压外延技术已经倍受人们关注,成为超大规模集成电路和一些高压特殊器件急需发展的新技术。该技术在发展新型器件,例如异质结晶体管、高速器件以及光电子器件中,具有十分重大的意义。

(3)等离子增强化学气相沉积

等离子增强化学气相沉积(Plasma Enhanced CVD,PECVD)是20世纪70年代发展起来的一种新工艺。其借助微波或射频等使含有薄膜组成原子的气体电离,形成局部等离子体。等离子体具有很高的化学活性,在基片上容易发生反应沉积出预期的薄膜。PECVD利用了等离子体的活性来促进反应,因而显著地降低了反应沉积的温度范围,使得某些原来需要在高温进行的反应过程得以在低温条件下实现。

由于 PECVD 方法的主要应用领域是一些绝缘介质薄膜的低温沉积,因而其等离子体的产生方法多采用射频。射频电场可采用两种不同的耦合方式,即电感耦合和电容耦合。图 9-15是典型的电容耦合射频 PECVD 装置示意图。在此装置中,射频电压被加在相对位置的两个平板电极上,在其间通过反应气体并产生相应的等离子体。在等离子体各种活性基团的参与下,在基片上实现薄膜的沉积。同时,由于这一装置也工作在较低气压条件下,提高了活性基团的扩散能力,因而薄膜的生长速度可以达到 10μm/min。

图 9-16 为电感耦合 PECVD 装置示意图。该装置中的高频线圈放置于反应容器之外,产生的交变磁场在反应室内诱发交变感应电流,从而形成气体的无电极放电。正是由于这种等离子体放电的无电极特性,因而可以避免电极放电可能产生的污染。

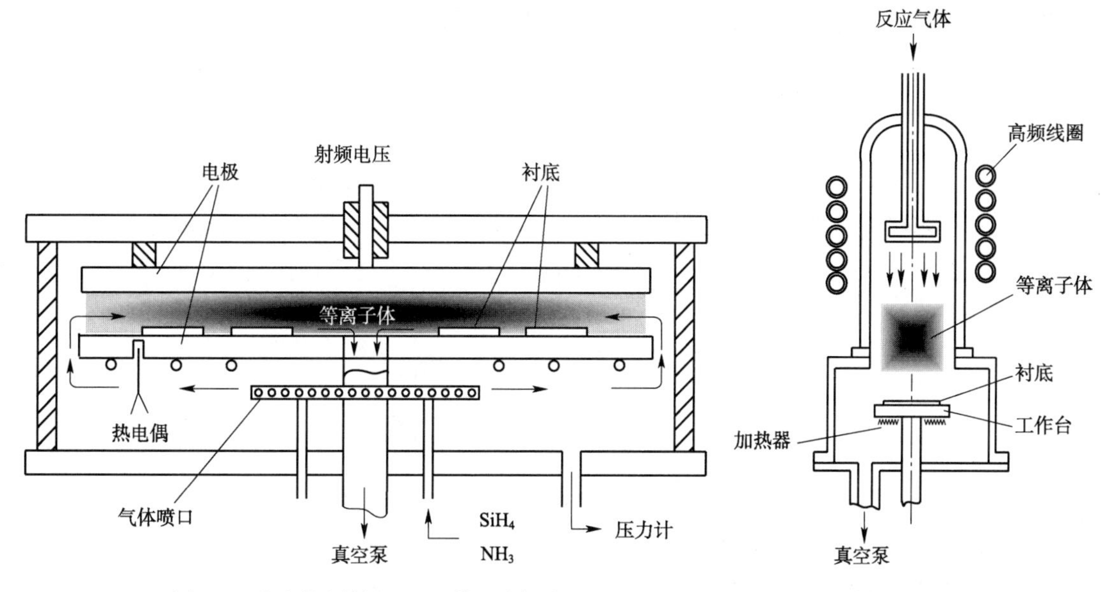

图 9-15　电容耦合射频 PECVD 装置示意图

图 9-16　电感耦合 PECVD 装置示意图

等离子体增强化学气相沉积的主要优点是沉积温度低,对基片的结构和物理性质影响小;膜的厚度及成分均匀性好;膜组织致密、针孔少;膜层的附着力强;应用范围广,可制备各种金属膜、非晶无机膜和有机膜。该法是射频辉光放电的物理过程和化学反应相结合的技术。它主要为适应现代半导体器件的需要,制造优质、高稳定性、高可靠的表面钝化膜,在机械工业和国防工业中制造特殊用途的表面涂覆膜。

(4)金属有机化合物化学气相沉积

金属有机化合物化学气相沉积(Metal-organic Chemical Vapor Deposition, MOCVD)是在气相外延生长的基础上发展起来的一种新型气相外延生长技术。1968 年,由美国洛克威公司的 Manasevit 等人提出。MOCVD 采用金属有机化合物和氢化物等作为晶体生长的原物质,以热分解反应的方式在基片上进行气相外延,生长Ⅲ-Ⅴ族、Ⅱ-Ⅵ族等化合物半导体外延层。类似一般的化学气相沉积,MOCVD 也分为卧式和立式两种,生长压强有常压和低压,加热方式有高频感应加热和辐别加热两种,从反应室来看有热壁和冷壁。目前,大多 MOCVD

采用冷壁高频感应加热。经过近20年的飞速发展,MOCVD已成为半导体化合物材料制备的关键技术之一,在半导体器件、光学器件、气敏元件、超导薄膜材料、铁电/铁磁薄膜、高介电材料等领域得到广泛的应用。

对于MOCVD而言,金属有机化合物源的选择十分重要。从实用的角度来看,金属有机化合物源应当具有两种基本特性。在适当的温度(-20~20℃)下,必须具合相当高的蒸气压(≥133.3Pa)。在典型的生长温度下,必须分解以产生所需要的生长元素。一般来说,优先考虑具有最高蒸气压的烷基化合物,这类烷基化合物通常具有最低的分子量。对于Ⅱ、Ⅲ族金属有机化合物,一般使用它们的甲基或乙基化合物。在金属合机化合物中,大多数是具有高蒸气压的液体,也有的是固体。可以采用氢气或惰性气体等作为载气通入该液体的鼓泡器,将其携带后与Ⅴ族或Ⅵ族元素的氢化物(如NH_3、PH_3、AsH_3和H_2O)混合后再通入反应器。混合气体流经加热基片表面时,在基片表面上发生反应,外延生长化合物晶体薄膜。图9-17为以生长$Ga_{1-x}Al_xAs$薄膜为例的MOCVD装置原理结构图。

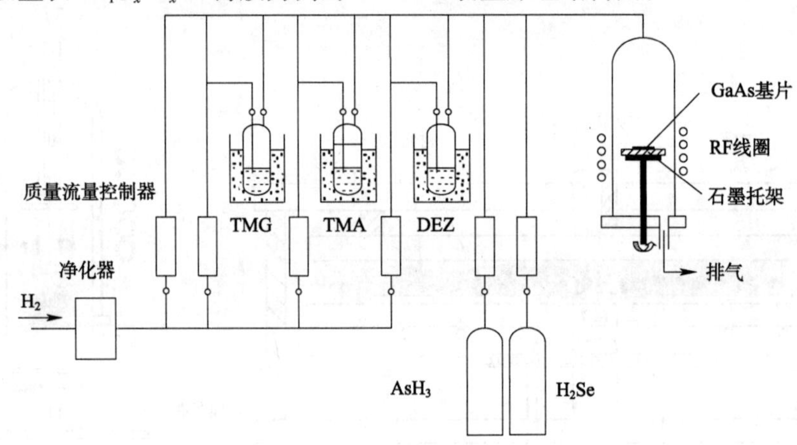

图9-17 生长$Ga_{1-x}Al_xAs$薄膜的MOCVD装置原理结构图

因为MOCVD生长使用的源是易燃、易爆、毒性很大的物质,并且要生长多组分、大面积、薄层和超薄层异质材料。因此在MOCVD系统的设计思想上,通常要考虑系统密封性,流量、温度控制要精确,组分变换要迅速,系统要紧凑等。考虑到很多薄膜材料的金属有机物液态先驱体容易制备或获得,近年来发展了液态源MOCVD(Liquid Source MOCVD,LSMOCVD)。LSMOCVD作为一种新方法已经应用于制备多组元金属氧化物薄膜,它能够很好地避免多源输送面临的复杂条件问题,将各种源溶入有机溶剂,得到混合良好的先驱体溶液,然后送入气化室得到气态源物质,再经过流量控制器送入反应室,或者直接向反应室注入气体,在反应室内气化、沉积。这种方式的优点是简化了源输送方式,对原物质的要求降低,便于实现多种薄膜的交替沉积以获得超晶格结构等。

(5)激光化学气相沉积

1972年Nelson和Richardson用CO_2激光聚焦束沉积出碳膜,开创出激光化学气相沉积(Laser Chemical Vapor Deposition,LCVD)技术。激光化学气相沉积是在真空室内放置基片,通入反应原料气体,在激光束作用下与基片表面及其附近的气体发生化学反应,在基片表面沉积薄膜。因此,激光化学气相沉积也可称为激光诱导化学气相沉积或激光辅助化学气相沉积。根据作用机理,激光化学气相沉积还可以分为热解激光化学气相沉积、光解激光化学气相沉积和光热联合激光化学气相沉积。激光化学气相沉积分为激光与反应介质作用、反应介质向激光作用区转移、预分解、中间产物二次分解并向基片转移、在基片表面沉积原子结合形成薄膜和成膜产生的气体离开激光光斑在基片表面的作用等几个阶段。

激光化学气相沉积是用激光诱导来促进化学气相沉积。在聚焦的激光光束照射下，基片局部表面温度升高，而反应气体对所用激光是透明的，未吸收激光能量。处在基片加热区的反应气体分子受热发生分解，形成自由原子，聚集在基片表面成为薄膜生长的核心。一般使用连续波输出的激光器，如氩离子和 CO_2 激光器。激光热解沉积是用波长较长的激光，如 CO_2 激光、YAG 激光、Ar^+ 激光等。图 9-18 为热解激光化学气相沉积装置示意图。普通 CVD 的原物质都可用于激光热解化学气相沉积。常用的反应原料有卤族化合物、碳氢化合物、硅烷类物质和羰基化合物。

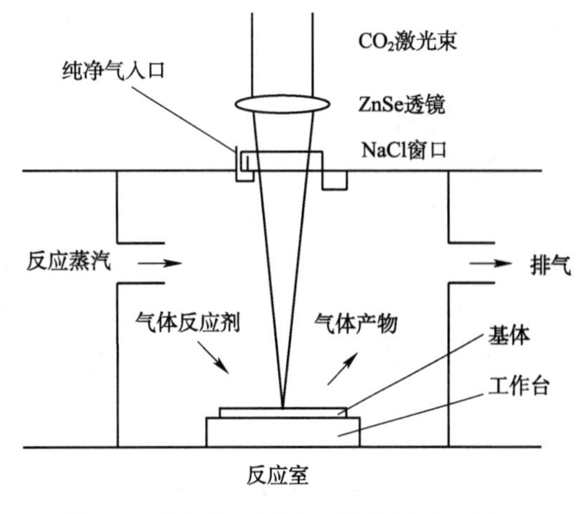

图 9-18 热解激光化学气相沉积装置示意图

图 9-19 为光解激光化学气相沉积装置示意图。激光光解沉积要求光子具有较高的能量，通常为短波长激光例如紫外、超紫外激光，准分子 XeCl、ArF 等激光器，但紫外和超紫外激光器还未实现商品化，仅停留在实验室研究阶段。

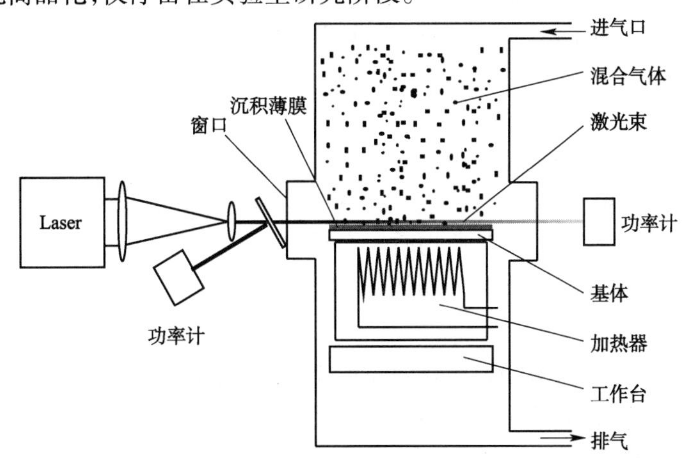

图 9-19 光解激光化学气相沉积装置示意图

激光化学气相沉积是近年来迅速发展的先进表面沉积技术，在国外微电子工业应用广泛。例如，集成电路的互连和封装，制备欧姆接点、扩散屏障层、掩模、修补电路以及非平面三维图案制造等。以上所列的加工制造用其他技术来加工非常困难，如高为几毫米宽仅几微米长的图案，又深又窄的沟槽和小孔的填充等，使用激光化学气相沉积很方便、快捷。然而，此技术设备成本较高，生产率还不及等离子化学气相沉积。

9.2.1.3 化学气相沉积的特点

随着工业生产要求的不断提高，化学气相沉积的工艺及设备得到不断改进，不仅启用了各种新型的加热源，还充分利用等离子体、激光、电子束等辅助方法降低了反应温度，使其应用的范围更加广阔。同时，还可以交叉、综合地使用复合的方法，在启用了各种新型加热源的基础上，还充分运用了各种化学反应、高频电磁（脉冲、射频、微波等）及等离子体等效应来激活沉积离子，成为技术创新的重要途径。相比其他薄膜制备技术，化学气相沉积具有如下的一些特点。

①不仅可以制作金属薄膜、非金属薄膜，而且还可以通过调节不同气源流量制作多成分的合金薄膜，实现混晶和结构复杂晶体的制备。

②成膜速度快，每分钟可达几个纳米甚至达到数百纳米。通过对多种气体原料的流量进行调节，能够在同一炉中在较大范围内控制产物的组成，即利用化学气相沉积法可以在相当大的基片上制备薄膜，也可以在同一炉中放置大量基片。

③化学气相沉积反应在常压或低真空中进行，反应气体前驱物的绕射性好，特别是对于形状复杂的表面或工件的深孔、细孔都能均匀镀覆。

④能得到纯度高、致密性好、残余应力小、结晶良好、平滑的薄膜镀层。由于薄膜生长的温度比膜材料的熔点低得多，可以得到纯度高、结晶完全的膜层。在薄膜沉积过程中，反应气体、反应产物和基体表面原子间要发生相互扩散，相对而言，薄膜的附着力较好。

⑤沉积的薄膜表面比较光滑，表面粗糙度小，而且由于采用气相反应沉积，薄膜的辐射损伤低。

然而，利用化学气相沉积制膜技术，还存在着一些缺点，例如反应温度较高，有的甚至高达到1000℃，许多基片材料不能承受这样的高温，因而限制其使用。另外，在整个制备过程和废气的处理过程中，均需要考虑不要对环境和操作者造成危害。

9.2.2 化学溶液制备

薄膜的化学溶液制备是指在溶液中利用化学反应或电化学反应等多种方法在基片表面沉积薄膜的一种技术，包括化学反应镀膜、阳极氧化、电镀和喷雾热分解等方法。这种技术不需要真空环境、所需设备简单，且原物质较容易获得、可在各种基片表面成膜，因而在电子元件、表面涂覆和装饰等领域得到了广泛的应用。

9.2.2.1 化学反应镀膜

化学反应镀膜是化学溶液制备薄膜中较重要的一类，主要是利用各种化学反应，例如氧化还原置换、水解反应，在基片表面沉积薄膜的技术。

(1)化学镀

化学镀实质上是在还原剂的作用下，使金属盐中的金属离子还原成原子状态并沉积在基片的表面上，从而获得镀层的一种方法，又称为无电源电镀。它与化学沉积法同属于不通电而靠化学反应沉积金属的镀膜方法。两者的区别在于，化学镀的还原反应必须在催化剂的作用下才能进行，且沉积反应只发生在镀件的表面上，而化学沉积法的还原反应却是在整个溶液中均匀发生的，只有一部分金属镀在镀件上，大部分则成为金属粉末沉淀下来。所以，确切地说化学镀的过程是在有催化条件下发生在镀层上的氧化还原过程。即在这种镀覆的过程中，溶液中的金属离子被生长着的镀层表面所催化，并且不断还原而沉积在基片表面上。在此过程中基片材料表面的催化作用相当重要，周期表中的Ⅷ族金属元素都具有在化学镀过程中所需的催化效应。

催化剂指的是敏化剂和活化剂，它可以促使化学镀过程发生在具有催化活性的镀件表面。如果被镀金属本身不能自动催化，则在镀件的活性表面被沉积金属全部覆盖之后，其沉积过程便自动终止。相反，如 Ni、Co、Fe、Cu 和 Cr 等金属，其本身对还原反应具有催化作用，可使镀覆反应得以继续进行，直到镀件取出，反应才自行停止。这种依靠被镀金属自身催化作用的化学镀又称为自催化化学镀。化学镀因具有不需要电源、实用范围广和膜层性能稳定等优点，已在电子、机械、石油化工、汽车和航空航天等领域得到广泛的应用。

在化学镀中，所用还原剂的电离电位，必须比沉积金属电极的电位低，但二者电位差又不宜过大。常用的还原剂有次磷酸盐和甲醛，前者用来镀镍，后者用来镀铜。还原剂必须提供金属离子还原时所需电子，即有

$$M^{n+} + ne^- \rightarrow M \tag{9-1}$$

这种反应只能在具有催化性质的镀件表面上进行，才能得到镀层。当沉积开始之后，沉积出来的金属就必须继续这种催化功能，沉积过程才能继续进行，镀层才能加厚。因此，从这个意义上讲，化学镀必然是一种受控的自催化的化学还原过程。

(2)置换沉积镀膜

置换沉积镀膜又称浸镀。其原理是在待镀金属盐类的溶液中，靠化学置换的方法，在基体上沉积出该金属，无须外部电源。例如，当电位较低的基体金属铁浸入到电位较高的金属离子的铜盐溶液时，由于存在电位差并形成了微电流，将在电位较低的金属铁表面上析出金属铜，其反应为

$$Fe + Cu^{2+} \rightarrow Cu + Fe^{2+} \tag{9-2}$$

习惯上称这类反应为置换反应。在这种条件下，析出的金属附在基体金属表面形成了镀层。置换沉积本质上是一种在界面上，固、液两相间金属原子和离子相互交换的过程。它无须在溶液中加入还原剂，因为基体本身就是还原剂。为了改善膜层疏松多孔而且结合不良的缺陷，可加入添加剂或络合剂来改善膜层的结合力。

(3)溶液水解镀膜

溶液水解镀膜实质是将元素周期表中Ⅳ族和Ⅲ、Ⅴ族中某些元索合成烃氧基化合物，以及利用一些无机盐类，例如氧化物、硝酸盐、乙酸盐等作为镀膜物质。将这些成膜物质，溶于某些有机溶剂，例如乙酸或丙酮中便成为镀液，将其放在镀槽中旋转的平面玻璃镀件表面上，因发生水解作用而形成了胶体膜，然后再进行脱水，最后便获得该元素的氧化物薄膜。

9.2.2.2 溶胶-凝胶(sol-gel)

采用适当的金属有机化合物溶液水解的方法，可获得所需的氧化物薄膜。这种溶液水解镀膜方法的实质是将某些Ⅲ、Ⅳ、Ⅴ族元素合成烃氧基化合物，以及利用一些无机盐类如氯化物、硝酸盐、乙酸盐等作为镀膜物质。将这些成膜物质溶于某些有机溶剂，例如乙酸、丙酮或其他的有机溶剂中成为溶胶镀液，采用浸渍和离心甩胶等方法将溶胶涂覆于基片表面，因发生水解作用而形成胶体膜，然后进行脱水而凝结为固体薄膜。膜厚取决于溶液中金属有机化合物的浓度、溶胶液的温度和黏度、基片拉出或旋转速度、角度以及环境温度等。

溶胶-凝胶工艺先将金属醇盐溶于有机溶剂中，然后进行脱水而加入其他组分(可为无机盐形式，只要加入后能互相混溶即可)，制成均质溶液，在一定温度下发生水解聚合反应，

形成凝胶。其主要过程包括以下的水解聚合反应。

水解反应

$$M(OR)_n + H_2O \longrightarrow (RO)_{n-1}M\text{-}OH + ROH \tag{9-3}$$

聚合反应

$$(RO)_{n-1}M\text{-}OH + RO\text{-}M(OR)_{n-1} \longrightarrow (RO)_{n-1}M\text{-}O\text{-}M(OR)_{n-1} + ROH \tag{9-4}$$

式中,M为金属元素,如钛(Ti)、锆(Zr)等;R为烷氧基。例如,以钛酸乙酯制备TiO_2薄膜的反应过程为

$$Ti(OC_2H_5)_4 + 4H_2O \longrightarrow H_4TiO_4 + 4C_2H_5OH \tag{9-5}$$

$$H_4TiO_4 \xrightarrow{120^\circ C} TiO_2 + 2H_2O\uparrow \tag{9-6}$$

采用溶胶-凝胶法制备薄膜具有多组分均匀混合,成分易控制、成膜均匀、能制备较大面积的膜、成本低、周期短,易于工业化生产等优点。目前,已用于制备TiO_2、Al_2O_3、SiO_2、$BaTiO_3$、$PbTiO_3$、PZT、PLZT和$LiNbO_3$等薄膜。

9.2.2.3 阳极氧化

某些金属或合金,例如铝、钽、钛和铌等,在适当的电解液中作阳极并加上一定直流电压时,由于电化学反应会在阳极金属表面上形成氧化物薄膜,这个过程称为阳极氧化。其制膜方法称为阳极氧化法。类似其他的电解过程,阳极氧化过程也服从法拉第定律,即将一定的电量严格地定量转化为金属的氧化物。然而,在阳极氧化过程中,会有一定数量的氧化物又溶解在电解液中,所以实际形成氧化物的有效质量要比理论值偏低一些。可以认为,阳极氧化过程存在金属氧化物的形成与金属的溶解两个相反的过程,而成膜则是两个过程的综合结果。因此,氧化膜的形成是一种典型的不均匀反应,在镀膜中存在以下反应。

金属M的氧化反应

$$M + nH_2O \rightarrow MO_n + 2nH^+ + 2ne \tag{9-7}$$

金属的溶解反应

$$M \rightarrow M^{2n+} + 2ne \tag{9-8}$$

氧化物MO_n的溶解反应

$$MO_n + 2nH^+ \rightarrow M^{2n+} + nH_2O \tag{9-9}$$

在薄膜生成的初期,溶解反应产生水合金属离子,通过生成由氢氧化合物或氧化物组成的胶状沉淀氧化物。氧化物覆盖表面后,金属活化溶解将停止,持续氧化反应是金属离子和电子穿过绝缘性金属氧化物在膜表面继续形成氧化物。为了维持离子的移动而保证氧化物薄膜的生长,需要外加一定的电场。阳极氧化膜的成分及结构与电解液的类型和浓度及工艺参数等多种因素有关。

9.2.2.4 电镀法

电流通过电解盐溶液引起的化学反应称为电解,利用电解反应在位于负极的基片上进行镀膜的过程称为电镀。由于电镀和电解均是在水溶液中进行,也可称为湿式镀膜技术。随着电镀技术的发展,电镀也可在非水溶液中,如熔盐中进行。

电镀是在含有被镀金属离子的水溶液中通过直流电流,使正离子在阴极表面放电,得到金属薄膜。电镀主要是指水溶液的电镀,并已得到广泛应用。在电镀过程中利用外加直流

电场使阴极的电位降低，达到所镀金属的析出电位。才有可能使阴极表面镀上一层金属膜。同时，必须提高阳极电位，只有在外加电位比阳极标准电位大得多时，阳极金属才有可能不断溶解，并使溶解速度超过阴极的沉积速度，才能保证电镀过程的正常进行。电镀过程遵循法拉第提出的两条基本规律。

①化学反应量正比于通过的电流。

②在电流量相向的情况下，沉积在阴极上或从阳极上分解出的不同物质的量正比于它们的物质的量。

电镀时所采用的电解溶液为电镀液，一般用来镀金属的盐类有单盐和络合盐两类。含单盐的电镀液如氯化物、硫酸盐等，含络盐的镀液如氰化物等。前者使用安全、价格便宜，但膜层质量较差，比较粗糙；络盐价格贵、毒性大，但容易得到致密光亮的镀层。可根据不同的要求，选择不同的种类的镀液。通常镀镍、铂等多使用单盐镀液，而采用络盐镀液来镀铜，银和金等。

在电镀过程中，要求电镀层具有细密的结晶、镀层平整、光滑牢固、无针孔等。由于电镀在常温下进行，所以镀层具有细致紧密、平整、光滑和无针孔疵点等优点，并且厚度容易控制，因而在电子工业中得到了广泛的应用。

9.2.2.5 喷雾热分解法

喷雾热分解法(Spraypyrolysis，SP)是将各金属盐按制备复合型粉末所需的化学计量比配成前驱体溶液，经雾化器雾化为液滴，由载气带入高温反应炉中，在反应炉中瞬间完成溶剂蒸发、溶质沉淀形成固体颗粒、颗粒干燥、颗粒热分解和烧结成型等一系列的物理化学过程，最后形成超细粉末。根据雾化方式的不同，喷雾热分解法制备薄膜技术可分为压力雾化沉积、超声雾化沉积和静电雾化沉积三种。

自从1966年Chamberlin和Skarman用喷雾热分解法制得太阳能电池所需的CdS薄膜以来，喷雾热分解法已广泛用于制备单质氧化物、尖晶石型氧化物、钙铁矿型氧化物以及硫化物、硒化物等。喷雾热分解法还可用于制备多化学组分的陶瓷粉体。

喷雾热分解实际是个气溶胶过程，属气相法的范畴，但不同于一般的气溶胶过程，它是以液相溶液作为前驱体，因此兼具有气相法和液相法的诸多优点。

①原料在溶液状态下混合，可保证组分分布均匀，且过程简单、组分损失少，可精确控制化学计量比，尤其适合制备多组分复合粉末。

②微粉由悬浮在空气中的液滴干燥而来，颗粒一般呈规则的球形，而且团聚少，无须后续的洗涤研磨，保证了产物的高纯度，高活性。

③整个过程可在几秒钟内完成，不会发生组分偏析，可保证组分分布的均一性。

④能大面积沉积薄膜，并可在立体表面沉积，沉积速率高、易产业化。

⑤沉积温度大多在600℃以下，相对较低。

不过无论采用何种方式雾化，喷雾热分解法制备薄膜均是由雾滴或细粉体颗粒沉积生长而成，所制备薄膜的表面不如MOCVD制备的薄膜光滑平整，薄膜中的气孔率较高。雾化液滴的大小及分布，溶液性质以及基片温度等工艺条件对薄膜的表面形貌均有较大影响。因此，喷雾热分解法不容易制备光滑、致密的薄膜；在薄膜沉积过程中，易引入外来杂质，而且主要局限于制备氧化物和硫化物等薄膜材料。

9.2.3 软溶液工艺

软溶液工艺(Soft Solution Processing,SSP)是20世纪后期逐渐兴起的先进无机功能薄膜材料制备的重要工艺技术,也是环境协调性好的薄膜化学制备技术。水热合成和电化学是两种重要的软溶液工艺技术,相比常用的薄膜制备技术,具有低能耗、高产率和一步成膜等优点,因而具有巨大的应用推广潜力。

在地球上生态材料的循环和能量循环中熵的转移是以地球上水循环为基础,加之在外界温度和压力条件下组成了溶液体系即生物,其中的所有物料、能量和熵也均是通过水的循环而实现循环或再循环,因此溶液工艺路线应该是对环境最友好的工艺路线。图9-20给出了无机陶瓷材料不同制备工艺过程的温度-压力(P-T)关系图;图9-21给出了单元系统陶瓷材料几种制备工艺的自由能-温度关系图(G-T)。

由图9-20可以看出,水溶液工艺位于P-T图中的范围和特点正好满足地球上的生命活动条件,而所有的其他工艺路线都与更高的温度和更高(或更低)的压力有关,因而它们是环境受迫的(或与环境不协调的)。从图9-21可以看出,在所有工艺路线中,水溶液系统是总能量消耗最少的。因此,软溶液工艺概念的基本出发点,是基于对与材料工艺相关的问题进行热力学分析和研究的理论结果得出的。软溶液制备技术可认为与软化学或生物模拟工艺相似,具有以下主要优点。

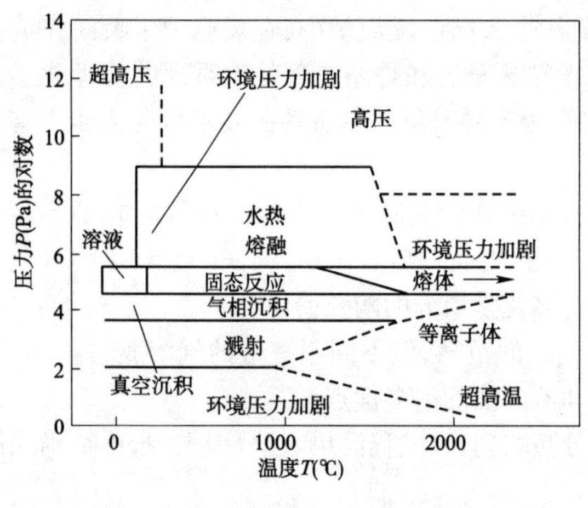

图9-20 无机陶瓷材料不同制备工艺过程的温度-压力图

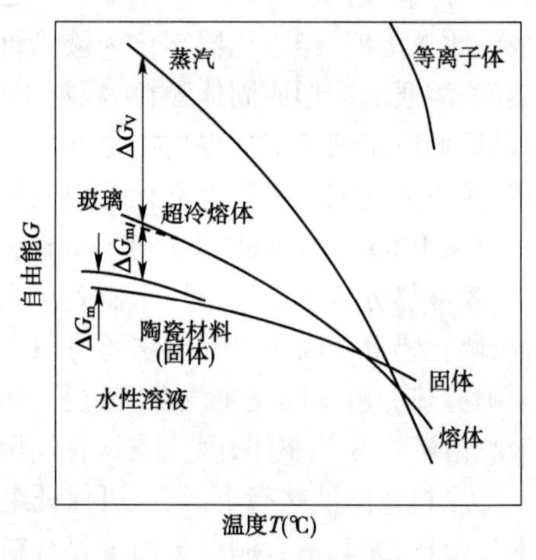

图9-21 单元系统陶瓷材料几种制备工艺的自由能-温度图

(1)在陶瓷材料制备中可以一步成型或定向沉积。

(2)能耗小。

(3)就制备技术看可望制备任意形状和尺寸的材料。

(4)整个处理是在一个封闭体系中进行,容易装料、分离及循环和再循环。

(5)有相对较高的产率。

(6)可望做成多功能产品。

软溶液工艺技术有多种,除提到的水热合成技术和电化学技术之外,聚合物螯合法、缔合物聚合法或聚合物前驱体法等,也属于软溶液技术的范畴。

习　题

1. 简述真空的定义、真空区域的分类和真空的单位。
2. 真空泵有哪几类，各自真空度的范围是什么？
3. 真空度的检测方式有哪些？
4. 真空蒸发镀膜有哪些方式，各有什么特点？
5. 阐述等离子产生的过程。
6. 溅射镀膜主要有哪几种，各有什么特点？
7. 相对其他薄膜制备技术，分子束外延有什么特点？
8. 脉冲激光沉积对薄膜的影响因素有哪些，各有什么特点？
9. 化学薄膜制备技术，主要可以分为哪几大类，各有什么特点？
10. 描述化学气相沉积的物理过程？
11. 比较常压、低压和等离子增强三种化学沉积的异同。
12. 薄膜化学溶液制备技术包含哪些方法？

参考文献

[1] 蔡珣，石玉龙，周建. 现代薄膜材料与技术[M]. 上海：华东理工大学出版社，2007.
[2] 孙承松. 薄膜技术及应用[M]. 沈阳：东北大学出版社，1998.
[3] 肖定全，朱建国，朱基亮，等. 薄膜物理与器件[M]. 北京：国防工业出版社，2011.
[4] 戴达煌，代明江，侯惠君，等. 功能薄膜及其沉积制备技术[M]. 北京：冶金工业出版社，2013.
[5] 叶志镇，吕建国，吕斌，等. 半导体薄膜技术与物理[M]. 杭州：浙江大学出版社，2008.
[6] 王蔚，田丽，任明远. 集成电路制造技术——原理与工艺[M]. 北京：电子工业出版社，2013.

第3篇　半导体器件封装及测试

第 10 章　半导体封装技术

半导体封装是把半导体分立器件或集成电路装配为芯片并形成最终产品的过程。它不仅起着安放、固定、密封、保护芯片和增强导热性能的作用，而且可以将芯片内的电气接点用导线连接到封装外壳的引脚上，这些引脚又可通过印刷电路板上的导线与其他器件建立连接。因此，半导体封装是沟通分立器件或芯片内部与外部电气连接的桥梁。本章主要从封装的发展历史、封装的功能、封装工艺、封装材料和封装类型方面阐述封装技术。

10.1　封装技术概述

半导体封装技术主要包括对已通过测试的晶圆进行划片、装片、键合、封装、电镀、切筋成型等一系列加工过程，其发展大体上可以分为三个阶段。

第一阶段是 1980 年之前的通孔插装时代。这个阶段技术特点是插孔安装到 PCB 上，主要技术代表包括三极管和双列直插封装，其优点是结实、可靠、散热好、功耗大。但是，这种封装技术也存在一定的缺点，主要是功能较少，封装密度及引脚数难以提高，难以满足高效自动化生产的要求。

第二阶段是 20 世纪 80 年代之后开始的表面贴装时代。该阶段技术的主要特点是引线代替针脚。由于引线为翼形或丁形，从两边或四边引出，相比直立分离元器件插装形式可显著提高引脚数和组装密度。最早出现的表面贴装类型以两边或四边引线封装为主，主要技术代表包括小外形晶体管、小外形封装、翼型四方扁平封装等。采用该类技术封装后的电路产品轻、薄、小，电路性能提升，性价比高，故表面贴装仍是当前市场的主流封装类型。

第三阶段是 21 世纪初开始的高密度封装时代。随着电子产品进一步向小型化和多功能化发展，依靠减小特征尺寸来不断提高集成度的方式已被广泛应用。因为特征尺寸越来越小而逐渐接近极限，以 3D 堆叠、硅穿孔为代表的三维封装技术成为延续摩尔定律的最佳选择。其中，3D 堆叠技术是把不同功能的芯片或结构，在 Z 轴方向上形成立体集成、信号连通以及圆片级、芯片级、硅帽等封装；也可以是以可靠性技术为目标的三维立体堆叠加工技术，用于微系统集成。TSV 是通过在芯片和芯片之间、晶圆和晶圆之间制作垂直导通，实现芯片之间互连的最新技术。与以往 IC 封装键合和使用凸点的叠加技术不同，三维封装技术能够使芯片在三维方向堆叠的密度最大，外形尺寸最小，大大改善芯片速度和功耗。为了在允许的成本范围内跟上摩尔定律的步伐，在主流器件设计和生产过程中采用三维互联技术将成为必然。

目前，全球集成电路封装的主流技术正处在第二阶段，3D 堆叠、TSV 等三维封装技术还处于研发中，仅少数业内领先企业如三星、长电科技等在某些特殊领域实现少量应用。随着半导体技术的快速发展，芯片特征尺寸不断缩小，在一块硅芯片上已能集成六七千万或更多个门电路,这促使集成电路的功能更高、更强。再加上整机和系统的小型化、高性能、高密度、高可靠性要求和激烈的市场竞争,以及IC品种和应用的不断扩展,促使半导体封装的设计和制造技术不断向前发展,各类新的封装结构也层出不穷。反过来,半导体封装技术的提高,又促进了IC和电子器件的发展。

半导体封装技术不仅直接影响着IC本身的电性能、热性能、光性能和机械性能,还在很大程度上决定着电子整机系统的小型化、可靠性和成本。随着电子系统趋向小型化和高性能化,电子封装对系统的影响已变得和芯片性能同等重要。如具有同样功能的电子系统,相比单芯片封装进行组装,MCM封装技术不但封装密度高、电性能更好,而且体积可减小80%~90%,芯片到芯片的延迟减小75%。由此可见,电子封装对电子整机系统性能有巨大的影响。另外,随着越来越多的新型IC采用高I/O引脚数封装,封装成本在器件总成本中所占比重也越来越高,并有继续发展的趋势。现在,国际上已将电子封装作为一个单独的重要产业来发展了,形成了可与IC设计、IC制造和IC测试并列的IC产业的四大支柱。它们既相互独立,又密不可分,不仅影响着电子信息产业乃至国民经济的发展,而且与每个家庭的现代化也息息相关。50年前每个家庭只有约5只有源器件,今天已拥有10亿只以上晶体管了。目前,半导体封装技术已涉及各类材料、电子、热学、力学、化学、可靠性等多种学科,也越来越受到重视,是与IC芯片同步发展的高新技术产业。

10.2 封装功能和作用

半导体封装的主要作用是保护半导体器件免受物理、化学等环境因素造成的损伤,增强散热性能,以及将器件的I/O端口连接到部件级的印制电路板、玻璃基板等,以实现电路正常的电气连接。具体功能和作用包括下面几个方面。

10.2.1 物理保护

封装可以使半导体器件在工作时尽可能不受或少受来自工作环境的干扰,包括化学有害气体和机械振动的影响,起到了固定和保护的作用。

对半导体器件工作有损害的最普通物质是水,尽管蒸馏水是化学惰性物质,水蒸气也会使塑料壳和非气密性封装的电路受到损害。电路工作时器件本身会发热,发热又会产生水蒸气,大气中的二氧化碳或二氧化硫等化学气体与水蒸气一起可以形成有害酸液,这些酸液积聚在芯片钝化层上。随着温度和时间的变化,这些酸液会侵蚀铝层和硅材料,最终可导致电路被损坏。因此,要保证半导体器件可靠工作,对封装的最基本要求就是要有气密封性。封装还应具有合适的机械强度,使器件在插入或拔出印制电路板时不会破裂。这一点对具有较多引出脚的封装结构尤为重要。

10.2.2 电气连接

半导体器件封装应提供可靠的电气连接。首先是芯片上的焊盘与金丝连接,其次是金丝与引出线或引出脚实现可靠连接。所以金丝不仅要有良好的导电性和机械强度,而且要具有很好的化学稳定性。半导体器件与印制电路板或其他载体是通过引出脚或引出线实现电气连接的,因此,引出脚或引出线也应具有一定的机械强度,使其易于焊接并能耐氧化腐蚀。

半导体器件封装引线具有引线电感和引线电容。这些寄生参量会对电路正常工作带来影响,在工作速度较高时,这种影响将更为严重。此外,为了拆卸或替换方便,许多印制电路板上都装有集成电路插座,这些插座本身又会引起对地分布电容和相邻引脚间的寄生电容。此外,双列直插式封装内部的金丝线长度也各不相同,所以工作频率高于 10MHz 的电路就不适合采用双列直插式封装形式。

10.2.3 散热

半导体器件使用时的温度应尽可能与环境温度一致。封装散热性差的电路会使器件工作温度升高而须采取散热措施,以保证电路正常工作。可以用类似欧姆定律的方式来量化计算芯片的散热问题。

在图 10-1a)中,利用欧姆定律可得

$$V_A - V_B = IR \tag{10-1}$$

式中,V_A为 A 点的电压;V_B为 B 点的电压。

类似地,在图 10-1b)所示热路模型中有

$$T_A - T_B = PR_{th} \tag{10-2}$$

式中,P 为由 A 传送至 B 的热流或需要耗散的功率,单位是瓦特(W)或焦耳(J);R_{th}为由 A 至 B 的有效总热阻,单位是每瓦多少度(℃/W)或每焦耳多少度(℃/J)。

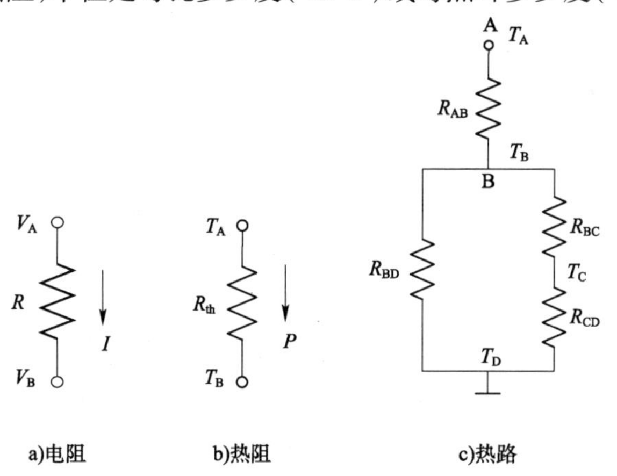

图 10-1　热路模拟计算

热路模拟计算提供了半导体器件工作发热和环境温度之间的量化关系。若要采用更复杂和更精确一些的模拟则可用图 10-1c)所示的热阻串并联网络,可用其来模拟温度场和散热问题。在图 10-1c)中,A 点的热源温度为 T_A,R_{AB}代表焊盘与引线脚间的热阻,B 点的 T_B表示金丝与引线脚连接点的温度,($T_B - T_C$)代表引线脚与插座间的温差;($T_C - T_D$)是插座与环境温度间的温差;($T_B - T_D$)则表示封装载体与环境温度间的温差。温差与相应的热流关系分别由热阻 R_{AB}、R_{BC}、R_{CD}和 R_{BD}来表示。热阻可以分别代表芯片内热阻、共晶焊料热阻、衬底热阻、环氧树脂热阻、管壳热阻等。模拟模型愈复杂,愈能模拟实际的散热问题,然而却增加了计算的复杂性。

10.3 封装工艺

10.3.1 工艺流程概述

半导体器件的封装可分为前段工序和后段工序。前段工序主要包括晶圆处理和晶圆针测，是将器件和引线框架或基板连接起来，即完成封装体内部组装。后段工序包括构装和测试工序，用来完成封装并且形成指定的外形尺寸芯片。

(1)晶圆处理工序

晶圆处理工序是指在晶圆上制作电路及电子元件的过程，该工序所需技术最复杂且资金投入最多。处理过程与产品的种类有一定关系，但其基本步骤是先将晶圆进行适当的清洗，再在其表面进行氧化及化学气相沉积，然后进行涂膜、曝光、显影、刻蚀、离子注入、金属溅镀等反复步骤，最终在晶圆上完成数层电路及电子元件的加工制备。

(2)晶圆针测工序

经过晶圆处理工序后，晶圆上就形成了一个个的小格。为便于高效的测试，通常在同一片晶圆上制作同一规格的产品，但也可根据需要制作几种不同规格的产品。在检测每个晶粒的电气特性时，不合格的晶粒被标上记号；随后将晶圆切开分割成单独的晶粒，按其电气特性分类，不合格将被移除。

(3)构装工序

构装工序是指将单个的晶粒固定在塑胶或陶瓷制基座上，把器件上刻蚀出的一些引线端与基座底部伸出的插脚相连，以实现与外部电路板的连接。当盖上塑胶盖板后，用胶水封死以避免晶粒受到机械刮伤或高温破坏。

(4)测试工序

测试工序为芯片制造的最后一道工序，通常分为一般测试和特殊测试两类。一般测试是指将封装后芯片置于各种环境中，进行电气特性例如功耗、速度和耐压等测试。经过测试后的芯片依据其电气特性划分为不同等级，合格的产品贴上规格、型号及出厂日期等标识的标签并加以包装后即可出厂；未通过测试的芯片则视其参数情况定为降级品或废品。特殊测试则是指根据客户对于器件技术参数的特殊需求，从相近参数规格的产品中拿出部分芯片，做有针对性的测试，检测其是否能满足客户的技术要求。

10.3.2 芯片贴装

芯片贴装，也称芯片粘贴，是将芯片固定于封装基板或引脚架芯片承载座上的工艺过程。芯片贴装主要有共晶粘贴法、焊接粘贴法、导电胶粘贴法和玻璃胶粘贴法等方法。

10.3.2.1 共晶粘贴法

共晶粘贴法是利用共晶反应进行芯片的粘贴。它是指在相对较低的温度下共晶焊料发生共晶物熔合的现象，共晶合金直接从固态变到液态，而不经过塑性阶段。例如，含碳量为2.11% ~6.69%的铁碳合金，在1148℃的恒温下发生共晶反应，产物是奥氏体和渗碳体的机械混合物，称为“莱氏体”。

将硅芯片置于已镀金膜的陶瓷基板芯片承载座上，当加热使温度高于共晶温度时，一定的压力使芯片与镀金底座作相对的超声频率振动，金硅合金融化成液态的金-硅共熔体。冷却后，当共熔体由液相变为以晶粒形式互相结合的机械混合物即金硅共熔晶体，从而形成了牢固的欧姆接触。在共晶粘贴之前，封装基板与芯片通过有交互摩擦的动作，以除去芯片背面的硅氧化层，使共晶溶液获得最佳润湿。工艺中采用热氮气防止硅的高温氧化和液面润湿性能降低，以免减弱粘贴强度、产生孔隙、热传导质量降低和应力不均。金-硅共晶焊接机具有机械强度高、热阻小、稳定性好、可靠性高等优点。然而，共晶粘贴法也存在一定的问题，例如芯片和引脚架的膨胀系数严重失配，应力难以解决，而且人工操作，生产效率低，不适合现代自动化生产的需要。因此，只能用于有特殊导电性要求的大功率管中。

10.3.2.2 焊接粘贴法

焊接粘贴法是利用合金反应进行芯片粘贴的方法。它是在热氮气环境下，在芯片背面淀积一定厚度的金或在镍焊盘上沉积金-钯-银或铜的金属层，用铅-锡合金制作的合金焊料将芯片焊接在焊盘上。合金焊料包括硬质焊料和软质焊料，其优缺点如下表10-1所示。

合金焊料的优缺点　　表10-1

合 金 焊 料	金-硅、金-锡、金-锗焊料	铅-锡、铅-银、铟焊料
优点	塑变应力值高，具有良好的抗疲劳与抗潜变特性	应力问题小
缺点	难缓和热膨胀系数差异所引起的压力破坏	使用时必须在芯片背面先镀上类似制作焊锡凸块时的多层金属薄膜以利焊料的润湿

10.3.2.3 导电胶粘贴法

导电胶粘贴法是指用掺混银的高分子材料聚合物导电胶固化。这种方法是将导电胶用针筒或注射器涂覆合适的厚度和轮廓在芯片焊盘上，把芯片精确置于芯片焊盘上进行固化。导电胶是银粉与高分子聚合物的混合物，银粉起导电作用，而高分子聚合物(例如环氧树脂)起黏接作用。导电胶可以为各向同性材料，能沿所有方向导电；导电胶可使器件与环境隔绝，防止水、气对芯片的影响；同时，还可以防止电磁干扰；各向异性导电聚合物，电流只能在一个方向流动，在倒装芯片封装中应用较多，无应力影响。使用导电胶时，需要考虑流动性、黏着性、热传导性、电导性、玻璃化转变温度和吸水性等因素。

导电胶粘贴法具有工艺简单、成本低廉等优点，但是导电胶由于热稳定性不好，高温时容易劣化和引发导电胶中有机物气体充分泄漏而降低产品的黏接可靠度。因此，导电胶粘贴法一般不用于可靠度要求较高器件的封装。

10.3.2.4 玻璃胶粘贴法

玻璃胶粘贴法是用高分子材料聚合物玻璃胶进行芯片粘贴的方法。它是在芯片粘贴时，先用盖印、网印、点胶的技术将胶涂覆在基板的芯片座中，再把芯片置于玻璃胶上，将基板加温到玻璃熔融温度以上完成粘贴。在降温时要控制降温速度，以免造成应力破坏，影响可靠度。类似于导电胶，玻璃胶也属于厚膜导体材料，不过起导电作用的是金属粉、起黏接作用的是低温玻璃粉和有机溶剂混合制成的膏状物。

玻璃胶粘贴法所得的芯片具有热稳定性优良，结合应变低，湿气含量低等优点。然而，胶中的有机成分与溶剂必须在热处理时完全除去,否则会损害封装结构,降低可靠性。该方法主要用于陶瓷封装,且需要严格控制烧结温度。

10.3.3 芯片互连

芯片互连是指为了使芯片内部与外部的封装框架之间实现电气连接,确保系统中电信号的正常传递,在半导体封装技术中也称为引线键合。目前芯片互连技术主要有金线键合、载带自动键合及倒装芯片键合。

10.3.3.1 金线键合

金线键合(Wire Bonding,WB)是通过热压、钎焊等方法将芯片中各金属化端子与封装基板相应引脚焊盘之间的键合连接。该技术几乎适用于所有半导体集成电路元件,操作方便、封装密度高,但引线长,测试性差。

金线键合过程中劈刀动作和键合的工艺流程如图10-2所示。

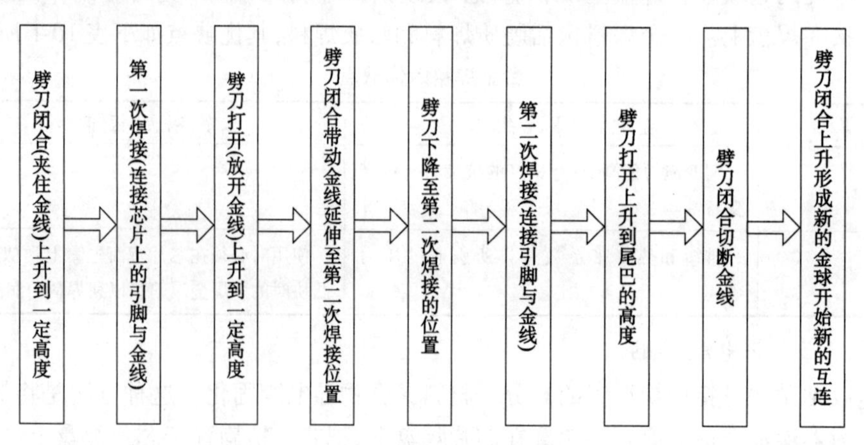

图10-2 金线键合的工艺流程

常用的金线键合焊接方式有热压焊、超声焊、热压超声焊等。

热压焊是利用微电弧使直径25~50μm的金丝端头熔化成球状,通过送丝压头将球状端头压焊在裸芯片电极面的引线端子,形成第1键合点。然后送丝压头提升,并向基板位置移动,在基板对应的导体端子上形成第2键合点,完成引线连接过程。热压焊工艺如图10-3所示。

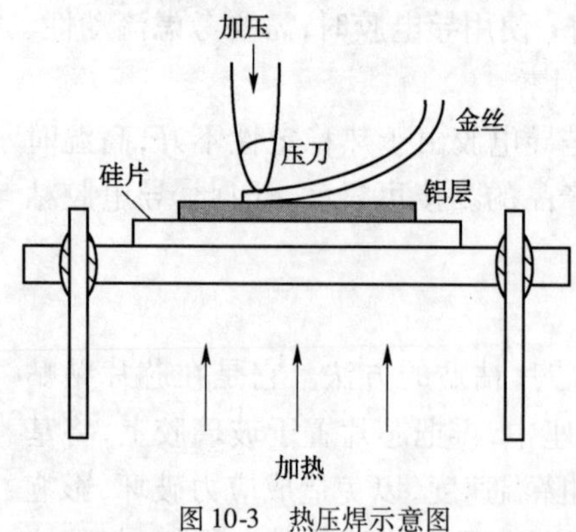

图10-3 热压焊示意图

超声焊是对金属丝施加超声波,对材料塑性变形产生的影响,类似于加热。超声波能量被金属层中的位错选择性吸收,从而位错在其束缚位置解脱出来,致使金属丝在很低的外力下即可处于塑性变形状态。这种状态下变形的金属丝,可使基板上蒸镀的金属膜表面上形成的氧化膜破坏,露出清洁的金属表面,便于键合。相比热压焊,超声焊能充分去除焊接截面金属氧化层,提高了焊接质量。由于这种方法不需要加热,所以不会对器件造成损害,有利于器件的可靠性和使用寿命。

热压超声焊是利用超声机械振动带动丝与衬底上蒸镀的膜进行摩擦,使氧化膜破碎,纯净的金属表面相互接触,接头区的温升以及高频振动,使金属晶格上原子处于受激活状态,发生相互扩散,实现金属键合。在超声键合机的基板支持台上引入热压键合法中采用的加热器,进行辅助加热;键合工具采用送丝压头,并进行超声振动;由送丝压头将金属丝的球形端头超声热压键合在基板的布线电极上。热压超声焊是引线键合中是最具代表性的焊接技术。例如,直径为25μm的金丝的焊接强度一般为0.07~0.09牛/点,又无方向性,而且它操作方便、灵活、焊点牢固,焊接速度可高达15点/秒以上。

不同的焊接方法,所选用的引线键合材料也不同。理想的键合材料能够与半导体材料形成良好的欧姆接触,且化学性能稳定、导电性能良好,容易焊接。金、铝是键合时经常用到的两种材料。金的化学稳定性、抗拉性、延展性好,容易加工成丝,因此成为热压焊、金丝球焊的首选材料。金与铝之间容易形成金属间化合物,所以在使用金丝时要避免金铝系统。铝线具有良好的导电性,与半导体间也可形成良好的欧姆接触,成本也低,但因其材质太软不易拉丝和键合,一般不采用纯铝丝。

10.3.3.2 倒装芯片键合

倒装芯片键合(Flip Chip Bonding,FCB)是芯片与基板直接安装互连的一种方法。该方法在PGA、BGA和CSP领域已得到广泛的应用。由于FC的互连线非常短,而且I/O引出端分布整个芯片表面,同时FC也适合使用SMT的技术手段来进行批量化的生产。因此,FC将是封装以及高密度组装技术的最终发展方向。

倒装芯片之所以被称为“倒装”,是相对于传统的WB工艺而言的,传统的WB互连时芯片面朝上互连,而FCB则是芯片面朝下,芯片上的焊区与基板上的焊区直接互连,如图10-4所示。FCB是通过芯片上的凸点直接将元器件朝下互连到基板、载体或电路板上,省掉了互连引线,因此,互连线产生的互连电容、电阻和电感较小,电性能优越。1969年由IBM发明了倒装芯片的C4工艺,该技术原理是将焊料凸点完全融化,润湿基板金属层,并与之反应。而FCB是在PCB金属焊盘上涂敷低温Pb/Sb焊膏,倒装上凸点芯片后,只是低温焊膏再回流,高温Pb/Sb凸点却不熔化。

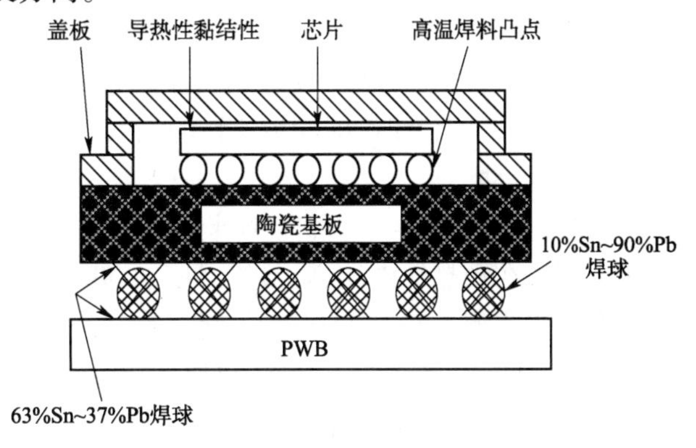

图10-4 倒装焊

FCB基本工艺步骤包括制作芯片封装凸点、切片、将芯片倒装在基板或载体上、芯片与基板再流焊、在芯片与基板之间进行底部填充、老化、制作BGA焊球、将最终的封装组装到另一块印制电路板上等一系列工序。在典型的FCB中,芯片通过3~5mil厚的焊料凸点连接到芯片载体上,底部填充材料用来保护焊料凸点。多层金属膜是在芯片上的Al焊盘与凸焊点之间的一层金属化层,目的是使芯片与基板互连工艺更容易实现、互连可靠性更高。焊锡凸点的制作是FCB的关键步骤,焊锡凸点不仅起到了芯片和电路之间机械互连的作用,同时为两者提供了电和热的通道。焊锡凸点的制备有蒸发和电镀等多种方法。

10.3.3.3 载带自动键合

载带自动键合(Tape Automate Bonding,TAB)是将芯片凸点电极与载带的引线连接,经过切断、冲压等工艺封装而成。载带即带状载体,是指带状绝缘薄膜上载有由覆铜箔经刻蚀而形成的引线框架,而且芯片也要载于其上。载带一般由聚酰亚胺制作,两边设有与电影胶片规格相统一的送带孔,所以载带的送进、定位均可由流水线自动进行,效率高,适合于批量生产。

TAB工艺主要是先在芯片上形成凸点,将芯片上的凸点同载带上的焊点通过引线压焊机自动的键合在一起,然后对芯片进行密封保护。TAB技术示意图如图10-5所示。

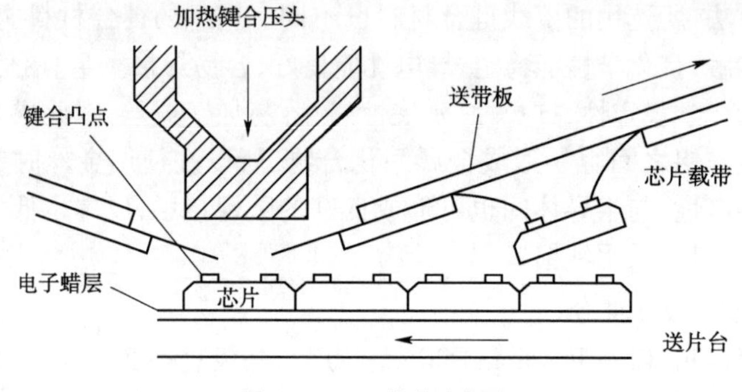

图10-5 TAB技术示意图

10.3.4 成型技术

成型技术主要包括转移成型技术、喷射成型技术和预成型技术等。其中,比较常用的是转移成型技术,使用材料一般为热固性聚合物。在低温时,聚合物是塑性的或流动的,但当将其加热到一定温度时,即发生所谓的交联反应,形成刚性固体;再次加热时,只能变软而不可能熔化、流动。

在塑封料转移成型中,将已贴装好芯片并完成引线键合的框架带置于模具中,将塑封料的预成型块在预热炉中加热,预热温度在90℃到95℃之间,然后放入转移成型机的转移罐中。在转移成型活塞的压力之下,塑封料被挤压到浇道中,并经过浇口注入模腔,模具温度保持在170℃到175℃之间。塑封料在模具中快速固化,经过一段时间的保压,使得模块达到一定的硬度,然后用顶杆顶出模块即可。

转移成型技术密封半导体器件,技术和设备都比较成熟,工艺周期短、成本低,基本没有后整理方面的问题,适合于大批量生产。当然,转移成型技术也存在一些缺点,如塑封料的利用率不高,在转移罐、壁和浇道中的材料均无法重复使用,约有20%到40%的塑封料被浪费;使用标准的框架材料,对于扩展转移成型技术至较先进的封装技术不利;对于高密度封装有限制。目前,也发展了一些快速固化的塑封料,在使用这些材料时,就可以省去后固化工序,提高生产效率。

10.4 封装材料

芯片封装制备过程需要使用的材料很多,材料的物理性质、电学性质和化学性质直接影响到器件的封装性能和使用极限。下面着重介绍成型材料和框架材料。

10.4.1 成型材料

成型(Mold)材料的主要功能是将键合好的芯片加以包装,避免外界因素影响对其造成影响。常见的Mold材料有塑料、陶瓷和金属材料三大类。

10.4.1.1 塑料材料

塑封材料具有绝缘性好、致密性好、黏附性良好、化学稳定性良好、温度适应能力强、抗辐射能力强,以及防水性好等特点。虽然,塑料材料不具备陶瓷的密封性或金属的强度,但由于易处理性、可塑性、绝缘质、低成本、可满足小型化封装且适合自动化量产等特点,一直以来都是主流封装材料。用于塑封器件的材料主要有机硅和热固性环氧树脂类。

热固性环氧树脂属于环氧基树脂系主要由树脂和硬化剂组成。树脂是基本的有机聚合材料,可将所有的组成材料黏合在一起,但其约占到总量的四分之一,还需根据需要加入加速剂、耐燃剂、填充剂、硬化剂等材料。这种材料可以承受150℃以上高温,电学性能、机械性能、抗辐射、抗潮湿能力也都比较强。

10.4.1.2 陶瓷材料

陶瓷材料是用天然或合成化合物经过成形和高温烧结制成的一类无机非金属材料。它具有高熔点、高硬度、高耐磨性和耐氧化等优点。可用作结构材料、刀具材料,由于陶瓷还具有某些特殊的性能,又可作为功能材料。其中,陶瓷材料比较吸引人的性质之一是完全由陶瓷组成或陶瓷与金属组合而成的封装是可以密封的。

陶瓷材料是一种金属-非金属化合物,玻璃态物质存在晶粒间隙区域,可显著提高材料致密性。封装对陶瓷材料的基本要求是致密性好,介电强度高,热阻小,与金属外引线及芯片的热膨胀系数(CTE)匹配、电阻率高。在电子器件中普遍遇到的一些陶瓷是氮化硅、氧化铝、氧化铍、碳化硅、氮化铝、氧化镁等。陶瓷外壳是根据器件要求的封装形式,将陶瓷浆料压模成型,经过高温烧结而成。为了方便焊接,还对其外壳作了局部金属化处理,金属材料的选择对陶瓷外壳质量的影响很大。

从20世纪50年代开始,陶瓷就在半导体器件中有着重要应用,不仅作为材料,而且提供特殊的处理技术,如金属化、封闭、连接和厚膜印制。陶瓷在分立半导体器件、集成电路、混合电路和高性能电路板封装中都有应用,它们可以作为基底、电路组件和导体、封印化合物以及封装外罩或外壳的组成材料。

10.4.1.3 金属材料

金属封装是采用金属作为壳体或底座,芯片直接或通过基板安装在外壳或底座上,引线穿过金属壳体或底座大多采用玻璃-金属封接技术的一种电子封装类型。

金属封装是较早就采用的一种封装形式,具有强度高、导电性好、机械强度高、易加工等特点。另外,金属材料还可以起到电磁屏蔽作用,防止来自外界的电磁干扰。因此,被大量应用于半导体电子器件中,在微波通信、自动控制、电源转换、航空航天等领域发挥着重要作用。常见的金属封装材料有Mo、Al、Cu,以及其他合金材料等。

10.4.2 框架材料

框架(Lead Frame)材料是器件封装的骨架,通过将大片的金属条带压制或化学刻蚀而制成,主要包括芯片焊盘和引脚两部分。其中,芯片焊盘在封装过程中为芯片提供机械支撑,而引脚则是连接芯片到封装外的电学通路,每一个引脚末端都与芯片上的一个焊盘通过引线相连接,称为内引脚,引脚的另一端就是管脚,它提供与基板或 PC 板的机械和电学连接。框架材料的加工方法主要有化学刻蚀法和冲压法。化学刻蚀法主要采用光刻及金属溶解的化学试剂从金属条带上刻蚀出图形。化学刻蚀法的基本工艺包括冲压定位孔,双面涂光刻胶,掩模版曝光、显影和固化,化学试剂腐蚀暴露金属,去光刻胶等流程,主要特点是设备成本低,生产周期短,但是框架成本较高。冲压法一般使用跳步工具,靠机械力作用进行冲切,框架生产成本低。

用于半导体器件封装中的引线框架的金属材料一般根据封装的要求进行选择。对于陶瓷封装,一般选择铁镍合金作为引线框架材料。因为陶瓷材料脆性的缘故,一般要求这些合金与陶瓷材料基板的 CTE 相匹配。但是,在表面贴装元件的最后的装配中,根据尺寸的不同,低 CTE 材料会对可靠性产生负面影响。主要原因是这些低 CTE 材料与大多数的标准的 PCB 基板的 CTE 产生失配。虽然高模量、低 CTE 的金属材料作为引线框架材料时,能够在陶瓷封装和塑料 DIP 封装中表现良好的性能,但是在表面贴装塑料封装时,铜是一种更好的引线框架材料。主要因为铜更加柔软,能够更好地保护焊点,还具有电导率更高的优点。铜基复合材料充分发挥了 Cu 基体的高导电、导热性和复合层的高强度、高硬度、低热膨胀系数的特性,因而具有良好的综合性能。在考虑选择材料时,最重要的是框架与塑封材料的黏合性。这种黏合性仅靠物理键合是不够的,化学的键合也非常必要。一般认为,铁镍合金与环氧塑封材料的黏合性比铜合金要好一些。因此,在选择材料的时候要充分对比其优缺点,选择更为合适的材料。

在封装中,框架材料一般是金属合金,应注意黏接性、CTE、强度以及电导率。下面将分别讨论框架材料的性质,对不同材料进行比较说明。

(1)框架材料的黏接性

框架材料的黏接性是选择框架材料的一个重要因素。如果框架与塑料材料的黏接失效,在两者界面上就会发生分层现象。空气中的水分、各种离子以及塑封材料表面的离子杂质直接进入到封装模块,从而引起引线键合锈蚀失效等问题。

(2)框架材料的热膨胀系数

不同材料的 CTE 存在一定差别,硅为 2.3 ~ 2.6 ppm,而环氧塑封料的 CTE 为 16 ~ 20 ppm。硅和环氧塑封料的 CTE 相差甚多,CTE 失配就会引起封装模块开裂、分层等问题。铁镍合金的 CTE 为 4.0 ~ 4.7 ppm,铜合金的 CTE 为 17 ~ 18 ppm。因此,铁镍合金的 CTE 与芯片的 CTE 较为匹配,而铜合金的 CTE 与环氧塑封料的 CTE 较为接近。在解决了框架的黏接性问题之后,为了降低 CTE 失配所引起的热应力,选取具有合适热膨胀系数的框架材料,通常情况下更倾向于选择铜合金作为框架材料。

(3)框架材料的热导率和电导率

框架的功能之一就是散热,芯片在工作过程中产生的大部分热量是通过框架散发出去的,这是因为塑封料的导热能力差。在热学性能方面,铜合金比铁镍合金的散热能力高 10 倍以上。因此,铜合金框架材料的优势显得极为明显,这也是其被广泛应用的原因之一。由于框架连接了芯片和电路板,框架材料的电导率也是一个需要考虑的重要因素。在电学性能方面,铁镍金属的电导率只有铜合金的2.5%,铜合金框架材料的优势更为明显。因此,框架材料采用铜合金优于铁镍合金。

(4)框架材料的强度

在框架材料的强度方面,需要注意材料的机械强度和柔韧强度。通常,从电路与基板的装配方式考虑材料的机械强度。如果装配方式是插孔式,框架材料最好选择铁镍合金。因为装配对准误差将产生器件损坏情况发生,铁镍合金的机械强度高于铜合金,铜合金的机械强度较小,不用于插孔式装配的器件。然而,铜合金抗拉强度的弱点可以进行弥补,例如在铜中添加铁、锌、磷等元素提高合金的热处理及硬加工特性,满足抗拉强度和韧性的要求。一般情况下,金属经过冷扎后,材料沿压延轴方向和垂直方向的强度是不同,但是铁镍合金在这两个方向上的机械强度差别不大。这种特性在四方扁平封装中十分重要,因为四方扁平封装在四边都有引脚,都需要经过打弯处理。

选择镀层材料时,首先,要考虑框架的保护作用,镀层材料要比框架基本体材料有更好的抗腐蚀性。其次,为了不至于在后期工序中出现开裂问题,需要选择致密、无空洞、有一定强度的镀层材料。通常在框架芯片-焊盘和内引脚上镀银,可以增加黏接性并增加引线键合的可焊性。为了防止铜合金氧化问题的产生,可以在其表面镀一层在一定温度下会发生分解挥发的高分子材料,这样既保证了框架的抗腐蚀性又不会影响到材料的可靠性以及与其他材料的黏接性。对于大尺寸封装,可利用聚合物带增强框架的机械强度,防止引脚拉伸变形。聚合物带还可以降低塑封材料流动时引起的应力造成引线挂断或是芯片移位等问题。

10.5 封装类型

10.5.1 插针式

插针式按外形结构来分,主要有TO、SIP、DIP和PGA等。

10.5.1.1 TO型封装

TO代表晶体管外壳(Transistor Outline,TO),它最初是一种用于晶体管的金属封装,现在也有塑料封装的TO型器件,主要为了使引线能够被成型加工并用于表面贴装。另外,由于金属封装不满足小型化的需求,所以现在TO型金属封装一般只用在晶体管上。TO型封装的器件外形如图10-6所示。

a)126 TO封装外形 　　b)252-3L TO封装外形

图10-6　两种TO封装外形图

10.5.1.2 SIP和DIP型封装

SIP封装(Single in-line package,SIP),也称为单列直插封装,是指引脚从封装的一侧引出的一种通孔贴装型封装。当贴装到印刷电路板时,它与电路板垂直。常见的有普通SIP、带散热片的SIP(HSIP)和平直引脚的SIP(FSIP),外形结构如图10-7所示。

DIP封装(Dual in-line package,DIP),是指引脚从封装的两侧引出的一种通孔贴装型封装,也称为双列直插封装。针脚间距通常为2.54mm,但有些封装的针脚间距为1.778mm。封装宽度通常为15.2mm、10.16mm或7.62mm几种。

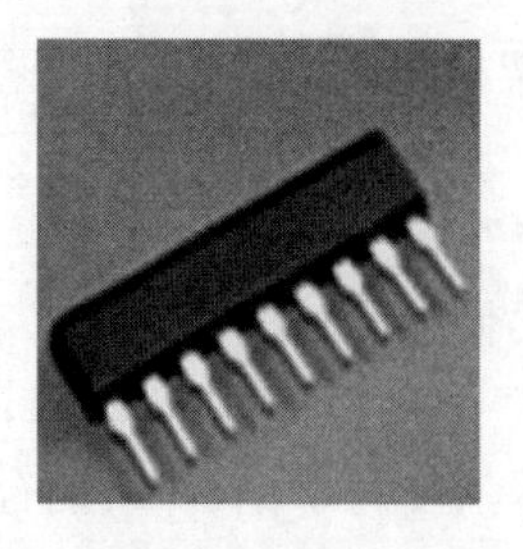
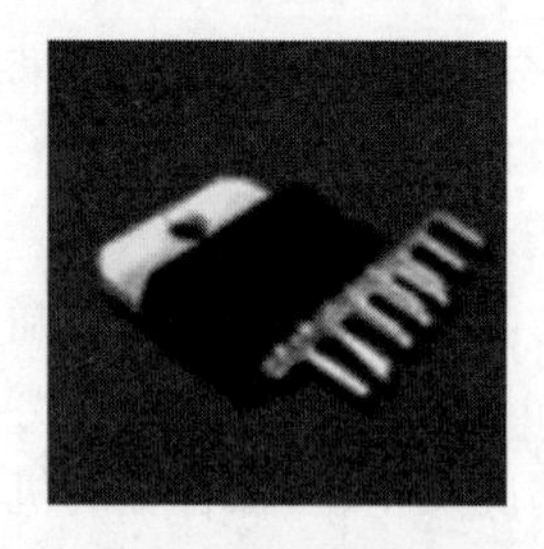

图 10-7　SIP、HSIP、FSIP 外形结构图

目前,DIP 主要有陶瓷 DIP(CDIP)和塑料 DIP(PDIP)。其中,CDIP 具有良好的机械强度、电性能,可靠性高等优点,引脚间距一般为 2.54mm,但体积较大;PDIP 具有生产效率高、工艺简单、成本低等特点。但由于气密性较差,屏蔽能力弱,所以不能长期工作在潮湿的环境下。

10.5.1.3　PGA 封装

插针格栅阵列封装 PGA(Pin Grid Array Package,PGA),格栅阵列引线在封装的一侧被排列成格栅状的一种封装类型,外形结构如图 10-8 所示。这种技术封装的芯片内外有多个方阵形的插针,每个方阵形插针沿芯片的四周间隔按一定距离排列。根据管脚数目的多少,可以围成 2 ~ 5 圈。安装时,将芯片插入专门的 PGA 插座。为了使得 CPU 能够更方便的安装和拆卸,从 486 芯片开始,出现了一种 ZIF CPU 插座,专门用来满足 PGA 封装的 CPU 在安装和拆卸上的要求。该技术一般用于插拔操作比较频繁的场合。

图 10-8　PGA 外形图

PGA 封装,其底面的垂直引脚呈阵列状排列,引脚长约 3.4mm。表面贴装型 PGA 在封装的底面有阵列状的引脚,其长度从 1.5mm 到 2.0mm。多数为陶瓷 PGA,用于高速大规模逻辑 LSI 电路。引脚中心距通常为 2.54mm,引脚数为 64 ~ 447 个左右。为了降低成本,封装基材可用玻璃环氧树脂印刷基板代替。另外,还有一种引脚中心距为 1.27mm 的短引脚表面贴装型 PGA。贴装采用与印刷基板碰焊的方法,因而也称为碰焊 PGA。因为引脚中心距只有 1.27mm,比插装型 PGA 小一半,所以封装本体可制作得不大,而引脚数比插装型多达 250 ~ 528,是大规模逻辑 LSI 使用的封装。

10.5.2　表贴式

10.5.2.1　SOT 封装

SOT 代表小外形晶体管(Small Outline Transistor,SOT),是一种晶体管的封装形式。它是 SOP 封装系列下的一种,属于贴片封装形式,封装尺寸较小,一般引脚个数为 3 ~ 5 个。随着 SMT 技术的发展,更多的 SOT 已用于 PWB 安装上。SOT 可分为普通 SOT 和薄型 SOT(TSOT)两种。

10.5.2.2　SOP 封装

SOP(Small Out-line Package,SOP)是将 DIP 的引脚弯曲成 90°所得,但其外形尺寸、重量都比 DIP 小得多,是目前运用比较普遍的一种元件封装形式,封装材料主要为塑料、陶瓷和金属等。引脚弯曲的方向不同,例如向外弯曲成鸥翼型(即 L 形)的称为 SOP,向内弯曲成 J

型的称为 SOJ。相对 SOJ,SOP 较容易安装,但占用面积也大。SOP 有普通 SOP、薄型 SOP (TSOP)、窄间距 SOP(SSOP)等,如图 10-9 所示。

图 10-9 SOP、SSOP、TSOP 外形图

10.5.2.3 QFP 封装

QFP(Quad Flat Package,QFP)也是表面贴装型封装的一种,引脚从封装的四个侧面引出。针脚间距有 1.0mm、0.8mm、0.65mm、0.5mm、0.4mm 和 0.3mm 等多种。QFP 封装的特征是引线为"L"形,缺点是针脚间距缩小时,引脚非常容易弯曲。

QFP 封装提出于 19 世纪 80 年代,用于解决 LSI、VLSI 高 I/O 引数及 SMT 高密度、高性能、多功能、高可靠性的需求。QFP 具有多引线、细间距的特点,如图 10-10 所示。

图 10-10 LQFP、PLCC、PQFP、TQFP 外形图

①LQFP 薄型 QFP(Low-profile Quad Flat Package,LQFP)指封装本体厚度为 1.4mm 的 QFP,是日本电子机械工业会制定的新 QFP 外形规格所用的名称。

②PLCC(Plastic Leaded Chip Carrier,PLCC),是带引线的塑料芯片载体,属于表面贴装型封装之一,外形呈正方形,32 脚封装,引脚从封装的四个侧面引出,呈丁字形,是塑料制品,外形尺寸比 DIP 封装小得多。PLCC 封装适合用 SMT 表面安装技术在 PCB 上安装布线,具有外形尺寸小、可靠性高的优点。

③PQFP 是使用最广泛、价格最低的 QFP,占 QFP 总量的 90% 以上。引脚间距通常为 1.0mm、0.8mm 和 0.65mm。

④TQFP(薄型 QFP)适用于薄型的电子产品,最小封装厚度可达 0.4mm 或更薄。早期的手机、笔记本电脑、数码相机等都用到 TQFP 引脚,间距有 0.5mm、0.4mm 和 0.3mm。

10.5.2.4 QFN 封装

QFN(Quad Flat No-lead Package,QFN)是日本电子机械工业会规定的名称。它是一种无引脚封装,呈正方形或矩形,封装底部中央位置有一个大面积裸露焊盘用来导热,围绕大焊盘的封装外围四周有实现电气连接的导电焊盘,也是表面贴装型封装之一。QFN 封装四侧配置有电极触点,由于无引脚,贴装占有面积比 QFP 小,高度比 QFP 低。但是,当印刷基板与封装之间产生应力时,在电极接触处就不能得到缓解。因此,电极触点难以做到 QFP 的引脚那样多,一般在 14 ~ 100 个左右。材料有陶瓷和塑料两种。当有 LCC 标记时基本上都是陶瓷 QFN。电极触点中心距 1.27mm。塑料 QFN 是以玻璃环氧树脂印刷基板基材的一种低成本封装。电极触点中心距除 1.27mm 外,还有 0.65mm 和 0.5mm 两种。这种封装也称为塑料 LCC、PCLC、P-LCC 等。

QFN 封装不像传统的 SOIC 与 TSOP 封装那样具有鸥翼状引线,内部引脚与焊盘之间的导电路径短,自感系数以及封装体内布线电阻很低,所以它能提供卓越的电性能。另外,QFN 封装具有优异的热性能,主要是因为封装底部有大面积散热焊盘,为了能有效地将热量从芯片传导到 PCB 上,PCB 底部必须设计与之相对应的散热焊盘以及散热过孔,散热焊盘提供了可靠的焊接面积,过孔提供了散热途径。尽管在 HECB 设计中,引脚被拉回,对于这种封装,PCB 的焊盘可采用与全引脚封装一样的设计,如图 10-11 所示。

10.5.3 阵列式

10.5.3.1 栅格阵列封装

栅格阵列(Land Grid Array,LGA)封装是与英特尔处理器之前的封装技术 Socket 478 相对应,也称为 Socket T。栅格阵列封装用金属触点式封装取代了以往的针状插脚,称为"跨越性的技术革命"。栅格阵列封装 775,就表示有 775 个触点。外形结构如图 10-12 所示。

图 10-11 QFN 外形图

图 10-12 栅格阵列封装

由于针脚变成了触点,在安装方式上采用栅格阵列封装 775 接口的处理器也与现在的产品不同,它需要一个安装扣架固定,不能利用针脚固定接触。CPU 需要正确地压在 Socket 露出来的具有弹性的触须上,类似 BGA 封装,只不过 BGA 是用锡焊死,而栅格阵列封装则是可以随时解开扣架更换芯片。

10.5.3.2 球状引脚栅格阵列封装

球状引脚栅格阵列(Ball Grid Array,BGA)封装是一种高密度表面装配封装技术。在这种封装底部,引脚都成球状并排列成一个类似于格子的图案,由此命名为 BGA。目前主板控制芯片组多采用此类封装技术,材料多为陶瓷。采用 BGA 技术封装的内存,在体积不变的情况下,可使内存容量提高 2 ~ 3 倍。BGA 与 TSOP 相比,具有更小体积,更好的散热性能和电性能。BGA 封装技术使每平方英寸的存储量有了很大提升,相应的内存产品在相同容量下,体积只有 TSOP 封装的三分之一。相比传统 TSOP 封装方式,BGA 封装方式有更加快速有效的散热途径。

BGA 的封装类型多种多样,其外形结构为方形或矩形。根据其焊料球的排布方式可分为周边型、交错型和全阵列型 BGA；根据基板材料的不同，可分为塑料球栅阵列封装、陶瓷球栅阵列封装、载带球栅阵列封装三类。

塑料球栅阵列封装(PBGA)中的焊球通常做在有机材料构成的多层板 PWB(2 ~4 层)基板上。塑料球栅阵列封装技术是应用在集成电路上的一种表面黏着技术，常用来永久固定如微处理器之类的装置。图 10-13 所示为塑料球栅阵列封装的封装结构。

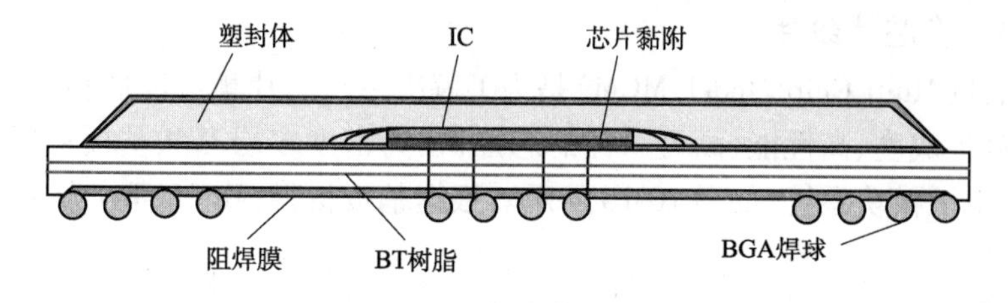

图 10-13　塑料球栅阵列封装

塑料球栅阵列封装具有与环氧树脂电路板的 CTE 很匹配、焊球的共面性要求较低以及成本低、电性能好、焊球有自对准等特点，可用于 MCM 封装。但是塑料的气密性较差，塑料球栅阵列封装对湿气比较敏感。

陶瓷球栅阵列封装采用了倒装芯片工艺，芯片上的焊球采用高熔点的焊料，封装体的焊球采用低熔点的共晶焊料，封装结构如图 10-14 所示。

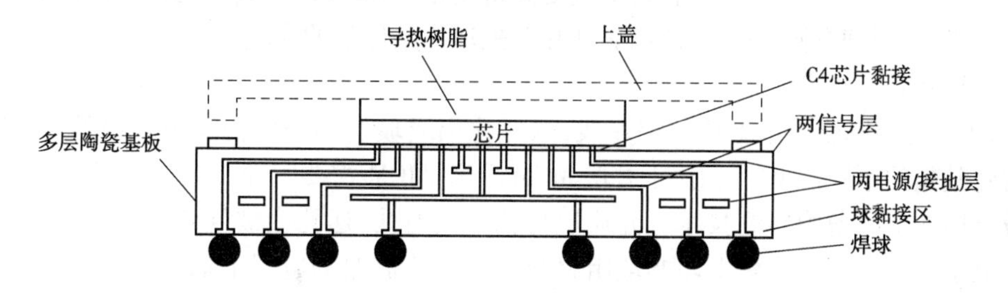

图 10-14　陶瓷球栅阵列封装的结构

陶瓷球栅阵列封装的具有可靠性高、电性能好、共面性好、气密性高、封装密度高等优点。然而，也存在环氧树脂电路板的 CTE 相差较大，匹配差、寿命短和成本高等缺点。

载带球栅阵列封装是 TAB 的延伸，利用 TAB 来实现芯片的连接，结构如图 10-15 所示。载带球栅阵列封装具有比 PQFP 和 PBGA 封装更优越的电性能，可用于批量电子组装；与 CTE 基本相互匹配，组装后对焊点可靠性影响不大。但是，易吸潮、封装费用高，主要用于高性能、高 I/O 数的产品。

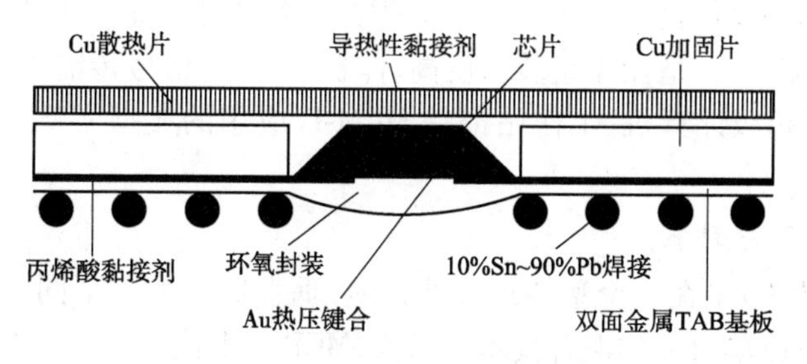

图 10-15　载带球栅阵列封装的结构图

10.6 其他封装技术

10.6.1 多芯式封装

10.6.1.1 多芯片组件

多芯片组件(Multi Chip Model,MCM)是为了解决单一芯片集成度低和功能不够完善的问题,把多个高集成度、高性能、高可靠性的芯片,在高密度多层互联基板上用SMD技术组成多种多样的电子模块系统,如图10-16所示。根据基板材料,MCM可分为MCM-L,MCM-C和MCM-D三大类。

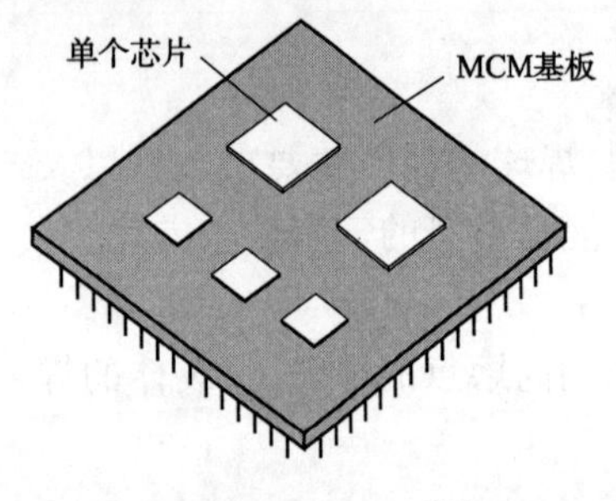

图10-16 MCM模板

(1)MCM-L

MCM-L是通常使用的玻璃环氧树脂多层印刷基板的组件。布线密度不怎么高,成本较低。在基板制作过程中,该技术可预先埋固定阻值的电阻、电容和电感的元件在介质层中。MCM-L制造工艺较成熟、生产成本较低是其快速发展的主要原因。但因芯片的安装方式和基板的结构所限,则不容易实现更高密度化。MCM-L组成结构也将限制其在非长期可靠性和极限环境条件下的应用。

(2)MCM-C

MCM-C是用厚膜技术形成多层布线,以氧化铝或玻璃陶瓷作为基板的组件,类似使用多层陶瓷基板的厚膜混IC。相比于叠层MCM,陶瓷MCM需要附加工艺步骤,包括在介质层上铺设导体图形的薄膜印刷技术。介质层打孔形成通孔,通孔会被导体材料填实起到连接上下层电学互连作用。陶瓷上印制电阻材料可获得所需要的电阻值的电阻,通过微调技术对其进行阻值修正。所有印刷完毕的陶瓷层叠放在一起,在一个设定温度环境下烧结成一个完整的多层布线。依烧结温度可分为高温共烧陶瓷和低温共烧陶瓷。MCM-C技术发展相当迅速,已被广泛应用到模拟电路、数字电路、混合电路以及微波器件中。

(3)MCM-D

MCM-D是用薄膜技术形成多层布线,以陶瓷或Si、Al作为基板的组件,其布线密度在组件中是最高的,但成本也高。典型的线宽25μm,线中心距50μm。层间通道在10~50μm之间。低介电常数材料二氧化硅、聚酰亚胺或BCB常用作介质以分隔金属层。介质层要求薄,金属互连要求细小且保持适当阻抗。倒装焊技术常用来将芯片贴装在基板上。MCM-D属多芯片组件中高端产品,适用于组装密度高、体积小、高速信号传输和处理系统。IBM390/ES9000、NECSX3等超级计算机、工作站都是MCM-D应用的典型实例。表10-2为MCM分类与技术参数比较。

10.6.1.2 多芯片封装

多芯片封装(MCP)是在一个塑料封装外壳内,垂直堆叠大小不同的各类存储器或非存储器芯片,是一种一级单封装的混合技术。目前,MCP一般内置3~9层垂直堆叠的存储器。所用芯片的复杂性相对较低,无须高气密性和经受严格的机械冲击试验要求。各芯片通过堆叠封装集成在一起,可实现更高的性能密度、更好的集成度、更低的功耗、更大的灵活性、更小的成本。

MCM 分类与比较 表 10-2

特性＼分类	MCM-C		MCM-D		MCM-L
	烧结陶瓷	低烧陶瓷	Si	陶瓷/金属	PCB
布线密度(cm/cm^2)	20	40	400	200	100
最小线宽(μm)	125~200	125~200	10~25	15~100	100~500
最小间距(μm)	125~375	125~375	10~30	35~75	100~500
基板介电常数	9	5	8	8~16	3.0~3.5
绝缘层介电常数	9	5	3~6	3~6	3.0~3.5
I/O 端数/cm^2	15~50	15~60	8~30	8~30	15~30
四周 I/O 数	1600~6400	1600~6400	800~2300	800~2300	1600~3200

MCP 技术还可将 FLASH、DRAM 等不同规格的芯片利用系统封装方式整合成单一芯片,具有生产时间短、制造成本低以及功耗低、数据传输速率高等优势,已经是便携式电子产品内置内存产品最主要的规格。另外,数字电视、机顶盒、网络通信产品等也已经开始采用各式 MCP 产品。

10.6.2 芯片级封装

芯片级封装(Chip Scale Package,CSP)是一种体积小,可以让芯片面积与封装面积之比接近 1∶1 理想情况的封装。在 I/O 端数相同的情况下,其面积是 QFP 封装的十分之一,小于 BGA 或 PGA 封装尺寸的三分之一。

CSP 封装内存不但体积小,同时也具有 I/O 端口多、电性能好、热性能好、重量轻等优点,封装体 I/O 是在封装体的底部或表面,适用于表面安装。CSP 产品已有多种,如柔性基片 CSP、硬质基片 CSP、引线框架 CSP、圆片级 CSP、叠层 CSP 等。在叠层 CSP 中,如果芯片焊盘和 CSP 焊盘的连接是用键合引线来实现,下层的芯片就要比上层芯片大一些,在装片时,就可以使下层芯片的焊盘露出来,以便于进行引线键合。有时也可以将引线键合技术和倒装片键合技术组合起来使用。如上层采用倒装片芯片,下层采用引线键合芯片。

10.6.3 预包封互联系统

预包封互联系统(Molded Interconnect System,MIS)技术是将电子封装中的低成本包封技术与高密度基板制造技术结合起来,在引线框技术上导入高密度互联布线设计,提高引线框的互联能力和封装设计灵活性。这一技术实现了芯片封装的微型化、高密度、高性能、多功能和低成本的突破,如图 10-17 所示。

MIS 技术主要有以下几个特点。

①MIS 封装工艺金线球焊距离短、电性能高、品质稳定。MIS 封装工艺技术在金线球焊中,其第二点互联到 MIS 引线框时,可以围绕在芯片的周围,使得金线的用量至少减少 30%。因金线长度变短,又形成了电性能高效传输,实现了低阻抗、低延迟,并大幅降低包封工艺模流不稳定所产生的短路或断线的可能性,既节省了生产成本又增强了电性能。普通

QFN 的金线球焊必须从芯片球焊再拉线到塑封体的边缘，使得金线用量大增，且电的传输能力也较差。

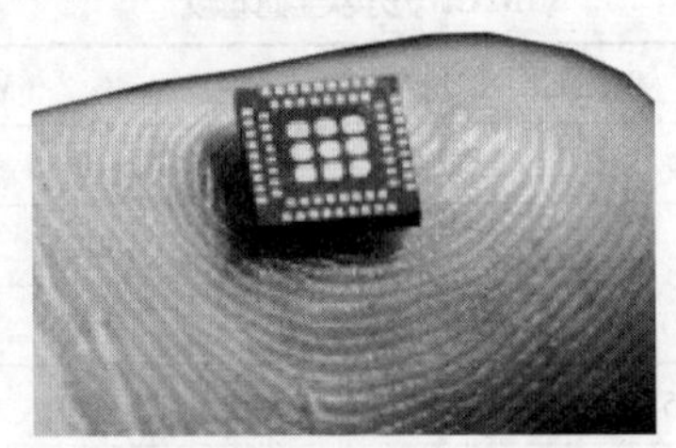
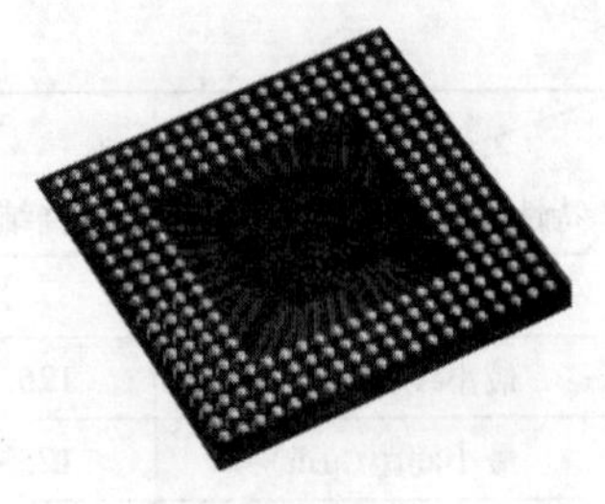

图 10-17 预包封互联系统

②MIS 封装工艺可实现高密度多脚位输入。MIS 采用特殊的引线框生产技术可以将塑封体的内脚密度达到 25μm 脚宽及 25μm 的脚间距，所以 MIS 引线框可以轻松承载高密度芯片与 MIS 引线框的互联工作。

③MIS 封装工艺可实现高密度多脚位的输出。MIS 采用特殊的引线框生产技术，以塑封体外输出脚的形式轻松地取代了 400 脚以下的 BGA 封装工艺技术，且成本可以比 BGA 封装大幅缩减 30% 以上。

④MIS 的引线键合和倒装芯片封装兼容，引脚对引脚的 QFN 和 BGA 封装兼容，卓越的 RF、电气和热性能，超薄和小型封装，细间距扇形可用，兼容多芯片模块封装应用，能够内置电感。

10.6.4 倒装片封装

倒装片封装是相对于传统采用金属线键合连接方式与植球后的工艺而言。传统的通过金属线键合与基板连接的晶片电气面朝上，而倒装晶片的电气面朝下，相当于将前者翻转过来，故称其为“倒装芯片”，它是一种无引脚结构，一般含有电路单元。它是在 I/O 端口上沉积锡铅球，然后将芯片翻转加热，利用熔融的锡铅球与陶瓷机板相结合的技术替换常规打线接合，目前主要应用于高时脉的 CPU、GPU 等产品，是芯片封装技术及高密度安装的最终方向。倒装片封装结构图及其凸点下面的结构如图 10-18 和图 10-19 所示：

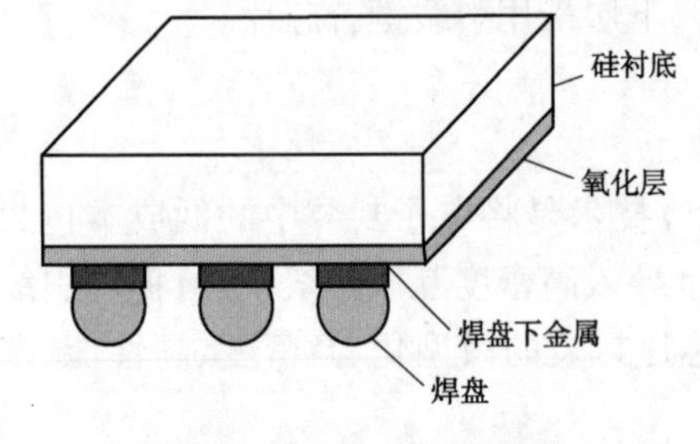

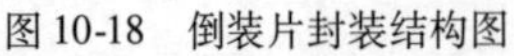

图 10-18 倒装片封装结构图

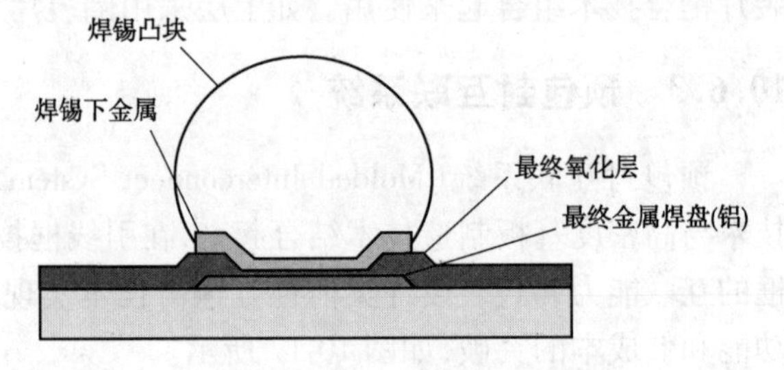

图 10-19 凸点下面的结构

倒装片封装与传统的引线键合工艺相比具有以下明显的特点。

(1)热学性能

倒装片封装的热学性能明显优越于常规的引线键合工艺。许多电子器件如 ASIC、微处理器和 SOC 等，封装耗散功率为 10～25W，甚至更大。而增强散热型引线键合的 BGA 器件的耗散功率仅5～10W。同等工作条件，如使用外装热沉、封装及尺寸、基板层数和球引脚数等，倒装片封装能产生25W耗散功率。

(2)电学性能

倒装片封装另一个重要优点是电学性能。如今，随着电子器件工作高频的提高，信号的完整性成为电子系统的一个重要指标。相比引线键合工艺2～3GHz的IC封装频率上限，倒装片封装已可高达10～40GHz。

(3)实施信号传输的方法

倒装片封装实施信号传输有带状线和微带线两种。在倒装片封装设计中，作为信号基准，带状线是理想的选择。一般基板的层数在6层以上，增加基板层数能提高基板的层叠和布线的灵活性。带状线能提供完好的高速信号传输的电流通路，降低串音及干扰的耦合，低介电常数基板材料能保证可靠的信号耦合。

带状线复合面及分离布置可提供许多不同的I/O电位。另外，带状线也可提供阻抗控制，带状线中的多层基板结构容易进行不同走线布局及各种弯曲走线。带状线结构可极大地减小信号传输不连续的影响，但不能保证最佳的走线条件。倒装片封装能采用微带线传输信号，且在引线键合电路芯片中也是经常使用的。另外，两层基板不可能采用带状线，而微带线就可在其中一层金属面上进行布线。微带线是由参考面上导电层面的传输线组成，两层间有介电材料隔开。这种传输线的优点是可以控制信号阻抗，减少信号串音及减少信号电感。

(4)封装面极小，可获得最大I/O引脚数

倒装片封装结构使得其占有的封装面极小，可获得最大I/O引脚数。如前所述，倒装片封装的芯片采用共晶焊料的凸点直接倒装在基板上。芯片凸点在基板安装面上进行再流，而球引脚在基板底面被再流。倒装片封装这种全球引脚阵列器件封装的标准间距是1.0mm。为缩小整个封装尺寸，可采用减少球引脚间距及高球引脚数的全球引脚阵列方法。

倒装片封装采用阵列布置方法，可提供最高的I/O数达到1500。然而，在同等I/O数的情况，如采用引线方法不仅需要大量的时间，而且存在潜在的可靠性问题。由于引线数量造成加工的难度增加，提高引线键合工艺所需的密度变得不容易。另外，引线长度增加也会对电学性能造成损害。

习　题

1. 电子封装提供的四个基本功能是什么？
2. 简述芯片是如何从晶圆上分离出来的。
3. 什么是引线框架？
4. 说明引线键合的几种方法，以及它们的优缺点。
5. 常用的封装材料有哪些？
6. 晶片封装材料的三个主要类型是什么？
7. 简述双列直插封装有哪些技术特点？
8. 表面贴装封装的最具吸引力的特征是什么？

9. 从电气性能的角度考虑,PGA 和 BGA 封装具有的三个优势是什么?

10. 依据晶片载体基底材料的形式,简述 BGA 封装的几大分类?

11. BGA 封装是不易弯曲的或扭曲的引脚,但 BGA 封装的一些特征却令人担忧,为什么?

12. 半导体工业走向更高电子密度和运行速度的趋势产生了哪些方面的影响,它们为 MCM 技术的发展提供了什么激励?

13. 简述 CSP 封装有哪些特点?

14. 简述 3D 芯片堆叠 IC 薄化具有的正面和负面作用分别是什么?

15. 多芯式组件(MCM)的分类以及各类的特点?

16. 倒装焊封装相比传统封装的优点有哪些?

参考文献

[1] 中国电子学会生产技术学分会丛书编委会. 微电子封装技术[M]. 北京:中国科技大学出版社,2011.

[2] Michael Quirk. 半导体制造技术[M]. 韩郑生,译. 北京:电子工业出版社,2009.

[3] Daniel lu, Wong C P. 先进封装材料[M]. 陈明祥,尚金堂,译. 北京:机械工业出版社,2012.

[4] 田民波. 电子封装工程[M]. 北京:清华大学出版社,2003.

[5] 施敏,梅凯瑞. 半导体制造工艺基础[M]. 陈军宁,孟坚,译. 合肥:安徽大学出版社,2007.

[6] 李可为. 集成电路芯片封装技术[M]. 北京:电子工业出版社,2007.

[7] 周良知. 微电子器件封装[M]. 北京:化学工业出版社,2006.

[8] 岩田. 超大规模集成电路—基础 · 设计 · 制造工艺[M]. 彭军,译. 北京:科学出版社,2008.

[9] Stephen A Campbell. 微电子制造科学原理与工程技术[M]. 2 版. 曾莹,严利人,王纪军,等,译. 北京:电子工业出版社,2005.

[10] 史小波,曹艳. 集成电路制造工艺[M]. 北京:电子工业出版社,2007.

[11] Peter Van Zant. 芯片制造—半导体工艺制程实用教程[M]. 5 版. 韩郑生,赵树武,译. 北京:电子工业出版社,2010.

第 11 章　半导体参数测试技术

随着半导体技术及产业的快速发展,半导体参数的测试成为一个十分重要的研究领域。本章将在介绍半导体电学参数测试原理的基础上,重点介绍半导体电阻率、导电类型、氧化膜厚度、外延层杂质浓度、非平衡少数载流子寿命的测试,以及典型的半导体器件双极型晶体管和 MOS 场效应晶体管相关参数的测试。

11.1　半导体电阻率测试

11.1.1　概述

半导体的电阻率介于金属和绝缘体之间,电阻率的大小取决于半导体的载流子浓度和载流子迁移率。对于掺杂浓度不均匀的扩散区,往往采用平均电导率的概念描述不同的扩散浓度分布下的电导率,如高斯分布或余误差分布。

半导体材料类型、掺杂水平、温度的不同,其电阻率可能不同。

电阻率与半导体材料晶向之间存在一定的关系。对于各向异性的晶体,电导率是一个二阶张量,共有 27 个分量。像 Si 这类的具有立方对称性的晶体,其电导率可以简化为一个标量的常数,其他二阶张量的物理量都有类似特性。另外,在拉制无位错单晶时,往往会由于籽晶晶向偏离角较大,或者由于籽晶夹头轴线与籽晶轴轴线不一致等原因,导致晶体生长晶向偏离。若生长的无位错硅单晶的外观具有明显地变形,晶片电阻率均匀度也会随之下降。

电阻率与掺杂水平之间存在一定的关系。在纯净的半导体中,掺入极微量的杂质元素,就会使电阻率发生极大的变化。如在纯硅中掺入百万分之一的 B 元素,其电阻率就会从 214000Ω · cm 减小到 0.4Ω · cm,也就是硅的导电能力提高了五十多万倍。正是通过这种掺入某些特定的杂质元素的方法,实现对半导体的导电能力的精确控制,制造出不同电阻率特性、类型的半导体器件。可以说,几乎所有的半导体器件,都是用掺入特定杂质的半导体材料的方法制成的。

电阻率与温度之间存在一定的关系。温度对电阻率的影响主要是因为半导体中载流子浓度和迁移率随温度而变化的关系。

对于本征半导体材料,电阻率主要由本征载流子浓度决定。随着温度的上升,半导体材料的载流子浓度会增加。在室温附近,硅的温度每增加 8℃,载流子浓度就会增加 1 倍,而迁移率只稍微下降,则电阻率将相应地降低一半左右;锗的温度每增加 12℃,载流子浓度也会增加 1 倍,它的电阻率也将降低一半。本征半导体的电阻率随着温度增加而单调地下降,这是半导体区别于金属的一个重要特征。

对于杂质半导体材料,电阻率会受到杂质电离和本征激发两个因素的影响。同时,还会受到电离杂质散射和晶格散射两种散射机构的影响。因而,杂质半导体的电阻率随着温度变化的情况比较复杂。

在低温情况下,半导体的本征激发可以忽略,载流子主要由杂质电离提供,随着温度的增加,施主或受主杂质不断电离,载流子浓度指数式增大。散射主要由电离杂质决定,电离杂质散射作用减弱,迁移率随着温度升高也将增大,所以这时电阻率随着温度的升高而下降。

在室温情况下,施主或受主杂质已经完全电离,本征激发不明显,载流子浓度基本不变,但由于晶格振动加剧,晶格振动散射成为主要矛盾,导致声子散射增强。因此,此时迁移率将随着温度的升高而降低,所以电阻率将随着温度的升高而增大。

在高温情况下,这时本征激发开始起主要作用,载流子浓度将指数式地快速增大,虽然这时晶格振动散射越来越强,迁移率随着温度的升高而降低,但是这种迁移率降低的作用不如载流子浓度增大的强,所以总的效果是电阻率随着温度的升高而下降。半导体电阻率表现出与本征半导体低温情况下类似的特性。

半导体的本征激发变得明显,其产生的载流子对电导率起重要影响作用时对应的温度,往往就是所有以 pn 结作为工作基础的半导体器件的最高工作温度。该温度的高低与半导体的掺杂浓度有关,掺杂浓度越高,因为杂质电离多数载流子浓度越大,则本征激发需要更高的温度才能激发出足够载流子起重要作用,即该温度——半导体器件的最高工作温度也就越高。所以,若要求半导体器件的温度稳定性越高,其掺杂浓度就应该越大。

温度的细微变化,能从半导体电阻率的明显变化上反映出来。利用半导体的这一热敏特性,可以制作各种感温元件,用于温度测试和控制系统。值得注意的是,各种半导体器件都存在着热敏特性,因此外界环境温度变化时刻影响着电阻率的变化,进而影响到器件的工作稳定性。

11.1.2 四探针测试法

电阻率是半导体材料常见的测试参数之一。测试电阻率的方法很多,如二探针法、三探针法、四探针法、电容-电压法、扩展电阻法等。其中,四探针法是一种经常采用的标准方法,在半导体电阻率测试中尤为常见,其主要优点在于设备简单、操作方便、精确度高,并且对样品的几何尺寸无严格要求。用四探针法测试电阻率还有一个非常大的优点,即它不需要校准。

四点探针法的测试示意图如图 11-1 所示。前端成针状、采用金属钨制成的 1、2、3、4 号金属探针中,1、4 号探针和高精度的直流稳流电源相连,2、3 号探针与高精度数字电压表、毫伏计或电位差计相连。四根探针有两种排列方式,一是四根针排列成一条直线,称为直线型方法如图 11-1a)所示,探针间可以是等距离也可以是非等距离的;二是四根探针呈正方形或矩形排列,如图 11-1b)所示。

由稳流电源和电压表测试的电流和电压参数数值,可以计算得到被测样品的电阻率为

$$\rho = C\frac{V}{I} \tag{11-1}$$

式中,C 为探针系数,是与被测样品的几何尺寸以及探针间距有关的一个修正因子。

对于大块状或板状测试样品,由于其尺寸远大于探针间距,上述两种探针排布方式都可以使用。而对于细条状或细棒状试样,使用第一种方式更为有利。当稳流源通过探针 1、4 提供给测试样品一个稳定的电流时,在探针 2、3 上会测得一个电压值 V_{23}。

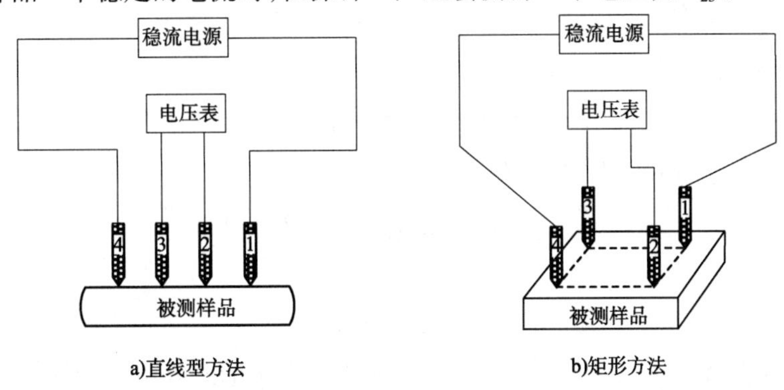

图 11-1　四点探针法的测试示意图

对于图 11-1a) 中探针排布形式,其等效电路如图 11-2 所示。稳流电路中的导线电阻 R_1、R_4 和探针与样品的接触电阻 R_2、R_3 和被测电阻 R 串联在稳流电路中,不会影响测试的结果。R_1、R_4、R_5、R_8 为导线电阻,R_2、R_3、R_6、R_7 为接触电阻,R_0 为数字电压表内阻,R 为被测样品电阻。

在测试回路中,R_5、R_6、R_7、R_8 和数字电压表内阻 R_0 串联,其串联总电阻 $R_0+R_5+R_6+R_7+R_8$ 在电路中与被测电阻 R 并联,其总电阻 R_S 为

$$R_S=\frac{R(R_0+R_5+R_6+R_7+R_8)}{R+R_0+R_5+R_6+R_7+R_8} \tag{11-2}$$

当被测电阻很小,如小于 1Ω,而电压表内阻很大时,R_5、R_6、R_7、R_8 和 R_0 对实验结果的影响在有效数字以外,则测试结果就可看作足够精确。

对于在半无穷大样品上的点电流源,若样品的电阻率 ρ 均匀,引入点电流源的探针其电流强度为 I,则所产生的电力线具有球面的对称性,即等位面为一系列以点电流为中心的半球面,如图 11-3 所示。

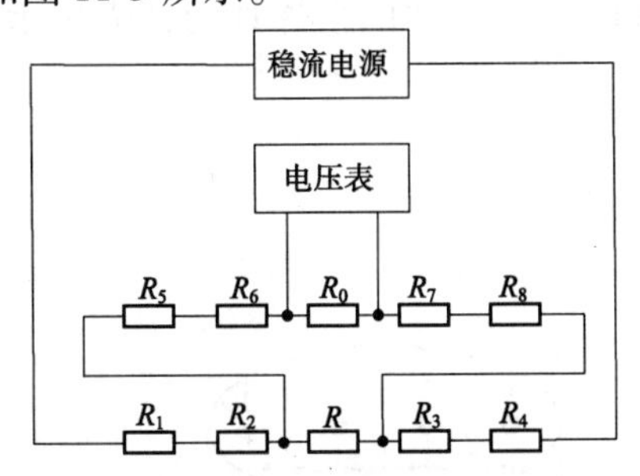

图 11-2　四点探针法测试电阻的等效电路图

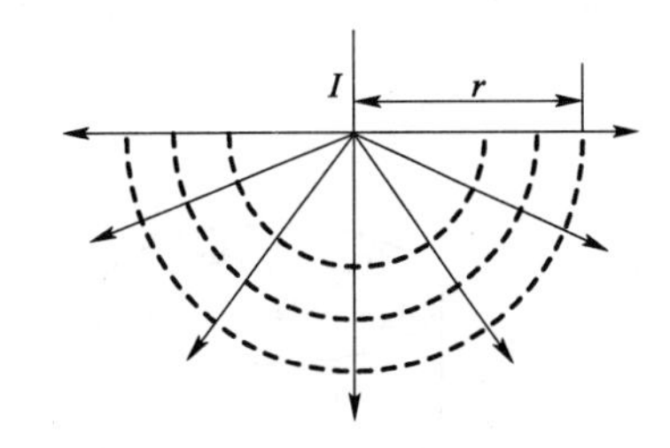

图 11-3　半导体大样品点电流源的半球等位面

在以 r 为半径的半球面上,电流密度 J 的分布是均匀的

$$J=-\frac{I}{2\pi r^2} \tag{11-3}$$

由电阻率 ρ 与电流密度 J 可得到这个半球面上的电场强度 E 为：

$$E = J\rho = -\frac{I\rho}{2\pi r^2} \tag{11-4}$$

由电场强度和电位梯度以及球面对称关系，可以得到

$$E = -\frac{d\psi}{dr} \tag{11-5}$$

$$d\psi = -E dr = -\frac{\rho I}{2\pi r^2} dr \tag{11-6}$$

取 r 为无穷远处的电位为零，则有

$$\int_0^{\psi(r)} d\psi = \int_{\infty}^{r} -E dr = \frac{-\rho I}{2\pi} \int_{\infty}^{r} \frac{dr}{r^2} \tag{11-7}$$

$$\psi(r) = \frac{\rho I}{2\pi r} \tag{11-8}$$

式(11-8)是半无穷大均匀样品上离点电流源距离为 r 的点处电位与探针流过的电流和被测样品的电阻率的关系式。

对于图11-4所示的情况，四根探针位于样品中央，电流从探针1流入，从探针4流出，则可将1和4探针认为是点电流源，由(11-8)式可知，2和3探针的电位分别为

$$\psi_2 = \frac{\rho I}{2\pi}\left(\frac{1}{r_{12}} - \frac{1}{r_{24}}\right) \tag{11-9}$$

$$\psi_3 = \frac{\rho I}{2\pi}\left(\frac{1}{r_{13}} - \frac{1}{r_{34}}\right) \tag{11-10}$$

2、3探针之间的电位差为

$$V_{23} = \psi_2 - \psi_3 = \frac{\rho I}{2\pi}\left(\frac{1}{r_{12}} - \frac{1}{r_{24}} - \frac{1}{r_{13}} + \frac{1}{r_{34}}\right) \tag{11-11}$$

由此，得出样品的电阻率为

$$\rho = \frac{2\pi V_{23}}{I}\left(\frac{1}{r_{12}} - \frac{1}{r_{24}} - \frac{1}{r_{13}} + \frac{1}{r_{34}}\right)^{-1} \tag{11-12}$$

式(11-12)就是利用直流四探针法测试电阻率的公式。只需测出流过1、4探针的电流 I 以及2、3探针间的电位差 V_{23}，代入四根探针的间距，就可以求出该样品的电阻率 ρ。

实际测试中，最常用的是直线型四探针如图11-5所示，即四根探针的针尖位于同一直线上，并且间距相等，设 $r_{12} = r_{23} = r_{34} = S$，则可得到

$$\rho = 2\pi S \frac{V_{23}}{I} \tag{11-13}$$

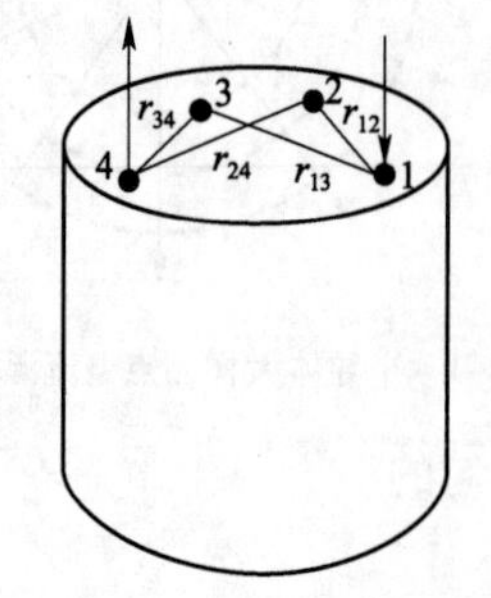

图11-4 任意位置的四探针

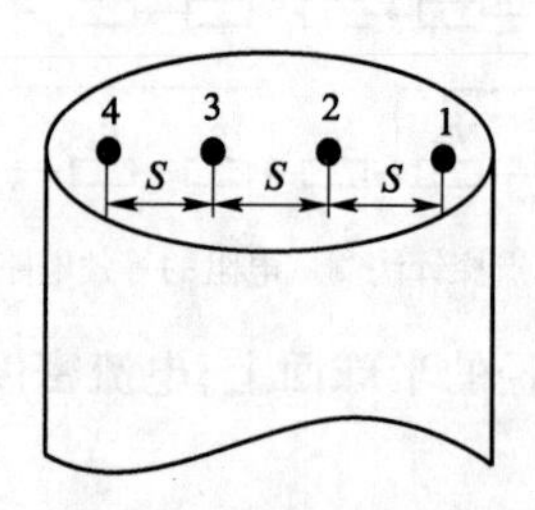

图11-5 直线型四探针

需要指出的是,式(11-13)是在半无限大样品的基础上推导出的,实际应用中必需满足样品厚度和边缘与探针之间的最近距离大于4倍探针间距这两个条件,这样才能使该式具有足够的精确度。

如果被测样品不是半无穷大,对于横向尺寸一定,具有一定厚度的样品,进一步的分析表明,在四探针法中只要对公式引入适当的修正系数 C_0 即可,此时电阻率为

$$\rho = \frac{2\pi S}{C_0}\frac{V_{23}}{I} \tag{11-14}$$

另一种情况是极薄样品,极薄样品是指样品厚度 d 比探针间距小很多,而横向尺寸为无穷大的样品。这时从探针1流入和从探针4流出的电流,其等位面近似为圆柱面,高为 d。任一等位面的半径设为 r,类似于上面对半无穷大样品的推导,很容易得出当 $r_{12} = r_{23} = r_{34} = S$ 时,极薄样品的电阻率为

$$\rho = \left(\frac{\pi}{\ln 2}\right)d\frac{V_{23}}{I} = 4.5324d\frac{V_{23}}{I} \tag{11-15}$$

式(11-15)说明对于极薄样品,在等间距探针情况下,探针间距和测试结果无关,电阻率和被测样品的厚度 d 成正比。

半导体工艺中普遍采用四探针法测试扩散层的薄层电阻,由于反向pn结的隔离作用,扩散层下的衬底可视为绝缘层,对于扩散层厚度(即结深 x_j)远小于探针间距 S,而横向尺寸无限大的样品,薄层电阻率为

$$\rho = \left(\frac{\pi}{\ln 2}\right)x_j\frac{V_{23}}{I} = 4.5324x_j\frac{V_{23}}{I} \tag{11-16}$$

实际工作中,直接测试扩散层的薄层电阻,即方块电阻。它是表面为正方形的半导体薄层在电流方向所呈现的电阻,如图11-6所示。

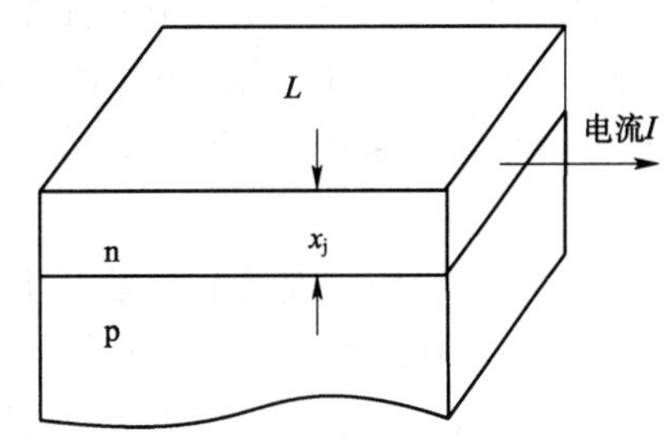

图11-6 薄层电阻示意图

因此,有方块电阻

$$R_{\square} = \frac{\rho}{x_j} = 4.5324\frac{V_{23}}{I} \tag{11-17}$$

实际的扩散层尺寸一般不很大,并且实际的扩散层又有单面扩散与双面扩散之分,因此,需要对电阻公式进行修正,修正后的公式为

$$R_{\square} = C_0\frac{V_{23}}{I} \tag{11-18}$$

式中,C_0 为探针修正系数;$R_{\square}$ 的单位为欧姆/方块,通常用符号表示为Ω/□。

11.1.3 影响因素

四探针法测试电阻率的一个重要特点是测试系统与待测半导体样品之间的连接非常简便,只需将探头压在样品表面确保探针与样品接触良好即可,无需将导线焊接在测试样品的表面。这在不允许破坏测试样品表面的电阻试验中优势明显。

但还有几种因素可能会使测试这些材料的电阻率的工作复杂化,其中包括与材料实现良好接触的问题。目前,已经有专门的探头来测试半导体晶圆片和半导体棒的电阻率。这

些探头通常使用硬金属,如钨,将其磨成一个探针。在这种情况下接触电阻非常高,应当使用四点同线的直线型探针测试法或者四线隔离的任意型、方块型探针测试法。其中两个探针提供恒定的电流,另外两个探针测试一部分样品上的压降。然后利用被测电阻的几何尺寸因素,就可以计算出电阻率。看起来这种测试可能是直截了当的,但还是有一些问题需要加以注意。如对探针和测试引线进行良好的屏蔽,这么做主要有三方面原因。

①电路涉及高频、高阻抗,所以容易受到静电及电磁干扰。

②半导体材料上的接触点不一定是欧姆接触,所以可能存在 pn 结效应,从而对吸收的信号进行整流,并作为直流偏置显示出来。

③材料可能存在的光敏感特性。

11.2 半导体的导电类型测试及影响因素

半导体在导电过程存在电子和空穴两种载流子。多数载流子是电子的半导体称为 n 型半导体;多数载流子是空穴的称为 p 型半导体。半导体导电类型的确定就是通过测试半导体材料中多数载流子的类别,进而确定半导体的导电类型。常用的半导体导电类型的测试方法有冷热探针法、单探针接触整流法和霍尔效应等。

11.2.1 冷热探针法

冷热探针法是利用材料的温差电效应,即半导体的热电效应的原理。将一热一冷,温度不同的两根探针与半导体材料的表面接触。热探针接触处由于热激发产生大量载流子,冷探针接触的地方由于温度低,载流子数量会极少。这样,由于存在载流子的浓度梯度,导致载流子由热探针处的高浓度区向冷探针处的低浓度区扩散,载流子的运动又导致了电位的变化。

p 型半导体主要是靠多数载流子——空穴导电。在未施加冷热探针之前,空穴均匀分布,半导体中处处都显示出电中性。当半导体上加上冷热探针后,热探针端激发的载流子浓度高于冷探针端的载流子浓度,从而形成了一定的浓度梯度。于是,在浓度梯度的影响下,热探针端的空穴就向冷探针端做扩散运动。随着空穴地不断扩散,在冷探针端就有空穴的积累,因而带上了正电荷,同时在热探针端因为空穴的欠缺,即电离受主的出现,而带上了负电荷。上述正负电荷的出现便在半导体内部形成了由冷探针端指向热探针端的电场。于是,冷探针端的电势便高于热探针端的电势,冷热探针两端就形成了一定的电势差。相反,如果材料是 n 型,则多数载流子电子会由于浓度差由热探针向冷探针扩散,则导致冷探针处相对于热探针处电势降低。

从能带的角度来看,在没有接入探针前,半导体处于热平衡状态,体内温度处处相等,主能带是水平的,费米能级也是水平的。在接入探针以后,对于 p 型半导体,由于冷探针端电势高于冷探针端电势,所以冷探针端主能带相对于热探针端主能带向下倾斜,同时由于热探针端温度高于冷探针端,故热探针端的费米能级相对于冷探针端的费米能级来说,距离价带更远。

基于上述原理,可以在冷热两个探针间外接电压表或检流计形成一闭合回路,然后根据电压表或检流计显示的电压或电流方向,来确定所测材料的导电类型。利用冷热探针法测试半导体导电类型的原理示意图如图 11-7 所示。

11.2.2 单探针点接触整流法

单探针点接触整流法是利用金属和半导体接触的整流特性来实现的。通常,金属和半导体的接触可以分为两种情况:欧姆接触和整流接触。当金属和半导体接触时,半导体一边的能带发生弯曲,形成多数载流子的势垒,构成界面阻挡层,若外加电压于金属,将改变阻挡层的势垒,半导体和金属没有统一的费米能级,不再处于平衡的状态,此时将会在金属和半导体之间存在多数载流子电流,这就出现整流特性。但是,如果所形成的多数载流子的势垒区很窄,载流子就可以依靠隧道效应从势垒底部通过,使整流特性遭到破坏,从而得到欧姆接触特性。

图 11-8 是单探针点接触整流法测试半导体导电类型的原理图。图中被测样品是一个 p 型半导体单晶棒,交流调压器一端接地,并且与半导体的欧姆接触电极相连。为了实现良好的欧姆接触,接触处一般制作成大面积、高复合接触的情况。另一端经检流计与钨探针相连,钨探针的尖端与半导体样品实现点接触,即整流接触。

钨探针与 p 型半导体之间为整流接触,零偏压时半导体一边就已经存在空穴的势垒。正向偏置时,空穴的势垒将会降低,p 型半导体中的多数载流子——空穴就会流向金属。但是,由于空穴是假想的一种正电粒子,所以实际上是金属中的电子通过金属探针向半导体中流入,从而形成方向相反的正向电流。反向偏置时,半导体一边空穴的势垒增高,金属与半导体接触处没有电流流过。

如果图 11-8 中调压器的交流电源处于正半周,则钨探针为正,半导体为负,从上述分析可知,金属与 p 型半导体接触处反向偏置,检流计中没有电流流过;如果调压器的交流电源处于负半周,则钨探针为负,半导体为正,金属与 p 型半导体接触处正向偏置,检流计中有正向电流流过。如果把正半周和负半周的作用叠加起来,那么检流计的指针应该向左偏转。如果被测试的样品不是 p 型,而是 n 型,那么,检流计的指针就应该向右边偏转。于是,根据检流计指针偏转的方向就可以判定半导体的导电类型。

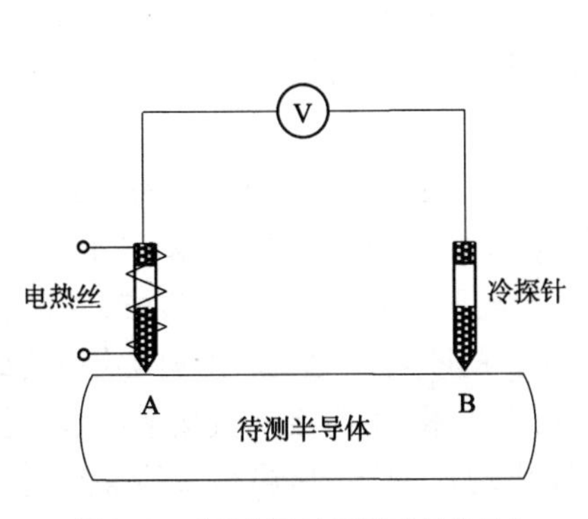

图 11-7 冷热探针法测试半导体导电类型示意图

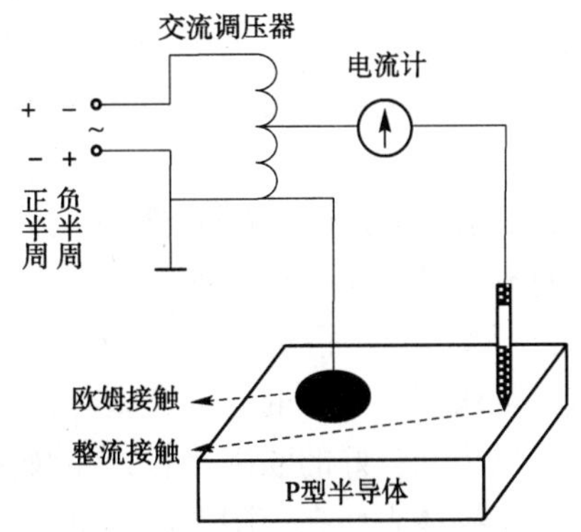

图 11-8 单探针点接触整流法测试半导体导电类型原理图

图 11-9 给出了另一种点接触整流法测试半导体导电类型的装置图。图中 p 型半导体的

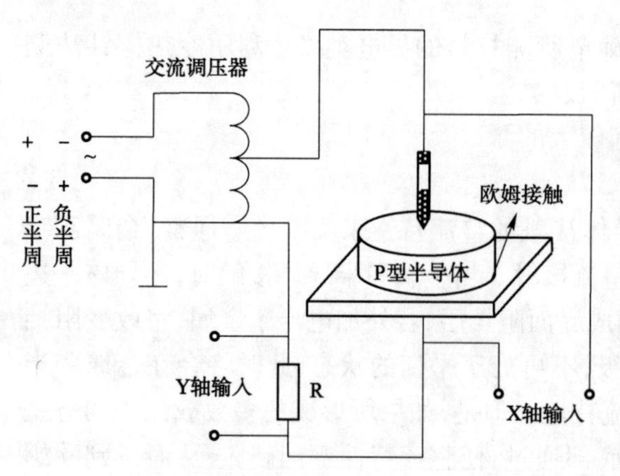

图 11-9　点接触整流法测试半导体导电类型示意图

下电极做成欧姆接触，上面是做成钨探针点接触。交流调压器的接地端经一电流取样电阻 R 与 p 型半导体的下电极相连，另一端经钨探针与 p 型半导体实现点接触。示波器的 X 轴输入采集的是 p 型半导体上下两端的交流电压信号，Y 轴输入采集的是流经半导体和探针接触的电流信号。当交流调压器输出的交流电压处于正半周时，探针为正，欧姆接触为负，金属与 p 型半导体接触处于反向偏置，流过取样电阻 R 上的电流为零，Y 轴的输入信号也为零，示波器的曲线是水平的；当交流调压器输出的交流电压处于负半周时，探针为负，欧姆接触为正，金属与 p 型半导体接触处于正向偏置，流过取样电阻 R 上的电流不为零，Y 轴的输入信号也不为零，其输出波形向下倾斜。如果把 p 型半导体换成 n 型半导体，则情况正好相反。调压器输出交流电压处于正半周时，金属与 n 型半导体接触为正向偏置，取样电阻 R 上有电流流过，示波器的波形向上倾斜。而处于负半周时，金属与 n 型半导体接触为反向偏置，取样电阻 R 上没有电流流过，Y 轴输入信号为零，曲线是水平的。

11.2.3　影响因素

在温差电效应中，温差电势随着掺杂浓度的增加而减小，也就是说，掺杂浓度越低，电阻率越高，温差电效应越大。尽管温差电效应很大，但电阻率也大，所以温差电流较小。检流计检测的是电流，所以冷热探针法对于低阻样品有较高的灵敏度。但是如果检测的是温差电势的极性，则可以检测较高电阻率的材料。至于点接触整流法，其在测半导体的导电类型时往往不适用于低阻材料，因为金属与低阻材料接触易于形成隧道效应而导致欧姆接触使整流效应不明显。

准确判断一个单晶材料的导电类型是非常重要的，它是制作半导体器件的原始依据。每一种测试方法都有一定的电阻率范围，超出这个范围就可能出现较大的测试误差。因此在测试半导体的导电类型之前，首先应该判断该材料电阻率的大致范围，然后确定采用那一种测试方法。

此外，在测试半导体的导电类型时要注意表面效应，防止表面出现反型层。通常需要粗磨表面或打砂处理。半导体表面对外界环境十分敏感，表面如果沾上阴、阳离子，就可能在表面感应出反型层，从而导致测试误差。因此，测试导电型号时不宜用抛光面或腐蚀表面。

用点接触法测半导体的导电类型时，要注意大面积的欧姆接触，使用薄的软铅皮或软的金镓合金可以得到良好的欧姆接触，在欧姆接触处用力压紧，而连接整流接触的金属探针处压力要小。半导体表面在周围电磁场的作用下可能出现反型层，影响测试的准确性，因此，测试时最好加以电磁屏蔽。另外，光照会产生光电流，引起光生电动势，这一点也应该引起重视。

用冷热探针法测试半导体的导电类型时，热笔的温度既不能太高，又不能太低。对于锗材料,由于禁带很窄,冷笔需用液氮制冷(78K);硅材料禁带较宽,热笔的温度也可以高一些(50°C 上下),但也不能太高(以不出现本征激发为限)。热笔上的氧化物在测试时应予以去除。测试时,冷热探针都应压紧,否则会引起较大的测试误差。

测试半导体的导电类型时,若发现局部区域测有所偏离,可以用腐蚀方法显示该区域的导电类型分布情况。具体操作方法是在氢氟酸中加入一滴硝酸(1%),然后将被测单晶放入其中腐蚀 20min 取出,半导体 p 区显黑色,n 区显白色。

11.3 氧化膜厚度测试

在半导体平面工艺中,氧化膜薄膜的厚度与质量对半导体器件的成品率和性能有重要影响。如 ZnO 薄膜的厚度对其自身的方块电阻和透光性都有很大的影响。另外,半导体器件表面常常需要覆盖氧化膜,用来防止其表面受到杂质离子的污染,和起到电绝缘的作用,从而使半导体器件能够处于稳定的工作状态。因此需要对氧化膜的厚度和质量做必要的检测。

测试氧化膜厚度的方法有很多。若精度要求不高,可采用比色法、腐蚀法等;若精度要求较高,可用光干涉法、电容电压法、高频涡流法等;若精度要求非常高,则可以采用椭偏光法等。下面对其中的颜色对比法、光干涉等主要方法进行介绍说明。

11.3.1 颜色对比法

由于氧化膜的厚度不同,在垂直光照射下,由于光的干涉作用就会呈现不同的颜色。通过记录照射光的干涉次数,就能根据颜色估测出氧化膜的厚度。氧化膜厚度与颜色的对比关系值如表 11-1 所示。

颜色与膜厚度的对比关系　　表 11-1

氧化膜颜色	氧化膜厚度(Å)			
	1 次干涉	2 次干涉	3 次干涉	4 次干涉
灰色	100	—	—	—
黄褐色	300	—	—	—
棕色	500	—	—	—
蓝色	800	—	—	—
紫色	1000	2750	4650	6500
深蓝色	1500	3000	4900	6850
绿色	1850	3300	5200	7200
黄色	2100	3700	5600	7500
橙色	2250	4000	6000	—
红色	2500	4300	6250	—

值得注意的是,氧化膜的颜色随厚度呈现周期性变化,对于同一种颜色,可能有多种厚度,因此这种测量方法可能存在一定误差。另外,实验表明这种方法适合于测试厚度在 1000 ~ 7000Å 之间的氧化膜,当厚度超过 7500Å 时,颜色变化就会变得不太明显。

11.3.2 光干涉法

光干涉法是通过氧化膜台阶上干涉条纹的数目表征氧化膜的厚度，它是将氧化膜腐蚀出一个斜面，如图 11-10 所示。当用单色光照射氧化层表面时，由于 SiO_2 是透明介质，所以入射光将分别在 SiO_2 表面和 SiO_2-Si 界面处发生反射，根据光的干涉原理，当两束相干光的光程差为半波长的偶数倍，即为 $k\lambda$（$k=0,1,2,3\cdots$）时，两束光的相位相同，互相加强，因而出现亮条纹。当两束相干光的光程差为半波长的奇数倍，即当为 $(2k+1)\lambda/2$ 时，两束光的相位相反，因而互相减弱，出现暗条纹。由于整个 SiO_2 台阶的厚度是连续变化的，因此，将出现明暗相间的干涉条纹。相邻条纹间对应的 SiO_2 氧化膜厚度为

$$\Delta X=\frac{\lambda}{2n} \tag{11-19}$$

根据公式(11-19)，就可以得到氧化膜的厚度为

$$X=m\frac{\lambda}{2n} \tag{11-20}$$

式中，X 为氧化膜的厚度；m 为干涉条纹数；λ 为入射光波长；n 为氧化膜的折射率。

光干涉法直观性好、抗空气扰动性强、稳定性高、简单便捷，比较适合测试厚度在 200nm 以上的氧化膜。

11.3.3 高频涡流法

高频涡流法不仅适合于测试氧化膜的厚度，而且可测试金属镀层的厚度、薄片和管壁的厚度，在利用两种以上的频率进行测试时，还可以对复合镀层的每一层厚度进行测试。

如图 11-11 所示，载有高频电流的线圈，在其周围空间建立有高频磁场 H_P，若有金属导体置于此高频磁场中，由于高频磁场的作用，金属导体内部将感应而产生涡流。此涡流所产生的磁场 H_S 又将反作用于线圈所产生的磁场，从而使线圈的阻抗发生改变。线圈的阻抗变化与金属导体的电阻率、磁导率、几何尺寸、线圈的几何形状、电流频率以及金属导体与线圈的距离有关。如果控制其他参数不变，使线圈阻抗只和金属导体与线圈的距离有关，将线圈放在金属导体的氧化膜上，则测得金属导体与线圈的距离就是氧化膜的厚度，即可利用涡流现象进行厚度测试。通常涡流测厚，是使用圆柱形或平面螺旋形的线圈进行的。

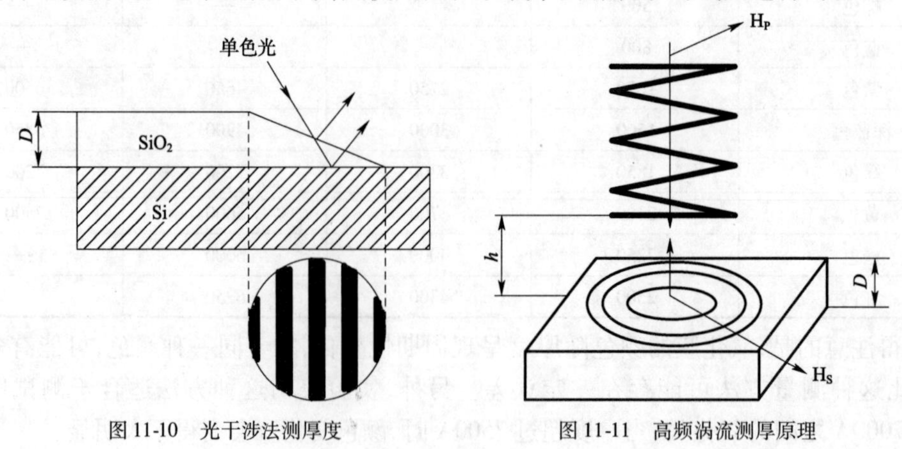

图 11-10 光干涉法测厚度　　图 11-11 高频涡流测厚原理

11.3.4 椭偏光法

椭偏光法是以测试光线的偏振态为基础，通过偏振光束在界面或者薄膜上反射或透射时出现的偏振变化来确定薄膜的参数。这种方法测厚精度高，可以达到准单分子或原子厚度量级，同时还可以测出薄膜的折射率。常见的椭偏法测试可以分为反射椭偏光法、透射椭偏光法和散射椭偏光法。

椭偏光法是用椭圆偏振光照射被测样品，只要起偏器取适当的透光方向，被测样品表面反射出来的将是线偏振光，根据偏振光在反射前后的偏振状态变化，包括振幅和相位的变化来确定薄膜的厚度或其他光学常数。如图 11-12 所示，为椭圆偏振仪的光路图。

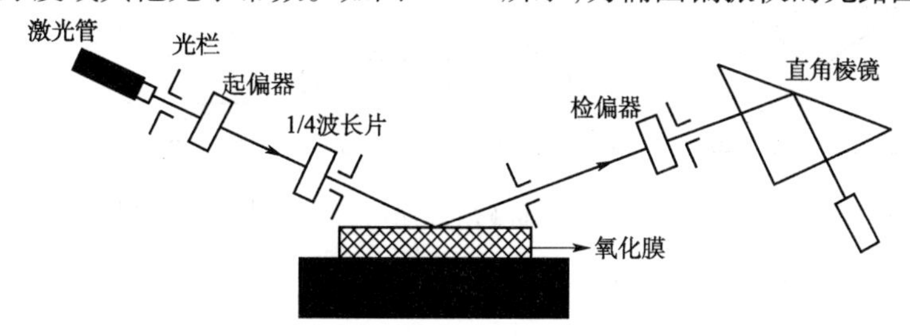

图 11-12 椭圆偏振仪的光路图

如图 11-12 所示，由激光器发出一定波长的激光束，经过起偏器后变为线偏振光，其偏振方向由起偏器决定，转动起偏器可以改变线偏振光的偏振方向。此线偏振光经过 1/4 波长片后，由于双折现象，其被分解为相互垂直的 P 波和 S 波，成为椭圆偏振光。该偏振光以一定的角度入射到样品，经过反射之后一般仍为椭圆偏振光，但椭圆的形状和方位发生改变。

11.4 结深测试

平面工艺制造晶体管和集成电路时，一般用扩散法制备 pn 结。将 pn 结材料表面（发生扩散一侧）到 pn 结界面的距离称为 pn 结结深，一般用 x_j 表示。如果 pn 结结深比较大（例如大功率器件的 pn 结），可直接掰开硅片，进行显结后在显微镜下测试结深。但在集成电路中结深一般在微米数量级，测试比较困难，对此通常采用磨角法和滚槽法进行测试。

11.4.1 磨角法

把硅片固定在特制的磨角器上，利用磨角器磨出如图 11-13 所示的斜面，这样使得测试面得到了放大。磨出的角度 θ 一般是 1°～5°。然后用无水硫酸铜和氢氟酸的混合液进行染色。硅的电化学势比铜高，所以硅可以将铜置换出使得 pn 结的表面染上铜，呈现出红色。又因为 n 型硅比 p 型硅的电化学势高，所以在合适的时间内，可以在 n 型区域染上铜并显示红色，而 p 型区域则不显示红色。最后测试染色区域的长度就可以计算出结深。若测得红色部分的斜面长度为 a，则可得 p 区深度，即结深为

$$x_j = a\sin\theta \tag{11-21}$$

值得注意的是，pn 结显示的清晰度和结深测试的精度与磨角的工艺水平密切相关，因

此磨好的斜面应该平整光洁,而且斜面与表面的交线平整清晰。

11.4.2 滚槽法

滚槽法测试如图11-14所示,滚槽的半径为R,滚槽线与扩散层表面、底面的交界线分别为$2a$和$2b$,则可计算出结深。

$$x_{\mathrm{j}}=\frac{(a+b)(a-b)}{2R} \tag{11-22}$$

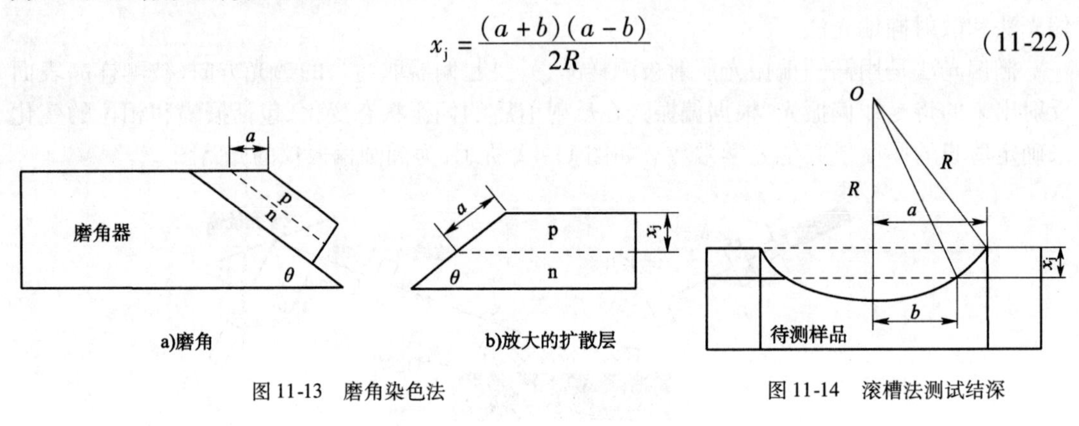

图11-13 磨角染色法

图11-14 滚槽法测试结深

11.5 外延层杂质浓度测试

金属-半导体结构的肖特基二极管、检波管、变容管等,具有势垒电容随两端反向电压变化而呈现非线性变化的特点,这种非线性变化恰好与半导体中掺杂浓度随结深的分布有关。C-V(电容-电压)法,可测得半导体pn结中的杂质分布,这种方法与二次谐波法相比较,具有原理简单,操作方便,测试精度高等优点。

当半导体材料形成pn结时,在结的交界面就形成空间电荷区。这时在pn结上外加变化的反向电压时,空间电荷区也随着发生变化,即pn结具有电容效应,称作势垒电容,其电容值正比于面积,反比于空间电荷区厚度(相当于平行板电容器两极板的间距),用公式表示为

$$C=\frac{A\varepsilon_{\mathrm{rs}}\varepsilon_0}{X} \tag{11-23}$$

式中,A为结面积;$\varepsilon_{\mathrm{rs}}$为相对介电常数;$X$为某一直流偏压下耗尽层宽度。使用C-V测试仪等测出势垒电容后,由式(11-23)可得空间电荷区厚度为

$$x_{\mathrm{pn}}=\frac{A\varepsilon_{\mathrm{rs}}\varepsilon_0}{C} \tag{11-24}$$

平行板电容和pn结势垒电容的主要区别在于前者的极板间距为常数,后者的pn结空间电荷区宽度不是常数,它随外加电压的变化而变化。因此,由式(11-23)得pn结势垒电容是偏压的函数$C(V)$。二极管势垒电容是指在一定直流偏压下,电压有微小变化ΔV时,相应电荷变化量ΔQ与ΔV的比值,称为微分电容,其微分形式为

$$C=\frac{\mathrm{d}Q}{\mathrm{d}V} \tag{11-25}$$

采用"耗尽层近似",对于单边突变结耗尽层基本上存在于低掺杂一边。对于肖特基结,

其具有和单边突变结类似的情况，则电荷的变化为

$$dQ = AN(x)q\mathrm{d}x \tag{11-26}$$

式中，$N(x)$为耗尽层边缘处受主（或施主）杂质的浓度。所以有

$$C = \frac{\mathrm{d}Q}{\mathrm{d}V} = AN(x)q\frac{\mathrm{d}x}{\mathrm{d}V} \tag{11-27}$$

由式（11-27）得到

$$\frac{\mathrm{d}x}{\mathrm{d}V} = \frac{C}{AN(x)q} \tag{11-28}$$

将式（11-28）代入式（11-23），并对电压 V 求导数得到

$$\frac{\mathrm{d}C}{\mathrm{d}V} = \frac{\mathrm{d}C}{\mathrm{d}x}\frac{\mathrm{d}x}{\mathrm{d}V} = -\frac{A\varepsilon_{rs}\varepsilon_0}{x^2}\frac{\mathrm{d}x}{\mathrm{d}V} \tag{11-29}$$

将式（11-25）和式（11-28）代入式（11-29），得到浓度表达式

$$N(x) = -\frac{C^3 dV}{A^2\varepsilon_{rs}\varepsilon_0 q dC} \tag{11-30}$$

从上式可看到，当测得电容 C、微分电容 $\mathrm{d}V/\mathrm{d}C$ 和结的面积 A 后，就可求得耗尽层边缘处的杂质浓度 $N(x)$。在不同的外加偏压下，耗尽层宽度不同，进行测试和计算，就能得到掺杂浓度随结深的分布。通常，测试中与 n 型硅接触的是汞或者钨探针，当探针和 n 型硅接触时，将会在 n 型硅一侧形成肖特基势垒，耗尽层基本在 n 型硅一侧，可以分别求出耗尽层的厚度、掺杂浓度在 n 型硅中的纵向分布。

测试中采用高频 C-V 测试仪、函数记录仪及汞探针测 n 型硅外延层的杂质分布，其测试装置如图 11-15 所示，测试原理如图 11-16 所示。

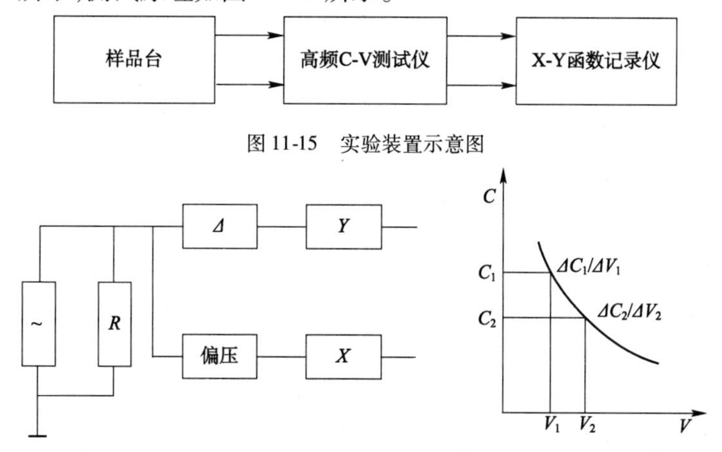

图 11-15　实验装置示意图

图 11-16　实验测试原理图

当高频小信号电压加到被测势垒电容为 C 的测样品和接收机输入阻抗 R 上时，高频信号电压就被 C 和 R 以串联形式分压，如果在样品两端再加上反向直流偏压，改变偏压时，势垒电容随反向偏压的增大而减小，其容抗随反向偏压增大而增大，那么 C 两端的高频电压随之增大，而 R 两端的高频电压就随反向偏压的增大而减小。如果将 R 两端变化的信号电压进行高增益放大后经混频、中增益放大、检测后送入函数记录仪的 Y 轴上，该直流偏压的变化就可以反映样品势垒电容的变化。另一方面，将加在样品两端的直流偏压经分压后并加

在函数记录仪的X轴上,那么,在函数记录仪上可直接描绘出样品的C-V特性曲线。

11.6 非平衡少数载流子寿命的测试

11.6.1 概述

半导体中的非平衡少数载流子寿命是与半导体的掺杂水平、晶体结构完整性直接有关的物理量。它对半导体太阳能电池的换能效率、半导体探测器的探测率和发光二极管的发光效率等都有影响。因此,掌握半导体中少数载流子寿命的测试方法是十分必要的。

处于热平衡状态的半导体,在一定温度下,载流子浓度是一定的。这种处于热平衡状态下的载流子浓度,称为平衡载流子浓度。由前面章节内容可以知道,热平衡状态下的半导体载流子浓度满足下列关系

$$\begin{aligned} n_0 &= N_c \exp\left(-\frac{E_C - E_F}{k_0 T}\right) \\ p_0 &= N_v \exp\left(-\frac{E_F - E_V}{k_0 T}\right) \\ n_0 p_0 &= n_i^2 \end{aligned} \tag{11-31}$$

然而,所谓的热平衡是相对的,是有条件的。如果对半导体施加外界作用,破坏了热平衡条件,这就迫使它处于与热平衡状态相偏离的状态,即非平衡态。此时,半导体内的载流子浓度也发生了变化,各自比原来多出了一部分,这种比平衡时多出来的这部分载流子称为非平衡载流子。常见的产生非平衡载流子的方法是对半导体进行光照或者外接电压,两种产生非平衡载流子的方法分别称为光注入和电注入。对n型半导体,n称为多数载流子浓度,Δn被称为非平衡多数载流子浓度;p称为少数载流子浓度,Δp被称为非平衡少数载流子浓度,对p型半导体则相反。

11.6.2 非平衡少数载流子的寿命

当外界产生非平衡载流子的条件撤去之后,非平衡载流子经过与半导体内部异性载流子相互复合而逐渐减少,一段时间后,所有的非平衡载流子消失,换句话说非平衡载流子在外加条件消失后具有一定的生存时间,并不是立即消失。将非平衡载流子的平均生存时间称为非平衡载流子的寿命。显然,非平衡载流子的消失是由于电子-空穴复合引起的。通常把单位时间、单位体积内的净复合消失掉的电子-空穴对对数称为非平衡载流子的复合率。因而,单位时间内非平衡少数载流子浓度的减少率应等于非平衡少数载流子的复合率。对于n型半导体,即有

$$-\frac{\mathrm{d}\Delta p(t)}{\mathrm{d}t} = \frac{\Delta p(t)}{\tau} \tag{11-32}$$

在小注入条件下,τ是恒定的,故而外界条件消失后,非平衡载流子浓度的变化为

$$\Delta p(t) = Ce^{-\frac{t}{\tau}} \tag{11-33}$$

根据边界条件有:$t=0$时$\Delta P(0) = (\Delta P)_0$,那么$C = (\Delta P)_0$,因而非平衡少数载流子的

衰减曲线为

$$\Delta p(t)=(\Delta p)_0 e^{-\frac{t}{\tau}} \tag{11-34}$$

上式说明非平衡载流子在外加条件消失后是以指数形式衰减的，在经过 τ 的时间后，剩余非平衡少数载流子浓度减少到原来的 $1/e$，视为已经完全消失。

由上述公式可知，τ 即为非平衡少数载流子的寿命，也即非平衡载流子减少到原来 $1/e$ 所经历的时间就是其寿命。因而如果能测出非平衡载流子浓度的衰减曲线，再进行数据处理和拟合，求出曲线中浓度为原来 $1/e$ 倍时所对应的时间就能测试出非平衡少数载流子寿命。

11.6.3 测试方法

测试非平衡载流子寿命包括非平衡载流子的注入和检测两个基本方面。最常用的注入方法是光注入和电注入。而在上述原理的基础上，结合具体情况和不同半导体的特点，就出现了由不同的注入方式和检测手段组合而形成的许多种寿命测试方法。

图 11-17 是高频光电导测试装置示意图。高频源提供的高频电流流经被测样品，当红外光源的脉冲光照射样品时，半导体内产生的非平衡光生载流子使样品产生附加光电导，从而导致样品电阻减小。由于高频源为恒压输出，因此流经样品的高频电流幅值增加 ΔI，光照消失后，ΔI 逐渐衰减，其衰减速度取决于光生载流子在半导体内存在的平均时间，即寿命。在小注入条件下，当光照区复合为主要因素时，ΔI，将按指数规律衰减，此时取样器上产生的电压变化 ΔV 正比于 ΔI，也按同样的规律变化，即

$$\Delta V=\Delta V_0 e^{-\frac{t}{\tau}} \tag{11-35}$$

此调幅高频信号经检波器解调和高频滤波，再经宽频放大器放大后输入到脉冲示波器，在示波器上可显示图 11-18 的指数衰减曲线，由曲线就可求得寿命值。

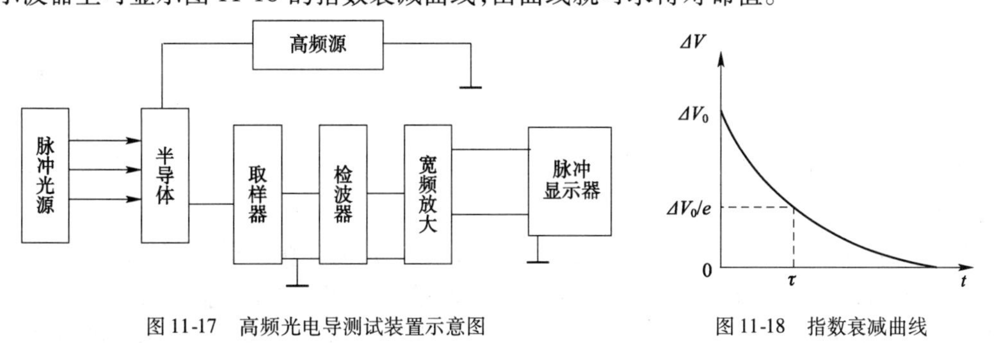

图 11-17 高频光电导测试装置示意图

图 11-18 指数衰减曲线

11.7 双极型晶体管参数测试

双极型晶体管在半导体器件中占有重要的地位，也是组成集成电路的基本元件。了解和测量实际双极型晶体管的各种性能参数，不仅有助于掌握器件的工作机理，而且还可以分析造成器件失效的原因。下面将逐一介绍双极型晶体管的直流参数、开关参数、$C_c r'_{bb}$ 乘积、特征频率、稳态热阻等参数的测试。

11.7.1 直流参数的测试

双极型晶体管的特性曲线及各种直流参数，可用逐点法测量，也可用晶体管特性图示仪直接测量。半导体管特性图示仪是测量半导体器件直流及低频参数的常见仪器，通过示波管屏幕及标尺刻度，可直接观察各种器件的特性曲线族，准确测量出各种器件的直流参数。

半导体管特性图示仪主要由集电极扫描电源，阶梯波发生器X，Y轴放大器，高频高压源电路及低压供电电源几大部分组成，如图11-19所示。集电极电源提供被测管C，E端的扫描电压，阶梯波发生器供给B端信号，通过X，Y放大器将电压及电流调理后供给由高频高压驱动加亮的示波管，显示出被测器件的特性曲线供观测。

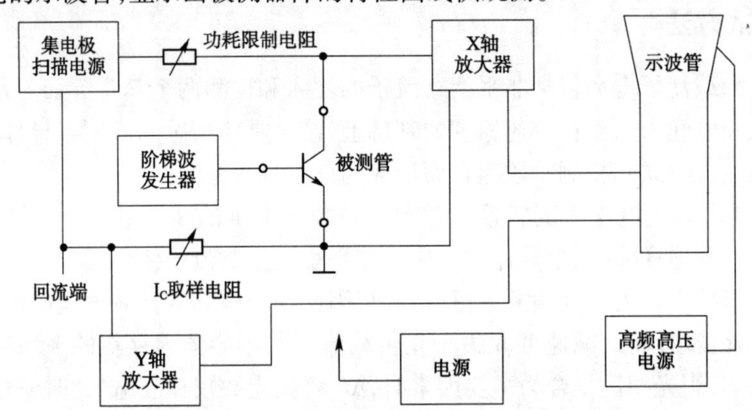

图11-19 半导体管特性图示仪原理方框图

在双极型晶体管C、E电极之间加入锯齿波扫描电压，并引入一个小的取样电阻，加到示波器上X轴和Y轴的电压分别为

$$V_X = V_{CE} \tag{11-36}$$

$$V_Y = -I_C R_C \tag{11-37}$$

式中，R_C为取样电阻。

当I_B恒定时，在示波器的屏幕上可以看到一根I_C-V_{CE}的特性曲线，即晶体管共发射极输出特性曲线。

为了显示一组在不同I_B的特性曲线簇$I_C = f(I_{Bi}, V_{CE})$，需要在X轴的锯齿波扫描电压每变化一个周期时，使I_B也有一个相应的变化，因此将输入电压V_{CC}改为能随X轴的锯齿波扫描电压变化的阶梯电压。每一个阶梯电压能为基极提供一定的基极电流，不同的阶梯电压V_{B1}、V_{B2}、V_{B3}等就可对应地提供不同的恒定基极注入电流I_{B1}、I_{B2}、I_{B3}等。只要能使每一阶梯电压所维持的时间等于集电极回路的锯齿波扫描电压周期，就可以在t_0时刻扫描出$I_{C0} = f(I_{B0}, V_{CE})$曲线，如图11-20所示。在$t_1$时刻扫描出$I_{C1} = f(I_{B1}, V_{CE})$曲线等。通常阶梯电压有多少级，就可以相应地扫描出有多少根$I_C = f(I_B, V_{CE})$输出曲线。

11.7.2 $C_c r'_{bb}$乘积的测试

$C_c r'_{bb}$是一个时间参数，其数值的大小表示双极型晶体管的反应速度和最高振荡频率。

此参数在各种高频设计、实验和应用领域用得非常多。

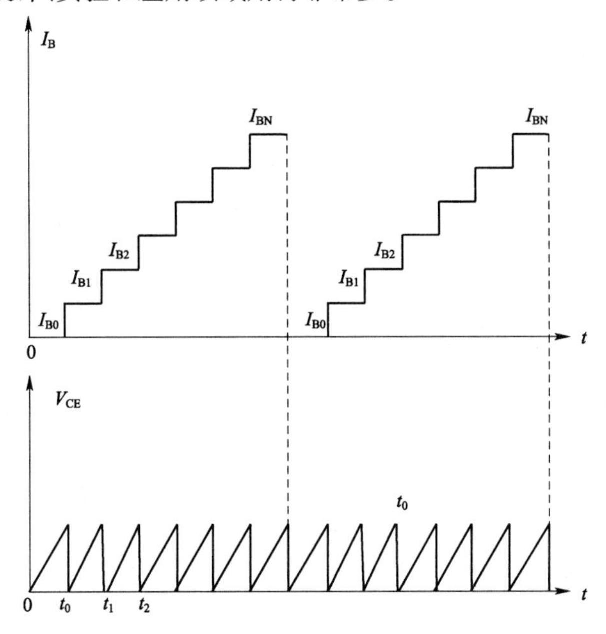

图 11-20　基极阶梯电压与集电极扫描电压间关系

$C_c r'_{bb}$的测试原理是根据测试器件的电压反馈率 h_{IB}进行计算,具体如下。

$$|h_{IB}| = \left|\frac{V_e}{V_c}\right| \tag{11-38}$$

可得

$$\frac{V_e}{V_c} = \frac{r'_{bb}}{1/jwC_c} = jwC_c r'_{bb} \tag{11-39}$$

所以有

$$\left|\frac{V_e}{V_c}\right| = wC_c r'_{bb} \tag{11-40}$$

可推导出

$$C_c r'_{bb} = \frac{1}{w}\left|\frac{V_e}{V_c}\right| \tag{11-41}$$

具体测试电路如图 11-21 所示。测试中要满足 $|R| >> h_{IB}$和 $w << \frac{1}{C_c r'_{bb}}$两个条件。

根据不同注入 I_E下测试 $C_c r'_{bb}$值,就可以绘制出 $C_c r'_{bb}$与 I_E之间的关系曲线。

11.7.3　开关参数的测试

晶体管开关时间是晶体管开关特性的一个极其重要的参数。当晶体管作为开关器件应用时,其开关时间将直接影响电路的工作频率和性能。

图 11-22 是一个 npn 晶体管的开关电路示意图,R_L和 R_B分别为负载电阻和基极偏置电阻,$-V_{BB}$和 $+V_{CC}$分别为基极和集电极的偏置电压。

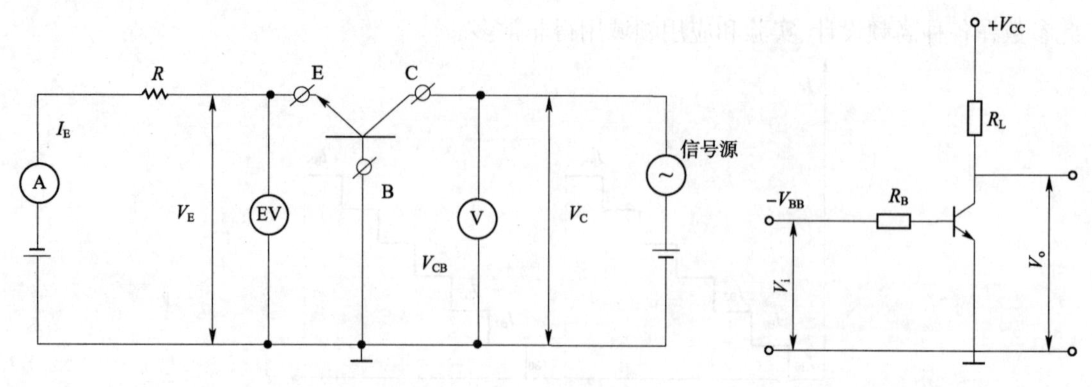

图 11-21 测试电路图　　图 11-22 晶体管开关电路示意图

当给晶体管基极输入一个脉冲信号 V_i，基极和集电极电流 I_B 和 I_C 的波形就如图 11-23 所示。当基极无信号输入时，由于负偏压 V_{BB} 的作用，使晶体管处于截止状态，集电极只有很小的反向漏电流 I_{CEO} 通过，输出电压接近于电源电压 $+V_{CC}$，此时晶体管相当于一个断开的开关。当给晶体管输入正脉冲 V_B 时，晶体管导通，若晶体管处于饱和状态，则输出电压为饱和电压 V_{CES}，集电极电流为饱和电流 I_{CS}，此时晶体管相当一个接通的开关。

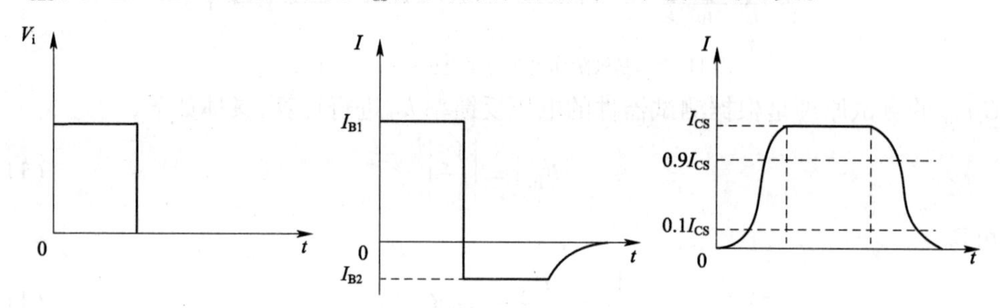

图 11-23 开关晶体管输入、输出波形

由图 11-23 可以看出当输入脉冲 V_i 加入时，基极输入电流立刻增加到 I_{B1}，但集电极电流要经过一段延迟时间才增加到 I_{CS}，当输入脉冲撤去时，基极电流立刻变到反向基极电流 I_{B2}，而集电极电流仍要经过一段延迟时间才逐渐下降为零。

如果使用示波器测试，可以观察到输入电压和输出电压的波形，如图 11-24 所示。

双极型晶体管开关时间参数一般是按照集电极电流 I_C 的变化来定义。

延迟时间 t_d 是指从脉冲信号输入到 I_C 上升到 $0.1I_{CS}$ 的时间。

上升时间 t_r 是指 I_C 从 $0.1\ I_{CS}$ 上升到 $0.9\ I_{CS}$ 的时间。

存储时间 t_s 是指从脉冲信号撤去到 I_C 下降到 $0.9I_{CS}$ 的时间。

下降时间 t_f 是指 I_C 从 $0.9I_{CS}$ 下降到 $0.1I_{CS}$ 的时间。

其中，t_d+t_r 即开启时间 t_{on}，t_s+t_f 即关闭时间 t_{off}，所要测试的开关时间就是该定义下的开关时间，而且按这种定义方法测试开关时间比较方便。

测试双极型晶体管开关时间的装置如图11-25所示。用测试装置就可以在示波器上观察晶体管的输入与输出波形，读出开关时间参数。由于受输入脉冲前后沿的影响以及示波器频宽的限制，此装置只适用于测试开关时间较长的晶体管。

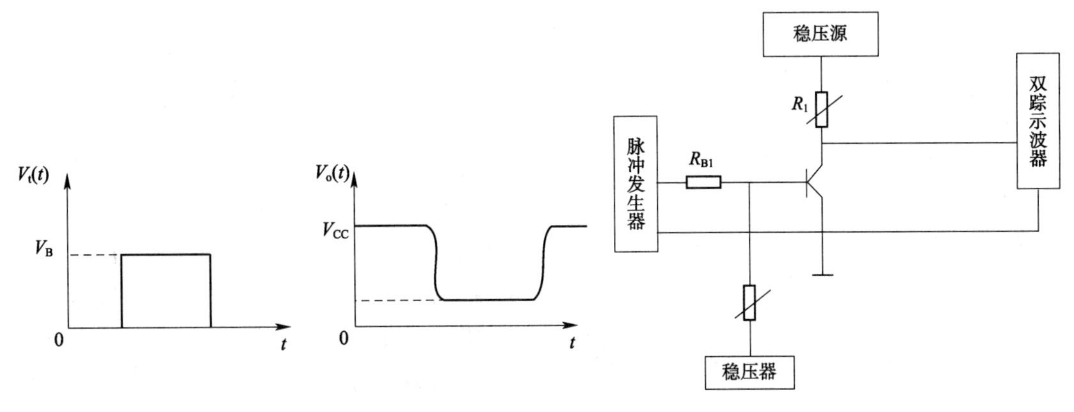

图 11-24 开关晶体管输入、输出电压波形

图 11-25 开关时间测试装置

11.7.4 特征频率的测试

晶体管特征频率f_T为共发射极组态的电流放大系数$|\beta|$随频率增加而下降到1时对应的频率，它反映了晶体管共发射极组态具有电流放大作用的频率极限，是晶体管的一个重要频率特性参数。f_T主要取决于晶体管的结构设计，也与晶体管工作时的偏置条件密切相关。因此，晶体管的特征频率f_T是指在一定偏置条件下的测试值，通常采用"增益-带宽积"的方法进行测试。

共发射极交流工作下，晶体管发射极电压周期性变化引起发射结、集电结空间电荷区的电荷和基区、发射区、集电区的少子、多子随之不断重新分布，这种现象可视为势垒电容和扩散电容的充放电作用。势垒电容和扩散电容的充放电使由发射区通过基区传输的载流子减少，传输的电流幅值下降；同时产生载流子传输的延时，加之载流子渡越集电结空间电荷区时间的影响，使输入、输出信号产生相移，电流放大系数β变为复数，并且其幅值随频率的升高而下降，相位移随频率的升高而增大。因此，晶体管共发射极放大系数β的幅值和相位移是频率的函数。

理论上晶体管共发射极放大系数可表示为

$$\beta = \frac{\beta_0 \exp(-jm\omega/\omega_b)}{1 + j\omega/\omega_\beta} \tag{11-42}$$

其幅值和相位角随频率变化的关系分别为

$$|\beta| = \frac{\beta_0}{[1 + (f/f_\beta)^2]^{1/2}} \tag{11-43}$$

$$\varphi = -[\arctan(\omega/\omega_\beta) + m\omega/\omega_b] \tag{11-44}$$

可见，当工作频率$f \ll f_\beta$时，$\beta \approx \beta_0$，几乎与频率无关。

当$f = f_\beta$时，$|\beta| = \beta_0/\sqrt{2}$，$|\beta|$下降3dB；

当$f \gg f_\beta$时，$|\beta| f = \beta_0 f_\beta$。

根据定义，$|\beta| = 1$时的工作频率即为特征频率f_T，则有

$$f_T = |\beta| f = \beta_0 f_\beta \quad (11\text{-}45)$$

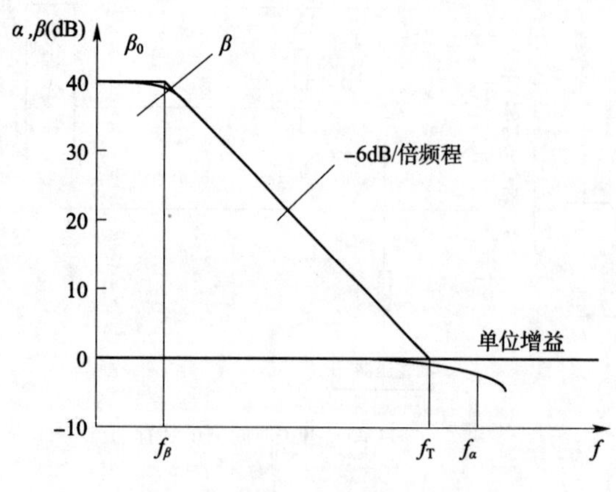

图 11-26　电流放大系数与频率的关系

另外，当晶体管共基极截止频率 $f_\alpha <$ 500MHz 时，近似有 $f_T \approx f_\alpha/(1+m)$，器件中 $f_T = f_\alpha$。关系式(11-45)表明当工作频率满足 $f_\beta \ll f \ll f_\alpha$ 时共发射极电流放大系数与工作频率的乘积是一个常数，该常数即特征频率 f_T，亦称"增益-带宽积"。同时，也说明了 $|\beta|$ 与 f 成反比，f 每升高一倍，$|\beta|$ 下降一半，在对数坐标上就是 $|\beta|$-f 的(−6dB)/倍频关系曲线，图 11-26 表示了 $|\beta|$ 随频率变化的关系。

直接在 $|\beta| = 1$ 的条件下测试 f_T 是比较困难的，而在工作频率满足 $f_\beta \ll f \ll f_\alpha$ 的关系时测得 $|\beta|$，而后再乘以该测试频率 f，也就是利用图 11-26 的线段就可以在较低频率下求得特征频率 f_T，这就是通常测试 f_T 的方法。

一般情况下，晶体管的集电结势垒电容远小于发射结势垒电容，如果再忽略寄生电容的影响，特征频率可以表示为

$$\begin{aligned} f_T^{-1} &= 2\pi(r_e C_{Te} + W_b^2/\lambda D_b + \chi_{mc}/2v_s l + r_{cs} C_{Tc}) \\ &= 2\pi(\tau_e + \tau_b + \tau_d + \tau_c) \end{aligned} \quad (11\text{-}46)$$

f_T 是发射结电阻，基区宽度，势垒电容，势垒区宽度等的函数。这些参数虽然主要取决于晶体管的结构，但也与晶体管的工作条件有关，则工作偏置条件不同 f_T 也不相等。因此，通常所说的某晶体管的特征频率是指在一定偏置条件下的测试值。图 11-27a)表示 V_{CE} 等于常数时 f_T 随 I_E 的变化。图 11-27b)表示 I_E 等于常数时，f_T 随 V_{CE} 的变化。

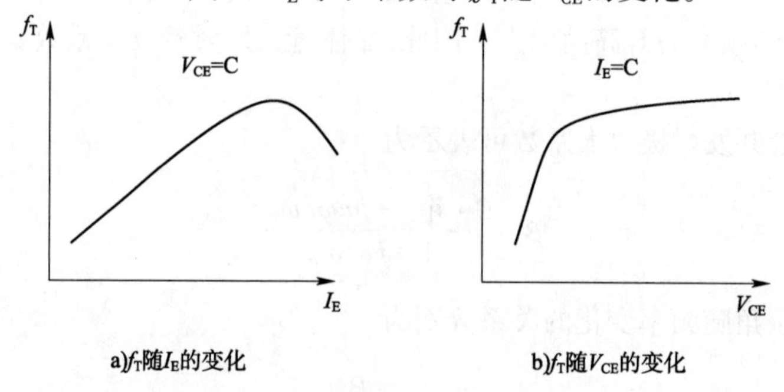

图 11-27　f_T 和 I_E 的关系

将关系式 $r_e \approx k_0 T/qI_E$ 代入式(11-46)，得到

$$f_T^{-1} = 2\pi\left(\frac{k_0 T}{q}\frac{1}{I_E}C_{Te} + \tau_b + \tau_d + \tau_e\right) \quad (11\text{-}47)$$

一般情况下，在集电极电压一定，$I_E < I_{CM}$ 时，可近似认为 τ_b、τ_d、τ_c 与 I_E 无关，因而通过测试 f_T 随 I_E 的变化，并作出 $1/f_T$ 与 $1/I_E$ 的关系曲线。

图 11-28 是 f_T 的测试装置示意图。其中，信号源提供 $f_\beta \ll f \ll f_\alpha$ 范围内的所需要的点频

信号电流，电流调节器控制输入基极电流，测试回路和偏置电源提供规范偏置条件，宽带放大器则对输出信号进行放大，显示系统指示f_T值。显示系统表头指示的参数是经放大了的信号源电流信号，但经测试前后的"校正"和"衰减"处理可转换成相应的$|\beta|$值。其过程和原理如下，测试前"校正"时被测管开路，基极和集电极短接，旋转电流调节旋钮使f_T指示表头显示一定值，这样就预置了基极电流。接入被测管测试时f_T显示系统表头就指示了经放大了的输入信号电流。由于测试过程中被测的基极电流仍保持在"校正"时的值，则取二者的比值就确定了$|\beta|$，然后乘以信号频率即可得到晶体管的特征频率f_T。如果测试时取了一定的衰减倍率，那么计算$|\beta|$时将预置的基极电流也缩小同样倍数，其结果不会改变。

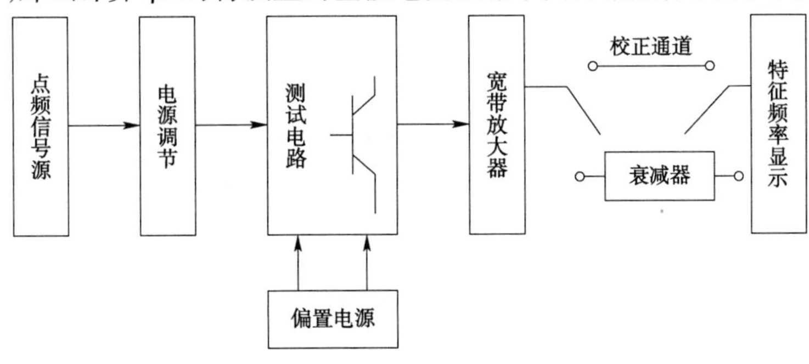

图 11-28 f_T的测试装置

目前，f_T的测试多采用晶体管特征频率测试仪，尽管测试仪的型号不同，但都是依据"增益-带宽积"的原理而设计的，其结构框图仍可用图 11-28 表示，测试方法也基本与上述相同，差别在于测试仪"校正"时要预置基极电流使f_T显示表头满偏，这实际上是信号源输出一恒定基极电流。因此，测试时必须进行一定倍频的衰减，否则表头会因超满度而无法读数，有的测试仪其衰减倍率设置在仪器面板上，需要预先设定，而有的测试仪则将一定的衰减倍率设定在了仪器内部结构中，测试时无须考虑，正是由于测试仪信号源输给基极电流是定值，所以在f_T显示表头上直接显示出了$|\beta| f$值，f_T可以直接读出。

11.7.5 稳态热阻的测试

晶体管在工作时，由于电流的热效应，会消耗一定的功率，引起管芯发热。发热的管芯把热量传到管壳，再散发到周围介质中去。因而晶体管总热阻应分为内热阻与外热阻。此处仅讨论测试晶体管的内热阻。

定义

$$R_T = \frac{T_j - T_C}{P_C} \tag{11-48}$$

式中，T_j为结温，T_C为壳温，P_C为功率。

因此，只要测出T_j，壳温T_C及功率P_C就可以直接利用公式计算出热阻R_T。P_C是施加到管子上的功率，由加到管子上的电流源、电压源直接读出I_E、V_{CE}值，由公式$P_C = I_E V_{CE}$可计算出功率P_C。问题的关键是如何测出T_j与T_C，下面对这两个参数的测试进行讨论。

11.7.5.1 T_j的测试

管芯封在管壳内，用温度计直接测试结温难以实现，只有通过测试晶体管某些与结温有关的参数(称为热敏参数),对结温进行间接测试。热敏参数很多,如 I_{CBO}、V_{BE}、V_{CB}、h_{FE}等,但实际上能用的热敏参数必须满足以下几个条件。

①对温度变化反应灵敏。

②随温度做线性变化。

③在较长时间内参数稳定。

④同一类型的器件随温度的变化要一致等。

测试选取的是集电结正向压降 V_{CB}作为热敏参数,去间接测试结温,该方法称为正向压降法。在小电流密度时,正向电流 I_F和 pn 结正向压降 V_F、温度 T 的关系为

$$I_F = I_{S0}\mathrm{e}^{[a(T-T_a)+qV_F/k_0T]} \tag{11-49}$$

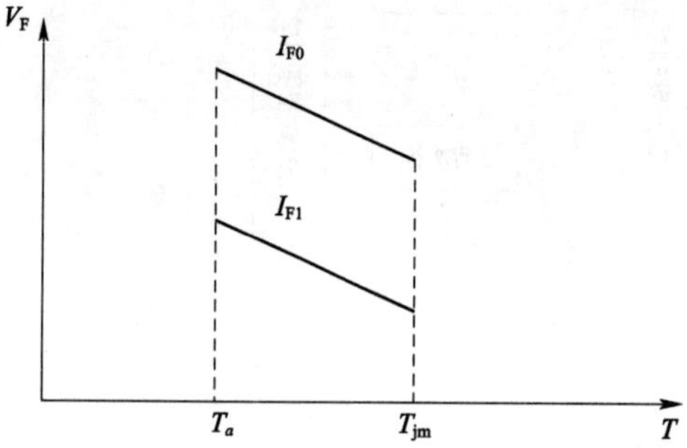

式中,I_{S0}为温度是 T_a(K)时的反向饱和电流;a 为常数,其值在 0.05 ~ 0.11(K)$^{-1}$之间。V_F与 T 是线性关系,如图 11-29 所示,斜率为

$$m = \frac{\partial V_F}{\partial T}\Big|_{I_F\text{恒定}} = -0.026a \tag{11-50}$$

图 11-29 V_F与 T 的关系

则 V_F具有负的温度系数,即温度升高,V_F下降。

利用 V_F测得 T_j时,首先对被测管施加一定的功率 P_C,管芯发热,待温度稳定后,读出 V_F值,找到 V_F与 P_C关系。然后不施加功率,把被测管放到恒温槽中,使其处于某一温度时,V_F的数值与施加功率 P_C时相同,找到 V_F与 P_C关系。这样,很容易就得到 P_C与 T_j的关系,也就得到了施加功率 P_C时造成的结温 T_j,如图 11-30 为测试原理图。

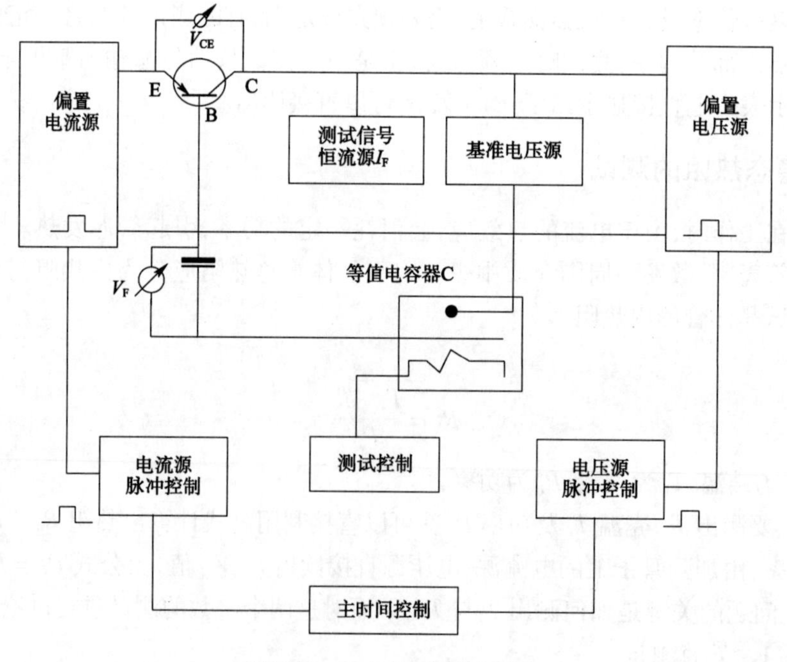

图 11-30 V_F-P_C测试原理方框图

11.7.5.2 T_C的测试

T_C对于大功率晶体管来说就是壳温，对于小功率晶体管来说就是环境温度。环境温度用温度计很容易得到，而壳温度就不是那么容易得到。把被测管装在散热器上，在其和散热器之间插入热偶，对被测管施加功率 P_C时，管芯发热，引起管壳温度升高，读取电位差计热电偶电势 mV 的值 V_1，然后去掉功率源，将晶体管和热偶放入恒温槽中，使得在某一温度下，电位差计热电势 mV 的值等于 V_1，此时的恒温槽温度即为施加功率 P_C造成的壳温 T_C。

11.8 MOS 场效应晶体管参数测试

MOS 场效应晶体管与普通的晶体管相比，具有体积小、输入阻抗高、输入动态范围大、抗辐射能力强、低频噪声系数小和热稳定性好等优点。因此，MOS 场效应晶体管被广泛应用于各种电子设备和仪器中，如各种低噪声、高灵敏度的检测仪器、设备的输入级电路。此外，该器件具有制造工艺简单、集成度高、功耗小等优点，被用于中大规模数字集成电路中。场效应晶体管参数是工艺检测和选择场效应晶体管的重要依据，这一节将介绍场效应晶体管参数的测试原理。

11.8.1 直流特性的测试

11.8.1.1 直流输入特性 I_{DS}-V_{GS}关系曲线

MOS 场效应晶体管是用栅电压控制源漏电流的器件，选定一个漏源电压 V_{DS}，可测得一条 I_{DS}与 V_{GS}关系曲线，对应一组阶梯漏源电压就可测得一族直流输入特性曲线，如图 11-31 所示。

每条曲线均有三个区域，即截止区、饱和区和非饱和区。曲线与 V_{GS}轴交点处 $V_{GS}=V_T$。曲线中各点切线的斜率即为相应点的跨导 g_m。切线斜率越大，则跨导越大。三个区域的具体分析为

①截止区：$V_{GS}-V_T\leqslant 0$，$I_{DS}=0$，跨导 $g_m=0$。

②饱和区：$0<V_{GS}-V_T\leqslant V_{DS}$，$I_{DS}=k(V_{GS}-V_T)^2$特性曲线为 2 次曲线，跨导 $g_m=2k(V_{GS}-V_T)$。

③非饱和区：$V_{GS}-V_T>V_{DS}$，$I_{DS}=k[2(V_{GS}-V_T)V_{DS}-V_{DS}{}^2]$特性曲线为一直线，所以该区也称为线性区，跨导 $g_m=2kV_{DS}$。还可以在直流输入特性曲线上测定 MOS 场效应晶体管在各工作点上的跨导。

11.8.1.2 直流输出特性 I_{DS}-V_{DS}关系曲线

MOS 场效应晶体管在某一固定的栅源电压下所得 I_{DS}与 V_{DS}的关系曲线即为直流输出特性曲线，对应一组阶梯栅源电压则可测得一族输出特性曲线，如图 11-32 所示。每条曲线分三个区域。

①$V_{DS}\leqslant V_{GS}-V_T$，非饱和区，曲线斜率逐渐变小，电流增大变缓。

②$V_{GS}-V_T<V_{DS}\leqslant V_{(BR)DS}$，饱和区，几乎为直线，斜率很小。

③$V_{DS}>V_{(BR)DS}$，击穿区，为陡直上升的曲线。

从这族曲线中可测得 MOS 场效应晶体管的直流导通电阻 R_{on}、动态电阻 r_d、平均跨导 $\overline{g}_m$

及源漏击穿电压 $V_{(BR)DS}$。直流导通电阻 $R_{on}=V_{DS}/I_{DS}$，即曲线中每点(每个工作状态)的导通电阻为这点对应的 V_{DS} 和 I_{DS} 的比值。在 V_{DS} 很小时，特性曲线呈线性，R_{on} 为直线斜率 k 的倒数，即

$$R_{on}=1/[2k(V_{GS}-V_T)] \tag{11-51}$$

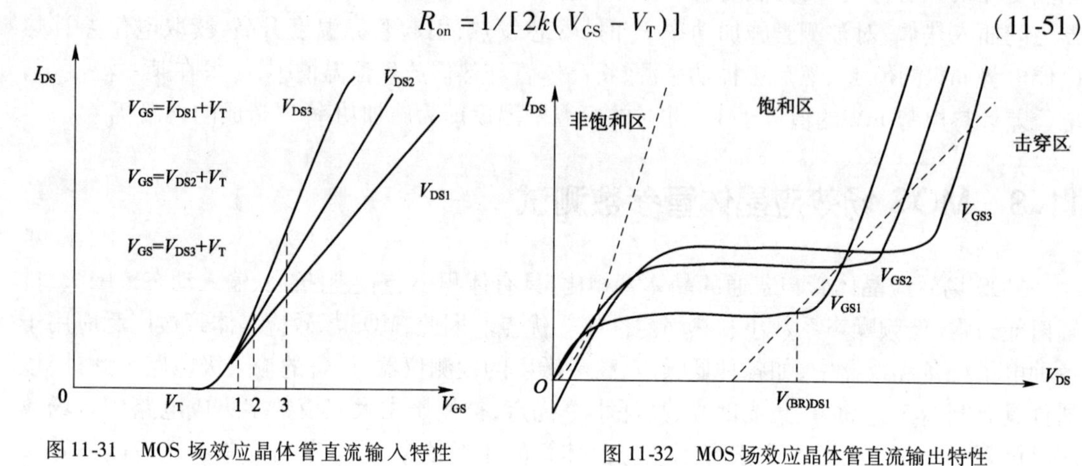

图 11-31 MOS 场效应晶体管直流输入特性 I_{DS}-V_{GS} 关系曲线

图 11-32 MOS 场效应晶体管直流输出特性 I_{DS}-V_{DS} 曲线

在临界饱和点

$$R_{on临}=1/[k(V_{GS}-V_T)] \tag{11-52}$$

实际上，导通电阻是随 V_{GS} 和 V_{DS} 变化的可变电阻。MOS 场效应晶体管动态电阻 $r_d=\partial V_{DS}/\partial I_{DS}|V_{GS}$，曲线中各状态点的动态电阻即为各点切线斜率的倒数。在非饱和区，V_{DS} 很小，$r_d=R_{on非}$，在饱和区 r_d 是一个阻值很大的常数。在图 11-33 中，MOS 场效应晶体管的源漏击穿电压可从特性曲线中直接测出。MOS 场效应晶体管在某一 V_{GS} 范围内的平均跨导 $\overline{g}_m$ 也可在特性曲线中直接测出。

$$\overline{g}_m=\left.\frac{I_{DS2}-I_{DS1}}{V_{GS2}-V_{GS1}}\right|_{V_{GS}} \tag{11-53}$$

11.8.1.3 开启电压 V_T

使 MOS 场效应晶体管开始强反型导通时所加的栅源电压叫作开启电压，它是受衬底电压 V_{BS} 调制的，$V_{BS}=0$ 时的开启电压记为 V_{T0}。测试开启电压的方法主要有

①最简单的方法是测试 I_{DS}-V_{GS} 关系曲线，曲线与 V_{GS} 轴的交点处即为开启电压，$V_{T0}=V_{GS}$。但由于亚开启和漏电流问题，这种测试方法不够精确。

②拟和直线法，其可以测得较精确的开启电压。

在非饱和区

$$V_{GS}=\frac{1}{2k}\frac{I_{DS}}{V_{DS}}+V_T \tag{11-54}$$

在 V_{DS} 很小时测得 I_{DS}-V_{GS} 关系数据，作 $\frac{I_{DS}}{V_{DS}}$-V_{GS} 关系的直线，直线在 V_{GS} 轴的截距即为开启电压 V_T。

由上述可知，测试平均跨导 $\overline{g}_m$、动态电阻 r_d、源漏击穿电压 $V_{(BR)DS}$、直流导通电阻 R_{on}、开启电压 V_T 时，问题的关键在于测试 MOS 场效应晶体管的直流输出特性曲线。实际测试时，

采用图示仪很容易得测试出 MOS 场效应晶体管的直流输出特性关系曲线。

11.8.2 输入电容和反馈电容的测试

在场效应晶体管的栅源和栅漏电极之间，总有电容 C_{GS} 和 C_{GD} 的存在，另外，也必然存在着相应的寄生电容。特别是栅漏寄生电容跨接在输入输出之间，实际上形成一个反馈电容。当在器件输出端接入负载后，栅漏寄生电容对输入端的影响就增大，如果这时放大器的放大倍数是 k，则栅漏寄生电容在输入端就等效于一个放大了 $(1+k)$ 倍的密勒电容，对电路产生很大影响。对于 MOS 场效应晶体管来说，输入栅源电容 C_{GS} 和反馈电容栅漏寄生电容是影响其频率特性的最重要的因素之一。所以正确的测试栅源电容 C_{GS} 和反馈电容栅漏寄生电容对于设计、制造和合理使用 MOS 场效应晶体管都是很重要。

采用 MOS 场效应晶体管电容参数测试仪对器件的电容进行测试。图 11-33 是 MOS 场效应晶体管电容参数测试仪的原理简图。B_1 为一精密比例变压器，它的次级中心头接地，两边对称。C_{1C} 为 0.5pf 的固定电容器，C_{1A}、C_{1B}、C_{1C} 一起组成了 C_1，称为差调电容器，其差值范围为 0～1pf，成线性变化。

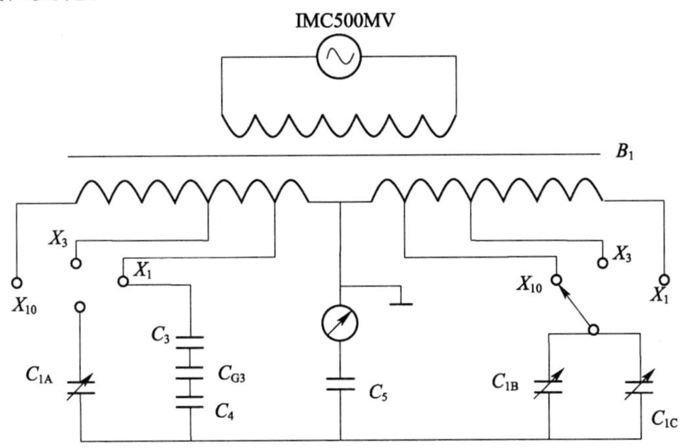

图 11-33　MOS 场效应晶体管电容参数测试仪

C_{GS} 表达式为

$$C_{GS}=\frac{u_y}{u_x}(C_{1B}+C_{1C}+C_{1A}) \tag{11-55}$$

式中，u_x 为 X_1 端的电压；u_y 为 X_{10} 端的电压。而 u_y/u_x 决定量程的选择。$(C_{1B}+C_{1C}+C_{1A})$ 就是差动电容器的读数。只要选择适当的量程，然后转动差调电容器使电桥平衡，由式(11-55)就可以求得被测的电容值。

11.8.3 功率增益及噪声系数的测试

11.8.3.1 功率增益的测试

功率增益 K_p 是 MOS 场效应晶体管的重要参数，是放大器输出端信号功率与输入端信号功率之比，其定义公式为

$$K_p=\frac{P_o}{P_i} \tag{11-56}$$

式中，P_o、P_i分别为放大器的输出功率和输入功率；K_p为功率增益值。

在实际测试中，因为测试P_o、P_i值比较困难，功率增益的测试回路是输入、输出端基本匹配的一对场效应晶体管进行相对比较的一级高频放大器。当达到最佳匹配时，把求功率比值的问题转化成求电压比的问题来处理，则有

$$K_p(dB)=20\log\frac{u_o}{u_i} \tag{11-57}$$

测试K_p时，先使信号无衰减地进行校正，使指示器固定在某一点作为参考点。在测试时，调节图11-34中测试回路的微调电容，使指示器读数最大，并拨动挡级衰减器使指示器指针回到参考点。调节中和电路中的中和电容使指示器读数最小，把测试、中和调节反复几次后，就可从图11-35中的挡级衰减器上读出功率增益值。

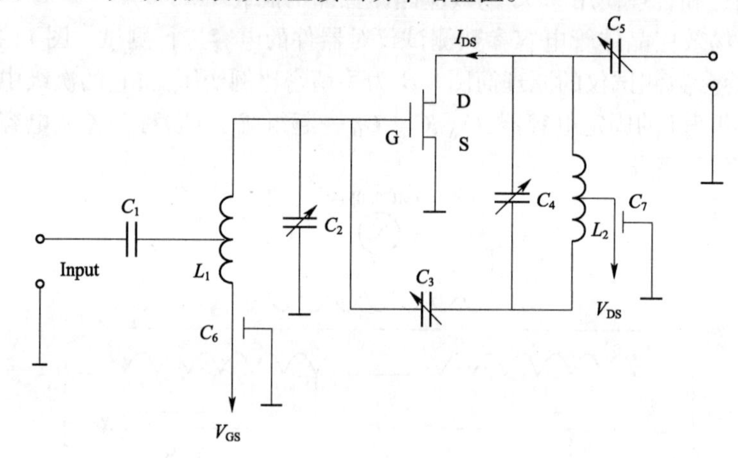

图11-34 测试盒原理图

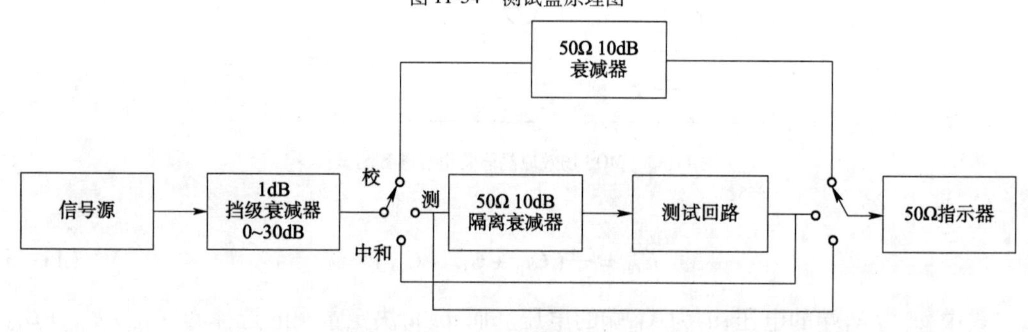

图11-35 功率增益测试示意图

11.8.3.2 噪声系数F的测试

MOS场效应晶体管噪声的来源有低频噪声、沟道热噪声和诱生栅极噪声。而高频MOS场效应晶体管的噪声主要是沟道热噪声和诱生栅极噪声，这两个相关的噪声源可以忽略其相关性，并当作两个独立的噪声源来对待。MOS场效应晶体管的最小噪声系数为

$$F_{min}=1+0.053\left(\frac{f}{f_T}\right)^2+0.284\left(\frac{f}{f_T}\right)^{1/2} \tag{11-58}$$

由于界面态等产生的噪声也可能扩展到高频段，同时还存在其他的寄生因素产生的损耗，因此，实际噪声系数大于F_{min}。在测试场效应晶体管的噪声系数时，通常使用与晶体管

噪声系数定义相同的方法进行测量,即用输入端信噪比与输出端信噪比之比表示

$$F=\frac{p_{\mathrm{si}}}{p_{\mathrm{ni}}}\frac{p_{\mathrm{no}}}{p_{\mathrm{so}}} \tag{11-59}$$

测试这两种噪声的功率比较困难,但将输出的信噪比固定后,可以将测试公式简化,从而给测试带来方便。在输出信噪比为1的条件下($P_{\mathrm{so}}/P_{\mathrm{no}}=1$),有

$$F=\frac{P_{\mathrm{si}}}{P_{\mathrm{ni}}}=\frac{eI_{\alpha}\Delta fR_{\mathrm{s}}}{2k_0T\Delta f}\approx I_{\alpha} \tag{11-60}$$

如果用分贝表示,则有

$$F(\mathrm{dB})=10\log I_{\alpha} \tag{11-61}$$

在取输出信噪比为1的条件下,场效应晶体管的噪声系数在大小上正好与噪声二极管的直流分量相等。测试时先不加噪声二极管产生的噪声,这时仪器内等效内阻产生的热噪声经过放大后在接收机输出表上指针有一定的偏转,然后将放大噪声衰减3dB,即相当于将放大后热噪声减少一半。最后加噪声二极管产生的噪声信号,使输出表指针回到原来不衰减时的位置处,则保证输出信噪比等于1。此时,噪声二极管的直流分量大小就是MOS场效应晶体管的噪声系数。

习　题

1. 简述材料特性、掺杂水平、温度对半导体器件电阻率的影响。

2. 结合图11-1,简述四探针法测试电阻率的基本原理是什么。

3. 简述四探针测试法的测试误差来源及原因。

4. 结合温差电效应,说明冷热探针法测试半导体导电类型的基本原理。

5. 简述单探针点接触整流法测试半导体导电类型的原理。

6. 对比说明常见的氧化膜厚度测试方法。

7. 用椭偏仪测薄膜的厚度的特点,对薄膜有何要求?

8. 阐述半导体器件中结深测试通常采用的磨角法和滚槽法。

9. 阐述电容-电压法自动描绘曲线的原理。

10. 试说明肖特基结C-V法测试杂质分布的局限性。

11. 一块半导体样品的额外载流子寿命 $\tau=10\mu s$,今用光照在其中产生非平衡载流子,问光照突然停止后的 $20\mu s$ 时刻其额外载流子密度衰减到原来的百分之几?

12. 阐述高频光电导测试非平衡载流子寿命的基本原理是什么?

13. 在测试双极晶体管的直流参数时,如何获取集电极扫描电压 V_{CE}?

14. 晶体管开关时间参数一般有哪些?分别怎样定义的?

15. 影响晶体管特征频率的因素有哪些?试从晶体管设计,制造和使用方面分析讨论。

16. 如何在MOS场效应晶体管直流输出特性 I_{DS}-V_{DS} 曲线(图11-32)中测出直流导通电阻 R_{on}、动态电阻 r_{d}、平均跨导及源漏击穿电压?

参考文献

[1] 黄昆,韩汝琦. 半导体物理基础[M]. 北京: 科学出版社,2010.
[2] 孙恒慧,包宗明. 半导体物理实验[M]. 高等教育出版社,1985.
[3] 孙以材. 半导体测试技术[M]. 冶金工业出版社,1984.
[4] 李晨山. 半导体材料四探针测试仪中的自动控制技术与图像识别技术的应用[D]. 河北工业大学,2007.
[5] 孙斌. ELID 磨削砂轮表面氧化膜状态表征[D]. 天津大学, 2008.
[6] 史小波,曹艳. 集成电路制造工艺[M]. 电子工业出版社,2007.
[7] 格罗夫,齐建. 半导体器件物理与工艺[M]. 科学出版社,1976.
[8] 夏海良,张安康. 半导体器件制造工艺[M]. 上海科学技术出版社,1986.
[9] 施敏. 半导体器件物理[M]. 黄振岗,译. 电子工业出版社,1987.
[10] 张屏英, 周佐谟. 晶体管原理[M]. 上海科学出版社,1985.
[11] 周琼鉴, 孙肖子. 晶体管与晶体管放大电路(上)[M]. 国防工业出版社,1979.
[12] 曹培栋. 微电子技术基础——双极、场效应管原理[M]. 电子工业出版社,2001.
[13] 刘新福. 半导体测试技术原理与应用[M]. 冶金工业出版社,2007.

附　　录

附录 A　主要半导体材料及其特性

附录 B　双极型晶体管的模型参数

附录 C　MOS 器件的 SPICE Level 1、2、3 的模型参数

附录 D　物理常数

附录 E　国际单位制

附录 F　主要参数符号表

附　录　A

主要半导体材料及其特性

半导体材料	ε_r	带隙(eV) 300k　0k	300K 晶格常数 (Å)	300K 迁移率 ($cm^2/V \cdot s$) μ_n　μ_p	晶格结构
C 碳	5.7	5.47　5.48	3.56683	1800　1200	金刚石
Ge 锗	16.0	0.66　0.74	5.64613	3900　1900	金刚石
Si 硅	11.9	1.12　1.17	5.43102	1450　500	金刚石
Ⅳ-Ⅳ					
SiC 碳化硅	9.66	2.996　3.03	a = 3.086 c = 15.117	400　50	闪锌矿
Ⅱ-Ⅵ					
CdS 硫化镉	5.4	2.5	5.825		纤锌矿
CdS 硫化镉	9.1	2.49	a = 4.136, c = 6.714	350　40	闪锌矿
CdSe 硒化镉	10.0	1.70　1.85	6.050	800	纤锌矿
CdTe 碲化镉	10.2	1.56	6.482	1050　100	纤锌矿
ZnO 氧化锌	9.0	3.35　3.42	4.580	200　180	岩石盐
ZnS 硫化锌	8.4	3.66　3.84	5.410	600	纤锌矿
Ⅲ-Ⅴ					
AlAs 砷化铝	10.1	2.36　2.23	5.6605	180	纤锌矿
GaAs 砷化镓	12.9	1.42　1.52	5.6533	8000　400	纤锌矿
InAs 砷化铟	15.1	0.36　0.42	6.0584	33000 460	纤锌矿
BN 氮化硼	7.1	6.4	3.6157	200　500	纤锌矿
GaN 氮化镓	10.4	3.44　3.50	a = 3.189, c = 5.182	400　10	闪锌矿
AlP 磷化铝	9.8	2.42　2.51	5.4635	60　450	纤锌矿
GaP 磷化镓	11.1	2.26　2.34	5.4512	110　75	纤锌矿
BP 磷化硼	11	2.0	4.5383	40　500	纤锌矿
InP 磷化铟	12.6	1.35　1.42	5.8686	4600　150	纤锌矿
GaSb 锑化镓	15.7	0.72　0.81	6.0959	5000　850	纤锌矿
InSb 锑化铟	16.8	0.17　0.23	6.4794	80000 1250	纤锌矿
AlSb 锑化铝	14.4	1.58　1.68	6.1355	200　420	纤锌矿
Ⅳ-Ⅵ					
PbS 硫化铅	17.0	0.41　0.286	5.9362	600　700	岩石盐
PbTe 碲化铅	30.0	0.31　0.19	6.4620	6000　4000	岩石盐

附 录 B

双极型晶体管的模型参数

参数名	SPICE 关键字	含 义	默认值	单位
I_S	IS	晶体管反向饱和电流	10^{-16}	A
n_F	NF	正向电流发射系数	1	–
n_R	NR	反向电流发射系数	1	–
n_S	NS	衬底电流发射系数	1	–
I_{KF}	IKF	正向 β_F 大电流下降的电流点	∞	A
I_{KR}	IKR	反向 β_R 大电流下降的电流点	∞	A
n_{EL}	NE	非理想小电流基极-发射极发射系数	1.5	–
n_{CL}	NC	非理想小电流基极-集电极发射系数	2	–
V_{AF}	VAF	正向欧拉电压	∞	V
V_{AR}	VAR	反向欧拉电压	∞	V
r_B	RB	零偏压基极电阻	0.0	Ω
r_E	RE	发射极电阻	0.0	Ω
r_C	RC	集电极电阻	0.0	Ω
r_{BM}	RBM	大电流时的最小基极电阻	0.0	Ω
I_{RB}	IRB	基极电流向最小值下降处于一半时电流	∞	A
τ_F	TF	理想正向度越时间	0.0	s
τ_R	TR	理想正向度越时间	0.0	s
$C_{JE}(0)$	CJE	零偏压基极-发射极耗尽层电容	0.0	F
φ_E	VJE	基极-发射极内建电势	0.75	V
m_E	MJE	基极-发射极梯度因子	0.33	–
$C_{JC}(0)$	CJC	零偏压基极-集电极耗尽层电容	0.0	F
φ_C	VJC	基极-集电极内建电势	0.75	V
m_C	MJC	基极-集电极梯度因子	0.33	–
$C_{JS}(0)$	CJS	零偏压集电极-衬底电容	0.0	F
φ_S	VJS	衬底结内建电势	0.75	V

续上表

参数名	SPICE 关键字	含　　义	默认值	单位
m_S	MJS	衬底结梯度因子	0.33	–
X_{TB}	XTB	正向 β_F 和反向 β_R 的温度系数	0.0	–
X_{TI}	XTI	饱和电流温度指数因子	3	–
E_g	EG	禁带宽度	1.11	eV
K_f	KF	闪烁噪声系数	0.0	–
A_f	AF	闪烁噪声指数因子	1	–
n_{KF}	NKF	正向 β_F 大电流下降的指数	0.5	–
X_{CJC}	XCJC	基极-集电极耗尽电容连到内部基极的百分数	–	–
T_{RE1}	TRE1	电阻 RE 的一阶温度系数	0	1/℃
T_{RE2}	TRE2	电阻 RE 的二阶温度系数	0	$1/℃^2$
T_{RB1}	TRB1	电阻 RB 的一阶温度系数	0	1/℃
T_{RB2}	TRB2	电阻 RB 的二阶温度系数	0	$1/℃^2$
T_{RM1}	TRM1	电阻 RM 的一阶温度系数	0	1/℃
T_{RM2}	TRM2	电阻 RM 的二阶温度系数	0	$1/℃^2$
T_{RC1}	TRC1	电阻 RC 的一阶温度系数	0	1/℃
T_{RC2}	TRC2	电阻 RC 的二阶温度系数	0	$1/℃^2$

附　录 C

MOS 器件的 SPICE Level 1、2、3 的模型参数

参数名	SPICE 关键字	模型级	含　义	隐含值	单位
V_{T0}	VT0	1 ~ 3	零偏压阀值电压	1.0	V
$2\varphi_F$	PHI	1 ~ 3	表面反型电势	0.6	V
μ_0	U0	1 ~ 3	表面迁移率	600	$Cm^2/(V\cdot s)$
γ	GAMMA	1 ~ 3	体效应系数	0.0	$V^{1/2}$
λ	LAMBDA	1 ~ 3	沟道长度调制系数	0.0	V^{-1}
K_p	KP	1 ~ 3	本征跨导参数	2×10^{-5}	A/V^2
t_{ox}	TOX	1 ~ 3	栅氧化层厚度	2×10^{-7}	m
R_D	RD	1 ~ 3	漏极欧姆电阻	0.0	Ω
R_S	RS	1 ~ 3	源极欧姆电阻	0.0	Ω
R_{SH}	RSH	1 ~ 3	漏源薄膜电阻	0.0	Ω
N_B	NUSB	1 ~ 3	衬底掺杂浓度	0.0	cm^{-3}
L_D	LD	1 ~ 3	横向扩散长度	0.0	m
T_{PG}	TPG	1 ~ 3	栅材料导电类型	1.0	–
J_S	JS	1 ~ 3	单位面积衬底结饱和电流	0.0	A/m^2
C_{J0}	CJ	1 ~ 3	单衬底结底面单位面积零偏压电容	0.0	F/m^2
C_{GBO}	CGBO	1 ~ 3	单位沟道长度栅-衬底覆盖电容	0.0	F/m
C_{GDO}	CGDO	1 ~ 3	单位沟道长度栅-漏覆盖电容	0.0	F/m
C_{GSO}	CGSO	1 ~ 3	单位沟道长度栅-源覆盖电容	0.0	F/m
F_C	FC	1 ~ 3	正偏耗尽层电容公式中的系数	0.5	–
U_{CRIT}	UCRIT	1 ~ 3	迁移率退化临界强度电场	1×10^{-4}	V/cm
U_{TRA}	UTRA	1 ~ 3	横向电场系数	0.0	–
U_{EXP}	UEXP	1 ~ 3	迁移率退化临界电场指数系数	0.0	–
θ	THETA	1 ~ 3	迁移率调制系数	0.0	V^{-1}
δ	DELTA	1 ~ 3	窄沟道效应系数	0.0	–

续上表

参数名	SPICE 关键字	模型级	含　义	隐含值	单位
V_{max}	VMAX	1 ~ 3	载流子最大漂移速度	0.0	m/s
X_{QC}	XQC	1 ~ 3	沟道电荷分配系数	0.1	-
N_{eff}	NEFF	1 ~ 3	沟道总电荷系数	0.0	-
N_{SS}	NSS	1 ~ 3	表面态密度	0.0	cm^{-2}
N_{FS}	NFS	1 ~ 3	快表面态密度	0.0	cm^{2}
X_{j}	XJ	1 ~ 3	源漏结深	0.0	m
k	KAPPA	1 ~ 3	饱和电场系数	0.2	-
η	ETA	1 ~ 3	静电反馈系数	0.0	-
I_{S}	IS	1 ~ 3	衬底结饱和电流	1×10^{-14}	A
φ_{B}	PB	1 ~ 3	衬底结电势	0.8	V
m_{j}	MJ	1 ~ 3	衬底结梯度因子	0.5	-
C_{jsw0}	CJSW0	1 ~ 3	单位面积零偏压衬底结侧壁电容	0.0	F/m^{2}
M_{jsw}	MJSW	1 ~ 3	衬底结侧壁梯度因子	0.33	-
A_{f}	AF	1 ~ 3	闪烁噪声指数	1.0	-
K_{f}	KF	1 ~ 3	闪烁噪声系数	0.0	-

附　录　D

物理常数

量	符号	值
大气气压		$1.01325\times10^{5}\,N/cm^{2}$
阿伏加德罗(Avogadro)常数	N_{AV}	$6.02204\times10^{23}\ mol^{-1}$
玻尔(Bohr)半径	α_B	0.52917 Å
玻尔兹曼(Boltzmann)常数	k_0	$1.38066\times10^{-23}\ J/K(R/N_{AV})$
		$8.6174\times10^{-5}\ eV/K$
自由电子质量	m_0	$9.1095\times10^{-31}\ kg$
电子伏能量	eV	$1eV=1.60218\times10^{-19}\ J$
单位电荷	q	$1.60218\times10^{-19}\ C$
气体常数	R	1.98719 cal/mol · K
磁通量子($h/2q$)		$2.0678\times10^{-15}\ Wb$
真空磁导率	μ_0	$1.25663\times10^{-8}\,H/cm(4\pi\times10^{-9})$
真空电容率	ε_0	$8.85418\times10^{-14}\,F/cm(1/\mu_0c^2)$
普朗克常数	h	$6.62617\times10^{-34}\,J\cdot s$
		$4.1357\times10^{-15}\,eV\cdot s$
自由质子质量	M_p	$1.67264\times10^{-27}\,kg$
约化普朗克常数	$\hbar$	$1.05458\times10^{-34}\,J\cdot s$
		$6.5821\times10^{-16}\,eV\cdot s$
真空中的光速	c	$2.99792\times10^{10}\ cm/s$
300K 时热电压	k_0T/q	0.0259eV

附　录　E

国际单位制

量	符　号	单　位	量　纲
长度	m	米	-
质量	kg	千克	-
时间	s	秒	-
温度	K	开尔文	-
电流	A	安培	C/s
频率	Hz	赫兹	s^{-1}
力	N	牛顿	$kg \cdot m/s^2$,J/m
压强、拉力、应力	Pa	帕斯卡	N/m^2
能量	J	焦耳	N·m,W·s
功率	W	瓦特	J/s,V·A
电荷	C	库仑	A·s
电势	V	伏特	J/C,W/A
电导	S	西门子	A/V,1/Ω
电阻	Ω	欧姆	V/A
电容	F	法拉	C/V
磁通量	Wb	韦伯	V·S
磁感应强度	T	特斯拉	Wb/m^2
电感	H	亨利	Wb/A

附 录 F

主要参数符号表

符号	含义
A	pn 结面积
C	电容
C_d	扩散电容
C_j	结耗尽层电容
C_{OX}	栅氧化层单位电容
C_T	势垒电容
D_n	电子扩散系数
E	(1)电子能量
	(2)电场强度
E_c	(1)导带底能量
	(2)非晶半导体导带底迁移率边
E_t	复合中心能级
E_v	(1)价带顶能量
	(2)非晶半导体价带顶迁移率边
E_F	费米能级
E_{Fn}	电子准费米能级
E_{Fp}	空穴准费米能级
E_g	禁带宽度
E_i	本征费米能级
F	(1)自由能
	(2)噪声系数
$f(E)$	费米分布函数
f_T	特征频率
I	电流
h	普朗克常数
I_C	集电极直流电流
I_E	发射极直流电流
I_{CBO}	集电极与基极之间的反向饱和电流
I_{CEO}	集电极与发射极之间的反向饱和电流
I_{EBO}	发射极与基极之间的反向饱和电流
I_F	正向电流
I_R	反向电流
J	电流密度
J_n	电子电流密度
J_p	空穴电流密度
J_T	总电流密度
k_0	玻尔兹曼常数
L	扩散长度
L_n	电子扩散长度
L_p	空穴扩散长度
m_0	电子惯性质量
N	电子总数
N_A	受主浓度
N_B	基区的杂质浓度
N_C	集电区的杂质浓度
N_c	导带有效状态密度
N_D	施主杂质浓度
N_E	发射区的杂质浓度
n_{n0}	n 型平衡电子浓度
n_p	P 型电子浓度
n_{p0}	P 型平衡电子浓度
N_v	价带有效状态密度
n	电子浓度
n_0	平衡电子浓度
Δn	非平衡电子浓度
n_i	本征载流子浓度
n_s	表面载流子浓度
N_t	复合中心浓度
n_D^+	电离施主浓度
p	空穴浓度
p_0	平衡空穴浓度
p_A	中性受主浓度
p_A^-	电离受主浓度
Δp	非平衡空穴浓度
p_{n0}	n 型平衡空穴浓度
p_{p0}	P 型平衡空穴浓度
q	电子电荷
qV_D	势垒高度
Q	(1)电荷量
	(2)电荷面密度
Q_m	表面金属栅电荷面密度
Q_n	反型层中电子积累的电荷面密度
Q_{SS}	表面电荷面密度
R	电阻

符号	含义
$R_{\square}$	方块电阻
R_T	热阻
S	西门子
T	热力学温度
t	时间
t_{OX}	栅绝缘层厚度
V	(1)电压
	(2)电势
V_{BR}	pn 结击穿电压
$V_{(BR)EBO}$	发射结反向击穿电压
$V_{(BR)CBO}$	集电结反向击穿电压
$V_{(BR)CEO}$	集电极与发射极之间的反向击穿电压
$V_{(BR)DS}$	漏源击穿电压
$V_{(BR)DSP}$	漏源穿通电压
$V_{(BR)GS}$	漏源耐压
V_F	正向偏压
V_{FB}	平带电压
V_G	MOS 栅压
V_{ms}	金属—半导体接触电势差
V_T	阈值电压
V_R	反向电压
V_d	扩散速度
V_D	pn 结接触电势差(自建电势差)
V_S	表面势
$\bar{v}$	平均漂移速度
W_B	基区宽度
x_{pn}	(1)pn 结耗尽层宽度
	(2)空间电荷区的宽度
x_d	表面耗尽层宽度
α	电流放大系数
α_j	杂质浓度梯度
β	放大系数
β^*	基区输运系数
γ	(1)发射效率
	(2)体效应系数
ε	介电常数
ε_r	相对介电常数
ε_{ro}	氧化层相对介电常数
ε_{rs}	半导体相对介电常数
ε_0	真空介电常数
η	效率
λ	(1)波长
	(2)沟道长度调制系数
μ	(1)迁移率
	(2)系统的化学势
μ_0	弱场迁移率
μ_n	电子迁移率
μ_{ps}	表面空穴迁移率
μ_s	表面迁移率
ν	频率
ρ	电阻率
τ	载流子的寿命
τ_n	电子寿命
τ_p	空穴寿命
ω	角频率
σ	电导率